高等学校“十二五”规划教材

大学物理简明教程

第　三　版

沈临江　蔡永明　周宏宇　编

化学工业出版社
教　材　出　版　中　心

·北　京·

本书是编者在总结二十多年大学物理的课堂教学经验基础上，按照教育部的《非物理类理工学科大学物理课程教学基本要求》（2004年），结合多年来参加全国及地区性工科物理教学会议所取得的经验，针对一般的工业院校的教学要求和学生特点而编写的教学用书。适用于课堂教学时数在80学时左右。

本书内容为：质点运动学、牛顿定律、守恒定律、刚体力学简介、气体分子运动论、热力学基础、静电场、稳恒电流、电流的磁场、电磁感应、简谐振动、平面简谐波、光的干涉、光的衍射、光的偏振、相对论简介及量子物理。

本书可作为普通高等工科院校的非物理专业大学物理基础课程教学用书。

图书在版编目（CIP）数据

大学物理简明教程/沈临江，蔡永明，周宏宇编. —3版. —北京：化学工业出版社，2013.1（2025.2重印）
高等学校“十二五”规划教材
ISBN 978-7-122-15842-0

Ⅰ.①大… Ⅱ.①沈…②蔡…③周… Ⅲ.①物理学-高等学校-教材 Ⅳ.①O4

中国版本图书馆CIP数据核字（2012）第271360号

责任编辑：唐旭华　　文字编辑：袁俊红
责任校对：边　涛　　装帧设计：韩　飞

出版发行：化学工业出版社（北京市东城区青年湖南街13号　邮政编码100011）
印　　装：北京科印技术咨询服务有限公司数码印刷分部
787mm×1092mm　1/16　印张16¾　字数413千字　2025年2月北京第3版第11次印刷

购书咨询：010-64518888　　售后服务：010-64518899
网　　址：http：//www.cip.com.cn
凡购买本书，如有缺损质量问题，本社销售中心负责调换。

定　　价：39.80元

前　言

本书按照教育部的《非物理类理工学科大学物理课程教学基本要求》(2004 年)，在总结二十多年大学物理的课堂教学经验基础上，结合多年来参加全国及地区性工科物理教学会议所取得的经验，针对一般的工业院校的要求和学生特点而编写的教学用书。在编写过程中，编者吸取了多种同类教材的优点，加强了大学物理学习过程中的难点训练，适用于课堂教学时数在 80 学时左右。

本书内容及体系的选择及确立，既遵守了《非物理类理工学科大学物理课程教学基本要求》，又体现了物理学的完整性和系统性。此外，本书还具有以下特点。

(1) 本书具有较好的“自学性”。对一些学生初次遇到的物理概念，往往用非常简单的例子或比喻解释，或通过和已知概念的对比进行阐述，有利于学生理解和掌握。

(2) 本书尝试解决长期以来学生能听懂课程内容而不习惯做习题的矛盾。书中有大量的例题，有些是大学物理学习过程中必须知道的典型题目，但也有相当部分例题是物理理论与概念的延续，甚至有些重要的公式和结论也是出现在例题的解答中的，这一点在使用时要注意，这些例题也是物理学的重要部分。这样做的目的是让学生知道，学习物理学与做物理习题在本质上是没有区别的。

编者在本次修订过程中，得到了南京工业大学物理教研室同事们的细心帮助，特别是韦娜老师的细心校订，在此致谢!

由于编者水平有限，不妥之处在所难免，敬请读者不吝指正。

编　者
2012 年 11 月

目　录

第一章　质点运动学

第一节　矢量的表示和运算

一、标量和矢量

标量是只有大小（一个数和一个单位）的量。质量、长度、时间、密度、能量和温度等都是标量。矢量是既有大小又有方向的量，并有自身的运算规则。位移、速度、加速度、角速度、力矩、电场强度等都是矢量。而有些量，如电流强度 I 既有大小，也有方向，但遵守的是标量的运算规则，所以也是标量。

矢量用黑体字表示，如力印成 $\boldsymbol{F}$、速度印成 $\boldsymbol{v}$，书写时可用手写体在字头上加一个箭头，如 $\vec{F}$、$\vec{v}$。

二、矢量的表示

1. 矢量的几何表示

用一有方向的线段可表示矢量。线段的长短表示矢量的大小，线段的方向表示矢量的方向。如图 1-1 所示。

在矢量的几何表示中，矢量可以平移，而不改变此矢量的性质（大小和方向）。如图 1-2 所示中的两个矢量是相等的。

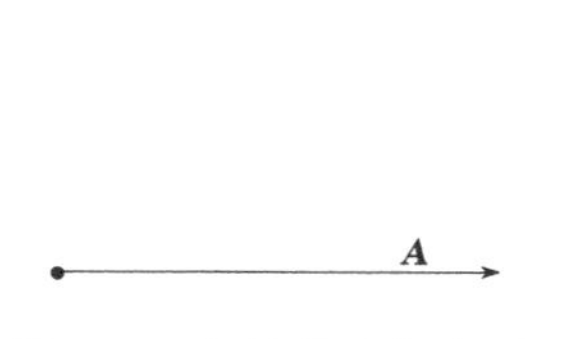

图 1-1　矢量的几何表示

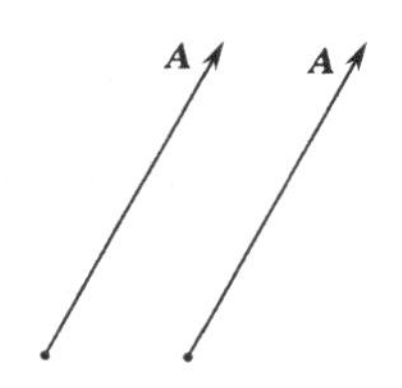

图 1-2　矢量的平移

2. 矢量的解析表示

如图 1-3 所示，在直角坐标系中有一矢量 $\boldsymbol{A}$，此有向线段的起点在坐标原点 O，终点的坐标为(x,y,z)，则矢量 $\boldsymbol{A}$ 可表示为

$$\boldsymbol{A}=(x,y,z)$$

其大小可表示为

$$A=|\boldsymbol{A}|=\sqrt{x^2+y^2+z^2}$$

A 称为矢量的模。

3. 矢量的函数表示

长度为一个单位的矢量称单位矢量。如某矢量 $\boldsymbol{A}=(x,y,z)$，则在其方向上的单位矢量可表示为

$$\boldsymbol{e}_A=\frac{\boldsymbol{A}}{|\boldsymbol{A}|}$$

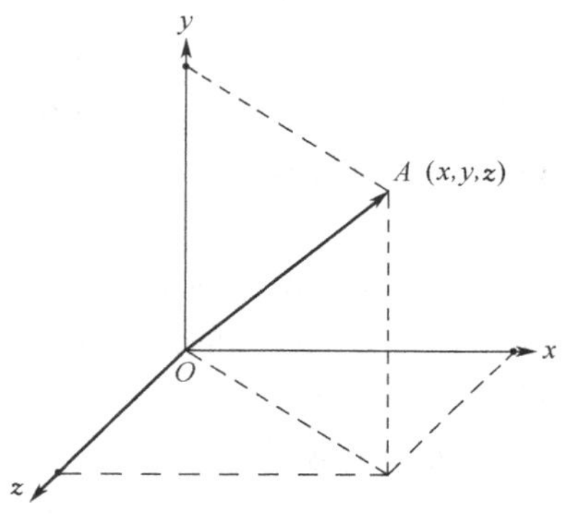

图 1-3　矢量的解析表示

说明 $\boldsymbol{e}_A$ 矢量其大小为 1，方向与 $\boldsymbol{A}$ 的方向相同。在直角坐标系中，x 轴方向的单位矢量用 $\boldsymbol{i}$ 表示，$\boldsymbol{i}$ 矢量大小为 1，方向在 x 轴正方向。

同理，y 轴方向、z 轴方向的单位矢量可分别表示为 $\boldsymbol{j},\boldsymbol{k}$。$\boldsymbol{i},\boldsymbol{j},\boldsymbol{k}$ 称为直角坐标系的基本矢量，简称基矢。在直角坐标系中的任一矢量可用与这组基矢相联系的一个矢量函数表示。

$$\boldsymbol{A}=(x,y,z)$$

也可用矢量函数

$$\boldsymbol{A}=x\boldsymbol{i}+y\boldsymbol{j}+z\boldsymbol{k}$$

来表示。

同样，在球坐标系、柱坐标系也有一组相应的基矢，在大学物理课程中很少用到，故不列出。

若矢量的端点在直角坐标系中是随时间而变的，即

$$x=x(t)$$
$$y=y(t)$$
$$z=z(t)$$

则矢量可表示为

$$\boldsymbol{A}(t)=x(t)\boldsymbol{i}+y(t)\boldsymbol{j}+z(t)\boldsymbol{k}$$

三、矢量的运算规则

1. 矢量的加法

矢量根据平行四边形法则或三角形法则相加，如图 1-4 所示。

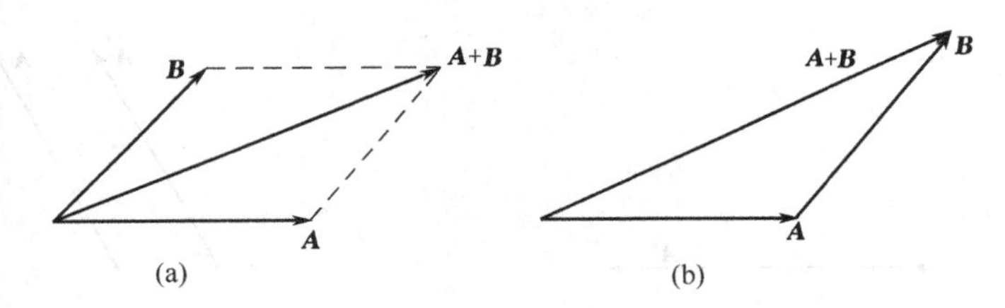

图 1-4　矢量的平行四边形、三角形法则

矢量的加法满足交换律

$$\boldsymbol{A}+\boldsymbol{B}=\boldsymbol{B}+\boldsymbol{A}$$

也满足结合律

$$\boldsymbol{A}+\boldsymbol{B}+\boldsymbol{C}=\boldsymbol{A}+(\boldsymbol{B}+\boldsymbol{C})=(\boldsymbol{A}+\boldsymbol{B})+\boldsymbol{C}$$

因为 $-\boldsymbol{B}$ 矢量表示大小与 $\boldsymbol{B}$ 矢量的大小一样，方向与 $\boldsymbol{B}$ 矢量的方向相反。所以，矢量的减法可用加法表示，如

$$\boldsymbol{A}-\boldsymbol{B}=\boldsymbol{A}+(-\boldsymbol{B})$$

另外，需要说明的是，利用矢量分析的数学理论可证明，无限小角位移矢量满足矢量的交换律，而有限旋轴的角位移不满足矢量的交换律。因此，无限小角位移是矢量，而有限旋转的角位移不是矢量。

2. 矢量的数乘

一个矢量 $\boldsymbol{A}$ 与一个标量 λ 相乘，表示为

$$\boldsymbol{B}=\lambda\boldsymbol{A}$$

$\boldsymbol{B}$ 矢量表示大小为 $\boldsymbol{A}$ 矢量的 λ 倍，方向与 $\boldsymbol{A}$ 方向相同。若 λ 为负值，则表示方向与 $\boldsymbol{A}$ 反向。若 $\lambda=0$，则 $\boldsymbol{B}=0$，称为零矢量。零矢量已失去矢量的意义。

矢量的数乘满足

结合律

$$\alpha(\beta\boldsymbol{A})=(\alpha\beta)\boldsymbol{A}$$

分配律

$$(\alpha+\beta)\boldsymbol{A}=\alpha\boldsymbol{A}+\beta\boldsymbol{A}$$

$$\alpha(\boldsymbol{A}+\boldsymbol{B})=\alpha\boldsymbol{A}+\alpha\boldsymbol{B}$$

3. 矢量的点积（标积、内积）

两个矢量 $\boldsymbol{A},\boldsymbol{B}$，其点积表示为

$$\boldsymbol{A}\cdot\boldsymbol{B}=AB\cos\theta$$

θ 是两个矢量的夹角。

两矢量的点积为标量。矢量的点积满足

$$\boldsymbol{A}\cdot\boldsymbol{B}=\boldsymbol{B}\cdot\boldsymbol{A}$$

$$\boldsymbol{A}\cdot(\alpha\boldsymbol{B}+\beta\boldsymbol{C})=\alpha\boldsymbol{A}\cdot\boldsymbol{B}+\beta\boldsymbol{A}\cdot\boldsymbol{C}$$

而

$$\boldsymbol{A}\cdot\boldsymbol{A}=A^2\cos0=A^2$$

所以一个矢量的模也可表示为

$$A=\sqrt{\boldsymbol{A}\cdot\boldsymbol{A}}$$

如，$\boldsymbol{A}\cdot\boldsymbol{A}=0$，则表示 $\boldsymbol{A}$ 是零矢量。

但　$\boldsymbol{A}\cdot\boldsymbol{B}=0$ 则表示：

① $\boldsymbol{A},\boldsymbol{B}$ 中至少有一个是零矢量；或

② $\boldsymbol{A}$ 和 $\boldsymbol{B}$ 矢量垂直，即夹角 $\theta=90°$。

4. 矢量的叉积（矢积、外积）

两矢量的叉积是矢量，两矢量 $\boldsymbol{A},\boldsymbol{B}$ 的叉积定义为

$$\boldsymbol{A}\times\boldsymbol{B}=\boldsymbol{C},\quad \boldsymbol{B}\times\boldsymbol{A}=-\boldsymbol{C}$$

$\boldsymbol{C}$ 是一个垂直 $\boldsymbol{A}$、$\boldsymbol{B}$ 所在平面的矢量，其大小为

$$|\boldsymbol{C}|=AB\sin\theta$$

其方向由右手螺旋法则规定，即从矢量 $\boldsymbol{A}$ 的方向用右手手指经小于 180°的角握向矢量 $\boldsymbol{B}$ 的方向，而此时大拇指的方向为矢量 $\boldsymbol{C}$ 即 $\boldsymbol{A}\times\boldsymbol{B}$ 的方向。如图 1-5 所示。若用 $\boldsymbol{A},\boldsymbol{B},\boldsymbol{C}$ 三个方向分别表示直角坐标系中的 x,y,z 轴方向，则 x 轴、y 轴、z 轴之间也有这样一个右手法则。事实上，直角坐标系中的三轴也是这样要求的，不能随意画。

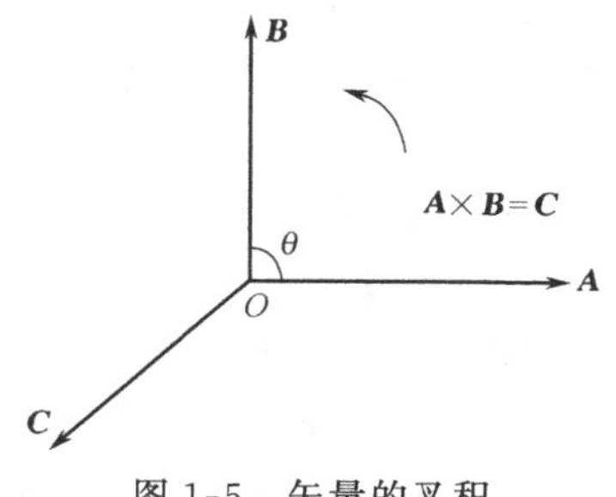

图 1-5　矢量的叉积

例 1-1 力矩 $\boldsymbol{M}$ 是矢量，其定义为

$$\boldsymbol{M}=\boldsymbol{r}\times\boldsymbol{F}$$

它的大小为 $r\cdot F\sin\theta$，如图 1-6 所示，求 $\boldsymbol{M}$ 的方向。

解： 有一力 $\boldsymbol{F}$ 作用在门框边上，方向垂直于门旋转的轴，如图 1-6 所示，则此力的力矩方向应在门旋转的轴方向上。

5. 矢量运算的函数表示

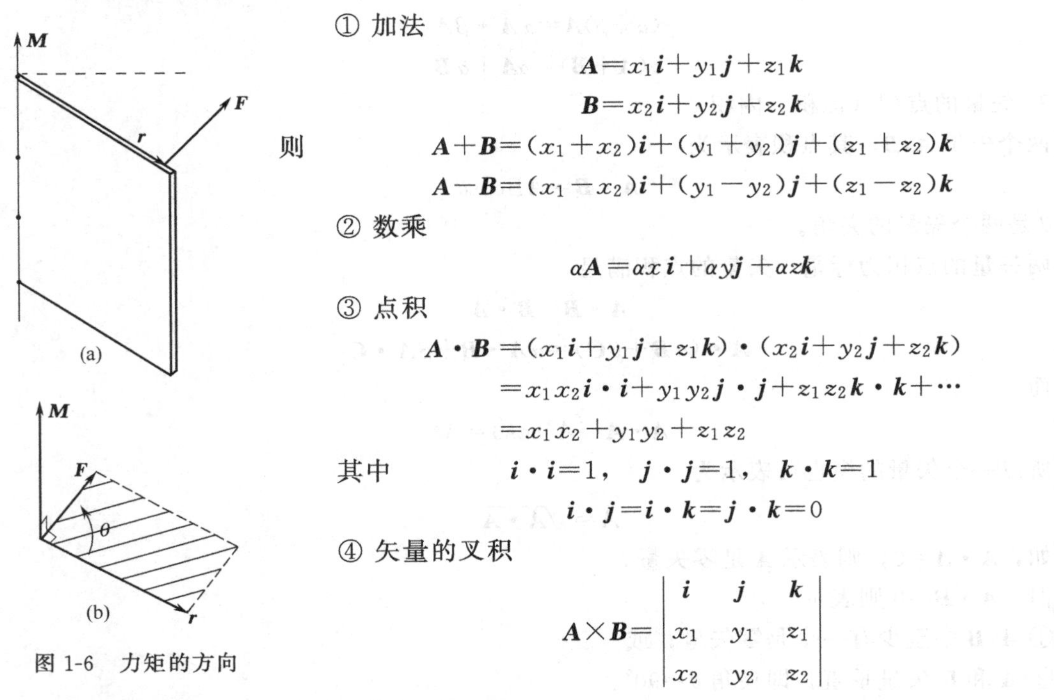

图 1-6 力矩的方向

① 加法

$$\boldsymbol{A}=x_1\boldsymbol{i}+y_1\boldsymbol{j}+z_1\boldsymbol{k}$$

$$\boldsymbol{B}=x_2\boldsymbol{i}+y_2\boldsymbol{j}+z_2\boldsymbol{k}$$

则

$$\boldsymbol{A}+\boldsymbol{B}=(x_1+x_2)\boldsymbol{i}+(y_1+y_2)\boldsymbol{j}+(z_1+z_2)\boldsymbol{k}$$

$$\boldsymbol{A}-\boldsymbol{B}=(x_1-x_2)\boldsymbol{i}+(y_1-y_2)\boldsymbol{j}+(z_1-z_2)\boldsymbol{k}$$

② 数乘

$$\alpha\boldsymbol{A}=\alpha x\boldsymbol{i}+\alpha y\boldsymbol{j}+\alpha z\boldsymbol{k}$$

③ 点积

$$\begin{aligned}\boldsymbol{A}\cdot\boldsymbol{B}&=(x_1\boldsymbol{i}+y_1\boldsymbol{j}+z_1\boldsymbol{k})\cdot(x_2\boldsymbol{i}+y_2\boldsymbol{j}+z_2\boldsymbol{k})\\&=x_1x_2\boldsymbol{i}\cdot\boldsymbol{i}+y_1y_2\boldsymbol{j}\cdot\boldsymbol{j}+z_1z_2\boldsymbol{k}\cdot\boldsymbol{k}+\cdots\\&=x_1x_2+y_1y_2+z_1z_2\end{aligned}$$

其中

$$\boldsymbol{i}\cdot\boldsymbol{i}=1,\quad \boldsymbol{j}\cdot\boldsymbol{j}=1,\quad \boldsymbol{k}\cdot\boldsymbol{k}=1$$

$$\boldsymbol{i}\cdot\boldsymbol{j}=\boldsymbol{i}\cdot\boldsymbol{k}=\boldsymbol{j}\cdot\boldsymbol{k}=0$$

④ 矢量的叉积

$$\boldsymbol{A}\times\boldsymbol{B}=\begin{vmatrix}\boldsymbol{i} & \boldsymbol{j} & \boldsymbol{k}\\ x_1 & y_1 & z_1\\ x_2 & y_2 & z_2\end{vmatrix}$$

其中 $\boldsymbol{i},\boldsymbol{j},\boldsymbol{k}$ 的叉积满足右手螺旋法则，即

$$\boldsymbol{i}\times\boldsymbol{j}=\boldsymbol{k},\ \boldsymbol{j}\times\boldsymbol{k}=\boldsymbol{i},\ \boldsymbol{k}\times\boldsymbol{i}=\boldsymbol{j}$$

第二节 位矢、位移、速度、加速度

一、位矢、位移

物体位置的变化叫做机械运动。若物体运动的范围比物体本身尺寸大得多，研究物体的机械运动时，往往可以不考虑物体的大小，把物体当作一个点。这样的理想模型叫做质点。物体作机械运动时，若其体内任意一条直线在运动中始终保持与自身平行，此物体的机械运动叫做平动，平动物体中任意一点的运动状态都是完全相同的，所以平动物体的运动范围即使不比物体本身尺寸大，平动物体也可视为质点。

表示质点位置的量为位置矢量，简称位矢。位矢是从原点引到质点所在点的有向线段。位矢是矢量，记作 $\boldsymbol{r}$。

例如，图 1-7 中 $\boldsymbol{r}_1$ 和 $\boldsymbol{r}_2$ 分别为质点在 P_1 点和 P_2 点时的位矢，在三维直角坐标系中，位矢为

$$\boldsymbol{r}=x\boldsymbol{i}+y\boldsymbol{j}+y\boldsymbol{k} \tag{1-1}$$

质点运动时，x,y,z 是 t 的函数，因而位矢 $\boldsymbol{r}$ 也是 t 的函数。

$$\boldsymbol{r}=\boldsymbol{r}(t) \tag{1-2}$$

式(1-2)表示运动质点位置和时间关系，即为质点的运动方程式。

图 1-7 中质点的起点 P_1 到终点 P_2 的有向线段 P_1P_2 叫做质点的位移。位移是矢量，质点从 P_1 到 P_2 的位移为

$$\Delta \boldsymbol{r}=\boldsymbol{r}_2-\boldsymbol{r}_1 \tag{1-3}$$

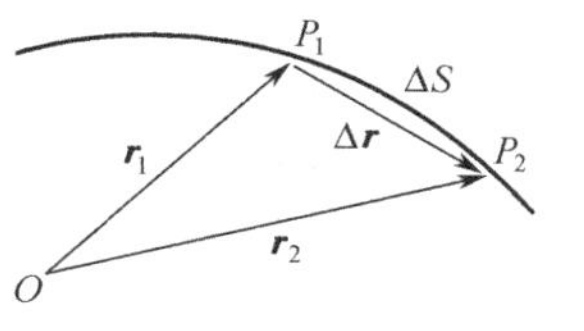

图 1-7　位矢

图 1-7 中质点从起点 P_1 到终点 P_2 的弧长 $\overset{\frown}{P_1P_2}$ 叫做质点的路程，路程是标量，记作 ΔS。

$$\Delta S=\overset{\frown}{P_1P_2} \tag{1-4}$$

位移的大小与路程的大小一般也不相等，由图 1-7 可知，位移的大小 $|\Delta \boldsymbol{r}|$ 与路程的大小 ΔS 只有在单向直线运动或极限情况下才相等。当 $\Delta t \to 0$，有 $P_2 \to P_1$，此时曲线 P_1P_2 上的弧长与弦长相等。

注意：式(1-3)中，$\boldsymbol{r}_1$ 是一个矢量，$\boldsymbol{r}_2$ 是一个矢量，$\Delta \boldsymbol{r}$ 是另外一个矢量，$\Delta \boldsymbol{r}$ 是两个矢量的差，$\Delta \boldsymbol{r}$ 的大小并不一定是 Δr。

也就是，位移 $\Delta \boldsymbol{r}$ 的大小并不是 $|\boldsymbol{r}_2|-|\boldsymbol{r}_1|$，而是 $|\boldsymbol{r}_2-\boldsymbol{r}_1|$。

二、速度

速度是描述质点运动快慢和运动方向的物理量，是矢量。对一段有限时间和有限空间可用平均速度来描述运动的快慢，对无限小时间和空间用瞬时速度。

质点的位移 $\Delta \boldsymbol{r}$ 和完成这个位移的时间 Δt 之比叫做质点在这段时间 Δt 中的平均速度，记作 $\overline{\boldsymbol{v}}$

$$\overline{\boldsymbol{v}}=\frac{\Delta \boldsymbol{r}}{\Delta t} \tag{1-5}$$

平均速度对质点运动的描述不够细致，因为在这段时间内质点的运动可能有快有慢。也可能改变了方向，用瞬时速度描述质点的运动比较精确细致。质点的位移 $\Delta \boldsymbol{r}$ 和时间 Δt 在 $\Delta t \to 0$ 时的比叫做质点的瞬时速度或叫做即时速度，记作 $\boldsymbol{v}$。

$$\boldsymbol{v}=\lim_{\Delta t \to 0}\frac{\Delta \boldsymbol{r}}{\Delta t}=\frac{\mathrm{d}\boldsymbol{r}}{\mathrm{d}t} \tag{1-6}$$

平均速度与瞬时速度都是矢量，平均速度的方向就是位移的方向(如图 1-7)，瞬时速度的方向在质点运动曲线上各点的切线方向，质点在 P_1 点处时的瞬时速度 $\boldsymbol{v}_1$ 和质点在 P_2 处时的瞬时速度 $\boldsymbol{v}_2$ 分别沿着曲线上 P_1 点和 P_2 的切线方向。

值得注意的是式 (1-6) 中 $\boldsymbol{v}$ 的方向为 $\mathrm{d}\boldsymbol{r}$ 的方向，而 $\mathrm{d}\boldsymbol{r}$ 的方向并不一定是 $\boldsymbol{r}$ 的方向。

速度有大小和方向，这两方面只要有一个有了变化，速度就发生了变化。例如竖直落下物体的速度的方向是不变的，大小是改变的，它的速度就是变的；手表秒针针尖绕着轴运动，在任意相等的时间内，针尖经过的弧长的大小都相同，针尖的速度的大小是不变的，但是针尖的运动方向是不停地变的，所以它的速度是变的；手球抛出后，在空中飞行时，球的速度大小和速度的方向都在变，球的飞行速度也是变的，可见三种运动中速度都是变的，学习矢量时很容易忽视矢量方向的变化，请注意这一点。

描述质点运动也常用速率，质点运动的路程 Δs 与时间 Δt 之比叫做质点的平均速率，$\Delta t \to 0$时，这个比叫做质点的瞬时速率。

$$v=\frac{\Delta s}{\Delta t} \tag{1-7}$$

$$v=\lim_{\Delta t \to 0}\frac{\Delta s}{\Delta t}=\frac{\mathrm{d}s}{\mathrm{d}t} \tag{1-8}$$

速率是标量，速度的大小也不一定与速率相等，只有单向直线运动或 $\Delta t \to 0$ 的极限情况下，

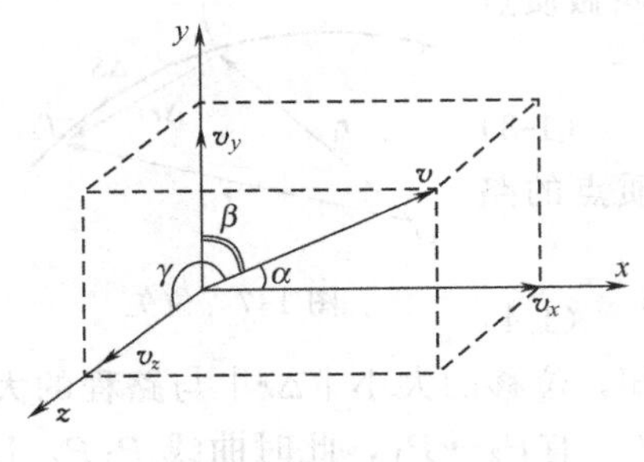

图 1-8　速度的正交分解

速度的大小才等于速率。因此，笼统地说，速度的大小等于速率，或者说速度的大小就是速率都是错误的。

速度和速率的单位在国际单位制（SI 制）中用米/秒（m/s）表示。

速度可以沿坐标分解成分速度，图 1-8 表示分速度的大小和方向

$$\boldsymbol{v}=\frac{\mathrm{d}\boldsymbol{r}}{\mathrm{d}t}=\frac{\mathrm{d}x}{\mathrm{d}t}\boldsymbol{i}+\frac{\mathrm{d}y}{\mathrm{d}t}\boldsymbol{j}+\frac{\mathrm{d}z}{\mathrm{d}t}\boldsymbol{k}$$

$$v_x=\frac{\mathrm{d}x}{\mathrm{d}t},\quad v_y=\frac{\mathrm{d}y}{\mathrm{d}t},\quad v_z=\frac{\mathrm{d}z}{\mathrm{d}t}$$

$$|\boldsymbol{v}|=v=\sqrt{v_x^2+v_y^2+v_z^2}$$

$\boldsymbol{v}$ 的方向由方向余弦决定

$$\cos\alpha=\frac{v_x}{v},\quad \cos\beta=\frac{v_y}{v},\quad \cos\gamma=\frac{v_z}{v}$$

例 1-2　质点运动时，位矢为 $\boldsymbol{r}=\boldsymbol{i}+2t^2\boldsymbol{j}-t\boldsymbol{k}$（SI 制），求：

① 质点第 3s 的平均速度；

② 质点在 3s 时的瞬时速度。

解：①第 3s 是从 2s 到 3s 的一个时间区间

$$t_1=2\mathrm{s},\quad t_2=3\mathrm{s}$$

$$\boldsymbol{r}_1=\boldsymbol{i}+8\boldsymbol{j}-2\boldsymbol{k}$$

$$\boldsymbol{r}_2=\boldsymbol{i}+18\boldsymbol{j}-3\boldsymbol{k}$$

$$\overline{\boldsymbol{v}}=\frac{\Delta\boldsymbol{r}}{\Delta t}=\frac{(\boldsymbol{i}+18\boldsymbol{j}-3\boldsymbol{k})-(\boldsymbol{i}+8\boldsymbol{j}-2\boldsymbol{k})}{3-2}=10\boldsymbol{j}-\boldsymbol{k}$$

$$|\overline{\boldsymbol{v}}|=\sqrt{10^2+1^2}=\sqrt{101}=10.04\ (\mathrm{m/s})$$

② $\boldsymbol{v}=\frac{\mathrm{d}\boldsymbol{r}}{\mathrm{d}t}=\boldsymbol{i}\frac{\mathrm{d}x}{\mathrm{d}t}+\boldsymbol{j}\frac{\mathrm{d}y}{\mathrm{d}t}+\boldsymbol{k}\frac{\mathrm{d}z}{\mathrm{d}t}=4t\boldsymbol{j}-\boldsymbol{k}$

$$\boldsymbol{v}(3)=12\boldsymbol{j}-\boldsymbol{k}$$

$$|\boldsymbol{v}(3)|=\sqrt{12^2+1^2}=\sqrt{145}=12.04\ (\mathrm{m/s})$$

从例 1-2 可见，求平均速度时要先求出两个时刻的位矢函数值 $\boldsymbol{r}_2(t_2)$ 和 $\boldsymbol{r}_1(t_1)$，再求两者之差 $\Delta\boldsymbol{r}$，然后用 $\boldsymbol{v}=\frac{\Delta\boldsymbol{r}}{\Delta t}$；求瞬时速度时，先求出 $\frac{\mathrm{d}\boldsymbol{r}}{\mathrm{d}t}$，再求 $\frac{\mathrm{d}\boldsymbol{r}}{\mathrm{d}t}$ 在某时刻的值和方向。

三、加速度

加速度是描述变速运动的重要物理量。质点在 Δt 时间内速度由 $\boldsymbol{v}_1$ 变为 $\boldsymbol{v}_2$，速度的增量 $\Delta\boldsymbol{v}=\boldsymbol{v}_2-\boldsymbol{v}_1$ 与时间之比叫做质点速度在 Δt 时间内的平均变化率，即平均加速度。平均加速度是矢量，记作 $\overline{\boldsymbol{a}}$。

$$\overline{\boldsymbol{a}}=\frac{\Delta\boldsymbol{v}}{\Delta t}\tag{1-9}$$

在极限情况 $\Delta t\to0$ 时，上式变形为

$$\boldsymbol{a}=\lim_{\Delta t\to0}\frac{\Delta\boldsymbol{v}}{\Delta t}=\frac{\mathrm{d}\boldsymbol{v}}{\mathrm{d}t}\tag{1-10}$$

式(1-10)中的 $\boldsymbol{a}$ 是 $\Delta t\to0$ 时速度增量 $\Delta\boldsymbol{v}$ 与时间 Δt 比的极限，叫做速度的瞬时变化率，

即瞬时加速度或即时加速度。以上讨论强调加速度是速度对时间的变化率是很重要、很必要的，它强调了加速度是反应速度变化率（大小变化和方向变化）的物理量，加速度并不能表示运动的快慢。一个球静止在地面，踢它一下，在一定时间内，它可能获得很大的速度，它的速度变化很快，它的加速度就大；在此时间内，它也可能获得较小的速度，它的速度变化不快，它的加速度就小；一个沿直线运行的汽车速度很大，如它的速度不变，它的加速度就是零；手表的时针的针尖走得很慢，每 12h 才转一圈，但是它的运动方向沿着圆周的切线不停地改变，它的加速度就不是零。所以应该深刻理解加速度是速度的变化率这层意义。

求平均加速度应先求出两个不同时刻的速度 $\boldsymbol{v}_1$ 与 $\boldsymbol{v}_2$，再用式(1-9)。求瞬时加速度应先求速度对时间的一阶导数，再求其导数值。利用式(1-6)加速度也可写作

$$\boldsymbol{a}=\frac{\mathrm{d}^2\boldsymbol{r}}{\mathrm{d}t^2} \tag{1-11}$$

加速度的单位是米/秒^2，记作 $\mathrm{m/s^2}$，这个单位的意义是速度变化时，速度每秒钟改变多少米每秒，例如加速度 $a=9.8\mathrm{m/s^2}$，9.8 这一个值表示质点的速度大小在每秒钟时间内改变 9.8m/s。

例 1-3 质点运动时，其坐标与时刻的关系为

$$\begin{cases}x=1+2t\\ y=2+4t+t^2\end{cases}$$

求：① 第 2s 的平均加速度；

② 3s 时的瞬时加速度。

解：①质点位矢 $\boldsymbol{r}=(1+2t)\boldsymbol{i}+(2+4t+t^2)\boldsymbol{j}$

质点速度 $\boldsymbol{v}=\dfrac{\mathrm{d}\boldsymbol{r}}{\mathrm{d}t}=2\boldsymbol{i}+(4+2t)\boldsymbol{j}$

$$t_1=1\ \mathrm{s},\quad t_2=2\ \mathrm{s}\ （第 2 秒）$$

$$\bar{\boldsymbol{a}}=\frac{\Delta\boldsymbol{v}}{\Delta t}=\frac{\boldsymbol{v}(2)-\boldsymbol{v}(1)}{2-1}=\frac{(2\boldsymbol{i}+8\boldsymbol{j})-(2\boldsymbol{i}+6\boldsymbol{j})}{2-1}=2\boldsymbol{j}$$

所以，第 2 秒中质点的平均加速度沿 y 方向，其大小为 $2\mathrm{m/s^2}$。

② $$\boldsymbol{a}=\frac{\mathrm{d}\boldsymbol{v}}{\mathrm{d}t}=2\boldsymbol{j}$$

第 3s 时质点的加速度沿 y 方向，数值为 $2\mathrm{m/s^2}$。其实此质点在任何时刻的即时加速度均为 $2\boldsymbol{j}$，这样的运动为匀加速运动。

加速度是矢量，平均加速度的方向为速度增量（$\Delta\boldsymbol{v}$）的方向，瞬时加速度的方向为速度增量（$\Delta\boldsymbol{v}$）的极限方向，这个极限方向将在圆周运动和曲线运动中还要讨论。

例 1-4 质点的位矢为

$$\boldsymbol{r}=R\cos wt\boldsymbol{i}+R\sin wt\boldsymbol{j}$$

求质点的速度和加速度。

解：质点的速度 $\boldsymbol{v}=\dfrac{\mathrm{d}\boldsymbol{r}}{\mathrm{d}t}=-Rw\sin wt\boldsymbol{i}+Rw\cos wt\boldsymbol{j}$

质点的加速度

$$\boldsymbol{a}=\frac{\mathrm{d}\boldsymbol{v}}{\mathrm{d}t}=\frac{\mathrm{d}^2\boldsymbol{r}}{\mathrm{d}t^2}=-Rw^2\cos wt\boldsymbol{i}-Rw^2\sin wt\boldsymbol{j}$$

也可写成 $\boldsymbol{a}=-w^2\ (R\cos wt\boldsymbol{i}+R\sin wt\boldsymbol{j})$

$$=-w^2\boldsymbol{r}$$

这说明 $\boldsymbol{a}$ 的方向与 $\boldsymbol{r}$ 的方向始终相反，即 $\boldsymbol{a}$ 是向着原点的，以后称向心加速度。

第三节　质点运动的一般表示

一、直线运动

直线运动是一维运动，在一维运动中，位矢、位移、速度和加速度这些矢量都可作代数量处理，即选定一个正方向，与这个正方向相同的矢量为正，与之相反的为负。

图 1-9 中 $\boldsymbol{a}_1$，$\boldsymbol{v}_1$，$\Delta\boldsymbol{x}_1$ 与正 x 方向一致，$\boldsymbol{a}_1>0$，$\boldsymbol{v}_1>0$，$\Delta\boldsymbol{x}_1>0$，$\boldsymbol{v}_2$ 与 $\boldsymbol{a}_2$、$\Delta\boldsymbol{x}_2$ 与正 x 方向相反，$\boldsymbol{a}_2<0$，$\boldsymbol{v}_2<0$，$\Delta\boldsymbol{x}_2<0$。一辆汽车经过学校门口时，它的速度 $\boldsymbol{v}$ 可正、可负，若它的行驶方向与你选定的正方向一致，它的速度 $\boldsymbol{v}>0$，若它的行驶方向与你选定的正方向相反，它的速度 $\boldsymbol{v}<0$。因此，在一维运动问题中如果没有确定的坐标或确定的方向，不可妄提正负，物理量上的正负号都是有实际意义的，不能随意添加。

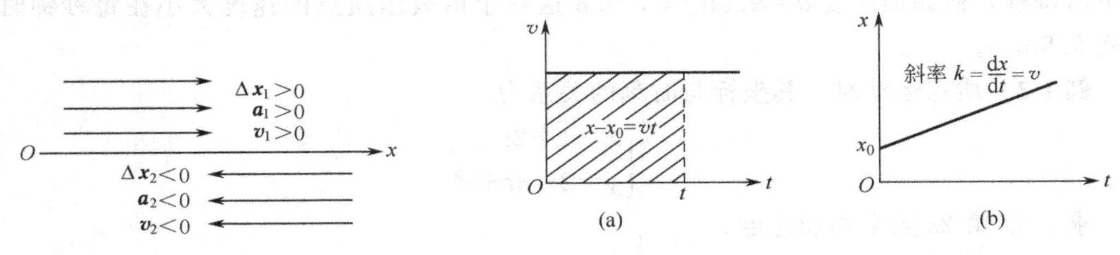

图 1-9　用正负表示矢量方向　　　图 1-10　匀速直线运动的速度图线

若质点沿直线运动，在任意相等的时间间隔内经过的位移都相等，这种运动叫做匀速直线运动。匀速直线运动的速度是一个不变的矢量，“不变”指的是速度的大小和方向都不改变。在匀速直线运动的定义中不可省去“任意”和“都”两个词，很多地方会用到“匀”字，如均匀物质、均匀温度、均匀电场、均匀磁场、均匀木棒等定义这些均匀对象时都不可少去“任意”和“都”字，以均匀木棒为例，木棒上任意等长的部分的质量都相等时木棒是均匀的。

匀速直线运动的运动方程为

$$x=vt+x_0 \tag{1-12}$$

图 1-10 是匀速直线运动的速度图线(a)(v-t 图)和运动图线(b)(x-t 图)。

从图 1-10 可看出 x-t 线的斜率就是速度，v-t 图中相应的面积就是质点的位移。

直线运动不一定匀速，见下面例题。

例 1-5　质点沿 x 轴作直线运动，速度 $v=1+t^2+t^4$ (SI)，已知初始条件为 $x(0)=x_0$，求：

① 此质点的加速度；

② 运动方程。

解： 这类问题不用靠公式，应根据基本概念和数学运算练习综合应用能力。

① $a=\dfrac{dv}{dt}=2t+4t^3$

② $v=\dfrac{dx}{dt}$，$dx=vdt$，$x=\int vdt$

$$x=\int(1+t^2+t^4)dt=t+\frac{1}{3}t^3+\frac{1}{5}t^5+c$$

用初始条件 $x(0)=x_0$，得 $c=x_0$。因此，运动方程为 $x=t+\frac{1}{3}t^3+\frac{1}{s}t^5+c_0$。

例 1-6 质点沿 x 轴作直线运动，加速度为 $a=t^3$(SI)，初始条件为 $x(0)=x_0$，$v(0)=v_0$，求质点的速度和运动方程式。

解：

$$a=\frac{\mathrm{d}v}{\mathrm{d}t},\ \mathrm{d}v=a\mathrm{d}t,\ v=\int a\mathrm{d}t$$

$$v=\int t^3\,\mathrm{d}t=\frac{1}{4}t^4+c_1$$

由初始条件 $v(0)=v_0$，得 $c_1=v_0$。

$$v=v_0+\frac{1}{4}t^4$$

$$v=\frac{\mathrm{d}x}{\mathrm{d}t},\ \mathrm{d}x=v\mathrm{d}t,\ x=\int v\mathrm{d}t$$

$$x=\int\left(v_0+\frac{1}{4}t^4\right)\mathrm{d}t=v_0t+\frac{1}{20}t^5+c_2$$

由初始条件 $x(0)=x_0$，得 $c_2=x_0$

$$x=x_0+v_0t+\frac{1}{20}t^5$$

例 1-7 质点沿 x 轴作直线运动，速度为 $v=v_0(1-\mathrm{e}^{-kt})$，初始条件为 $x(0)=x_0$，k,v_0 为恒量，求：

① 质点的加速度；

② 质点的运动方程式。

解： ① $a=\frac{\mathrm{d}v}{\mathrm{d}t}=kv_0\mathrm{e}^{-kt}$

② $x=\int v\mathrm{d}t=\int v_0(1-\mathrm{e}^{-kt})\mathrm{d}t=v_0t+\frac{v_0}{k}\mathrm{e}^{-kt}+c$

用初始条件得　$x_0=\frac{v_0}{k}+c$，即 $c=x_0-\frac{v_0}{k}$；$x=v_0t+\frac{v_0}{k}\mathrm{e}^{-kt}+x_0-\frac{v_0}{k}$。

二、圆周运动

质点沿着圆周运动有两种情况——匀速圆周运动与变速圆周运动。质点作匀速圆周运动时，质点的速度方向是时刻在变的，所以匀速圆周运动并非匀速度运动。

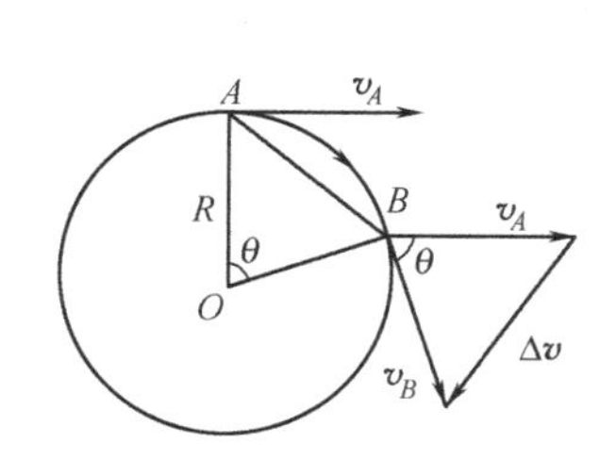

图 1-11　匀速圆周运动

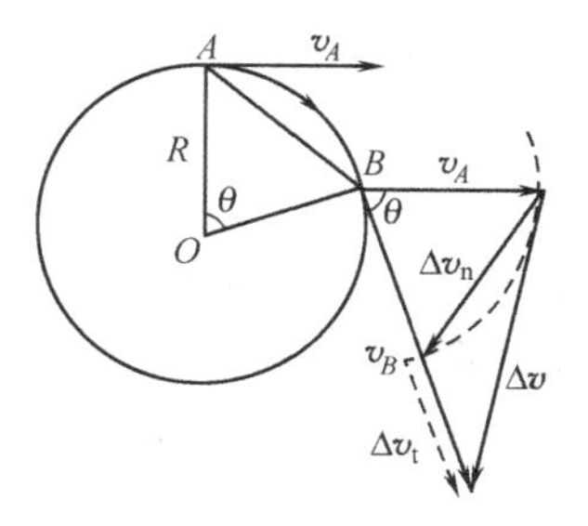

图 1-12　变速圆周运动

质点做圆周运动时，若任意相等的时间内质点经过的弧长都相等，这种圆周运动叫做匀速圆周运动，否则为变速圆周运动。在图 1-11 中把 A 点的速度 $\boldsymbol{v}_A$ 平移到 B 点，$\boldsymbol{v}_A$，$\boldsymbol{v}_B$ 与 $\Delta\boldsymbol{v}$ 组成一个等腰三角形，等腰三角形的顶角与弧 $\widehat{AB}$ 张的圆心角相等，因为 $\triangle OAB\sim$

$\triangle Bv_Av_B$，得

$$\frac{|\Delta \boldsymbol{v}|}{\overline{AB}}=\frac{v_A}{R},\quad |\Delta \boldsymbol{v}|=\frac{v_A}{R}\overline{AB}$$

由加速度定义，质点在 A 点的瞬时加速度为

$$\boldsymbol{a}=\lim_{\Delta t\to 0}\frac{\Delta \boldsymbol{v}}{\Delta t}$$

加速度大小为

$$a=\lim_{\Delta t\to 0}\frac{|\Delta \boldsymbol{v}|}{\Delta t}=\lim_{\Delta t\to 0}\frac{v_A}{R}\cdot\frac{\overline{AB}}{\Delta t}=\frac{v_A}{R}\cdot\lim_{\Delta t\to 0}\frac{\overline{AB}}{\Delta t}=\frac{v_A}{R}\cdot v_A=\frac{v_A^2}{R}$$

舍去脚标 A，得匀速圆周运动的质点加速度的大小为

$$a=\frac{v^2}{R} \tag{1-13}$$

$\Delta t\to 0$ 时，$\theta\to 0$，$\Delta \boldsymbol{v}$ 的方向趋向圆周的法线方向，所以匀速圆周运动的质点的加速度方向是指向圆心的，因此作匀速圆周运动的质点的加速度叫向心加速度，记作 a_{n}，若在圆周的法线方向取单位矢量 $\boldsymbol{n}$，则匀速圆周运动质点的加速度矢量式可写成

$$\boldsymbol{a}_{\mathrm{n}}=\frac{v^2}{R}\boldsymbol{n} \tag{1-14}$$

用图 1-12 容易得出变速圆周运动的加速度。把 v_A 从 A 点平移到 B 点，得 v_A，v_B 和 Δv 构成的一个三角形，将 $\Delta \boldsymbol{v}$ 分解成 $\Delta \boldsymbol{v}_{\mathrm{n}}$ 和 $\Delta \boldsymbol{v}_{\mathrm{t}}$ 两部分

$$\Delta \boldsymbol{v}=\Delta \boldsymbol{v}_{\mathrm{n}}+\Delta \boldsymbol{v}_{\mathrm{t}}$$

先看 Δv_{n} 部分，按照图 1-11，同理得

$$\boldsymbol{a}_{\mathrm{n}}=\frac{v^2}{R}\boldsymbol{n} \tag{1-15}$$

再看 Δv_{t} 部分按照图 1-12，$\Delta v_{\mathrm{t}}=\Delta v=v_B-v_A$ 是速度大小的增量，所以

$$a_{\mathrm{t}}=\lim_{\Delta t\to 0}\frac{\Delta v_{\mathrm{t}}}{\Delta t}$$

大小为
$$a_{\mathrm{t}}=\lim_{\Delta t\to 0}\frac{\Delta v}{\Delta t}=\frac{\mathrm{d}v}{\mathrm{d}t}$$

图 1-12 中，$\Delta t\to 0$ 时，$\Delta v_{\mathrm{n}}\to$法线方向，$\Delta v_{\mathrm{t}}\to$切线方向，引入切线方向的单位矢量 $\boldsymbol{\tau}$，得切线加速度的矢量式

$$\boldsymbol{a}_{\mathrm{t}}=\frac{\mathrm{d}v}{\mathrm{d}t}\boldsymbol{\tau} \tag{1-16}$$

$\boldsymbol{a}_{\mathrm{t}}$ 叫做变速圆周运动的切向加速度。

三、曲线运动

质点运动学中最一般的运动为曲线运动，可表示为

$$\begin{cases}\boldsymbol{r}=\boldsymbol{r}(t)\\ \boldsymbol{v}=\dfrac{\mathrm{d}\boldsymbol{r}(t)}{\mathrm{d}t}\\ \boldsymbol{a}=\dfrac{\mathrm{d}\boldsymbol{v}}{\mathrm{d}t}=\dfrac{\mathrm{d}^2\boldsymbol{r}}{\mathrm{d}t^2}\end{cases} \tag{1-17}$$

也可表示为

$$
\begin{cases}
\boldsymbol{r}=x\boldsymbol{i}+y\boldsymbol{j}+z\boldsymbol{k} \\
\boldsymbol{v}=\dfrac{\mathrm{d}x}{\mathrm{d}t}\boldsymbol{i}+\dfrac{\mathrm{d}y}{\mathrm{d}t}\boldsymbol{j}+\dfrac{\mathrm{d}z}{\mathrm{d}t}\boldsymbol{k} \\
\boldsymbol{a}=\dfrac{\mathrm{d}^2x}{\mathrm{d}t^2}\boldsymbol{i}+\dfrac{\mathrm{d}^2y}{\mathrm{d}t^2}\boldsymbol{j}+\dfrac{\mathrm{d}^2z}{\mathrm{d}t^2}\boldsymbol{k}
\end{cases}
\tag{1-18}
$$

而平面曲线运动还可表示为

$$
\begin{cases}
\boldsymbol{r}=x\boldsymbol{i}+y\boldsymbol{j} \\
\boldsymbol{v}=\dfrac{\mathrm{d}x}{\mathrm{d}t}\boldsymbol{i}+\dfrac{\mathrm{d}y}{\mathrm{d}t}\boldsymbol{j} \\
\boldsymbol{a}=a_{\mathrm{n}}\boldsymbol{n}+a_{\mathrm{t}}\boldsymbol{\tau} \\
a_{\mathrm{n}}=\dfrac{v^2}{\rho} \\
a_{\mathrm{t}}=\dfrac{\mathrm{d}v}{\mathrm{d}t}
\end{cases}
\tag{1-19}
$$

式（1-19）中，$\boldsymbol{n},\boldsymbol{\tau}$ 分别为法向和切向的单位矢量，方向随运动物体一起改变。a_{n} 称为曲线运动在某点处的法向加速度，而 ρ 为此点曲线对应的曲率半径，其中 $a_{\mathrm{t}}=\mathrm{d}v/\mathrm{d}t$ 中的 v 为速度的大小。

例 1-8 一小石块以 $\boldsymbol{v}=v_0\boldsymbol{i}$ 抛出，空气阻力不计，求小石块在任意时刻 t 的速度 $\boldsymbol{v}$、切向、法向加速度 $\boldsymbol{a}_{\mathrm{t}},\boldsymbol{a}_{\mathrm{n}}$ 及总加速度 $\boldsymbol{a}$ 各为多少？

解：小石块作的实际上是平抛运动，取坐标轴如图 1-13，任一时刻 t

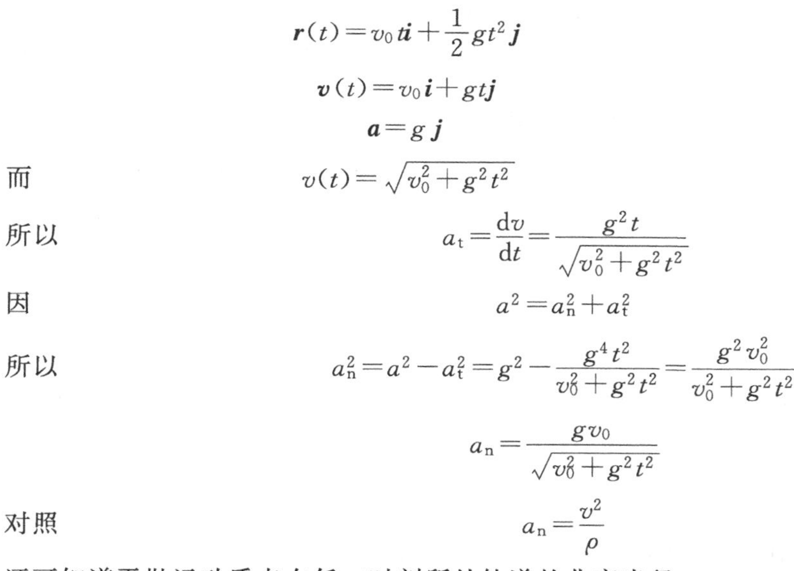

$$\boldsymbol{r}(t)=v_0t\boldsymbol{i}+\frac{1}{2}gt^2\boldsymbol{j}$$

$$\boldsymbol{v}(t)=v_0\boldsymbol{i}+gt\boldsymbol{j}$$

$$\boldsymbol{a}=g\boldsymbol{j}$$

图 1-13 平抛运动

而

$$v(t)=\sqrt{v_0^2+g^2t^2}$$

所以

$$a_{\mathrm{t}}=\frac{\mathrm{d}v}{\mathrm{d}t}=\frac{g^2t}{\sqrt{v_0^2+g^2t^2}}$$

因

$$a^2=a_{\mathrm{n}}^2+a_{\mathrm{t}}^2$$

所以

$$a_{\mathrm{n}}^2=a^2-a_{\mathrm{t}}^2=g^2-\frac{g^4t^2}{v_0^2+g^2t^2}=\frac{g^2v_0^2}{v_0^2+g^2t^2}$$

$$a_{\mathrm{n}}=\frac{gv_0}{\sqrt{v_0^2+g^2t^2}}$$

对照

$$a_{\mathrm{n}}=\frac{v^2}{\rho}$$

还可知道平抛运动质点在任一时刻所处轨道的曲率半径

$$\rho=\frac{v^2}{a_{\mathrm{n}}}=\frac{v_0^2+g^2t^2}{gv_0/\sqrt{v_0^2+g^2t^2}}=\frac{(v_0^2+g^2t^2)^{\frac{3}{2}}}{gv_0}$$

因此，从曲线运动的角度去审视一个平抛运动，既有其向心加速度，即法向加速度，还有切向加速度，在任意时刻，切向加速度和法向加速度的矢量合成却是一个均匀不变的重力加速度 $\boldsymbol{g}$。

四、圆周运动的角量表示

圆周运动可用角位移 $\Delta\theta$ 表示角位置的变化，用角速度 ω 表示运动的快慢和运动的方向，质点沿圆周运动时，质点的角位移 $\Delta\theta$ 和时间 Δt 之比叫做质点在这段时间的平均角速度，记作 $\overline{\omega}$

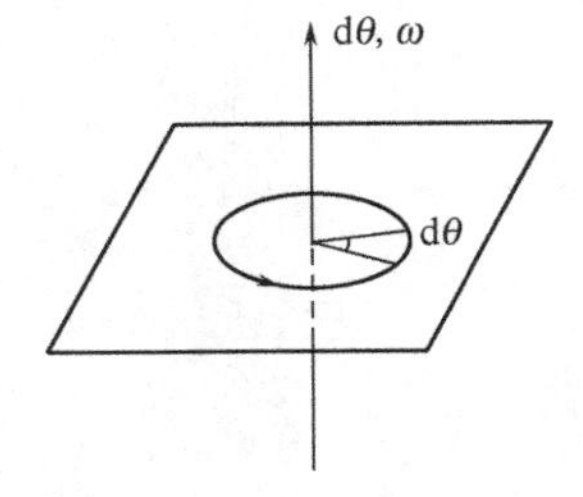

图 1-14　角位移与角速度

$$\overline{\omega}=\frac{\Delta\theta}{\Delta t} \tag{1-20}$$

单位是弧度/秒（rad/s），也常记作 1/秒（1/s）。无限小角位移是矢量，其方向与旋转方向构成右旋系统，如图 1-14 所示，角速度也是矢量，$\Delta t\to 0$ 时平均角速度的极限为瞬时角速度。

$$\omega=\lim_{\Delta t\to 0}\frac{\Delta\theta}{\Delta t}=\frac{\mathrm{d}\theta}{\mathrm{d}t} \tag{1-21}$$

同理可引入平均角加速度与瞬时角加速度

平均角加速度

$$\overline{\beta}=\frac{\Delta\omega}{\Delta t} \tag{1-22}$$

瞬时角加速度

$$\beta=\frac{\mathrm{d}\omega}{\mathrm{d}t} \tag{1-23}$$

角加速度的单位是弧度/秒^2（rad/s^2）也记作 1/s^2 或 s^{-2}。角加速度也是矢量，平均角加速度的方向与角速度增量 $\Delta\omega$ 的方向相同，瞬时角加速度的方向在角速度增量（$\Delta\omega$）的极限方向，在固定轴问题可用正负号表示它们的方向。

$\Delta\theta,\omega,\beta$ 都称为角量，它们与线量 $\Delta r,v,a$ 的数量关系是

$$\Delta S=R\Delta\theta,\qquad v=R\omega,\qquad a_{\mathrm{n}}=R\omega^2,\qquad a_{\mathrm{t}}=R\beta \tag{1-24}$$

习　　题

1. 一个质点沿空间曲线 $\boldsymbol{r}=(t^2+t)\boldsymbol{i}+(3t-2)\boldsymbol{j}+(2t^3-4t^2)\boldsymbol{k}$ 运动。求质点在时刻 $t=2$ 时的：

① 速度；

② 加速度；

③ 速率；

④ 速度的大小；

⑤ 加速度的大小（SI 单位）。

2. 两个质点的位置矢量分别为 $\boldsymbol{r}_1=t\boldsymbol{i}-t^2\boldsymbol{j}+(2t+3)\boldsymbol{k}$ 和 $\boldsymbol{r}_2=(2t-3t^2)\boldsymbol{i}+4t\boldsymbol{j}-t^3\boldsymbol{k}$。求在 $t=1$ 时第二个质点相对于第一个质点的：

① 相对速度；

② 相对加速度（SI 单位）。

3. 一质点沿图 1-15 中所示的轨迹以匀速率运动，设此轨迹位于一水平面内，问在哪一点附近质点的加速度最大？

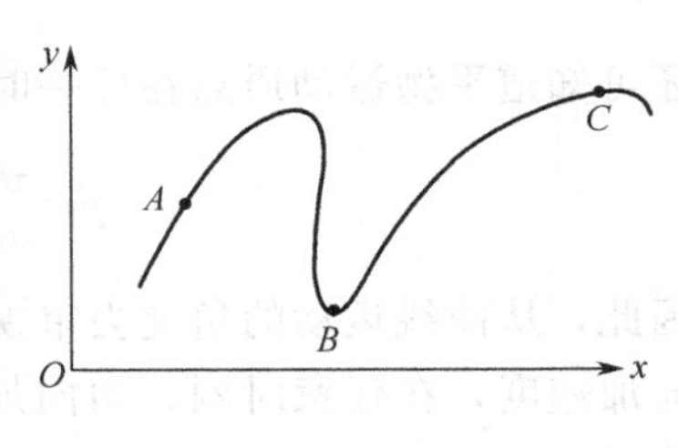

图 1-15　习题 3 图

4. 求在椭圆 $\boldsymbol{r}=a\cos\omega t\boldsymbol{i}+b\sin\omega t\boldsymbol{j}$ 上运动的质点的切向加速度和法向加速度。

5. 一艘快艇，在高速直线行驶时，发动机突然熄火，若此时快艇的加速度可表示为 $a=-kv^2$，式中 k 为常数。求证：快艇熄灭后驶过距离 x 后的速度变为：

$$v = v_0 e^{-kx}$$

式中，v_0 为发动机刚熄火时快艇的速度。

6. 一质点在 xOy 平面内运动，运动方程为

$$x = 2t, \qquad y = 19 - 2t^2 \qquad \text{(SI)}$$

求① 计算并图示质点的运动轨道；

② 什么时刻，质点的位置矢量与其速度矢量恰好垂直；

③ 什么时刻，质点距离原点最近，求出这一距离。

7. 质点沿半径为 0.1m 的圆周运动，其角位移 θ 可用下式表示

$$\theta = 5 + 2t^3 \qquad \text{(SI)}$$

求 $t = 1\text{s}$ 时的 a_t，a_n 及 $a_{总}$。

第二章 牛顿定律

第一节 牛顿运动三定律

一、牛顿第一定律

牛顿第一定律也称惯性定律。即：任何物体都将保持静止或匀速直线运动的状态，直到其他物体所作用的力迫使它改变这种状态为止。

牛顿在惯性定律中实际上阐述了两个问题。第一是关于静止或匀速运动的概念，大家知道，运动总是相对于某一参照物来讲的，因此，运动是相对的。但任何物体都处于绝对的运动中，因为物质是运动的。因此，从这层面上讲，运动又是绝对的。因此，牛顿在第一定律中实际上定义了一个参照系，一个惯性定律适用的参照系，称为惯性系。第二是关于物质的惯性问题的概念，物质的这种保持静止或匀速直线运动的本质称为物质的惯性，仅仅看第一定律还不能悟出惯性的本质是什么，结合第二定律，就能清楚地认识到，牛顿在这儿指的惯性就是物质的质量！也就是通常意义下的用 m 表示，单位为 kg 的物理量。

请注意，严格说来，这里的质量是惯性的量度，而有时质量也用作含有“物质”的量度，现在知道，在适当层次中二者等价。

二、牛顿第二定律

牛顿第二定律：运动的改变与力成比例并发生在力的作用方向上。

这是牛顿的原话。那么，牛顿指的“运动”是什么呢？用什么来表示“运动”的量呢？牛顿在第二定律中所说的“运动”是指物质运动的动量，运动的改变就是讲的动量的变化，那么，牛顿第二定律在选择合适的单位后可表示为

$$\boldsymbol{F}=\frac{\mathrm{d}\boldsymbol{p}}{\mathrm{d}t} \tag{2-1}$$

式中 $\boldsymbol{p}=m\boldsymbol{v}$ 称为动量。

若在运动的过程中，物质的惯性不变，即 m 为常量，则牛顿第二定律即为

$$\boldsymbol{F}=m\frac{\mathrm{d}\boldsymbol{v}}{\mathrm{d}t}=m\boldsymbol{a} \tag{2-2}$$

牛顿第二定律的式（2-1）和式（2-2）形式表示的是力 $\boldsymbol{F}$ 与运动的改变量之间的瞬间或称瞬时关系，这种瞬间或瞬时的关系形式，可称为牛顿第二定律的微分形式。与之对应的是力 $\boldsymbol{F}$ 作用一段时间，或在空间作用一段距离的形式结果称为积分形式。

三、牛顿第三定律

牛顿第三定律：对每一作用总存在一个相等的反作用。

这是牛顿关于两个物体相互作用时，它们之间的作用力的问题的说明。指的是，当物体 A 作用于物体 B 一个力 $\boldsymbol{F}_{AB}$，则物体 B 也会有一作用力 $\boldsymbol{F}_{BA}$ 作用在物体 A 上，且

$$\boldsymbol{F}_{AB}=-\boldsymbol{F}_{BA} \tag{2-3}$$

此两力属于同一性质的力。

第二节　力 的 概 念

力是物体与物体间的作用，物体总是要存在于环境中的，物体与环境构成系统。处于系统中的物体总会受到环境对它的影响，环境中其他物体对它的作用就是力。物体受力总是在某个环境中，完全孤立的一个物体是没有受力问题的。物体间相互作用种类很多，例如有引力、电力、磁力、核力、摩擦力、弹力、浮力……现把常要讨论的力，归纳成三类四种。

三类：
- 引力类——重力
- 弹力类
  - 正压力
  - 张　力
- 摩擦力类——静摩擦力、最大静摩擦力、滑动摩擦力

（以上）四种

一、重力

地球绕地轴自转时，地面上物体随地球自转，如图 2-1 所示，物体需要向心力 $\boldsymbol{F}_n$，地球对物体的万有引力 $\boldsymbol{F}$ 中一部分提供物体随地球自转需要的向心力 $\boldsymbol{F}_n$，另一部分 $\boldsymbol{G}$ 为物体的重力。重力是由地球对物体的万有引力作用产生的，或者说物体的重力是地球对物体的万有引力的一部分，但是不要说重力就是地球对物体的万有引力。重力的符号常用 $\boldsymbol{W}$ 或 $\boldsymbol{G}$，重力加速度值常用

$$g = 9.8\ \mathrm{m/s^2}$$

$$\boldsymbol{G} = m\boldsymbol{g}$$

重力方向垂直水平面。

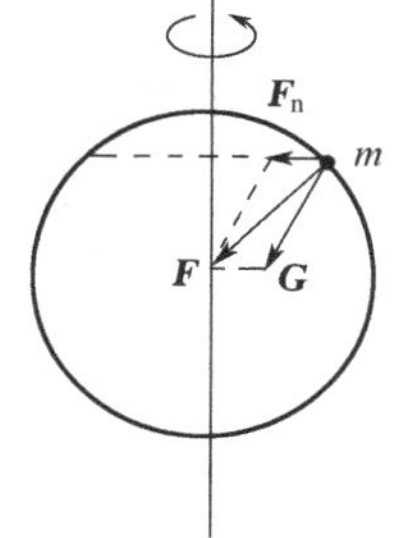

图 2-1　重力

二、张力

绳子、弹簧、木棒、链条受拉伸时，其中使它们绷紧的作用力叫做张力，记作 $\boldsymbol{T}$。例如一根链条受外力绷紧时每一节链条间都有一对相互拉紧的力，图 2-2 中 3 拉 4 的力 $\boldsymbol{T}_{34}$ 作用在 4 上，4 拉 3 的力 $\boldsymbol{T}_{43}$ 作用在 3 上，$\boldsymbol{T}_{34}$ 和 $\boldsymbol{T}_{43}$ 都是链条中张力，在同一链条上，因选取的讨论对象不同，有向左的张力，也有向右的张力，用绳吊起一个物体，绳中有张力，上段绳的张力向下，下段绳的张力向上。张力的方向沿着绳索。

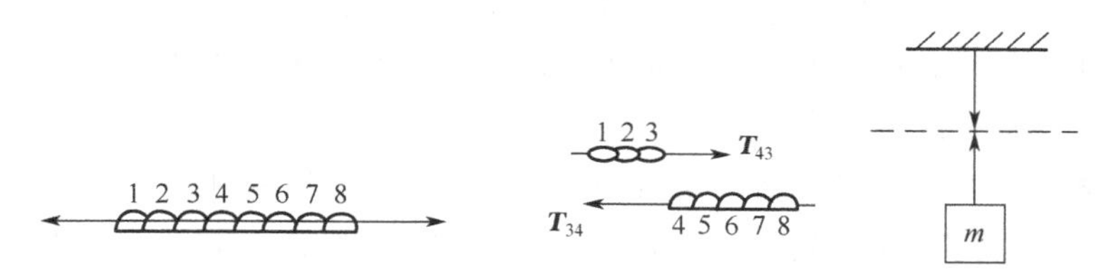

图 2-2　张力的方向

三、正压力

两物体接触、压紧、发生在垂直接触面的一对相互作用力叫正压力，因为受力的面不一定是水平的，所以正压力也不一定是竖直向下的，正压力中的“正”字是指力与承受力的面垂直。正压力常用 $\boldsymbol{N}$ 表示。

四、摩擦力

两个物体相互接触、压紧，彼此作相对运动或有相对运动趋势时，接触面上阻碍相对运动或相对运动趋势的力叫摩擦力，尚未相对运动时的摩擦力叫静摩擦力，已经相对滑动时的摩擦力叫滑动摩擦力。

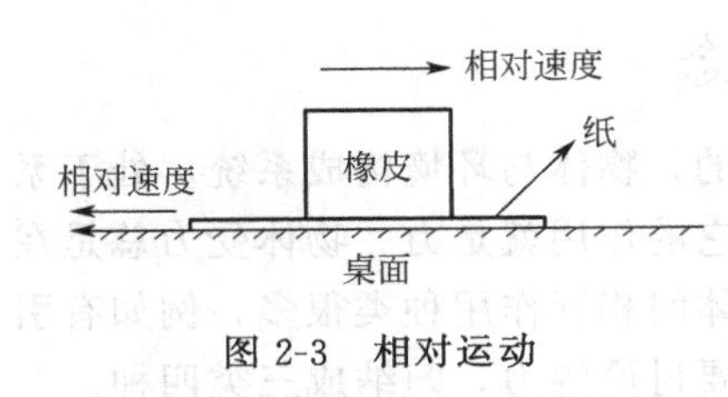

图 2-3　相对运动

从摩擦力的定义知产生摩擦力的条件是接触、压紧，有相对运动或有相对运动趋势。摩擦力沿接触面（有时是接触点）的切线方向而且与相对运动或相对运动趋势的方向相反。图 2-3 中橡皮的相对运动速度向前，橡皮受的摩擦力向后，纸张的相对运动速度向后，纸张受的摩擦力向前。

图 2-4 中 f_m 为物块 m 受到的滑动摩擦力，f_{m0} 是物块 m 受到的静摩擦力。接受静摩擦力概念时，需要对“静”字有正确理解，静摩擦力中的“静”是指摩擦的两个接触物间无相对滑动。并不一定是两个物体静止不动，图 2-4(b) 中，物块与车都沿斜面向下滑动，但是它们之间无相对滑动，它们是相对静止的，所以它们之间的摩擦力是静摩擦力，图 2-4 中还有几个这样的例子，请区别。

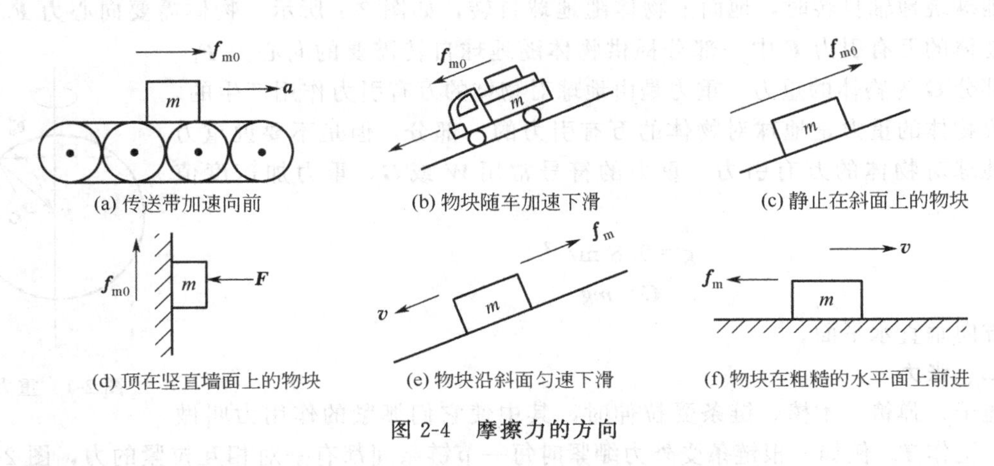

图 2-4　摩擦力的方向

注意：**滑动摩擦力的方向与相对运动方向相反；静摩擦力的方向与相对运动趋势方向相反。**

从静摩擦力到滑动摩擦力有一个过渡值，这个过渡值为最大静摩擦力。物体受的静摩擦力逐渐增大到恰好达到最大静摩擦力时，物体就开始滑动。

三种摩擦力大小由不同方法求出，静摩擦力的大小由物体受的外力决定，在讨论牛顿运动定律时，再介绍关于它的计算方法。

最大静摩擦力与正压力成正比，比例系数为 μ_0，μ_0 由材料性质和接触面的状态决定，μ_0 叫静摩擦系数。静摩擦系数 μ_0 是求最大静摩擦力用的，不是求静摩擦力用的，不要弄错。

$$f_{max}=\mu_0 N$$

滑动摩擦力也与正压力成正比，比例系数记作 μ，μ 也由材料性质和接触面状态决定，μ 叫滑动摩擦系数。

$$f=\mu N$$

第三节　单位制和量纲

一、单位制

物理学是建立在实验基础上的学科。很多物理量可通过实验进行测量。测量的结果可用一个测量数值加上一个单位构成。

不同的物理量之间可用方程联系，例如 $\boldsymbol{F}=m\boldsymbol{a}$，若知道 m 的单位及加速度 $\boldsymbol{a}$ 的单位，则力 $\boldsymbol{F}$ 的单位也可通过方程的关系而知道。

在物理学中规定了一些量作为基本量，而其他量可通过与这些基本量之间的关系而导出，叫做导出量。在 SI 制（system of international units），即国际单位制中，规定的基本量有

时间	秒	s	电流强度	安培	A
长度	米	m	温度	开尔文	K
质量	千克	kg	物质的量	摩尔	mol

二、量纲

导出量与基本量之间的关系，一般都可以表示为导出量与基本量的一定幂次成比例。例如，在 SI 制中以 L,M,T 分别表示长度、质量、时间的三个基本量的量纲，一个力学量可表示成量纲的形式为

$$[\mathrm{Q}]=\mathrm{L}^{p}\mathrm{M}^{q}\mathrm{T}^{r}$$

[Q] 称为量纲式，p,q,r 称为导出量的量纲指数。

再看 $\boldsymbol{F}=m\boldsymbol{a}$，力的单位是牛顿，则

$$[\mathrm{F}]=\mathrm{M}^{1}\mathrm{L}^{1}\mathrm{T}^{-2}$$

则（1,1,−2）为力的量纲指数。

量纲的概念可以帮助我们在物理学的理论运算及推测过程中检验公式、方程的正确性。因为一个物理学中的公式、方程两边的量纲必须相等。

第四节　惯性系与非惯性系

图 2-5(a) 中小车静止或做匀速直线运动时，弹簧不会伸长，小球受的合外力为零，车上的人 A 看小球，小球相对 A 为静止，地上的人 B 看小球，小球相对 B 做匀速直线运动，可见无论坐标放在地面上还是放在与地面做匀速直线运动的车上，小球的运动都遵守牛顿定律，也就是说在这两个坐标系中牛顿定律都是适用的。

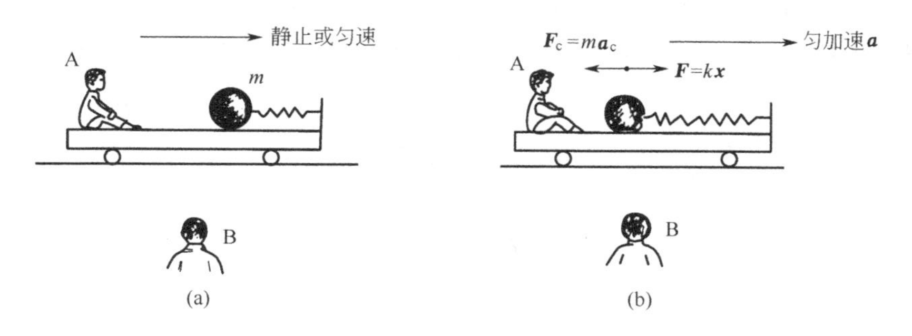

图 2-5　惯性系与非惯性系

图 2-5(b) 中小车做匀变速直线运动时，弹簧要伸长，小球受弹簧拉力，小球的合外力方向向前，车上的人 A 看小球，小球相对于 A 仍为静止，它看不到小球有加速度，但是他看到弹簧伸长，在它所在的坐标看小球，小球受力，但其加速度为零，（$F_{球}\neq0$，$a_{球}=0$）这是不符合牛顿定律的，可见在此加速运动的坐标中牛顿定律不再适用。地上的人看小球，小球受到弹簧的拉力，小球有向前的加速度（$F_{球}\neq0$，$a_{球}\neq0$）小球的运动符合牛顿运动定

律，可见在地面坐标中牛顿定律还是适用的。放在地面上的坐标及相对地面做匀速直线运动的坐标叫做惯性坐标，牛顿定律适用的坐标系为惯性坐标系，牛顿定律不适用的坐标系为非惯性坐标系。

在非惯性系中不能直接用牛顿第二定律，要使牛顿第二定律在非惯性系内也能适用，引进一个虚构的力即可，这个虚构的力与实际力不同，它不是某个物体对另一物体的一种作用，它没有反作用力，这个虚构的力叫惯性力。惯性力的方向与非惯性系的加速度方向相反，惯性力的大小等于物体的质量与非惯性系的加速度的乘积。图 2-5(b)中小球的惯性力方向向后，大小为 ma_c，用 $\boldsymbol{F}_c$ 表示惯性力，$\boldsymbol{a}_c$ 表示非惯性系相对于惯性系的加速度，则质量为 m 的物体在非惯性系中受的惯性力为

$$\boldsymbol{F}_c=-m\boldsymbol{a}_c \tag{2-4}$$

非惯性系中引入惯性力后，在非惯性系中也能应用牛顿第二定律，此时牛顿第二定律的形式变成

$$\boldsymbol{F}+\boldsymbol{F}_c=m\boldsymbol{a} \tag{2-5}$$

式中，$\boldsymbol{F}$ 是质量为 m 的物体受到的真实的合外力；$\boldsymbol{F}_c$ 是质量为 m 的物体在非惯性系中受到的惯性力；$\boldsymbol{a}$ 是质量为 m 的物体相对于非惯性系的加速度。

第五节 牛顿定律应用举例

用牛顿第二定律解题时，应先选取一个或几个物体做讨论对象，分析它们受的力，画出受力图，选取坐标，选用合适的公式，列出联立方程，观察独立方程个数与未知数个数是否相等，相等时可联立求解，不相等时尚需再找关系，补充方程。上述过程可分成四步讨论。

一、确定讨论对象

一般讲，把每个物体作为一个讨论对象，分析它的受力，用牛顿第二定律都能列出一个方程。若几个物体有同一加速度，也可以把这几个物体当作一个讨论对象。

图 2-6(a) 中力 F 拉着两个物体沿粗糙平面作加速运动，若选 m_1 为讨论对象，m_1 受力如图 2-6(b)所示；若选 m_2 为讨论对象，m_2 受力如图 2-6(c)所示；因为 m_1 与 m_2 有相同加速度，所以也可选 m_1 和 m_2 为同一个讨论对象，m_1 和 m_2 受力如图 2-6(d)所示，绳中拉力

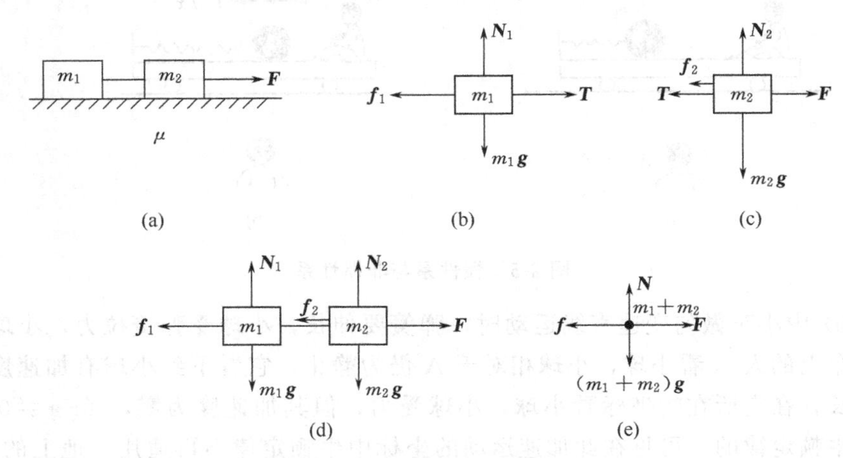

图 2-6 讨论对象受力情况

在此系统中是内力，不必画出。在画受力图时，不必按照实物画，只要用一个点代替即可。图 2-6(e)表示了这种意思。图 2-6 中各力可画成共点力是因为我们讨论的物体是质点，在第四章刚体中就不能这样处理。

二、画受力示意图

牛顿第二运动定律中有三个物理量力 $\boldsymbol{F}$、质量 m 和加速度 $\boldsymbol{a}$，画受力示意图时，必须画出这三个方面。图 2-7 是圆锥摆中小球的受力示意图。

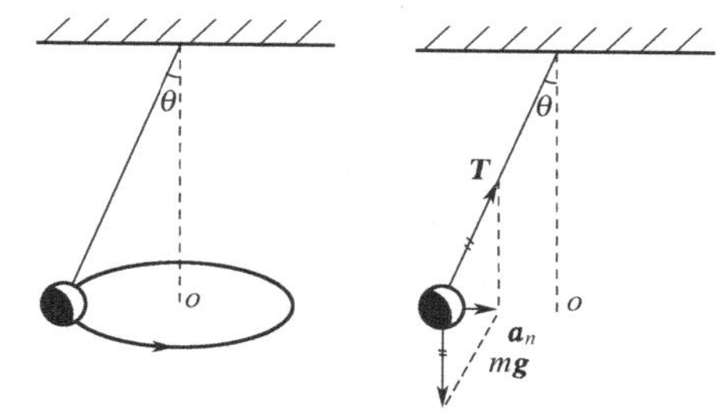

图 2-7 圆锥摆

三、选公式列方程

讨论对象确定了，讨论对象的示力图也画出来了，就要从式（2-6）、式（2-7）中选择合适的公式列出方程，式（2-6）中有自然坐标系（n，t）和直角坐标系（x,y,z），因此用公式前必须先设定坐标。将讨论对象上受到的诸外力沿坐标方向正交分解，然后求出坐标方向的合力 F_x，F_y,F_z 或 F_n,F_t，再把加速度按坐标正交分解得 a_x,a_y,a_z 或 a_n,a_t，才能用式（2-6）。

$$\left.\begin{aligned} F_x &= \sum_1^N F_{xi} = ma_x \\ F_y &= \sum_1^N F_{yi} = ma_y \\ F_z &= \sum_1^N F_{zi} = ma_z \\ F_n &= \sum_1^N F_{ni} = ma_n \\ F_t &= \sum_1^N F_{ti} = ma_t \end{aligned}\right\} \qquad (2\text{-}6)$$

因为力与加速度正交分解后得到的是矢量的坐标投影量、坐标投影量有正有负，在同一方向上合成时用代数和即可。

从式（2-6）看，若坐标中有一个轴就放在加速度的方向，加速度就不必再正交分解，选取坐标时，若把 x 坐标放在加速度 a 的方向，则式（2-6）中前三个式子简化为

$$\left.\begin{aligned} \sum_1^N F_{xi} &= ma \\ \sum_1^N F_{yi} &= 0 \\ \sum_1^N F_{zi} &= 0 \end{aligned}\right\} \qquad (2\text{-}7)$$

从式（2-7）中看得出，讨论对象在 y 方向和 z 方向上是平衡力问题。用牛顿第二定律解题时常常让一个坐标轴与物体的加速度方向重合就能有这种方便。图 2-8 中，物体沿着粗糙斜面向下加速滑动时，若设 x 轴在水平方向，y 轴在竖直方向见图 2-8(b)，得到的方程为

$$F_x = ma_x \Rightarrow f\cos\theta - N\sin\theta = m(-a\cos\theta)$$
$$F_y = ma_y \Rightarrow f\sin\theta + N\cos\theta - mg = m(-a\sin\theta) \tag{2-8}$$

若沿着斜面设置 xy 坐标见图 2-8(d)，得到的方程为

$$F_x = ma_x \Rightarrow mg\sin\theta - f = ma$$
$$F_y = ma_y \Rightarrow N - mg\cos\theta = 0 \tag{2-9}$$

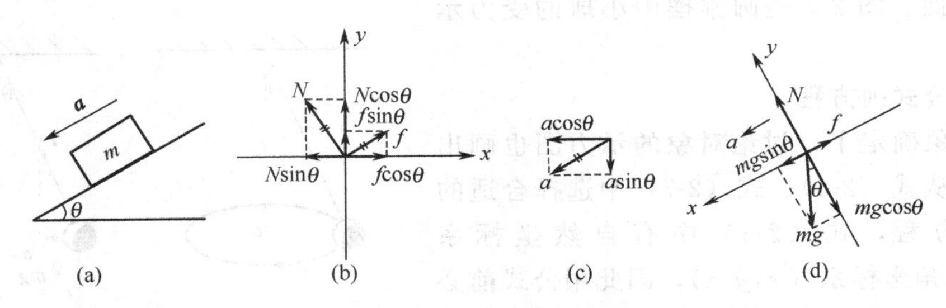

图 2-8　坐标选择——坐标的一个轴沿加速度方向

式（2-8）与式（2-9）描述的是同一对象，但是由于坐标选择的不同，获得方程的简繁程度不同。所以选定坐标时，一般沿着物体的加速度方向。但是有些情况，这样处理的话，方程反而复杂，图 2-9 表示了这种例外情况，图 2-9 中物体 m 随小车沿斜面自由滑下，自由滑下指小车与斜面间无摩擦，物体 m 和小车间一定有摩擦，否则 m 不会随小车一起滑下，小车的加速度为 $a = g\sin\theta$，如图 2-9 中（b）那样取坐标得方程组为

$$F_x = ma_x \Rightarrow f\cos\theta + mg\sin\theta - N\sin\theta = ma$$
$$F_y = ma_y \Rightarrow f\sin\theta + N\cos\theta - mg\cos\theta = 0 \tag{2-10}$$

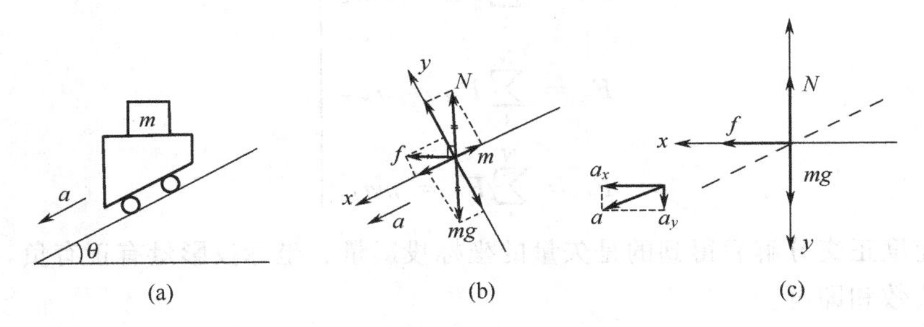

图 2-9　坐标选择例外情况

若按图 2-9(c) 取坐标，再将 a 分解为 a_x, a_y。

$$a_x = a\cos\theta = g\sin\theta\cos\theta$$
$$a_y = a\sin\theta = g\sin\theta\sin\theta$$

下滑物体的牛顿第二定律形式为

$$\left.\begin{aligned} F_x = ma_x \Rightarrow f = mg\sin\theta\cos\theta \\ F_y = ma_y \Rightarrow mg - N = mg\sin^2\theta \end{aligned}\right\} \tag{2-11}$$

式（2-11）比式（2-10）要简单些。

四、先观察再求解

按上面步骤列出方程组后，不要急于求解，应该观察一下，得到的独立方程式的个数与未知数的个数是否相等？如果相等，可以联立求解，如果不相等是解不出结果的，还应再建立新的独立方程。建立新方程常取的途径有：物体间的几何关系和物体间的相互作用（牛顿

第三运动定律）。

图 2-10 中轻滑轮 A，轮轴摩擦不计。（绳与轮槽间的摩擦力，应该怎样考虑？请你思考。）两个物体的质量分别为 m_1 与 m_2，且 $m_2>m_1$，要求两个物体的加速度和绳中张力。假设你事先并不知道两个物体的加速度大小相等，假设你事先也不知道这两个物体受的拉力大小相等，分别设两物体的加速度为 a_1 和 a_2，拉力为 T_1 和 T_2，按前述原理和步骤得到 m_1 和 m_2 的牛顿第二定律方程式

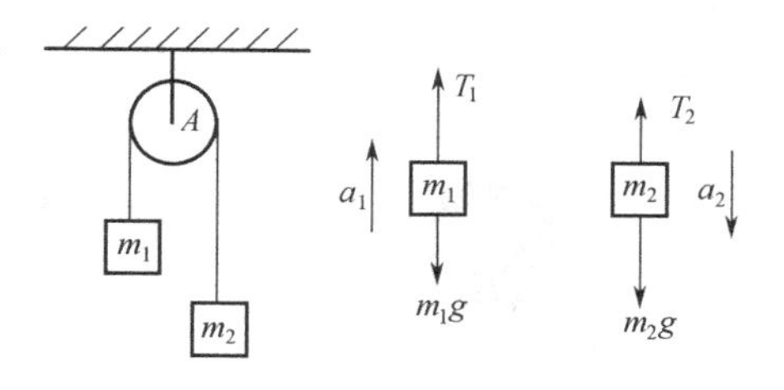

图 2-10　滑轮与两物体

$$\left.\begin{aligned}T_1-m_1g&=m_1a_1\\m_2g-T_2&=m_2a_2\end{aligned}\right\}$$

式（2-12）中有四个未知数（T_1,T_2,a_1,a_2），由这两个式子是解不出来的。从 m_1 与 m_2 的几何关系看它们的位移始终大小相等方向相反，即

$$dy_1=dy_2 \tag{2-12}$$

从式（2-12）有

$$v_1=\frac{dy_1}{dt}=\frac{dy_2}{dt}=v_2$$

$$a_1=\frac{dv_1}{dt}=\frac{dv_2}{dt}=a_2$$

得

$$a_1=a_2 \tag{2-13}$$

$a_1=a_2$ 是由 m_1 和 m_2 的几何关系得到的，这里的几何关系是最简单的，一般题目中的几何关系都比较复杂，只要注意就能找到。前已指出张力是绳中任意点处的一对作用力与反作用力，在轻绳情况下，

$$T_1=T_2 \tag{2-14}$$

解得

$$\left.\begin{aligned}a=a_1=a_2&=\frac{(m_2-m_1)}{m_2+m_1}g\\T&=m_2(g-a)\end{aligned}\right\} \tag{2-15}$$

综述以上，得牛顿第二定律解题步骤可归纳成四个字，即**定→画→列→解。**

因为这种解题法强调要把讨论对象从系统中分离出来讨论，所以这种解题法也叫做**分离体四步法。**

通过下列例题可以进一步了解、熟悉，掌握用牛顿运动定律解题的方法，提高分析和解题能力。有些例题还将给你补充一些有用的知识，对你的学习将有所帮助。

例 2-1　人用手拉着一根有质量的均匀的绳子，绳子拉着一个物体 B，如图 2-11(a) 所示，试分析绳中各点受力情况。

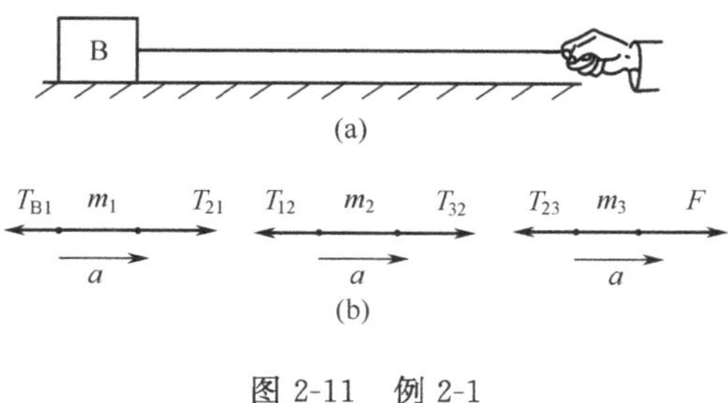

图 2-11　例 2-1

解：把绳分成三段，各段质量分别为 m_1，m_2,m_3，画各段受力图（竖直方向不画）如图 2-11(b)。

各段绳加速度均为 a，用牛顿第二定律得

$$\left.\begin{aligned}T_{21}-T_{B1}&=m_1a\\T_{32}-T_{12}&=m_2a\\F-T_{23}&=m_3a\end{aligned}\right\}$$

若绳的质量不计，则 $m_1=m_2=m_3=0$，有 $T_{B1}=T_{21}=T_{12}=T_{32}=T_{23}=F$，可见若不计绳的质量，则同一根绳中各点处的张力都相等。

例 2-2 一个粗糙的圆球放在倾斜角为 θ 的斜面上（如图 2-12 所示），AB 挡板垂直于水平面，圆球处于静止状态。求圆球对斜面的正压力。

解： 分析物体受力，圆球共受三个力：mg, N_1 和 N_2（有摩擦力吗？请你仔细回忆一下产生摩擦力的条件是什么？）取坐标，正交分解，由平衡关系得

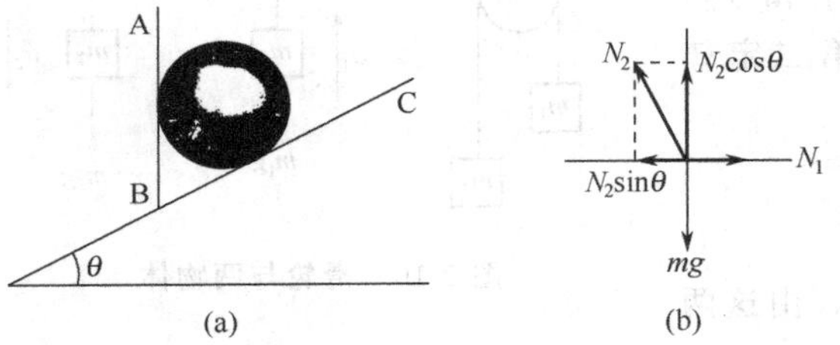

$$\left.\begin{aligned}\text{水平方向：} & N_1-N_2\sin\theta=0\\ \text{竖直方向：} & N_2\cos\theta-mg=0\end{aligned}\right\}$$

图 2-12 例 2-2

解得

$$N_2=\frac{mg}{\cos\theta}$$

在此以前，你也许习惯认为物体对斜面的正压力等于 mg，或等于 $mg\cos\theta$，也许没有想到物体对斜面的正压力有时候还等于 $mg/\cos\theta$ 吧！

例 2-3 图 2-13 中绳与滑轮质量均不计，滑轮的轴光滑，拉力 F 为已知，求两物体的加速度和各段绳中张力。

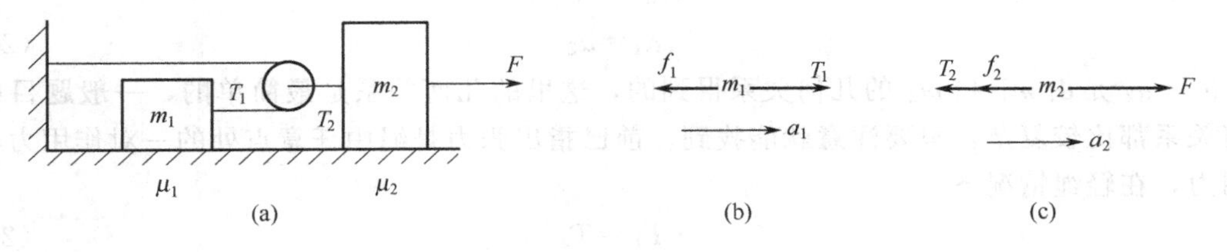

图 2-13 例 2-3

解： 在相同时间内 m_1 移动的距离 Δx_1 比 m_2 移动的距离 Δx_2 大，做一个简单的试验，就知道

$$\Delta x_1=2\Delta x_2$$

得

$$a_1=2a_2$$

分别列出 m_1 和 m_2 的牛顿方程得

$$\left.\begin{aligned}T_1-\mu_1 m_1 g=m_1 a_1\\ F-T_2-\mu_2 m_2 g=m_2 a_2\end{aligned}\right\}$$

因滑轮质量不计，滑轮轮轴摩擦不计，所以

$$T_2=2T_1$$

得

$$a_2=\frac{F-(2\mu_1 m_1+\mu_2 m_2)g}{4m_1+m_2}$$

用上式可依次得出 a_1, T_1, T_2。

例 2-4 物体受水平恒力 $\boldsymbol{F}$（图 2-14），沿粗糙斜面加速运动，滑动摩擦系数 μ，求摩擦力和加速度。

解： 按步骤作 m 的受力图，列牛顿运动方程式为

$$F_x=ma_x\Rightarrow F\cos\theta-\mu N-mg\sin\theta=ma$$

$$F_y=ma_y\Rightarrow N-mg\cos\theta-F\sin\theta=0$$

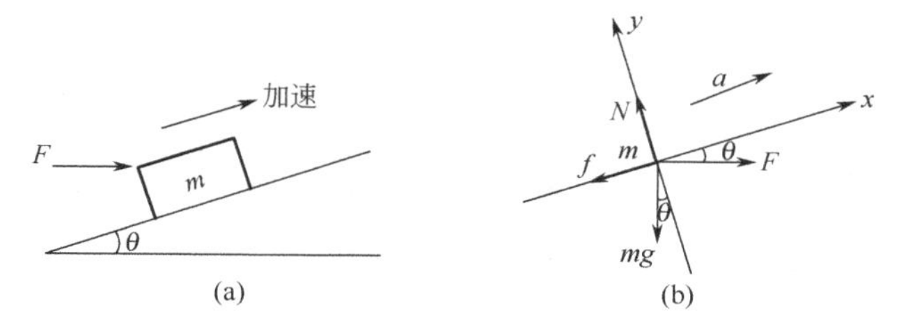

图 2-14　例 2-4

解得

$$N=mg\cos\theta+F\sin\theta$$
$$f=\mu(mg\cos\theta+F\sin\theta)$$
$$a=\frac{F}{m}(\cos\theta-\mu\sin\theta)-(\sin\theta+\mu\cos\theta)g$$

从这一个例题你看到求摩擦力时，应该先列式子，从式中求出正压力，有了正压力才可能求出摩擦力。

例 2-5　图 2-15(a)所示，质量为 M 的小车，在光滑轨道上受恒力 $\boldsymbol{F}$ 作用，有一质量为 m 的物块放在车上，随小车一起运动，求物块受到的摩擦力。

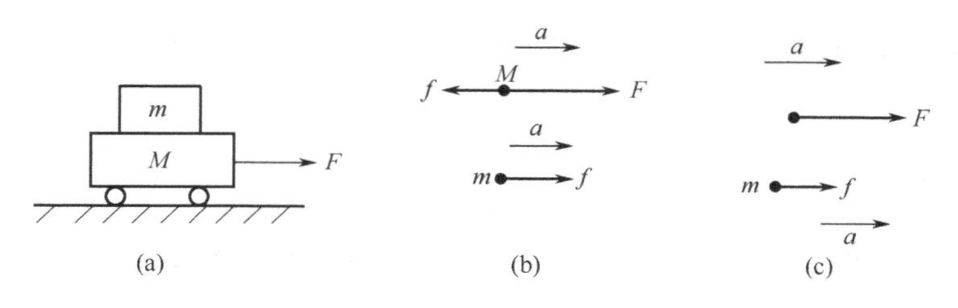

图 2-15　例 2-5

解：物与车受向右恒力，物与车向右作匀变速直线运动，其加速度向右，如不考虑竖直方向的受力情况，先取 m 与 M 为讨论对象，如图 2-15(b)，有

$$\left.\begin{aligned}&\text{对 } m\text{：} f=ma\\&\text{对 } M\text{：} F-f=Ma\end{aligned}\right\}$$

若先取 $m+M$ 为讨论对象，再取 m 为讨论对象，如图 2-15(c)，有

$$\left.\begin{aligned}&\text{对}(m+M)\text{：}F=(m+M)a\\&\text{对 } m\text{：}\qquad f=ma\end{aligned}\right\}$$

解联立方程，可直接得出

$$a=\frac{F}{m+M}$$

代入得

$$f=ma=\frac{m}{m+M}\cdot F$$

例 2-6　图 2-16 所示，l 为 1m 长的圆锥摆，如果摆角为 30°，摆的周期是多少？

解：如果你没有看见过这类题目，你可能感觉到无从下手，其实牛顿运动定律解题法已经给你指出了解题步骤，也告诉了你从哪里下手。

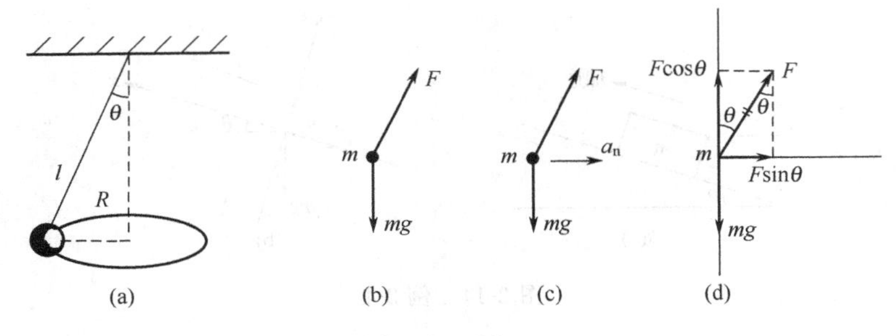

图 2-16　例 2-6

第一步：把摆球分离出来，设球质量为 m，分析摆球受力，摆球受两个力，绳拉球的张力 $\boldsymbol{T}$ 和地吸球的重力。

第二步：画出受力示意图，包括三个部分，一切外力（mg 与 F），运动状态（匀速圆周运动有向心加速度 a_n），讨论对象（质量为 m 的摆球）。

第三步：选坐标 n（向心方向）与 y（竖直方向），正交分解后用 $F_y=ma_y$ 和 $F_n=ma_n$ 得

$$F_n=ma_n \Rightarrow F\sin\theta=ma_n=mR\omega^2$$
$$F_y=ma_y \Rightarrow F\cos\theta-mg=0$$

上式中 R 为圆周运动时圆周的半径，所以 $R=l\sin\theta$ 将 R 和 $\omega=\frac{2\pi}{T}$ 代入上式中，得

$$\left.\begin{aligned} &F\sin\theta=ml\sin\theta\left(\frac{2\pi}{T}\right)^2 \\ &F\cos\theta=mg \end{aligned}\right\}$$

第四步：观察这两个独立方程含两个未知数，是可解的，解得

$$T(\text{周期})=2\pi\sqrt{l\cos\theta/g}$$

解题时，若能遵循解题步骤，结果将一步一步地向你走来。

计算 T 值时，应该先把式中各量单位统一为 SI 单位，然后将数字代入计算，无须带着单位计算，得到的最后数值给它安上一个应该属于它的 SI 单位即可。在上式中

$$l=1\ \text{m},\ g=9.8\ \text{m/s}^2,\ \cos\theta=\frac{\sqrt{3}}{2}$$

代入得
$$T=1.87\ \text{s}$$

例 2-7　图 2-17(a)AB 两个物体的质量分别为 m_A 和 m_B，定滑轮质量不计，轴摩擦不计，用轻绳连接，设 A 物与斜面间的滑动摩擦系数与静摩擦系数相同，求物体加速度与绳中张力，各物理量的具体数值为 $m_A=60\text{kg}$，$m_B=40\text{kg}$，$\theta=37°$，$\mu=\mu_0=0.01$。

解：从题目看不出物体运动的方向，这种情况可以任意假设，设物 A 沿斜面加速向下（看起来像是合理，因为 $m_A=60\text{kg}$，$m_B=40\text{kg}$），加速度为 a（大小和方向都是假设的），用 A 和 B 为讨论对象，图 2-17(b)中，$m_Ag\sin\theta$ 是 A 物的下滑力，$\mu m_Ag\cos\theta$ 是 A 物的摩擦力，m_Bg 是 B 物的重力，AB 的牛顿运动方程为

$$m_Ag\sin\theta-\mu m_Ag\cos\theta-m_Bg=(m_A+m_B)a$$

取 $g=10\text{m/s}^2$，得

$$a=\frac{m_Ag\sin\theta-\mu m_Ag\cos\theta-m_Bg}{m_A+m_B}=-0.45(\text{m/s}^2)$$

对于结果中出现的负号要分两种情况对待。在没有摩擦的情况下，你任意假设了加速度的方向，得到负结果，说明加速度的实际方向与你假设的方向相反。在有摩擦力的情况下，得到带负号结果时，应把原来假设的方向调换方向反过去再设一次，重新列出式子、再解一次，第二次解出来是正值的话，说明你原先假设的方向反了，若第二次解出还是负值，说明此物静止不动。

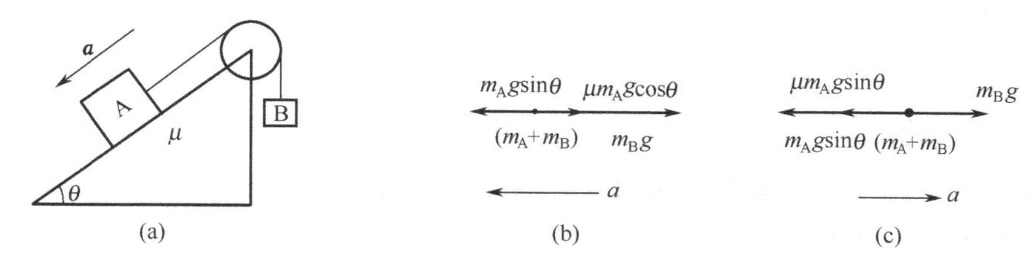

图 2-17　例 2-7

若设物 B 向下加速运动，用图 2-17(c)，就变成

$$m_B g-\mu m_A g\cos\theta-m_A g\sin\theta=(m_A+m_B)a$$

取 $g=10\text{m/s}^2$，得

$$a=\frac{m_B g-\mu m_A g\cos\theta-m_A g\sin\theta}{m_A+m_B}=0.35\ \text{m/s}^2$$

此题中连接体是作为一个对象讨论的。直接得到 a，也可分别把 m_1 和 m_2 作为讨论对象，列出两个方程式，解出两个未知量 a 与 T。

例 2-8　图 2-18 $m_1=10\text{kg}$，$m_2=20\text{kg}$，两物间用倔强系数为 $k=100\text{N/m}$ 的轻弹簧连接，用恒力拉 m_2，恒力 F 为 500N，不计一切摩擦，求弹簧稳定时的伸长量。

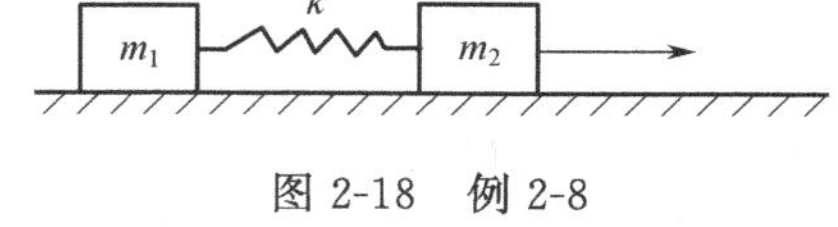

图 2-18　例 2-8

解：设系统稳定后，弹簧伸长 Δx，弹簧力为 T，可将系统作为一个讨论对象，求出物体系的加速度 a。

$$a=\frac{F}{m_1+m_2}=16.7\ \text{m/s}^2$$

然后取 m_1 为讨论对象

$$T=m_1 a=167\ \text{N}$$

由虎克定律有

$$\Delta x=\frac{T}{k}=1.67\ \text{m}$$

例 2-9　图 2-19(a) 电梯用 $a=2\text{m/s}^2$ 的加速度向上减速运动，电梯中有倾斜度为 30°的斜面，重5N 的物体相对静止在斜面上，求物块与斜面的相互作用。

解：求物块与斜面的相互作用即要求物块与斜面间的正压力 N 和静摩擦力 f，用图 2-19(b)：

$$F_x=ma_x \Rightarrow f_0\cos\theta-N\sin\theta=0$$

$$F_y=ma_y \Rightarrow mg-f_0\sin\theta-N\cos\theta=ma$$

取 $g=9.8/\text{s}^2$，解得 $N=3.45$ N，$f_0=1.99$ N。

你不妨试一试，若 $\theta=0°$，结果如何？

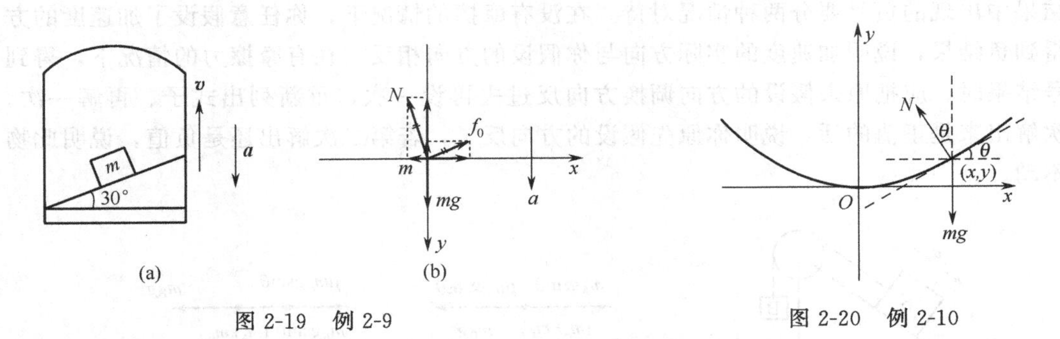

图 2-19　例 2-9

图 2-20　例 2-10

例 2-10　图 2-20 一桶水悬挂起来，使之绕竖直方向用匀角速度 ω 旋转，水面成一稳定曲面，试求此曲面的形状。

解： 水面与竖直平面的交线绕垂直轴旋转得到的旋转面即所求曲面，求出此交线就求得曲面。取 xOy 坐标，如图 2-20 所示，设曲线方程为 $y=f(x)$，在水面上取质量为 m 的质点，质点在曲线上，坐标为(x,y)。质点受托力 N 和重力 mg，正交分解后，列牛顿第二定律方程得

$$F_{\mathrm{n}}=ma_{\mathrm{n}} \Rightarrow N\sin\theta=ma_{\mathrm{n}}$$
$$F_{\mathrm{y}}=ma_{\mathrm{y}} \Rightarrow N\cos\theta-mg=0$$

两式相除得

$$\tan\theta=\frac{a_{\mathrm{n}}}{g}=\frac{x\omega^2}{g}=\frac{\mathrm{d}y}{\mathrm{d}x}$$

解
$$\frac{\mathrm{d}y}{\mathrm{d}x}=\frac{\omega^2}{g}x$$

得
$$y=\frac{\omega^2}{2g}x^2$$

上式指出水面为抛物面。

例 2-11　一条轻绳一端连着一个小球，用手握住绳的另一端使小球在竖直面内做圆周运动，如图 2-21(a)。一个小球在光滑的竖直的圆形轨道内做圆周运动，如图 2-21(b)。将 2-21(a) 中绳换成不计质量的刚性杆，也可使小球在竖直平面内做圆周运动，如图 2-21 (c) 所示。求在这三种情况下，小球恰好到达圆顶时的张力、支持力及此时小球的速度。

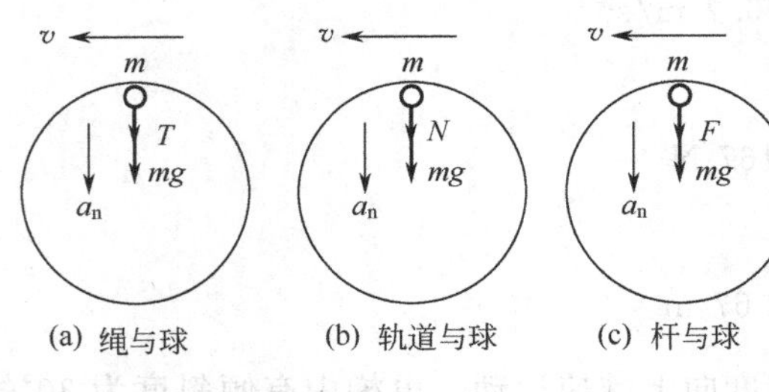

图 2-21　例 2-11

解： 设小球质量 m，圆半径 R，小球在顶点受绳拉力 $\boldsymbol{T}$，轨道支持力 $\boldsymbol{N}$，杆的拉力或支持力 $\boldsymbol{F}$，小球在顶点时速度为 $\boldsymbol{v}$。

① 小球的牛顿第二定律式为

$$T+mg=m\frac{v^2}{R},\ T=m\left(\frac{v^2}{R}-g\right)$$

② 小球的牛顿第二定律式为

$$N+mg=m\frac{v^2}{R},\ N=m\left(\frac{v^2}{R}-g\right)$$

③ 小球的牛顿第二定律式为

$$F+mg=m\frac{v^2}{R}, \quad F=m\left(\frac{v^2}{R}-g\right)$$

① 中张力不能小于零，T 小于零时，绳处于松弛状态，而由 $T=0$ 得 $v=\sqrt{gR}$，所以小球恰好到达圆顶的意思是：此时张力恰好为零，小球不再做圆周运动，从此点开始小球用 $\sqrt{gR}$ 的速度开始做平抛运动。不要误以为恰好到达顶点的意思指小球在顶点速度为零，如果是这样，小球岂不要做自由落体运动吗？

② 的情况与①相似，小球恰好到达轨道的顶点时，支持力 $N=0$，小球开始脱轨，小球从这点起用 $\sqrt{gR}$ 的初速度做平抛运动。

③ 与①、②不同，在①中 $T\geqslant 0$，在②中 $N\geqslant 0$，T 和 N 都不可能小于零，在③中杆可以受拉力，此时 $F>0$，杆也可以承受压力，此时 $F<0$，杆也可能不受力，此时 $F=0$。所以杆转动时杆在顶点的速度可以为 0，此时 $F=-mg$，所以杆可以停在顶点，你可以用一根杆，一条线，一个小球，自己做做试验，体会一下。

例 2-12 雨滴落下时受空气阻力，若阻力与速度成正比例，求雨滴的速度，并讨论雨滴的最后速度。

解： 雨滴向下加速时，受两个力，重力 mg 与阻力 $R=-kv$，雨滴的牛顿定律式为

$$mg-kv=ma=m\frac{\mathrm{d}v}{\mathrm{d}t}$$

分离变量

$$-\frac{m}{k}\cdot\frac{\mathrm{d}\left(g-\frac{k}{m}v\right)}{\left(g-\frac{k}{m}v\right)}=\mathrm{d}t$$

两边积分

$$-\frac{m}{k}\ln\left(g-\frac{k}{m}v\right)=t+c''$$

$$\ln\left(g-\frac{k}{m}v\right)=-\frac{k}{m}t+c'$$

$$g-\frac{k}{m}v=c\mathrm{e}^{-\frac{k}{m}t}$$

由初始条件

$$v(0)=0, \quad c=g$$

$$v=\frac{mg}{k}\left(1-\mathrm{e}^{-kt/m}\right)$$

加速度为

$$a=\frac{\mathrm{d}v}{\mathrm{d}t}=g\mathrm{e}^{-kt/m}$$

当 t 增大时，$a\rightarrow 0$，$v\rightarrow mg/k=$ 恒量，雨滴匀速下落。

习　　题

1. 一根金属丝弯成如图 2-22 所示形状，其中套一小环，金属丝以匀角速度 ω 绕轴转动。若要小环能在金属丝上任何位置都能平衡，问这根金属丝要弯成什么形状，设金属丝是光滑的。

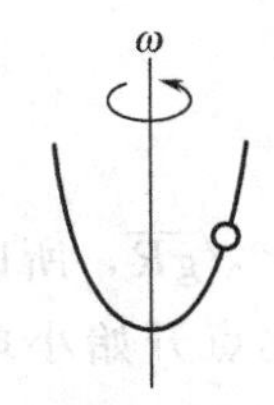

图 2-22　习题 1 图

2. 如图 2-23 所示，光滑的水平桌面上放有三个相互接触的物体，它们的质量分别为 $m_1=1\text{kg}$，$m_2=2\text{kg}$，$m_3=4\text{kg}$。如果用一个大小等于 98N 的水平力 F 作用于 m_1 的左方，问这时 m_2 和 m_3 的左边所受的力各等于多少？

3. 一个质量 $m=4\text{kg}$ 的物体，用两根长度各为 $l=1.25\text{m}$ 的细绳系在竖直杆上相距为 $b=2\text{m}$ 的两点，当此系统绕杆的轴线转动时，绳子被拉开，如图 2-24 所示。

① 要使上方绳子有 $T_1=60\text{N}$ 的张力，此系统的转速 ω 要多大？

② 这时，下方绳子的张力 T_2 有多大？

4. 图 2-25 中，质量为 M 的斜面装置，可在水平桌面上无摩擦地滚动，斜面倾角为 α，斜面上放一质量为 m 的木块，也可无摩擦地滑动。现要保证木块 m 在斜面上（相对于斜面）静止不动，问对 M 需加多大的水平力 F_0？此时，m 与 M 间的正压力多大？M 与水平桌面间的正压力多大？

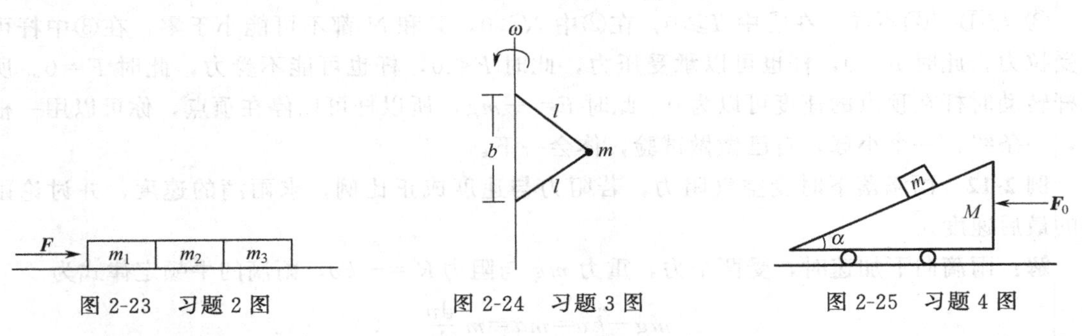

图 2-23　习题 2 图　　图 2-24　习题 3 图　　图 2-25　习题 4 图

5. 将质量为 m 的物体以初速 v_0 竖直上抛，空气阻力正比于速率平方，记作 k^2mgv^2，k 为常数，求

① 物体所能达到的最大高度；

② 返回出发点时的速度。

第三章　守 恒 定 律

第一节　功

“功”这个字来自生活中的“工作”，但是它又不同于生活中的工作的意义，如果你帮别人提着一件重物站在一处不动，你是做了一件工作，但是并没有做“功”，因为虽然你费了力，但是你没有移动位置，图 3-1 指出了功的意义。

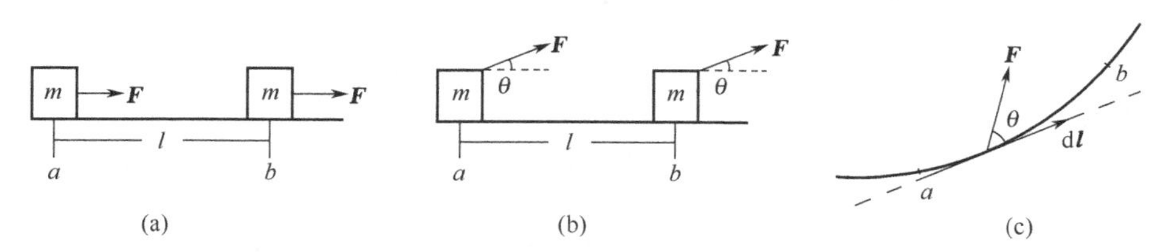

图 3-1　力做的功

图 3-1(a)中物体受恒力 $\boldsymbol{F}$ 作用，物体的位移为 $\boldsymbol{l}$，力 $\boldsymbol{F}$ 对物体做的功 A 为

$$A=Fl \tag{3-1}$$

图 3-1(b)中，恒力 $\boldsymbol{F}$ 与物体位移 $\boldsymbol{l}$ 有夹角 θ，力 $\boldsymbol{F}$ 对物体做的功 A 为

$$A=Fl\cos\theta=\boldsymbol{F}\cdot\boldsymbol{l} \tag{3-2}$$

图 3-1(c)若作用于物体上的力 $\boldsymbol{F}$ 不是恒力，质点沿曲线 l 由点 a 运动到点 b，变力 $\boldsymbol{F}$ 对物体做的功 A 为

$$A=\int_l \mathrm{d}A=\int_l \boldsymbol{F}\cdot\mathrm{d}\boldsymbol{l}=\int_a^b \boldsymbol{F}\cdot\mathrm{d}\boldsymbol{l} \tag{3-3}$$

式（3-1）是式（3-2）的特例，式（3-2）又是式（3-3）的特例，力 $\boldsymbol{F}$ 对物体做的功 A 的定义一般式应为

$$A=\int_l \boldsymbol{F}\cdot\mathrm{d}\boldsymbol{l} \tag{3-4}$$

功的定义式中 $\boldsymbol{F}$ 是质点沿曲线 l 运动过程中，它在任意点处受的外力，$\mathrm{d}\boldsymbol{l}$ 是质点在此点附近一小段位移。从功的定义式可见功的三要素是质点受力，质点有位移，受的力与位移的夹角。功有正负，它是代数量，式（3-2）、式（3-3）已经明确指出功的正负由力与位移的夹角 θ 决定。若作用力 $\boldsymbol{F}$ 和位移 $\boldsymbol{l}$（或 $\mathrm{d}\boldsymbol{l}$）不为零，$\theta=\frac{\pi}{2}$就是零功的条件。

功的单位是牛顿·米（N·m）叫做焦耳（J），有时用 kJ 或其他。

式（3-4）积分符号下标出的 l 的意义是积分沿着曲线 l 进行。

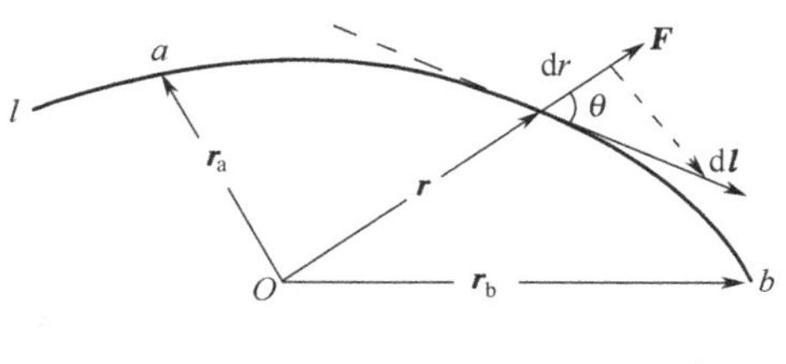

图 3-2　例 3-1

例 3-1　如图 3-2 所示，质点沿曲线 l，由 a 点运动到 b 点，运动中，质点受变力作用，变力的大小与质点的位矢 $\boldsymbol{r}$ 的大小有反平方关系，变力的方向与位矢 $\boldsymbol{r}$ 的方向相同，求质点从 a 点经曲线

l 到 b 过程中变力对质点做的功。

解：P 为任意点，$\mathrm{d}\boldsymbol{l}$ 为质点在此点的元位移，由式(3-3)。

$$A=\int_{r_a}^{r_b}\boldsymbol{F}\cdot\mathrm{d}\boldsymbol{l}=\int_{r_a}^{r_b}F\mathrm{d}l\cdot\cos\theta$$

$\mathrm{d}l\cdot\cos\theta$ 就是位矢大小的无限小增量 $\mathrm{d}r$。

$$A=\int_{r_a}^{r_b}\boldsymbol{F}\cdot\mathrm{d}\boldsymbol{l}=\int_{r_a}^{r_b}\frac{k}{r^2}\mathrm{d}r=-\frac{k}{r}\bigg|_{r_a}^{r_b}=-\left(\frac{k}{r_b}-\frac{k}{r_a}\right)$$

k 为比例恒量。

例 3-2 如图 3-3 所示，质点受变力 $F=a+bx+cx^2$，沿 x 轴从 x_1 运动到 x_2，求变力 $\boldsymbol{F}$ 对质点做的功。

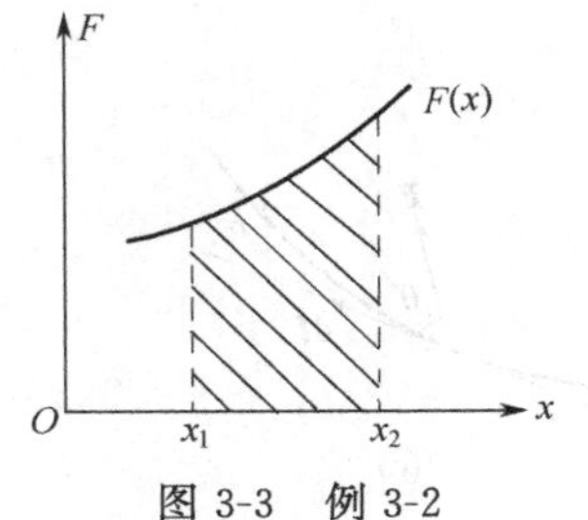

图 3-3 例 3-2

解：
$$A=\int_{x_1}^{x_2}\boldsymbol{F}\cdot\mathrm{d}\boldsymbol{x}$$
$$=\int_{x_1}^{x_2}(a+bx+cx^2)\mathrm{d}x=\left[ax+\frac{1}{2}bx^2+\frac{1}{3}cx^3\right]_{x_1}^{x_2}$$
$$=a(x_2-x_1)+\frac{1}{2}b(x_2^2-x_1^2)+\frac{1}{3}c(x_2^3-x_1^3)$$

若用 $F(x)$ 做纵坐标，x 为横坐标，画出 $F(x)$ 图，$\int_a^b\boldsymbol{F}\mathrm{d}\boldsymbol{x}$ 的几何意义就是曲线 F 与坐标围成的面积，图 3-3 中的阴影部分，即力做的功，这样的图叫做示功图。

第二节 动能定理

一、动能

如图 3-4 质点在 a 点时速度为 v_1，在力 $\boldsymbol{F}$ 的作用下经过曲线 l 到达 b 点，质点在 b 点时的速度为 v_2，质点沿曲线 l 运动的瞬时位移为 $\mathrm{d}\boldsymbol{l}$，力 $\boldsymbol{F}$ 在线路 l 上的积分 $\int_l\boldsymbol{F}\cdot\mathrm{d}\boldsymbol{l}$ 叫做力的空间积累。利用牛顿第二定律有

$$\int_l\boldsymbol{F}\cdot\mathrm{d}\boldsymbol{l}=\int_l m\boldsymbol{a}\cdot\mathrm{d}\boldsymbol{l}$$

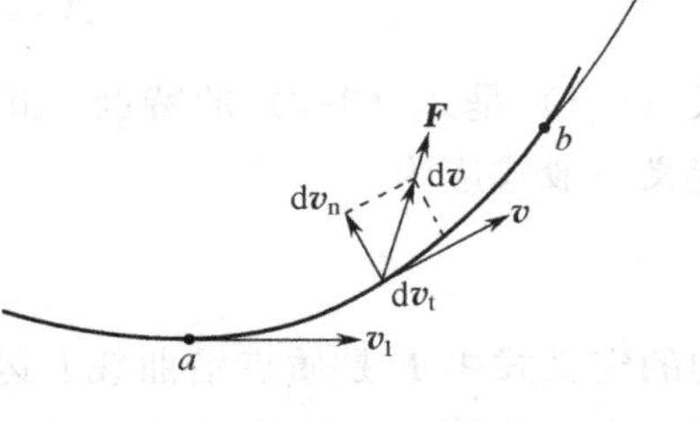

图 3-4 力的空间积累

等式左边就是合外力对质点做的功，等式右边为

$$右边=m\int a_\tau\mathrm{d}l=m\int\frac{\mathrm{d}v}{\mathrm{d}t}dl=m\int v\mathrm{d}v$$

所以
$$右边=\int_{v_1}^{v_2}mv\mathrm{d}v=\frac{1}{2}mv_2^2-\frac{1}{2}mv_1^2 \tag{3-5}$$

式 (3-5) 表达了力空间积累的效果。质量不变时 $\frac{1}{2}mv^2$ 由速度决定叫做质点的动能记作 E_k。

$$E_k=\frac{1}{2}mv^2 \tag{3-6}$$

二、动能定理

式 (3-5) 指出力的空间积累引起质点动能变化。式 (3-7) 表达的关系叫做质点的动能定理。质点的动能定理指出“合外力对质点做的功等于质点的动能的增量”，写成公

式为

$$A=\int_l \boldsymbol{F}\cdot \mathrm{d}\boldsymbol{l}=\Delta E_{\mathrm{k}} \tag{3-7}$$

质点的动能定理指明四件事：其一，力的空间积累的效应是引起了质点动能的变化，即作用于质点上的力的空间积累是质点动能改变的原因；其二，一个过程物理量（例如功）可以和有关的某个状态物理量（例如动能）的增量相等，自然科学中这样的实例很多，也很重要，今后你会多次遇到这类情况；其三，可以用质点的动能的增量求力对质点做的总功；其四，合外力做正功时，质点的动能增加，合外力做负功时，质点的动能减少。

合外力对物体做功，物体的动能会改变，具有动能的物体也可以减少自己的动能对其他物体做功，用铁锤高速地去打击一块水泥板，水泥板被摧毁，铁锤的动能也减少了，用减少物体自身动能对其他物体做功的实例很多，因此可以说能量是做功的本领。

例 3-3 轻绳吊着一只小球，绳长 l，球质量 m。

① 用水平恒力 $\boldsymbol{F}$ 把小球的悬线拉开 α 角；

② 缓慢地把小球悬线拉开 α 角，求在这两种情况下拉力对球做的功。

解： ① 图 3-5(a) 中 $\boldsymbol{s}$ 为位移，恒力 $\boldsymbol{F}$ 对小球做的功可用功的定义式

$$A_1=\boldsymbol{F}\cdot\boldsymbol{s}=Fs\cos\theta$$

由几何关系，知 $\theta=\frac{\alpha}{2}$，$s=2l\sin\frac{\alpha}{2}$，代入后得

$$A_1=F\cdot 2l\sin\frac{\alpha}{2}\cdot\cos\frac{\alpha}{2}=Fl\sin\alpha$$

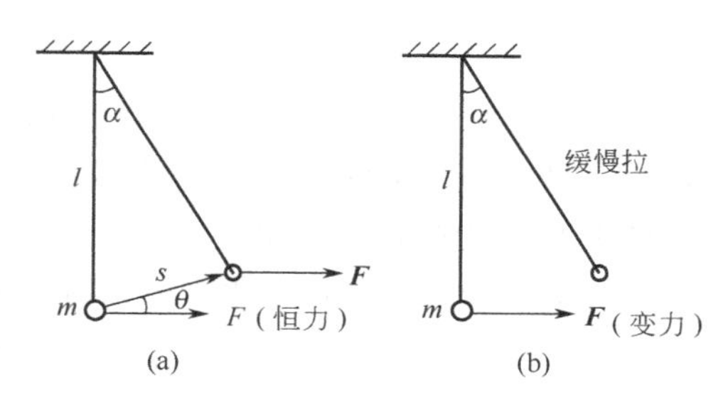

图 3-5 例 3-3

② 图 3-5(b) 缓慢拉动小球时，你只要自己做一个简单的实验，就会感觉到缓慢拉动时，拉力愈来愈大，拉力 F 是变力。因此，不能用恒力做功的定义式计算拉力 F 对球的功，但是用动能定理却是可能的，小球缓慢移动过程中，任意时刻小球都处于平衡态，小球的速度不变，$\Delta E_{\mathrm{k}}=0$，用动能定理

$$A=A_F+A_G=0$$

$$A_F=-A_G=-\boldsymbol{G}\cdot\boldsymbol{s}=-mgs\cos\left(\frac{\pi}{2}+\theta\right)=mgs\sin\theta$$

$$=mg\cdot 2l\sin\frac{\alpha}{2}\cdot\sin\frac{\alpha}{2}=2mgl\sin^2\frac{\alpha}{2}$$

从这个例题看到可以用动能定理从动能的变化量计算力做的功。

若讨论对象是质点系，动能定理的内容是："作用于系统的所有力对系统做的功等于系统中各质点的动能增量的代数和"，各力的位移不一定相同，可以表示为

$$\sum A_i=\sum\int_l \boldsymbol{F}_i\cdot \mathrm{d}\boldsymbol{l}_i=\sum\Delta E_{\mathrm{k}} \tag{3-8}$$

这里 $\boldsymbol{F}_i$ 包括内力，内力虽然是成对力，但一般地，分别作用在两个物体上的成对力的功不可相消。（为什么？）

第三节 势能与保守力

先看一个重力对物体做功的例子，质量为 m 的物体从 h_{a} 高处经任意曲线落到 h_{b} 高处，如图 3-6。

在路线 l 上任意点 P 处取微分位移元 $\mathrm{d}\boldsymbol{l}$、质点的元功为 $\mathrm{d}A=\boldsymbol{G}\cdot\mathrm{d}\boldsymbol{l}$，质点从 a 点经路径 l 到 b 点的过程中重力 $\boldsymbol{G}$ 对质点做的功为

$$A=\int_a^b \boldsymbol{G}\cdot\mathrm{d}\boldsymbol{l}$$

由图 3-6 知 $\mathrm{d}l\cos\theta=-\mathrm{d}h$，$\mathrm{d}h$ 取负号是因为质点向下走时 $\mathrm{d}h<0$

$$A=\int_{h_a}^{h_b} mg\,\mathrm{d}l\cdot\cos\theta=\int_{h_a}^{h_b}-mg\,\mathrm{d}h=-(mgh_b-mgh_a) \tag{3-9}$$

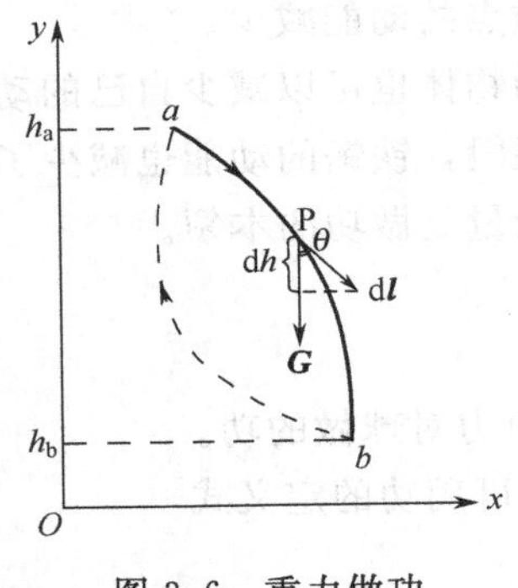

图 3-6　重力做功

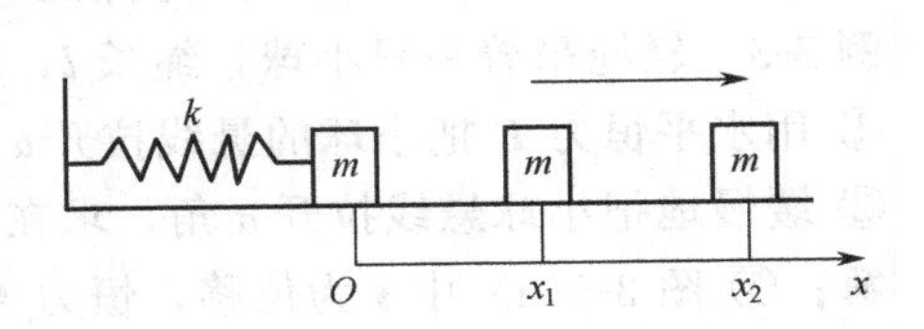

图 3-7　弹力做功

再看一个弹簧的例子，如图 3-7，光滑水平面上一根倔强系数为 k 的轻弹簧，一端固定在墙上，另一端与质量为 m 的物块固定，物块可沿水平面自由滑动。

图中 O 点为弹簧原长位置，也是弹簧的平衡位置，x_1 和 x_2 是两个任意位置，用 A 表示物块从 x_1 位滑到 x_2 位过程中弹力对物块做的功，此功为

$$A=\int_{x_1}^{x_2}\boldsymbol{F}\cdot\mathrm{d}\boldsymbol{x}=\int_{x_1}^{x_2}F\mathrm{d}x\cos\pi=-\int_{x_1}^{x_2}F\mathrm{d}x$$

$$=-\int_{x_1}^{x_2}kx\,\mathrm{d}x=-\left(\frac{1}{2}kx_2^2-\frac{1}{2}kx_1^2\right) \tag{3-10}$$

式（3-9）、式（3-10）左边 $\int_{h_a}^{h_b}\boldsymbol{G}\cdot\mathrm{d}\boldsymbol{l}$ 和 $\int_{x_1}^{x_2}\boldsymbol{F}\cdot\mathrm{d}\boldsymbol{x}$ 都是力做的功，右边两项差中每项的单位都是能量的单位（J），与式（3-7）相比，知 mgh 和 $\frac{1}{2}kx^2$ 都是一种能量，因为这两种能量与物体所处的相对位置有关，所以叫做位能，现时都叫做势能，mgh 叫重力势能，$\frac{1}{2}kx^2$ 叫弹性势能。若用 E_p 表示势能，式（3-9）和式（3-10）可写成

$$A=-\Delta E_p \tag{3-11}$$

在图 3-6 中，质点由 a 点出发经过曲线 l 到达 b 点，若质点再从 b 点出发经过另一条任意曲线 l'，再回到 a 点，就是一个循环，在这个循环中，重力对质点做的功为

$$A=A_{ab}+A_{ba}=\int_a^b\boldsymbol{G}\cdot\mathrm{d}\boldsymbol{l}+\int_b^a\boldsymbol{G}\cdot\mathrm{d}\boldsymbol{l}=0$$

循环路线做的功可表示为

$$\oint_l \boldsymbol{G}\cdot\mathrm{d}\boldsymbol{l}=0 \tag{3-12}$$

式（3-9）指出重力做功与做功路径无关，只与起点和终点的位置有关，式（3-12）进一步表示这层意义，具有上述做功特点的力叫做保守力。弹性力、电场力和万有引力都有这种特性，都是保守力，保守力是系统内物体相互作用力，所以保守力是内力。

式（3-11）指出保守力做的功等于有关势能增量的负值。负号的意思是保守力做正功时有关势能减少，保守力做负功时有关势能增加，以重力为例，重物上升时重力做负功，重力势能增加，重物下降时重力做正功，重力势能减少。

从式（3-9）和式（3-10）看如果一个力做的功和做功路径无关，只和起始终止两点位置有关就可建立势的概念，所以保守力场是一种有势场，式（3-12）是保守场（即有势场）的特征标志，$\oint_l \boldsymbol{G}\cdot\mathrm{d}\boldsymbol{l}$ 叫做重力的环流，$\oint_l k\boldsymbol{x}\cdot\mathrm{d}\boldsymbol{x}$ 叫做弹性力的环流，保守力 $\boldsymbol{F}$ 的环流写成

$$\oint_l \boldsymbol{F}\cdot\mathrm{d}\boldsymbol{l}=0 \tag{3-13}$$

式（3-13）是保守力的环流定理，以后在静电场中你还会遇到这样的关系。如果一个力场中的力的环流为零，这种力是保守力，在这样的力场中可以建立势的概念。

势能既由相对位置决定，对于各种参照物势能就会有不同的值，所以要给势能一个确定的值就必须选择参考点作为势能零点，例如房间内书桌上的一支笔，如取桌面为零势能点，笔的重力势能为零，如取地面为零势能点，笔的重力势能大于零，如取天花板为零势能点，笔的重力势能小于零。弹性势能的零势能点一般取在弹簧的原长处，即弹簧伸长或缩短时才有弹性势能，弹性势能不能小于零。

例 3-4 图 3-8 所示，半径为 R 的圆环上端处挂着一根轻弹簧，弹簧的原长与 R 相等，弹簧的倔强系数为 k，现缓慢地把弹簧的下端挂到圆环上 B 点处，求拉力至少应做多少功。

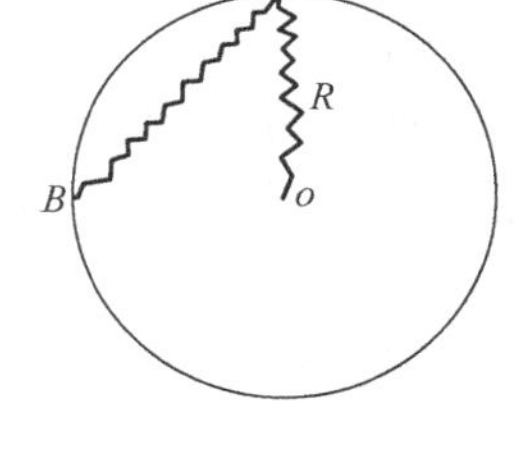

图 3-8　例 3-4

解：轻弹簧重力不计，缓慢拉动的意思是每一步拉力等于弹力，拉力与弹力始终平衡，弹力的功与拉力的功的关系为 $A_{拉}=-A_{弹}$。

$$A_{拉}=-A_{弹}=-(-\Delta E_{\mathrm{p}})=\frac{1}{2}k(\sqrt{2}R-R)^2-0$$

$$=\frac{1}{2}k(\sqrt{2}-1)^2R^2$$

此例让你知道计算功的方法又增加了一条。

第四节　功 能 原 理

一、质点的功能原理

对一个质点来说，合外力对它做的功等于它的动能的增量 $A=\Delta E_{\mathrm{k}}$，若将合外力中的保守力和非保守力分开，并用 $A_{保}$ 与 $A_{非}$ 表示它们的功，动能定理可改写成

$$A=A_{保}+A_{非}=\Delta E_{\mathrm{k}}$$

将 $A_{保}=-\Delta E_{\mathrm{p}}$ 代入，得

$$A_{非}-\Delta E_{\mathrm{p}}=\Delta E_{\mathrm{k}}$$

$$A_{非}=\Delta E_{\mathrm{p}}+\Delta E_{\mathrm{k}}=\Delta E \tag{3-14}$$

动能与势能的和叫做机械能，记作 E，$E=E_{\mathrm{k}}+E_{\mathrm{p}}$，弃去式（3-14）中 A 的脚标得

$$A=\Delta E \tag{3-15}$$

式（3-15）叫做质点的功能原理，它指出：作用于质点上的非保守力做的功等于质点的机械能的增量。

例 3-5 图 3-9 所示，斜面与平面是同一材料制成，斜面上高 h 处一个物体从静止开始

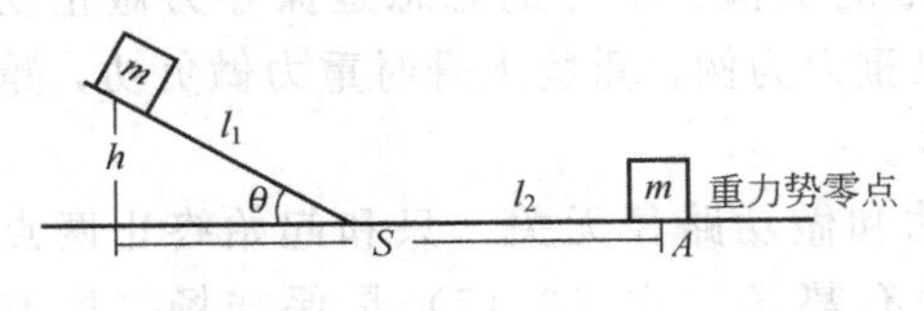

图 3-9　例 3-5

滑下，停于平面 A 处，下滑物块起点与终点间水平距离为 S，求物块与斜面及平面间的滑动摩擦系数 μ。

解： 此题未告知斜面角度，未告知斜面长度，未告知物块滑行距离，未告知物块质量，怎么办呢？可以做一些假设，并在图上标上所设。用质点的功能原理，物体运动过程中受三个力，重力 G，摩擦力 f，支持力 N，从起点到终点力做的功，有关物理量，在斜面上加脚标 1，在平面上加脚标 2。

$$A_{G_1}=\boldsymbol{G}_1\cdot\boldsymbol{l}_1,\qquad A_{f_1}=\boldsymbol{f}_1\cdot\boldsymbol{l}_1\qquad A_{N1}=\boldsymbol{N}_1\cdot\boldsymbol{l}_1=0$$

$$A_{G_2}=\boldsymbol{G}_2\cdot\boldsymbol{l}_2,\qquad A_{f_2}=\boldsymbol{f}_2\cdot\boldsymbol{l}_2\qquad A_{N_2}=\boldsymbol{N}_2\cdot\boldsymbol{l}_2=0$$

用功能原理，式（3-15）中左边的功 A 内不含保守力的功，所以

$$左边=A=A_f=A_{f1}+A_{f2}=-\mu mg\cos\theta\cdot l_1-\mu mgl_2$$

$$=-\mu mg(l_1\cos\theta+l_2)=-\mu mgS$$

$$右边=E_2-E_1=0-mgh$$

解两式得

$$\mu=\frac{h}{s}$$

例 3-6　图 3-10 所示，在考虑空气阻力的情况下，在 4m 高处用 2m/s 的初速度斜抛出一个质量为 2g 的小球，测得小球落地前的速度为 6m/s，取重力加速度 $g=9.8\text{m/s}^2$，求阻力对球做的功。

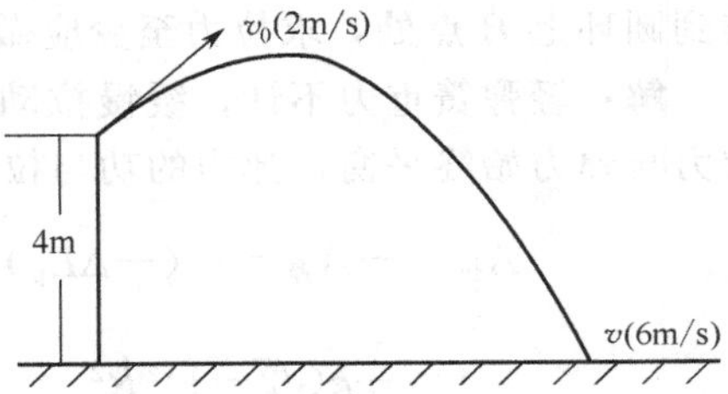

图 3-10　例 3-6

解： 阻力与路径均不知，不能直接用功的定义式求功，但可用功能原理或动能定理解，由动能定理

$$A=A_f,\qquad \Delta E=E_2-E_1$$

设地面为零势点

$$E_2=\frac{1}{2}mv_2^2,\quad E_1=\frac{1}{2}mv_1^2+mgh$$

得

$$A_f=\frac{1}{2}mv_2^2-\left(\frac{1}{2}mv_1^2+mgh\right)=-0.0464(\text{J})$$

答案中负号表示阻力做负功，从此例可见用功能原理解题时，写出 E_1 和 E_2 是很重要的一件事。

例 3-7　图 3-11 倔强系数为 k 的轻弹簧一头吊在房顶上，另一头固定有一质量为 m 的木块，开始托住弹簧，使弹簧保持原长度，然后突然释放木块，木块下降最大距离为 h，设有空气阻力，求阻力对木块做的功。

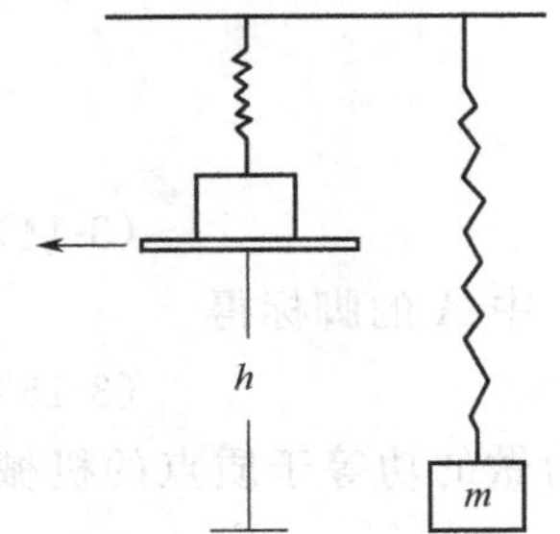

图 3-11　例 3-7

解： 木块在最低点时为瞬时静止，它的动能为零，用功能原理，设木块最低处为重力势能零点，弹簧原长处为弹性势能零点，则有

$$A=A_f,\qquad E_1=mgh,\qquad E_2=\frac{1}{2}kh^2$$

$$A_f=E_2-E_1=\frac{1}{2}kh^2-mgh<0$$

例 3-7 的答案为负值表示阻力做负功。由此例再次见到，用

功能原理解题时，正确写出 E_1 和 E_2 的重要性。

二、质点系的功能原理

质点系的功能原理与质点的功能原理有所区别。质点只受外力，虽然重力是保守内力，我们也已经习惯把物体受的重力当作物体受到的一个"外力"。对质点系而言，质点系要受外力和内力，内力又分成保守内力与非保守内力。我们仍用脚标区别力的功，将动能定理变形，质点系的动能定理是

$$A=A_{外}+A_{内}=A_{外}+A_{保内}+A_{非保内}=\Delta E_k$$

保守内力的功可用有关势能的减少代入。

$$A_{外}+A_{非保内}=\Delta E_k+\Delta E_p=\Delta E \tag{3-16}$$

第五节　机械能守恒

图 3-12 质量为 m 的质点从静止开始沿倾角为 θ 的光滑斜面下滑，质点将匀加速下滑，加速度 $a=g\sin\theta$，速度与时间成正比 $v=at$，在斜面上任意一点，质点过这点的速度为 v，高度为 h，质点在这点的机械能为 E。

$$v^2=2gl\sin\theta,\quad h=h_0-l\sin\theta$$

$$E=\frac{1}{2}mv^2+mgh=mgh_0$$

即

$$E=恒量 \tag{3-17}$$

式（3-17）指出质点在运动的全过程中机械能保持不变。

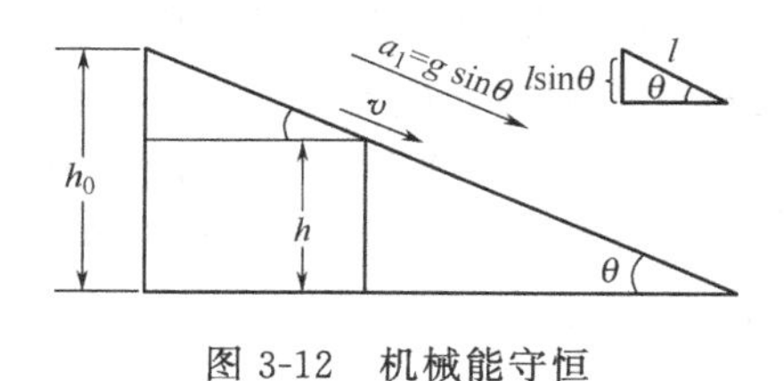

图 3-12　机械能守恒

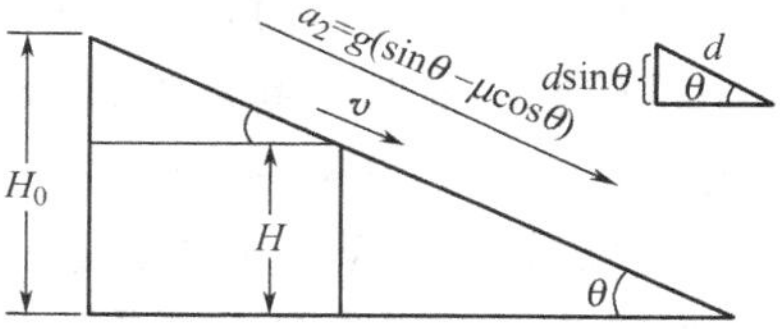

图 3-13　机械能不守恒

图 3-13 质量为 m 的质点从静止开始沿倾角为 θ，滑动摩擦系数为 μ 的斜面匀加速下滑，加速度 $a=g(\sin\theta-\mu\cos\theta)$，速度仍然与时间 t 正比，$v=at$，在斜面上任取一点，质点过这点时的速度为 v，质点高度为 H，质点在这点的机械能为 E'。

$$v^2=2gd(\sin\theta-\mu\cos\theta),\quad H=H_0-d\sin\theta$$

$$E'=\frac{1}{2}mv^2+mgH=mgH_0-\mu mgd\cos\theta$$

即

$$E'\neq恒量 \tag{3-18}$$

式（3-18）指出质点在运动全过程中机械能不保持恒定。

在光滑平面上下滑，质点受到重力和支持力，支持力不做功，重力是保守力，得到式（3-17），因为在全过程中只有保守力对质点做功，没有非保守力对质点做功。

在有摩擦的平面上下滑，质点受到重力、支持力和摩擦力，支持力不做功，重力是保守力，摩擦力是非保守力，得到式（3-18），因为在全过程中有保守力做功，还有非保守力做功。

就是说，在质点和地球组成的系统中，当没有非保守力时，质点下滑在各点处的机械能不变。

一根轻弹簧一端固定在墙上，另一端与质量为 m 的小球连接，小球上下运动，若不计空气阻力，系统在任意一个时刻，在任意一个位置时，系统的机械能

$$E=mgh+\frac{1}{2}mv^2+\frac{1}{2}kx^2=\text{不变量}$$

综上所述："系统中非保守力的功为零时，系统的机械能保持恒定"，因为保守力是内力，所以这句话可写成，**没有外力和非保守内力做功时，系统机械能守恒。**这叫做机械能守恒定律、这样的系统叫保守系统。但是不要误会为没有摩擦力机械能就守恒，虽然无摩擦力但有外力做功时机械能不守恒。例如，倾角为 θ 的楔形光滑木块，放在光滑水平面上，一个质量为 m 的物块自木块顶部沿斜面下滑时，物块 m 虽不受摩擦力，但是支持力 N 对 m 做负功，支持力是非保守力，图 3-14 中支持力虽然始终与斜面垂直，但是物块 m 的位移不是斜面，物块下滑时楔形木块也要后退，致使支持力对物 m 做的功 $\boldsymbol{N}\cdot\boldsymbol{S}\neq 0$。木块 m 的势能一部分转化为物 m 的动能，还有一部分转化为楔形木块的动能，如果把物 m 与楔形木块作为系统，系统的机械能守恒，因为 m 对楔木的功和楔木对 m 的功之和为零。从功能原理也能得出系统机械能守恒定律，式（3-16）中 A 是非保守内力和合外力的功，若它们为零，则 $\Delta E=0$，与上述结论一致。

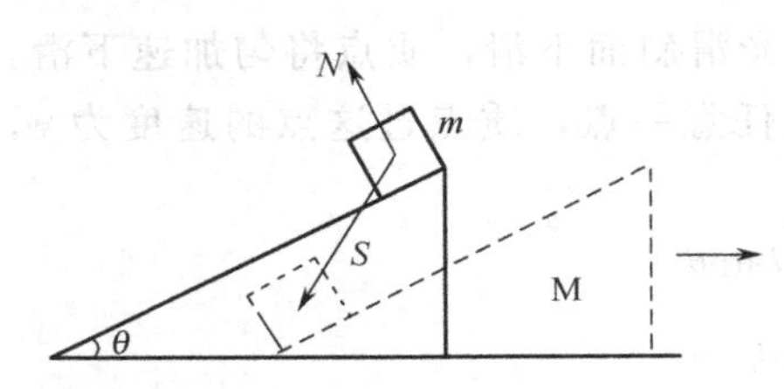

图 3-14　无摩擦时机械能也可能不守恒

学习机械能守恒定律时，有一点请你特别注意，机械能守恒要求全过程中机械能不变，全过程中机械能不变时，起点的机械能自然与终点的机械能相等，$E_2=E_1$。符合机械能守恒条件的题目，我们也是用这个关系式的。但要注意，如果质点起终两点机械能相等而过程中有些地段机械能与两端不等，这个过程就不是机械能守恒过程，所以应该正确理解式（3-17）的意义，机械能守恒的条件不是式（3-19），而是式（3-17）。

$$E_2=E_1 \tag{3-19}$$

例 3-8　图 3-15 所示，用相同速率 v_0，不同倾角斜抛一物体，若不计空气阻力，试证：一根水平线 MN 与抛体轨迹交点处质点的速率都相同，设水平线 MN 高为 H。

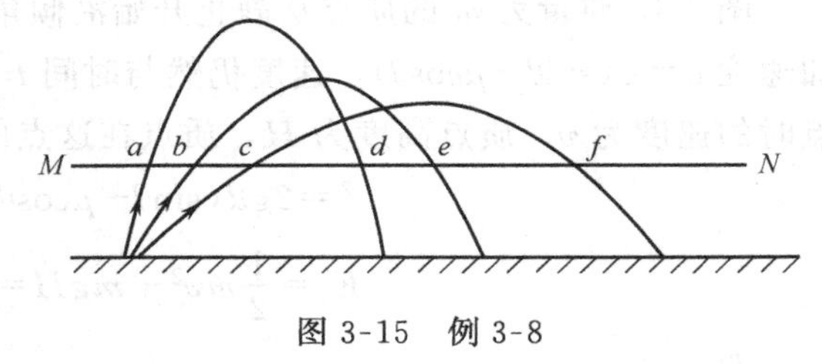

图 3-15　例 3-8

解：因为抛射过程只有保守力（重力）对质点做功，所以质点的机械能守恒，取地平为零势点，因机械能守恒定律，有

$$\frac{1}{2}mv_0^2=\frac{1}{2}mv_a^2+mgH=\frac{1}{2}mv_b^2+mgH=\cdots$$

所以

$$v_a=v_b=v_c=v_d=v_e=v_f$$

例 3-9　图 3-16 所示，轻的细绳下面挂一个质量为 m 的小球，小球半径 $r\ll l$，l 为绳长，绳的另一端吊在天花板上，绳开始静止在水平位置，小球在 A 点释放后，运动到最底位置 B 点，若不计空气阻力求小球在 B 位置时，绳中张力。

解：取 AO 为零势能点，小球运动过程中，没有非保守力做功，所以机械能守恒，小球

从 A 到 B 全过程中机械能恒定，E_A 也等于 E_B。

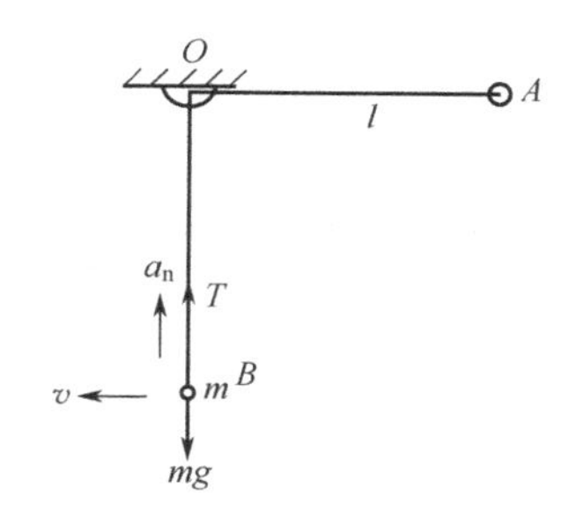

图 3-16　例 3-9

$$E_A=0,\quad E_B=\frac{1}{2}mv^2+(-mgl)$$

$$0=\frac{1}{2}mv^2-mgl$$

$$v^2=2gl$$

对小球用牛顿第二定律，列式为

$$T-mg=ma_n=m\frac{v^2}{l}$$

得

$$T=m(g+a)=3mg$$

例 3-10　图 3-17 所示，光滑水平面上轻弹簧一端固定在墙上，另一端固定有一物体 A，质量 m_A。在平面上还有一个可自由滑动的物体 B，质量 m_B。弹簧倔强系数为 k，O 点是弹簧的平衡位置。开始将物 B 靠紧物 A，并压缩到 P 位置，松开后，AB 向右运动，求

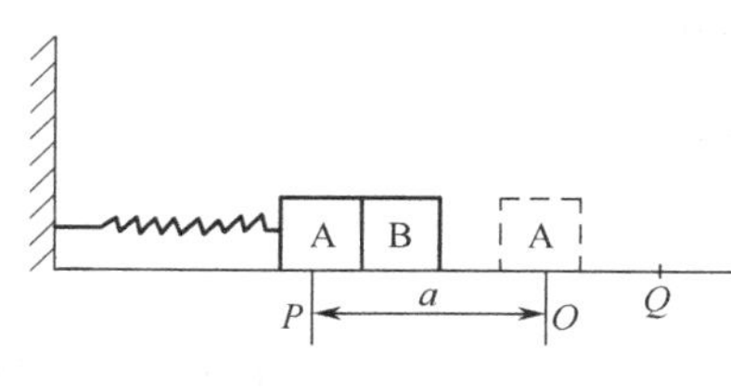

图 3-17　例 3-10

① A 与 B 在何处分开；

② 弹簧的最大伸长是多少？

解： 此题在 m_A 与 m_B 分开前只有保守力（弹簧）对 m_A 与 m_B 做功，所以机械能守恒，系统从 P 到 O 过程中弹力向右推动 AB 且逐渐减少，在 O 点时弹力为零，从 O 点开始弹力向左，物 A 减速，物 B 按惯性匀速直线运动。

设 AB 的大小不计，设弹簧最大伸长到 Q 位置。

$$E_P=E_0=E_Q$$

$$\frac{1}{2}ka^2=\frac{1}{2}(m_A+m_B)v^2$$

$$=\frac{1}{2}kx^2+\frac{1}{2}m_Bv^2$$

解得

$$x=a\sqrt{\frac{m_A}{m_A+m_B}}$$

例 3-11　如图 3-18 所示，光滑轨道，圆部分轨道半径 R，物块从高处滑下时，恰好到轨道顶点，求物块应放在什么高度。

解： 前面例题已指出物块恰好到顶点的意思是小球在顶点开始脱轨（支持力 $N=0$），小球用 $\sqrt{gR}$ 的速度开始平抛，（还记得吗?）小球受重力和支持力，支持力不做功，只有保守力(重力)做功，用机械能守恒，取 B 为零势点

$$E_A=mgh,\qquad E_B=\frac{1}{2}m(\sqrt{gR})^2$$

得

$$h=\frac{1}{2}R$$

例 3-12　图 3-19 所示，光滑的水平面上有一条质量为 m 长为 l 的金属链条，链条有1/5垂在桌边，开始静止，释放后，金属链条竖直下落，求桌上部分链条恰好全部落到桌边时，链条的速度。

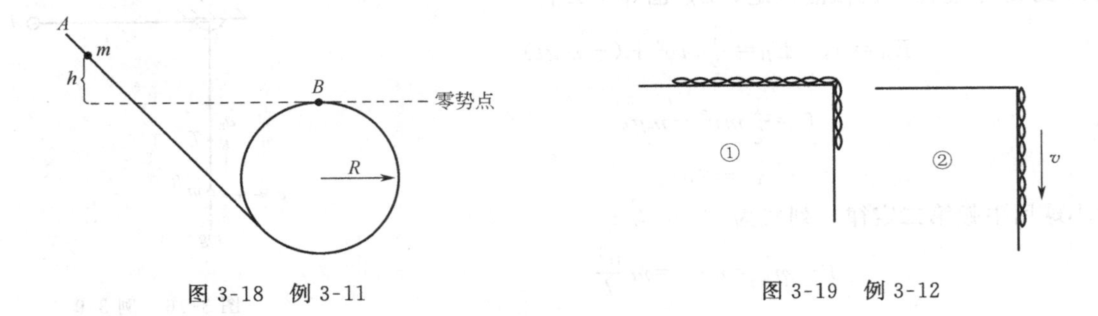

图 3-18　例 3-11　　　　图 3-19　例 3-12

解：此题中链条的机械能守恒，取桌面为重力势能零点。

$$E_1=\left(\frac{1}{5}m\right)(g)\left(-\frac{1}{2}\cdot\frac{l}{5}\right)=-\frac{1}{50}mgl$$

$$E_2=(m)(g)\left(-\frac{1}{2}l\right)+\frac{1}{2}mv^2=-\frac{1}{2}mgl+\frac{1}{2}mv^2$$

解得

$$v=\frac{1}{5}\sqrt{24gl}$$

从上面几个例题中都可看出外力不做功，系统内若只有重力、弹力和其他保守力，系统的机械能守恒、机械能中的动能与势能可相互转换，但是全过程中，在每一点机械能都恒定。如果系统内有非保守力做功、机械能就不守恒，非保守力做的功，例如摩擦力和阻力做的功可使接触面发热，或使受阻力的球发热，就是说系统有非保守力做功时，机械能的增加或减少必伴有其他形式的能量减少或增加。实验总结出一条关于能量的定律。叫做“能量转化与守恒定律”，定律说：“能量不能消失，也不能创造，只能从一种形式转换成另一种形式”，定律也可表述为：“在封闭系统内，无论发生何种变化过程，各种形式的能量可以相互转换，但能量的总和保持不变。”

第六节　动量定理

力的空间积累引入了功与动能的概念，力的空间积累的效应使质点和质点系的动能发生了变化。式（3-20）表达了这一过程的意思。

$$\int_l \boldsymbol{F}\cdot \mathrm{d}\boldsymbol{l}=\Delta E_{\mathrm{k}} \tag{3-20}$$

力的时间积累将引入冲量和动量的概念，若质量为 m 的质点受力 $\boldsymbol{F}$，作用时间 Δt，$\boldsymbol{F}$ 关于时间 t 的积分 $\int_{t_1}^{t_2}\boldsymbol{F}\mathrm{d}t$ 叫做在 $\Delta t=t_2-t_1$ 时间内力 $\boldsymbol{F}$ 的冲量，记作 $\boldsymbol{I}$

$$\boldsymbol{I}=\int_{t_1}^{t_2}\boldsymbol{F}\mathrm{d}t \tag{3-21}$$

冲量是矢量，若 $\boldsymbol{F}$ 是恒力时 $\boldsymbol{I}$ 与 $\boldsymbol{F}$ 同方向，若 $\boldsymbol{F}$ 的方向是改变的，则 $\boldsymbol{I}$ 与 $\boldsymbol{F}$ 的方向不一致。

式（3-20）是用 $\boldsymbol{F}=m\boldsymbol{a}$ 对空间积分得到的，用 $\boldsymbol{F}=m\boldsymbol{a}$ 对时间积分也能得到一条重要的定理

$$\boldsymbol{I}=\int_{t_1}^{t_2}\boldsymbol{F}\mathrm{d}t=\int_{t_1}^{t_2}m\boldsymbol{a}\,\mathrm{d}t=\int_{t_1}^{t_2}m\mathrm{d}\boldsymbol{v}=m(\boldsymbol{v}_2-\boldsymbol{v}_1)$$

记 $m\boldsymbol{v}$ 为 $\boldsymbol{p}$ 叫做质量为 m 的物体的动量，上式可写成与式（3-20）类似的形式

$$\boldsymbol{I}=\Delta\boldsymbol{p} \tag{3-22}$$

式（3-21）中的冲量 $\boldsymbol{I}$ 是某个力 $\boldsymbol{F}$ 的冲量，就像 $A=\int_l \boldsymbol{F}\cdot\mathrm{d}\boldsymbol{l}$ 中 A 是某个力的功那样。式（3-22）中的冲量 $\boldsymbol{I}$ 是合外力 $\boldsymbol{F}$ 的冲量，就像 $A=\int_l \boldsymbol{F}\cdot\mathrm{d}\boldsymbol{l}=\Delta E_{\mathrm{k}}$ 中 A 是合外力的功那样。用式（3-21）可求任意力的冲量，用式（3-22）时必须注意 $\boldsymbol{I}$ 是合外力的冲量。式（3-22）叫做动量定理，即：质点在运动过程中所受合外力的冲量，等于这个质点的动量的增量。

合外力是恒力时，合外力的冲量的方向与合外力的方向相同，合外力是变力时，或合外力方向不明时，可用动量的增量求合外力的冲量方向，因为式（3-22）已经指明合外力的冲量的方向与动量增量的方向相同。

力的空间积累效应引起质点动能的变化，可用动能增量求合外力的功，力的时间积累效应引起质点动量的变化，也可用动量增量求合外力的冲量。

例 3-13 图 3-20 所示，质量为 m 的质点在滑动摩擦系数为 μ，倾角为 θ 的斜面上，从静止滑下，求在 t 时间内质点受的诸力对质点的冲量，并求 t 时的速度。

解： 质点下滑时受三个力，mg, N, f

$\boldsymbol{I}_G=m\boldsymbol{g}t$ 方向向下

$\boldsymbol{I}_N=\boldsymbol{N}\cdot t$，$I_N=mg\cos\theta\cdot t$ 方向垂直斜面向上

$\boldsymbol{I}_f=\boldsymbol{f}\cdot t$，$I_f=\mu mg\cos\theta\cdot t$ 方向沿斜面向上

$\boldsymbol{I}_{合}=\boldsymbol{I}_f+\boldsymbol{I}_N+\boldsymbol{I}_G$，$I_{合}=(mg\sin\theta-\mu mg\cos\theta)t$

由动量定理

$$mg(\sin\theta-\mu\cos\theta)t=mv-0$$

得

$$v=gt(\sin\theta-\mu\cos\theta)$$

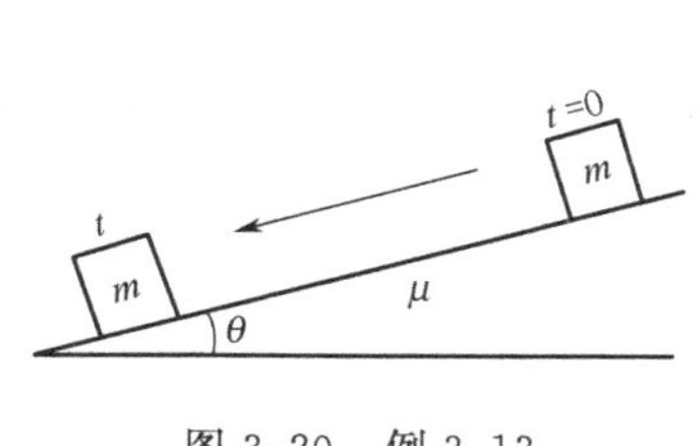

图 3-20 例 3-13

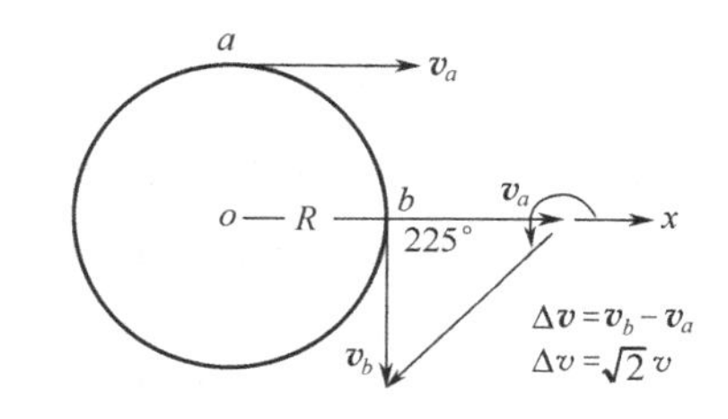

图 3-21 例 3-14

例 3-14 图 3-21 所示，质量为 m 的质点绕半径为 R 的圆周做匀速圆周运动，角速度为 ω，求质点从 a 点到 b 点这段时间内：

① 速度增量大小与方向；

② 质点的动量增量；

③ 向心力对质点的冲量。

解： ① 由矢量减法知 $\Delta v=\sqrt{2}v=\sqrt{2}R\omega$，方向与 x 轴成 225°，如图 3-21 所示。

② $\Delta p=\sqrt{2}mR\omega$，方向与 x 轴成 225°。

③ $I=\Delta p=\sqrt{2}mR\omega$，方向与 x 轴成 225°。

例 3-15 图 3-22 所示，上两个例题分别用式（3-21）和式（3-22）求冲量，有时要同时

用式（3-21）和式（3-22）才能解决问题。小球从水面上方某处自由落下，进入水中后继续下沉，在某处静止，已知小球质量m，小球在空气中下落时间t_1，在水中下沉时间为t_2，不计空气阻力，求小球受到的：

① 重力的冲量；

② 水中阻力的冲量；

③ 水中浮力的冲量。

解：设向下为正，用正负号表示矢量方向。

$$I_G=G(t_1+t_2)=mg(t_1+t_2)$$

浮力$\boldsymbol{F}$与重力$\boldsymbol{G}$平衡

$$浮力\ F=-mg$$

$$I_F=Ft_2,\ I_F=-mgt_2$$

设阻力冲量为$\boldsymbol{I}_f$

$$I_{合}=0-0=I_G+I_F+I_f$$

$$I_f=-I_G-I_F$$

$$I_f=-mg(t_1+t_2)-(-mgt_2)=-mgt_1$$

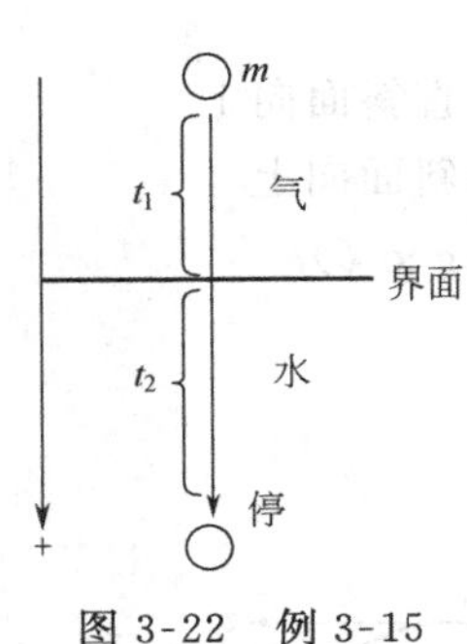

图 3-22　例 3-15

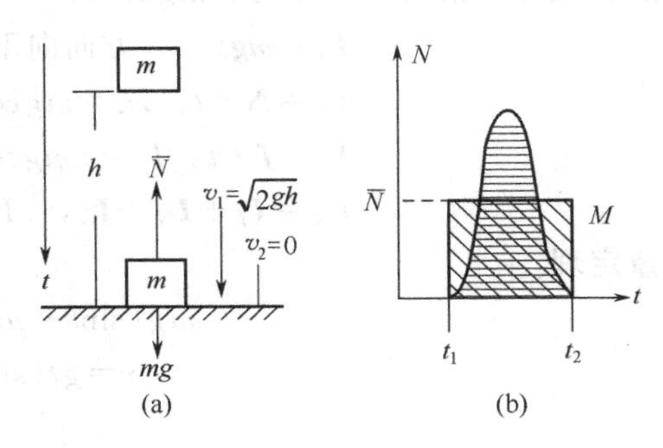

图 3-23　例 3-16

例 3-16　图 3-23(a) 重锤质量为m，从高h处自由落下，打在地面不再跳起，设重锤与地面相互作用时间为Δt，求锤与地面间平均撞击力。

解：重锤与地面撞击力是变力，由零到极大由极大再回到零，如图 3-23(b) 所示，设向下为正，用正负号表示矢量的方向，取重锤为讨论对象，重锤撞地时共受两个力，重力$\boldsymbol{G}$与平均撞击力$\boldsymbol{N}$，用动量定理：

$$(mg-N)\Delta t=0-mv=-m\sqrt{2gh}$$

$$N=\frac{m\sqrt{2gh}}{\Delta t}+mg \tag{3-23}$$

请注意：从式（3-23）看计算此类问题时重锤的自重要考虑在内，只有当式（3-23）中前项远大于后项时，才能不计自重，从式（3-23）中还看得出若作用时间Δt极小，N就很大，若延长作用时间Δt，N就较小。用泡沫包装产品、接篮球时手要缩回一点，从高处跳下要弯腰都是为了用延长作用时间Δt，达到使平均相互作用力减小的目的。

在功的问题中有示功图，同理在冲量问题中也有表示冲量的图，如图 3-24 和图 3-25 所示。

图 3-23(b) 中MN线为平均撞击力的线，正方形与有尖峰的形状面积相等，即

$\boldsymbol{N}_{平}\ \Delta t=\int \boldsymbol{F}\mathrm{d}t$，$MN$ 的高等于平均撞击力 $\boldsymbol{N}_{平}$ 的大小。

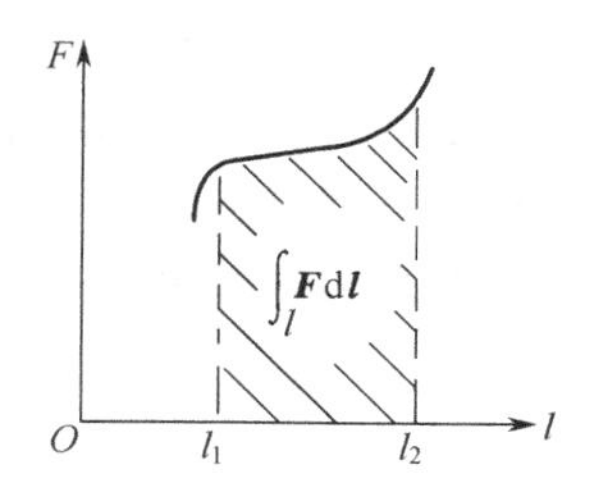

图 3-24　表示力 $\boldsymbol{F}$ 的功的图

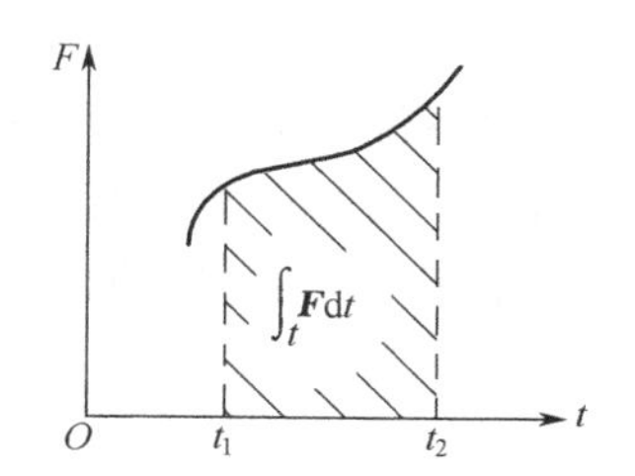

图 3-25　表示力 $\boldsymbol{F}$ 的冲量的图

动量定理也常写成分量形式

$$
\begin{aligned}
\boldsymbol{I}_x&=\Delta \boldsymbol{p}_x\\
\boldsymbol{I}_y&=\Delta \boldsymbol{p}_y\\
\boldsymbol{I}_z&=\Delta \boldsymbol{p}_z
\end{aligned}
\tag{3-24}
$$

例 3-17　图 3-26 所示，质量为 m 的小球与水平面斜碰、相互作用时间为 Δt，求小球与水平面的平均作用力。

解： 选小球为讨论对象，设 xy 坐标，设小球受水平面的平均相互作用力沿坐标的分量分别为 $\boldsymbol{N}_x$ 和 $\boldsymbol{N}_y$，将 v_1 与 v_2 正交分解，用动量定理分量式

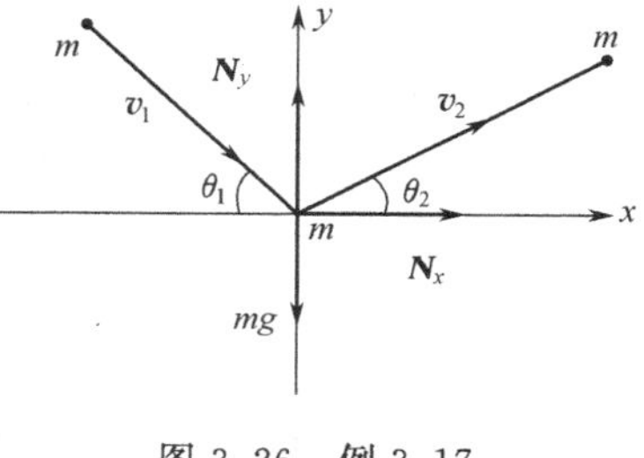

图 3-26　例 3-17

$$I_x=\Delta p_x\Rightarrow N_x\Delta t=mv_2\cos\theta_2-mv_1\cos\theta_1$$

$$I_y=\Delta p_y\Rightarrow (N_y-mg)\Delta t=mv_2\sin\theta_2-(-mv_1\sin\theta_1)$$

解得

$$N_x=\frac{m}{\Delta t}(v_2\cos\theta_2-v_1\cos\theta_1)$$

$$N_y=\frac{m}{\Delta t}(v_2\sin\theta_2+v_1\sin\theta_1)+mg$$

若 $v_1=v_2=v$，$\theta_1=\theta_2=\theta$，则

$$N_x=0$$

$$N_y=\frac{2m}{\Delta t}v\sin\theta+mg$$

此时小球与水平面在水平方向无相互作用力。

质点的动量定理已由式（3-22）表述，质点系的动量定理和它不同。质点系中的质点受到外力还受内力，每一对内力都遵守牛顿第三定律，它们不会改变质点系中相互作用的任意两个质点的动量总和，改变系统动量的还是外力。所以质点系的动量定律说："质点系受的合外力的冲量等于质点系中各质点动量增量的矢量和"，数学表达式仍用式（3-22）

$$\boldsymbol{I}=\Delta \boldsymbol{p} \tag{3-25}$$

但是式（3-22）中的 $\boldsymbol{I}$ 是作用于质点的合外力的冲量，式（3-25）中的 $\boldsymbol{I}$ 是作用于质点系中各质点上的合外力的冲量。式（3-22）中的 $\Delta\boldsymbol{p}$ 是质点的动量增量，式（3-25）中的 $\Delta\boldsymbol{p}$ 是系统中所有质点的动量增量的矢量和。

对于质点，其动能与动量的大小有一定的关系。

$$E_{\mathrm{k}}=\frac{1}{2}mv^2=\frac{1}{2m}m^2v^2=\frac{p^2}{2m}$$

$$p^2=2mE_k \tag{3-26}$$

从式（3-26）看出质点的动能为零时，质点的动量也为零，质点的动量为零时，质点的动能也为零。但是对质点系不能套用这个公式，例如光滑地面上停着一辆平板车，车上静止站立着一个人，此时系统的动量和动能都为零，当此人在车上向前走动时，车会向后退，此时人与车都有了动能，动能不能相消，系统动能不为零，此时人与车也都有了动量，但两个动量方向相反、大小相等可以相互抵消，此时系统动量仍为零，不符合式（3-26）。

第七节　动量守恒定理

图 3-27 所示，两个大小相同的球 A 和 B，它们的质量分别为 m_1 和 m_2，它们在光滑水平面上不同位置，A 球用速度 v_{10} 与速度为 v_{20} 的 B 球相碰撞，两球碰后的速度分别为 v_1 和 v_2。

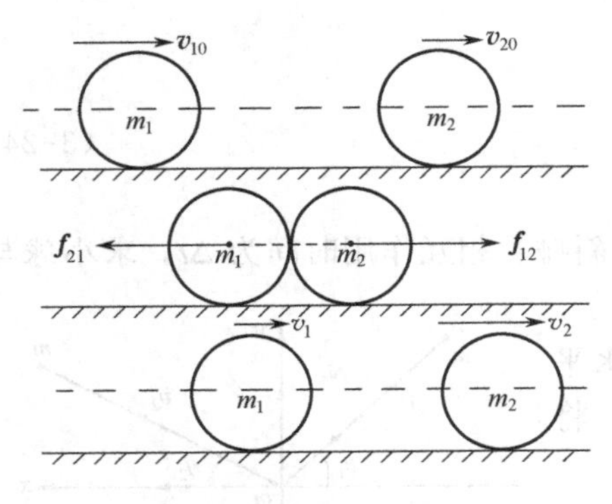

图 3-27　球对心碰撞

两球相碰时有一对作用与反作用力，m_1 碰 m_2 的力为 f_{12}，m_2 碰 m_1 的力为 f_{21}，对 m_1 和 m_2 分别应用动量定理列式，设两球相互作用时间为 Δt。

$$f_{12}\cdot\Delta t=m_2(\boldsymbol{v}_2-\boldsymbol{v}_{20})$$

$$f_{21}\cdot\Delta t=m_1(\boldsymbol{v}_1-\boldsymbol{v}_{10})$$

将上面两式相加，因 $f_{12}+f_{21}=0$，所以有

$$m_1\boldsymbol{v}_{10}+m_2\boldsymbol{v}_{20}=m_1\boldsymbol{v}_1+m_2\boldsymbol{v}_2 \tag{3-27}$$

式（3-27）是两球在没有外力作用时得到的结果，它表示："两只球在不受外力时，两只球的动量不变。"

上述结论可以推广到质点系。**"若系统不受外力或所受外力的矢量和为零时，系统的总动量在系统变化的全过程中保持不变。"**这叫做动量守恒定律。要注意的是，用动量守恒定律解题时常用 $\Delta\boldsymbol{p}=0$ 或 $\boldsymbol{p}_2=\boldsymbol{p}_1$，并不表示全过程中只有起始点和终止点的动量相等，因为全过程中动量不变，所以 $\boldsymbol{p}_{终}=\boldsymbol{p}_{始}$，如果 $\boldsymbol{p}_{终}=\boldsymbol{p}_{始}$ 过程中有某个阶段动量有变化动量就不守恒，守恒要求全过程中动量不变，在机械能守恒中也是这样要求的。

系统动量守恒时，每个质点的动量并不一定守恒，质点间的动量可以互相交换，打桌球时，一个球去碰另一个静止的球，原来静止的球获得了速度，有了动量，原来的球速度小了，动量少了，它把动量传给原来静止的球了。

例 3-18　飞机上掷下一个炸弹，离开飞机后炸成两片，两片的质量分别为 m_1 和 m_2，能否用动量守恒定律呢？若能用就有

$$m_1v_1+m_2v_2=0$$

$$v_1=-\frac{m_2}{m_1}v_2 \tag{3-28}$$

此式(3-28)的结果是常用的，炸弹爆炸时有无外力呢？炸弹有重力，为什么炸弹受到重力，炸弹在爆炸时还能用动量守恒定律呢？因为在相互作用时内力远远大于外力时，就可略去外力在相互作用当时的作用，这是动量守恒定律放宽的一个条件：**外力比内力小得多，在相互作用极小时间内，外力冲量为零，虽有外力也可用动量守恒。**

例 3-19　如图 3-28 所示。光滑水平面上，一个轻弹簧，一端固定在墙上，另一端牢固连着一个质量为 M 的木块，木块可在水平面上滑动，开始时木块静止，弹簧保持原长。一

个质量为 m 的子弹用速度 v_0 沿水平方向射入木块，并留在其中，求弹簧的最大压缩量，设弹簧倔强系数为 k。

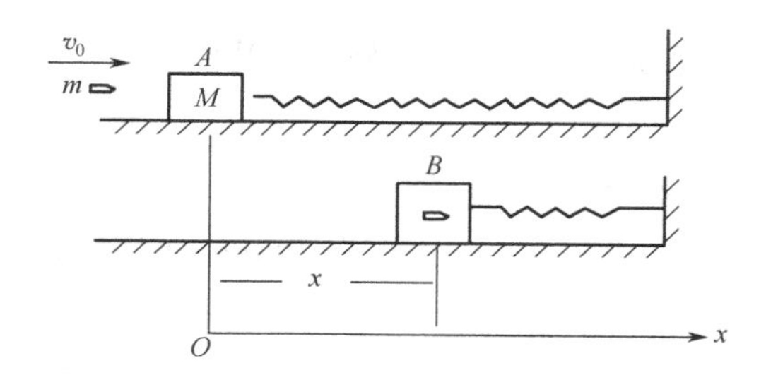

图 3-28 例 3-19

解： 视子弹与木块为系统，子弹射入木块时，木块向右滑动，弹簧缩短，产生的弹力向左，作用在系统 m 和 M 上，按条件，m 与 M 不能用动量守恒定律。但是如果子弹射入木块的时间极短，可视木块在子弹射入过程中是不滑动的，那么弹簧也没有缩短，系统 m 和 M 上就不受外力，对系统 m 和 M 还是可用动量守恒定律，这是动量守恒定律又一个放宽条件：**作用时间极短，虽有外力，也可用动量守恒。**

对 m 和 M 系统用动量守恒定律

$$mv_0=(m+M)u$$

u 为 m 与 M 的共同速度，系统从 A 位移动到 B 位过程中，只有保守力（弹力）做功，可用机械能守恒定律，$E_B=E_A$，设弹簧最大压缩量为 x。

$$E_B=\frac{1}{2}kx^2$$

$$E_A=\frac{1}{2}(m+M)u^2$$

解得

$$x=\frac{mv_0}{\sqrt{k(m+M)}}$$

例 3-20 如图 3-29 所示，求子弹射在木块中后木块的最大摆角。

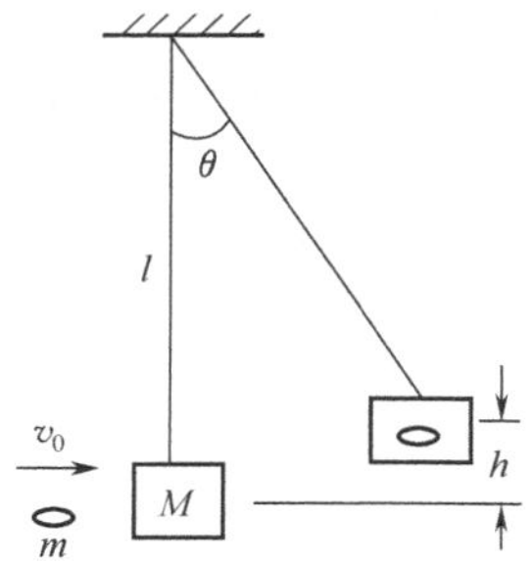

解： 子弹速度大，与木块作用时间极短，可以对子弹与木块系统用动量守恒定律

$$mv_0=(m+M)u \qquad ⓐ$$

系统上升到最大摆角 θ 时，过程中只有保守力（重力）做功，可对系统用机械能守恒定律

$$\frac{1}{2}(m+M)u^2=(m+M)gh \qquad ⓑ$$

$$h=l(1-\cos\theta) \qquad ⓒ$$

联立ⓐⓑⓒ解得

$$\theta=\arccos\left[1-\frac{1}{2gl}\left(\frac{mv_0}{m+M}\right)^2\right]$$

图 3-29 例 3-20

例 3-21 图 3-30 所示，质量为 m 的小木块用初速度 v_0 从高为 H 光滑斜面上滑下，滑进一个质量为 M 的小车，木块与小车的滑动摩擦系数为 μ，物块滑上小车最后与小车相对静止，用同一速度做匀速直线运动，设小车与水平轨道间光滑，求

① 木块在小车上滑行距离 S；

② 木块在小车上滑行时间 t。

解： ①木块从上滑下只有保守力（重力）做功，木块的机械能守恒

$$mgh+\frac{1}{2}mv_0^2=\frac{1}{2}mv^2 \qquad ⓐ$$

木块用速度 v 冲上小车，以木块与小车为系统，设木块与小车相对静止时的共同速度为 u，此系统除有摩擦内力外并无其他外力，系统动量守恒。

$$mv=(m+M)u \tag{ⓑ}$$

对系统用动能定理

$$-\mu mg\cdot S=\frac{1}{2}(m+M)u^2-\frac{1}{2}mv^2 \tag{ⓒ}$$

解ⓐ、ⓑ、ⓒ得

$$S=\frac{M(v_0^2+2gh)}{2\mu g(m+M)}$$

② 对木块用动量定理

$$-\mu mgt=mu-mv \tag{ⓓ}$$

解ⓐ、ⓑ、ⓓ得

$$t=\frac{M\sqrt{v_0^2+2gh}}{\mu g(m+M)}$$

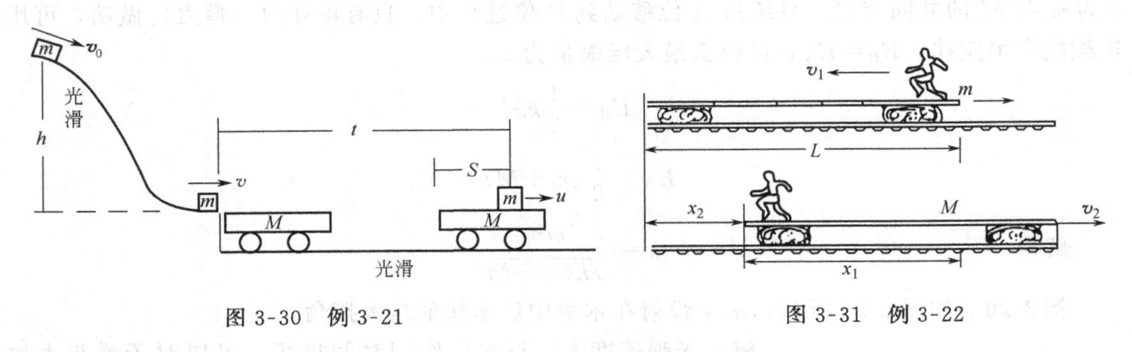

图 3-30　例 3-21　　　　图 3-31　例 3-22

例 3-22　图 3-31 所示，长为 L 的平板车静止在光滑的轨道上，平板车的一端有一个人静止站着，板车质量为 M，人的质量为 m，人用相对地面的速度 v_1 从平板车的一端走到另一端，求平板车相对于地面移动多少距离。

解：将人与车作为系统，系统不受合外力，系统动量守恒，设车的速度为 v_2。

$$mv_1=Mv_2$$

将上面关系两边对时间积分，设 t 为人在车上行走时间。

$$\int_0^t mv_1\,\mathrm{d}t=\int_0^t mv_2\,\mathrm{d}t$$

$$mx_1=Mx_2 \tag{ⓐ}$$

x_1 与 x_2 是人和车相对地面的位移。

根据几何关系（你用一本书、一支笔在桌上做一个简单实验即知）

$$x_1+x_2=L \tag{ⓑ}$$

解ⓐⓑ　　$x_1=\dfrac{M}{m+M}L$，　$x_2=\dfrac{m}{m+M}L$

第八节　碰　　撞

碰撞是指广泛的物体与物体间的相互作用，如桌球碰桌球。α 粒子碰原子核，用力突然拉断一根绳，都是碰撞类问题。

图 3-32 所示，碰撞过程可以用两个球的碰撞为例来说明物体碰撞时有接近、接触、形

变、恢复、分离几个阶段，v_2-v_1 叫分离速度，$v_{10}-v_{20}$ 叫接近速度，分离速度与接近速度之比，叫做恢复系数，记作 e。

$$e=\frac{v_2-v_1}{v_{10}-v_{20}} \tag{3-29}$$

恢复系数 e 由相互作用两物体的材料性质决定，弹性强的材料 e 值大，弹性弱的材料 e 值小。

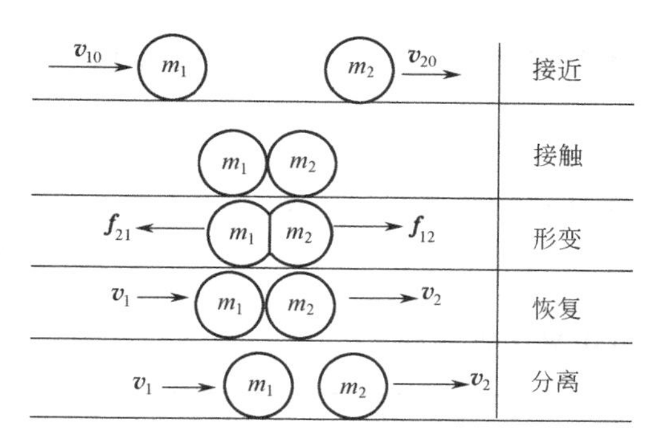

图 3-32　碰撞过程

碰撞要讨论的问题是从接近时的自由状态到分离时的自由状态的全过程，这个中间过程是复杂的。所以，在碰撞问题中，我们常用的方法是从相互作用前的自由状态和相互作用后的自由状态所表现的行为来研究物体间的中间相互作用过程。**即，从状态变化研究过程。**

碰撞问题常有作用时间极短，作用力是变力，作用力的峰值很大几个特点，这种力的形象已表示在图 3-23 的（b）中。

碰撞时，两个球心在一条直线上对撞，叫做对心碰撞，对心碰撞的物体相碰后还在一条线上。碰撞时，两个球心不在一条直线上运动的，叫做非对心碰撞，非对心碰撞的物体相碰后不在一条直线上运动，如图 3-33 所示。

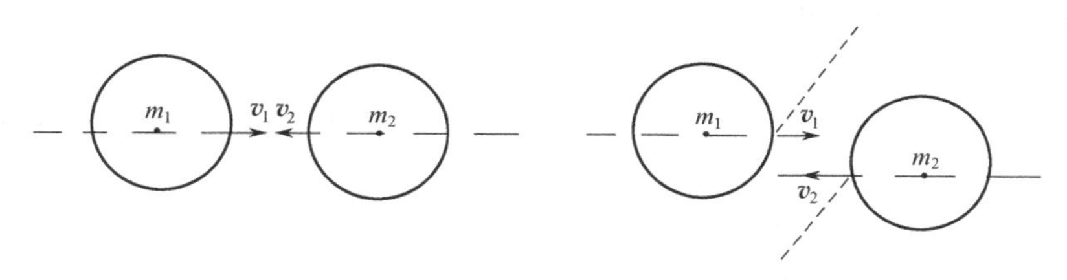

图 3-33　对心与非对心碰撞

碰撞时，不损失机械能的叫弹性碰撞或完全弹性碰撞，损失机械能的叫非弹性碰撞，若相碰后，两个物体连成一体有共同速度，这种碰撞叫做完全非弹性碰撞。

碰撞时，由于相碰时间极短，$\Delta t\to 0$，有限大小的任何外力的冲量趋于 0，所以系统遵守动量守恒。

两球在光滑桌面上相互对心做弹性碰撞时有

$$m_1v_{10}+m_2v_{20}=m_1v_1+m_2v_2 \quad ⓐ$$

和

$$\frac{1}{2}m_1v_{10}^2+\frac{1}{2}m_2v_{20}^2=\frac{1}{2}m_1v_1^2+\frac{1}{2}m_2v_2^2 \quad ⓑ$$

将ⓑ变形得

$$m_1v_{10}^2-m_1v_1^2=m_2v_2^2-m_2v_{20}^2$$

因式分解

$$m_1(v_{10}+v_1)(v_{10}-v_1)=m_2(v_2+v_{20})(v_2-v_{20}) \quad ⓒ$$

将ⓐ变形

$$m_1(v_{10}-v_1)=m_2(v_2-v_{20}) \quad ⓓ$$

ⓒ÷ⓓ得

$$v_{10}+v_1=v_2+v_{20} \quad ⓔ$$

请你解ⓓⓔ,将解得结果填入

$$v_1=\underline{\qquad\qquad}$$

$$v_2 = $$

将ⓔ与恢复系数的定义式比较知弹性碰弹时

$$e=\frac{v_1-v_2}{v_{20}-v_{10}}=1$$

完全非弹性碰撞时，$v_2=v_1$

$$e=\frac{v_1-v_2}{v_{20}-v_{10}}=0$$

e 可用来区别碰撞。

弹　性	非 弹 性	完全非弹性
$e=1$	$0<e<1$	$e=0$

碰撞问题可按下面方法分别对待，根据具体问题列出具体联立方程，然后求解。

碰撞为弹性时，用动量守恒和机械能守恒，如上面的式ⓐ与式ⓑ，也可用恢复系数 e

$$m_1v_{10}+m_2v_{20}=m_1v_1+m_2m_2$$

$e=1$，即

$$v_{10}-v_{20}=v_2-v_1 \tag{3-30}$$

碰撞为非弹性时，用动量守恒和恢复系数 e

$$m_1v_{10}+m_2v_{20}=m_1v_1+m_2m_2$$

$$v_2-v_1=e(v_{10}-v_{20}) \tag{3-31}$$

碰撞为完全非弹性时，用动量守恒

$$mv_{10}+m_2v_{20}=(m_1+m_2)v_{共} \tag{3-32}$$

碰撞为非对心时，是二维问题，需用动量守恒定律的分量形式，若碰撞在 $O\text{-}xy$ 平面，则

$$m_1v_{1x0}+m_2v_{2x0}=m_1v_{1x}+m_2v_{2x}$$

$$m_1v_{1y0}+m_2v_{2y0}=m_1v_{1y}+m_2v_{2y} \tag{3-33}$$

例 3-23 图 3-34 所示，小车上有光滑的半径为 R 的 $\frac{1}{4}$ 圆弧面 AB，小车与地面间无摩擦，小车质量为 M，一个质量为 m 的小物块从静止开始滑到 B 点，求小物块在 B 点时小车的速度和小物块的速度。

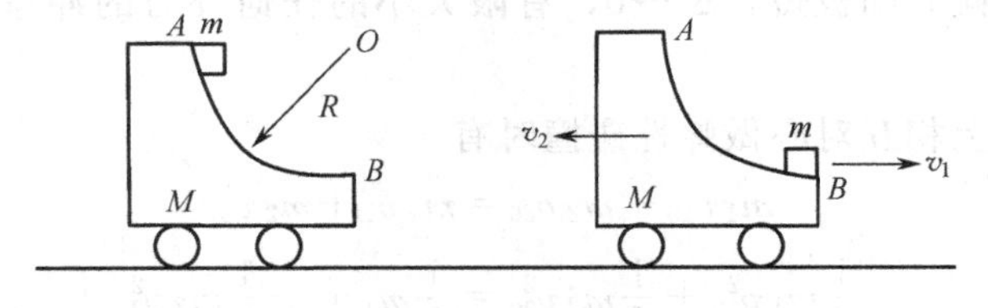

图 3-34　例 3-23

解：小物块从 A 点滑到 B 点的过程中只有保守力（重力）做功，系统机械能守恒$E_A=E_B$。

$$mgR=\frac{1}{2}mv_1^2+\frac{1}{2}Mv_2^2 \tag{ⓐ}$$

小木块离开 B 点时，系统在水平方向上无外力作用，系统在水平方向动量守恒。

$$mv_1=Mv_2 \tag{ⓑ}$$

解ⓐⓑ得

$$v_1^2=\frac{2MgR}{M+m}, \qquad v_2^2=\frac{2m^2gR}{M(m+M)}$$

例 3-24 图 3-35 所示，两球在光滑水平面上做非弹性碰撞，材料的恢复系数为 0.25，球质量为 $m_1=50\text{kg}$，$m_2=150\text{kg}$，m_1 的速度 $v_{10}=10\text{m/s}$，m_2 的速度 $v_{20}=25\text{m/s}$，两球速度方向相同，m_1 在前，m_2 从后面碰 m_1，求碰后各球速度。

解：两球虽非弹性碰撞，但无外力作用动量仍守恒，对两球系统用动量守恒及恢复系数得

$$m_1v_{10}+m_2v_{20}=m_1v_1+m_2v_2$$

$$0.25(v_{10}-v_{20})=v_2-v_1$$

联立解之 $$v_1=24.1\text{m/s}, \qquad v_2=20.3\text{m/s}$$

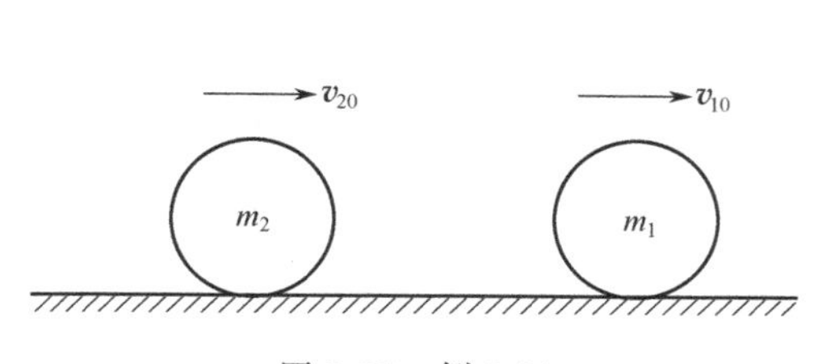

图 3-35 例 3-24

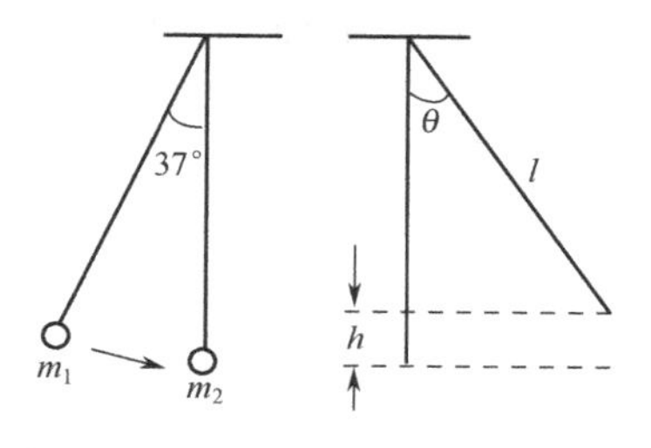

图 3-36 例 3-25

例 3-25 如图 3-36 所示，轻绳长 1m，小球 $m_1=20\text{g}$，$m_2=400\text{g}$，m_1 从 37°角放下与静止的 m_2 做弹性碰撞，求撞后两球能达到的最高位置。

解：设碰撞后 m_1 最高位与竖直线夹角为 θ_1，m_2 最高位与竖直线夹角为 θ_2。

m_1 用 $\sqrt{2gl(1-\cos37°)}$ 的速度碰 m_2，m_1 与 m_2 相碰时合外力冲量为 0，系统动量守恒。

$$m_1v_{10}+m_2v_{20}=m_1v_1+m_2v_2$$

将 $v_{10}=\sqrt{2gl(1-\cos37°)}=1.99\text{m/s}$，$v_{20}=0$ 代入上式得

$$0.02\times1.99=0.02v_1+0.4v_2 \qquad ⓐ$$

两球为弹性碰撞 $$e=1$$

即 $$1.99=v_2-v_1 \qquad ⓑ$$

解ⓐⓑ得 $$v_1=-1.80\text{m/s}, \qquad v_2=0.19\text{m/s}$$

v_1 得负号表示 m_1 与 m_2 相碰后，退向左方。v_1 和 v_2 是小球相碰后的瞬时速度，它们在最低点的动能为

$$E_{k1}=\frac{1}{2}m_1v_1^2=0.032\ \text{J}$$

$$E_{k2}=\frac{1}{2}m_2v_2^2=7.2\times10^{-3}\ \text{J}$$

小球用速度 v_1 和 v_2 向上摆动，m_1 升高 h_1，m_2 升高 h_2，m_1 和 m_2 的动能转化为它们的势能

$$E_{k1}=m_1gh_1, \qquad h_1=0.165\ \text{m}$$

$$E_{k2}=m_2gh_2, \qquad h_2=1.84\times10^{-3}\ \text{m}$$

由几何关系 $$h=l(1-\cos\theta), \qquad \cos\theta=1-\frac{h}{l}$$

$$\theta_1=\arccos\left(1-\frac{h_1}{l}\right)=33.4°\text{（左边）}$$

$$\theta_2=\arccos\left(1-\frac{h_2}{l}\right)=3.48°\text{（右边）}$$

习　题

1. 单摆摆球的质量为 m，摆长为 l，悬线的强度为 T_m，问小球在平衡位置处时，水平方向上应给小球多大冲量，悬线才会断掉？

2. 一杂技演员从距弹性网高 $h=10\text{m}$ 处跳到网上，如果已知演员站在网上静止不动时，网的弯曲为 $x_0=20\text{cm}$，问演员跳到网上时，给网的最大压力是演员自重的多少倍（网的质量不计）？

3. 如图 3-37 所示，钢球质量 $m=0.6\text{kg}$，绳长 1.2m，钢块质量 $M=3\text{kg}$，钢球自水平位置自由摆下与钢块作弹性碰撞，钢块与平面间的摩擦系数为 0.3，求碰撞后钢球的瞬时静止位置，和钢块的静止位置。

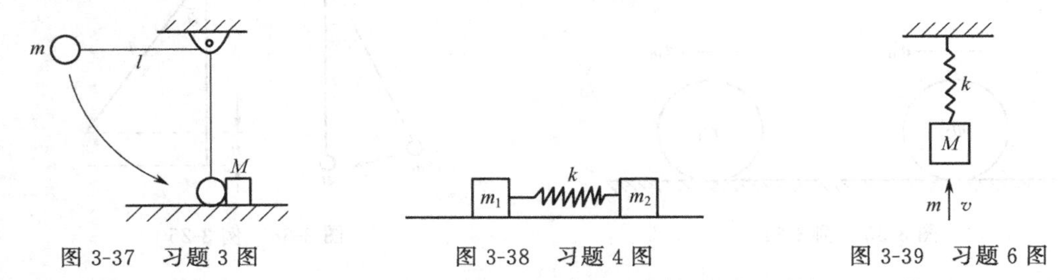

图 3-37　习题 3 图　　图 3-38　习题 4 图　　图 3-39　习题 6 图

4. 如图 3-38 所示，两物块 m_1 与 m_2 放在光滑平面上，中间夹一根轻弹簧，其倔强系数为 k。开始使两物块压缩弹簧，弹簧储有势能，然后再放开，弹簧向两侧伸长，物块向两侧运动。若已知 $m_1=m_2=2\text{kg}$，$v_2=0.5\text{m/s}$。求弹簧被压缩时贮有的能量。

5. 用棒打击质量 0.3kg、速率 $20\text{m}\cdot\text{s}^{-1}$ 的水平飞来的球，球飞到竖直上方 10m 高度。求棒给予球的冲量是多大？设球与棒的接触时间为 0.02s，求球受到的平均冲力。

6. 如图 3-39 所示，轻弹簧下连一木块，弹簧的倔强系数为 k，木块的质量为 M，弹簧与木块原来静止，一质量为 m 的子弹用速度 v 自下向上打入木块，并留在木块中。求子弹与木块系统处于瞬时静止时，弹簧的压缩量。

7. 一个步兵，他和枪的质量共为 100kg，穿着带轮的溜冰鞋站着，现在他用自动枪在水平方向上射出 10 发子弹，每颗子弹质量为 10g 而出口速度 $750\text{m}\cdot\text{s}^{-1}$。

① 如果步兵无摩擦地向后运动，问发射完第 10 发子弹时它的速度是多少？

② 如果发射了 10s，它受到的平均作用力有多大？

③ 比较他的动能和 10 颗子弹的动能。

8. 三个物体 A,B,C 每个的质量都为 M。B,C 靠在一起，放在光滑的水平桌面上，两者间连有一段长度为 0.4m 的细绳，原先放松着，B 的另一侧则连有另一细绳跨过桌边的定滑轮而与 A 相连（见图 3-40）。已知滑轮和绳子的质量不计，滑轮轴上的摩擦也可忽略，绳子长度一定，问 A、B 启动后，经多长时间 C 也开始运动？C 开始运动时的速度是多少？（取 $g=10\text{m}\cdot\text{s}^{-2}$ 计算。）

9. 如图 3-41 所示，质量 $m=0.10\text{kg}$ 的小球，拴在长度 $l=0.5\text{m}$ 的轻绳的一端，构成一个摆，摆动时，与竖直线的最大夹角为 60°。

① 小球通过竖直位置时的速度为多少？此时绳的张力多大？

② 在 $\theta<60°$ 的任一位置时，求小球速度 v 与 θ 的关系式，这时小球的加速度为何？绳的张力多大？

③ 在 $\theta=60°$ 处，小球的加速度为何？绳的张力多大？

10. 质量为 m 的小物体可沿翻圈装置无摩擦而滑行，如图 3-42 所示，该物从 A 点由静止开始运动，A 点比翻圈底部高 $H=3R$。

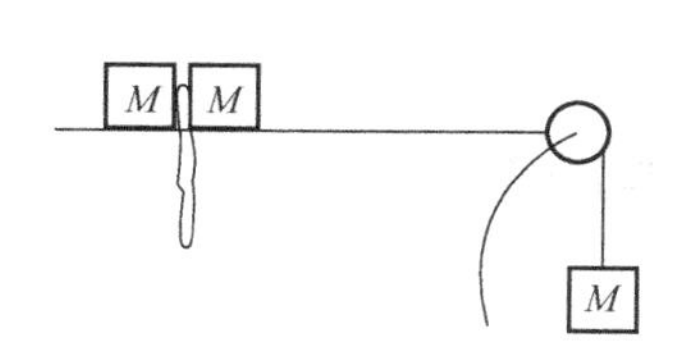

图 3-40　习题 8 图

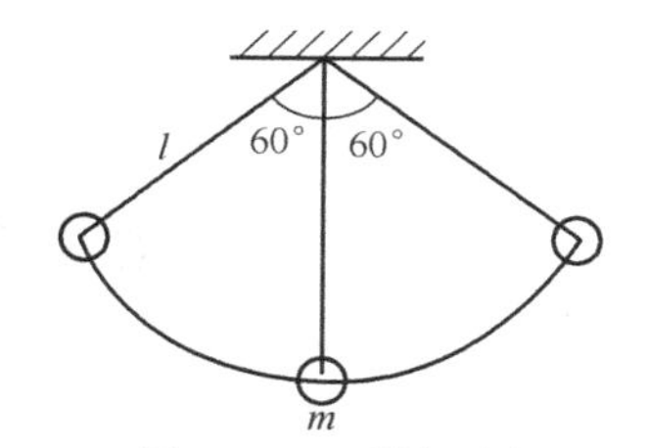

图 3-41　习题 9 图

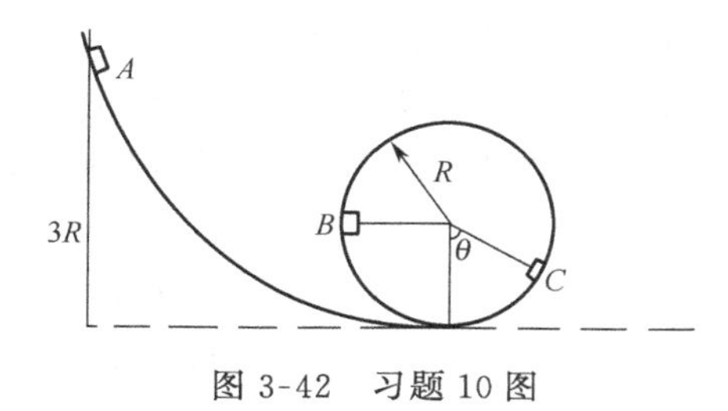

图 3-42　习题 10 图

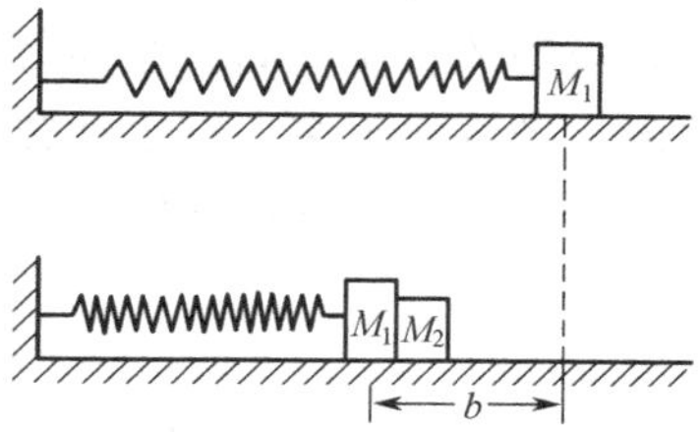

图 3-43　习题 11 图

① 当物体到达该翻圈的水平直径末端 B 点时，求其切向加速度和法向加速度以及对轨道的正压力。

② 求该物体在任一位置时对轨道的正压力，这位置用图中所示的 θ 角表示。在所得的结果中，令 $\theta=\frac{3\pi}{2}$，对 B 点的正压力验算一下。

③ 为什么使物体完成翻圈运动，要求 H 有足够的值？

11. 在如图 3-43 的装置上，质量 M_1 的物体和一轻弹簧已处于压缩状态（用扳机扣住），质量 M_2 的物体则和 M_1 相靠。开始时，整个系统都静止。然后，把扳机打开，弹簧推动 M_1,M_2 两物体，到某一时刻，物体 M_2 与 M_1 分开而独自运动，设弹簧的倔强系数为 k，处于压缩状态时缩短的长度为 b。

① 求 M_1,M_2 开始分离时的位置和速度。

② 它们分开后各自的运动是怎样的？

12. 如图 3-44 所示，$m=500$g 的足球，离墙 $s=6$m，墙高 $h=1.8$m，要将球踢过墙头，运动员至少要做多少功？（$g=10\text{m/s}^2$）

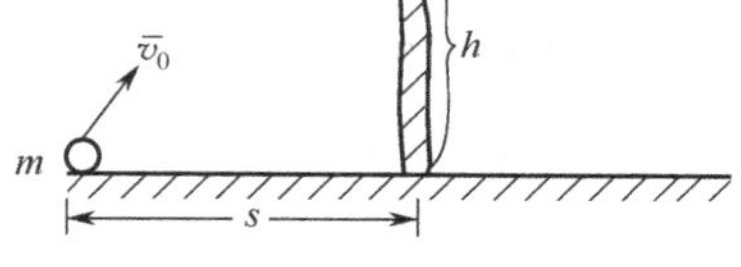

图 3-44　习题 12 图

13. 如图 3-45 所示，倔强系数为 k 的轻弹簧，一端固定，另一端与桌面上的质量为 m 的小球 B 相连接，推动小球，将弹簧压缩一段距离 L 后放开，假定小球所受的滑动摩擦力大小为 F 且恒定不变，滑动摩擦系数与静摩擦系数可视为相等。试求 L 必须满足什么条件才能使小球在放开后就开始运动，而且一旦停止下来就一直保持静止状态。

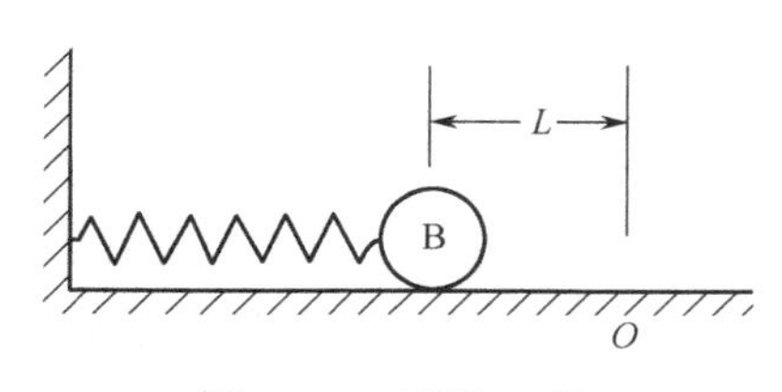

图 3-45　习题 13 图

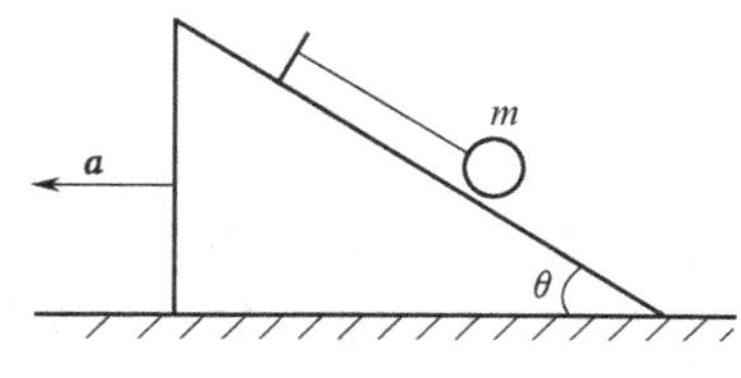

图 3-46　习题 14 图

14. 小球质量为 m，用细绳拴在一倾角 $\theta=30°$的劈形木块上，如图 3-46 所示，劈形木块放在光滑的水平面上，当它分别以加速度 $a_1=\frac{\sqrt{3}}{2}g$，$a_2=2\sqrt{3}g$ 向左运动时，绳子的拉力是多少？

第四章　刚体力学简介

第一节　刚体的运动

刚体是理想的物理模型。若物体内任意两点间距离保持不变，这种物体叫做刚体。物体受力不大，或物体材质坚固，在外力作用下，无明显变形时，可将它当做刚体。

刚体的运动方式很多，有定轴转动、平动、定点转动、平面运动等，本书只讨论刚体的定轴转动，这是一种最基本的刚体运动。掌握刚体的定轴转动可以进一步认识刚体的其他各种运动。

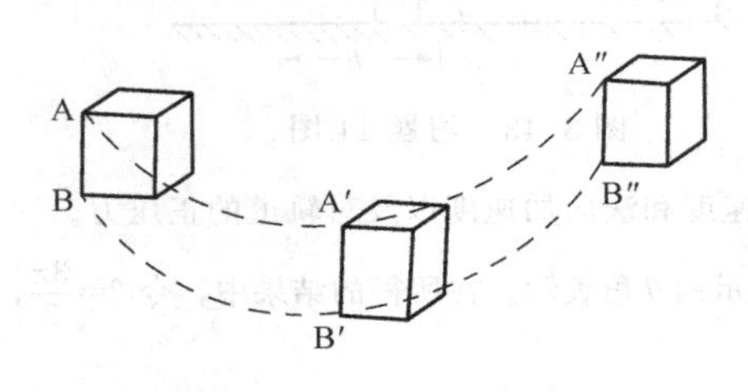

图 4-1　刚体的平动

平动：刚体运动时，在全过程中，任意时刻，其上任意一条直线都保持它的方向不变，即始终保持与自己平行，这样的刚体运动叫做刚体的平动。如图 4-1 所示，刚体作平动时，刚体的轨迹不一定是直线，车床上工作的车刀的运动，升降机的运动，沿直线运动的列车都是平动的例子。在运动学中已指出“平动的物体可作为质点处理”。即平动的刚体可用质点力学的方法处理。

定轴转动：刚体绕着一根固定的轴转动叫做刚体定轴转动，固定在墙上的钟表指针的转动，钻床上钻头的转动，固定滑轮的转动，教室中吊着的电风扇的转动都是定轴转动的例子。但是地球的转动、行驶中车轮的转动都不是定轴转动。定轴转动的关键要有一根相对于惯性系静止的轴。

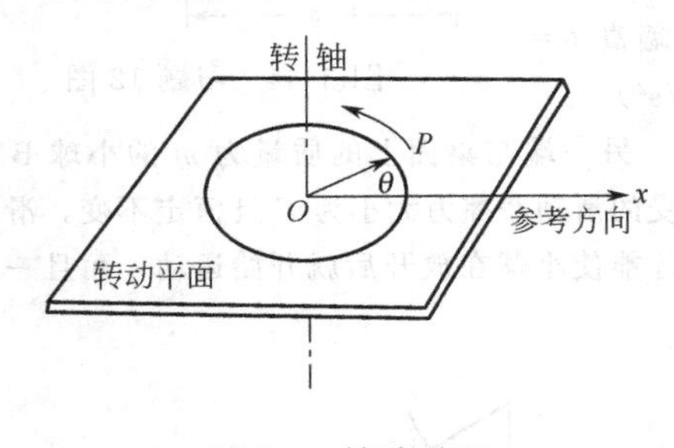

图 4-2　转动平面

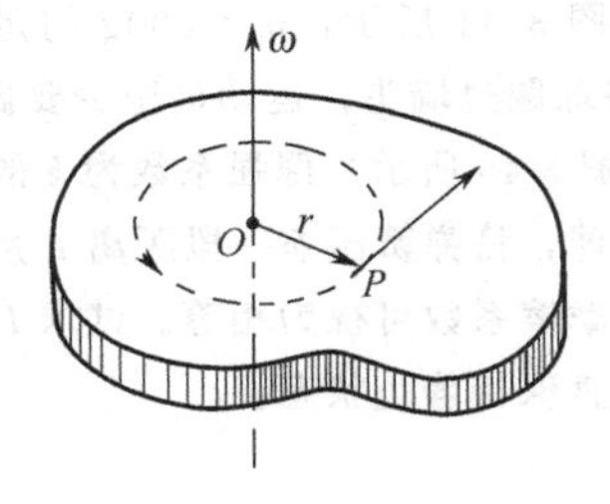

图 4-3　$\boldsymbol{v}$，$\boldsymbol{\omega}$，$\boldsymbol{r}$ 关系

刚体做定轴转动时，与固定转轴垂直的平面叫做转动平面，在这个面上的所有质点都绕定轴做圆周运动，以定轴与转动平面的交点为坐标原点 O，面上任意一个质点 P 的位置矢量为 $\boldsymbol{r}$，设 Ox 为参考方向，如图 4-2 所示。质点 P 的角速度 ω，线速度 v，角加速度 β，线加速度 a，这些量的定义，它们间的关系在力学第一章中已有叙述，线速度 $\boldsymbol{v}$ 是矢量，角速度 $\boldsymbol{\omega}$ 也是矢量，力学第一章中已指出 $\boldsymbol{v}$ 的方向，$\boldsymbol{\omega}$ 的方向和它们的数量关系，把 $\boldsymbol{v}$ 与 $\boldsymbol{\omega}$ 的关系写成矢量式，如图 4-3 及式（4-1）。

$$\boldsymbol{v}=\boldsymbol{\omega}\times\boldsymbol{r} \tag{4-1}$$

第二节　转动惯量

刚体定轴转动时，刚体中每个质元都有动能$\frac{1}{2}mv^2$，刚体的转动动能就是刚体中所有质元的动能的和，这是研究刚体的基本方法，**即研究刚体的基本方法是由点到体。**

在图 4-2 中，设在 P 点的质元的质量为 m_i，其速度为 v_i，其动能 ΔE_{ki} 为

$$\Delta E_{ki}=\frac{1}{2}m_i v_i^2=\frac{1}{2}m_i r_i^2\omega^2$$

刚体定轴转动的总动能为

$$E_k=\sum\Delta E_{ki}=\sum\frac{1}{2}m_i r_i^2\omega^2$$

如质元取得无限小，m_i 可用 dm 代换，再舍去质元在任意点的位矢 $\boldsymbol{r}_i$ 的脚标，用 $\boldsymbol{r}$ 取而代之，则刚体绕定轴转动时的转动动能为

$$E_k=\int_0^M\frac{1}{2}r^2\omega^2 dm=\frac{1}{2}\left[\int_0^M r^2 dm\right]\omega^2$$

M 是刚体的总质量。

记上式中积分为 J，叫做刚体绕轴 O 的转动惯量，引入刚体的转动惯量后，刚体的转动动能为

$$E_k=\frac{1}{2}J\omega^2 \tag{4-2}$$

式（4-2）与质点的动能 $E_k=\frac{1}{2}mv^2$ 在形式上很相似，也容易记住，J 是刚体的转动惯量，是刚体绕某一轴转动惯性的量度，m 是质点的质量，是质点惯性的量度。

$$J=\int_0^M r^2 dm \tag{4-3}$$

式（4-3）是刚体转动惯量的表达式，用式（4-3）时要注意 r 是转轴到 dm 的距离，dm 是你在刚体上取的质量元，M 是刚体的总质量，表面上看式（4-3）的积分是对质量积分，实际应用时，常常要把质量元化成 r 的函数、式（4-3）的积分就成为对刚体体积的积分，最后式（4-3）化成对坐标的积分。

表达式（4-3）是计算各种刚体转动惯量的依据。希望你能通过下面的例子掌握计算刚体转动惯量的方法，并从各种刚体的不同转动惯量式中，总结出决定刚体转动惯量的三要素。

例 4-1　如图 4-4 所示，求半径为 R 的，质量为 M 的均匀细圆环，对通过圆心与圆面垂直的轴的转动惯量。

解： 在圆上取质量元 dm，用式（4-3）

$$J=\int_0^M R^2 dm=R^2\int_0^M dm=MR^2$$

$$J=MR^2 \tag{4-4}$$

例 4-2　如图 4-5 所示，求长为 L，质量为 M 的均细棒对通过一端且与棒垂直的轴的转动惯量。

解： 在棒上取质量元 dm，取 Ox 坐标，棒的线质量密度 $\lambda=\frac{M}{L}$，单位 kg/m，用式（4-3）

$$J=\int_0^M r^2\,\mathrm{d}m=\int_0^L x^2\,\frac{M}{L}\mathrm{d}x=\frac{ML^3}{3L}=\frac{1}{3}ML^2$$

$$J=\frac{1}{3}ML^2 \tag{4-5}$$

例 4-3 如图 4-6 所示，若例 4-2 中，将轴由一端平行移动到棒的中心，转动惯量为多少呢？

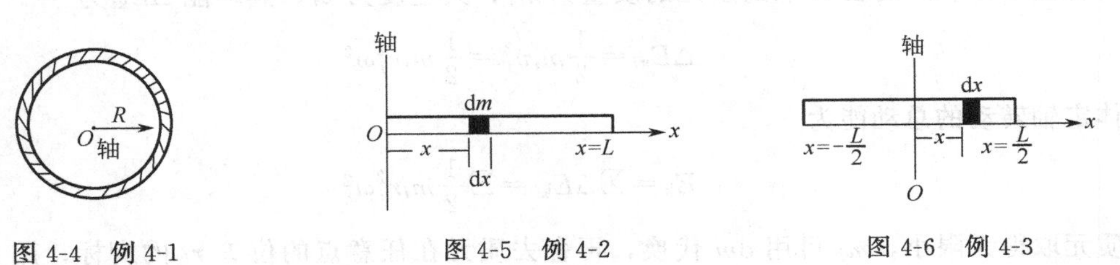

图 4-4 例 4-1　　图 4-5 例 4-2　　图 4-6 例 4-3

解：照上例，用式（4-3）

$$J=\int_0^M r^2\,\mathrm{d}m=\int_{-\frac{L}{2}}^{+\frac{L}{2}} x^2\,\frac{M}{L}\mathrm{d}x=\frac{1}{12}ML^2$$

$$J=\frac{1}{12}ML^2 \tag{4-6}$$

请你用一根均匀的棒做一个小实验，观察一下棒绕一端转动时的惯性大，还是棒绕中心转动时的惯性大。

例 4-4 求半径为 R，质量为 M 的均匀细环，对直径的转动惯量。

解：如图 4-7 所示取弧长 $\mathrm{d}s$，$\mathrm{d}s$ 的质量为 $\mathrm{d}m=\lambda\mathrm{d}s=\lambda R\mathrm{d}\theta$，$r=R\sin\theta$

$$J=\int_0^M r^2\,\mathrm{d}m=\int_0^{2\pi} R^2\sin^2\theta\,\lambda R\,\mathrm{d}\theta=\frac{1}{2}MR^2$$

$$J=\frac{1}{2}MR^2 \tag{4-7}$$

图 4-7 例 4-4　　图 4-8 例 4-5

例 4-5 如图 4-8 所示，求均匀的薄圆盘（滑轮）质量 M，半径 R 求对过中心、垂直圆盘的轴的转动惯量。

解：取离中心为 r，宽为 $\mathrm{d}r$ 的细圆环为质量元 $\mathrm{d}m$，此细环对中心轴的转动惯量

$$\mathrm{d}J=r^2\,\mathrm{d}m$$

圆盘的面质量密度 $\sigma=\dfrac{M}{\pi R^2}$，$\mathrm{d}m=\sigma(2\pi r\mathrm{d}r)$，圆盘的转动惯量为

$$J=\int_0^M \mathrm{d}J=\int_0^R r^2\cdot 2\pi r\sigma\,\mathrm{d}r=\frac{1}{2}MR^2$$

$$J=\frac{1}{2}MR^2 \tag{4-8}$$

将例 4-2 和例 4-3 比较，相同的刚体对不同的转轴有不同的转动惯量，得出决定刚体转动惯量的一个要素，**即转动惯量与转轴有关。**

将例 4-1 与例 4-5 比较，相同的质量，相同的转轴，质量分布不同（分布是集中在环上还是均匀分布在盘中）转动惯量不同，得出决定转动惯量的第二个因素，**即转动惯量与质量分布有关。**

从例题还看到转动惯量与刚体总质量有关，得出决定刚体转动惯量的第三个要求，**即转动惯量与刚体质量有关。**

在例题 4-5 中我们用了 $J=\sum J_i$ 和 $J=\int \mathrm{d}J$，表示转动惯量具有可加性。

$$\left.\begin{aligned} J&=\sum J_i \\ J&=\int \mathrm{d}J \end{aligned}\right\} \tag{4-9}$$

它指出："若干个绕同一根轴的刚体组成的刚体的转动惯量等于各刚体对此轴的转动惯量的和。"比较例 4-2 和例 4-3，例 4-3 中转动惯量的轴是通过刚体重心的，记作 J_0，例 4-2 中转动惯量的轴是与过刚体重心轴平行的任意轴的转动惯量，记作 J_X，X 表示与过重心轴平行的任意轴，$J_0=\frac{1}{12}ML^2$，$J_X=\frac{1}{3}ML^2$，O 轴与 X 轴相距为 $d=\frac{L}{2}$，可见

$$J_X=J_0+Md^2=\frac{1}{12}ML^2+M\left(\frac{L}{2}\right)^2=\frac{1}{3}ML^2$$

这个关系叫做平行移轴定理

$$J_X=J_0+Md^2 \tag{4-10}$$

式（4-10）中 J_0 是通过某刚体过重心轴的转动惯量，J_X 是平行刚体过重心轴的任意轴，d 是两平行轴间距离，M 是刚体总质量，用式（4-9）和式（4-10）及已知转动惯量公式，容易计算刚体和刚体组合的转动惯量。

表 4-1 列出了常用转动惯量公式，有些在例中已证明，有些请你自己去试试。刚体的转动惯量也可用实验方法测得。

表 4-1　刚体的转动惯量

图示	说明	图示	说明
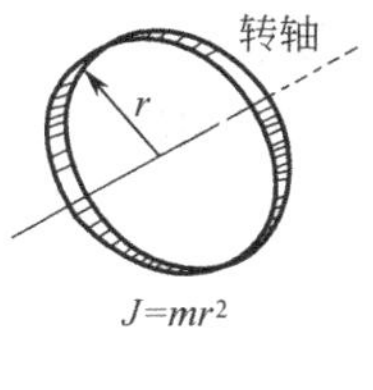 转轴；r；$J=mr^2$	圆环 转轴通过中心 与环面垂直	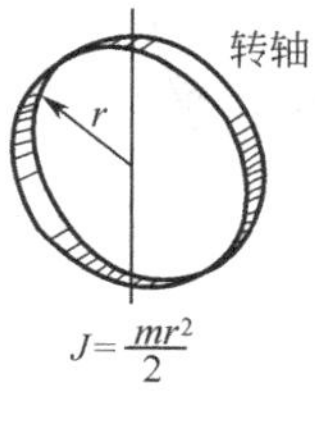 转轴；r；$J=\frac{mr^2}{2}$	圆环 转轴沿直径
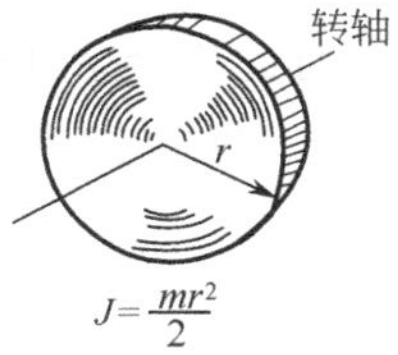 转轴；r；$J=\frac{mr^2}{2}$	薄圆盘 转轴通过中心 与盘面垂直	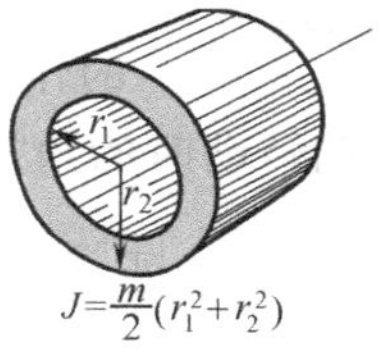 r_1；r_2；$J=\frac{m}{2}(r_1^2+r_2^2)$	圆筒 转轴沿几何轴

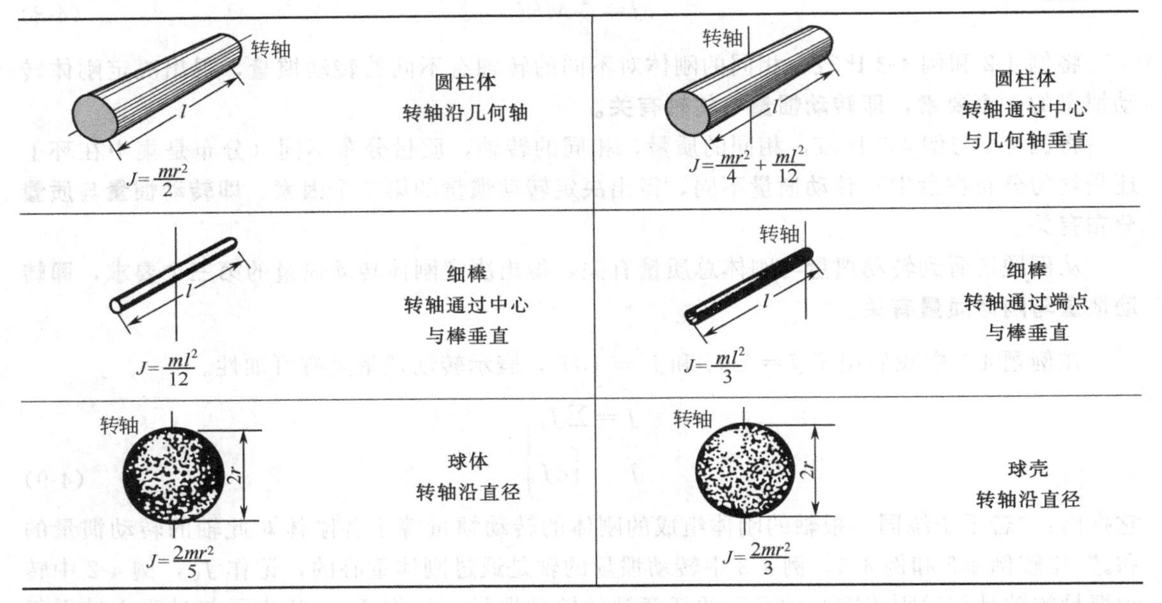

转轴 l $J=\frac{mr^2}{2}$	圆柱体 转轴沿几何轴	转轴 l $J=\frac{mr^2}{4}+\frac{ml^2}{12}$	圆柱体 转轴通过中心 与几何轴垂直
l $J=\frac{ml^2}{12}$	细棒 转轴通过中心 与棒垂直	转轴 l $J=\frac{ml^2}{3}$	细棒 转轴通过端点 与棒垂直
转轴 $2r$ $J=\frac{2mr^2}{5}$	球体 转轴沿直径	转轴 $2r$ $J=\frac{2mr^2}{3}$	球壳 转轴沿直径

第三节　刚体的转动定律

质点受外力 $\boldsymbol{F}$ 作用，质点有加速度 $\boldsymbol{a}$，它们的关系由牛顿第二运动定律表达。定轴刚体受外力矩 $\boldsymbol{M}$ 作用刚体有角加速度 $\boldsymbol{\beta}$，它们的关系由转动定律表达。图 4-9 为定轴转动的刚体的一个转动平面，m_i 为刚体中任意一个质点的质量，$\boldsymbol{r}_i$ 是 m_i 对轴的位矢，$\boldsymbol{F}_i$ 是 m_i 受的外力，$\boldsymbol{f}_i$ 是 m_i 受的内力，将力 $\boldsymbol{F}_i$ 与 $\boldsymbol{f}_i$ 按切线与法线分解，用牛顿第二定律的分量式 $F_{\rm n}=ma_{\rm n}$ 和 $F_{\rm t}=ma_{\rm t}$，分别得

法向　$f_i\cos\theta_i-F_i\cos\varphi_i=m_ia_{{\rm n}i}=m_ir_i\omega^2$　ⓐ

切向　$f_i\sin\theta_i+F_i\sin\varphi_i=m_ia_{\rm t}=m_ir_i\beta$　ⓑ

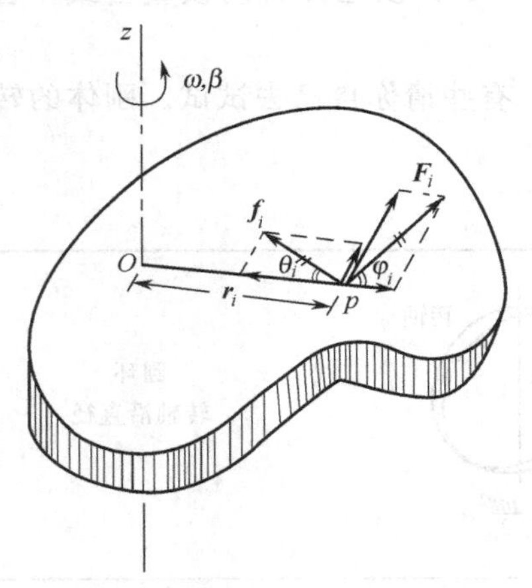

图 4-9　推导刚体转动定律

图 4-9 中法向力对转轴无力矩作用，不必考虑，切向力对转轴有力矩，将ⓑ式两边分别用 r_i 相乘得

$$r_i(f_i\sin\theta_i+F_i\sin\theta_i)=m_ir_i^2\beta \quad ⓒ$$

将ⓒ式对整个刚体相加

$$\sum r_i(f_i\sin\theta_i+F_i\sin\theta_i)=(\sum m_ir_i^2)\beta$$

上式左边相加得作用于刚体上的合外力矩 M，右边括号内为刚体的转动惯量，于是得到与牛顿第二运动定律形式相似的公式

$$M=J\beta \tag{4-11}$$

式 (4-11) 叫做刚体的转动定律，$\boldsymbol{M}$ 为对一某固定轴的作用于刚体上的合外力矩，J 是刚体对此固定轴的转动惯量，β 是刚体绕此固定轴转动时的角加速度。

第四节　转动定律的应用

牛顿第二定律解题法归纳为四个字，定、画、列、解。转动定律解题法与其相似，也可

归纳成四个字。**确定讨论对象、分析受力画图、选公式列方程、先观察后求解。**

例 4-6 如图 4-10 所示，滑轮半径 R，质量 M，转轴光滑，一根轻绳两端各挂一物跨过定滑轮，物体质量分别为 m_1 和 m_2，若 $R=2\text{cm}$，$M=2\text{kg}$，$m_1=10\text{kg}$，$m_2=20\text{kg}$，求物体的加速度和绳中张力。

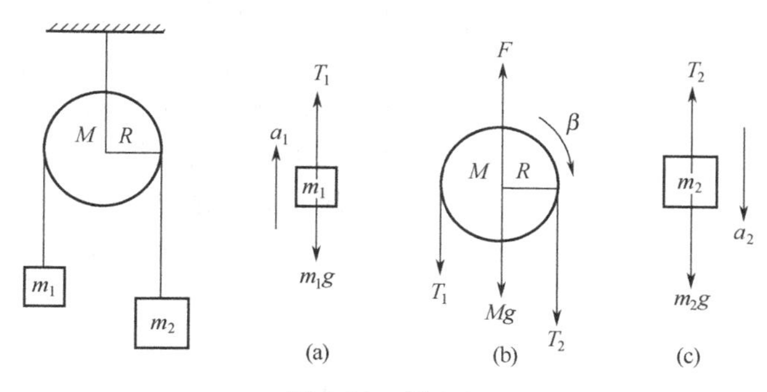

图 4-10 例 4-6

解：分别取 m_1,M,m_2 为分离对象，分析它们受的力，画出受力示意图如图 4-10(a)、(b)、(c)，图中要求有三部分：讨论对象（质量或转动惯量）、运动状态（加速度或角加速度）、一切外部作用（外力或外力矩）。对质点应用 $F=ma$，对刚体应用 $M=J\beta$。

$$\left.\begin{aligned}&\text{对 } m_1\text{（质点）} && T_1-m_1g=m_1a\\&\text{对 } m_2\text{（质点）} && m_2g-T_2=m_2a\\&\text{对 } M\text{（刚体）} && T_2R-T_1R=\frac{1}{2}MR^2\beta\end{aligned}\right\}$$

式中，$T_1\neq T_2$，因为滑轮有质量，如果 $T_1=T_2$，则滑轮上没有外力矩，滑轮就不可能有角加速度，滑轮不能加速转动。因为绳是轻的，吊着 m_1 的绳中张力处处都是 T_1，吊着 m_2 的绳中张力处处都是 T_2，绳中任意一点的加速度都是 a（大小相等，方向相反），所以滑轮边缘上点的切线加速度也是 a。

$$a=R\beta \tag{4-12}$$

解得

$$\left.\begin{aligned}\beta&=\frac{m_2-m_1}{\left(m_1+m_2+\frac{1}{2}M\right)R}g\\T_1&=\left(\frac{2m_2+\frac{1}{2}M}{m_1+m_2+\frac{1}{2}M}\right)m_1g\\T_2&=\left(\frac{2m_1+\frac{1}{2}M}{m_1+m_2+\frac{1}{2}M}\right)m_2g\end{aligned}\right\}$$

式中若不计滑轮质量，即 $M=0$ 有

$$\left.\begin{aligned}a&=R\beta=\frac{m_2-m_1}{m_2+m_1}g\\T_1&=T_2=\frac{2m_1m_2}{m_1+m_2}g\end{aligned}\right\}$$

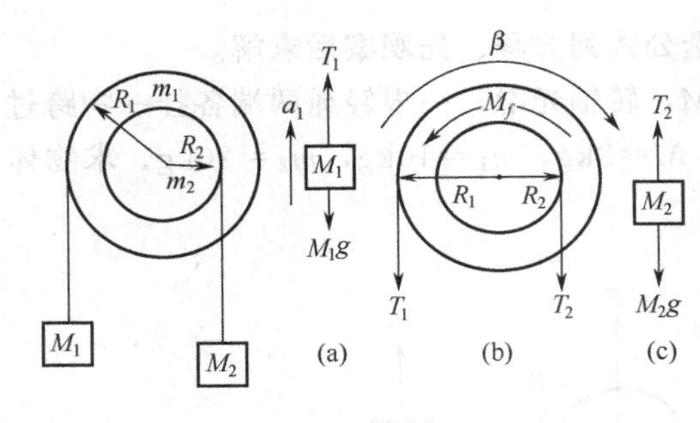

图 4-11　例 4-7

此式与力学第二章牛顿运动第二定律中一个轻滑轮吊着两个物体的例子一样。

例 4-7　如图 4-11 所示，两块圆形薄板共轴黏合在一起，能绕中心轴转动，转轴摩擦力矩为 M_f，大圆质量 m_1，半径 R_1；小圆质量 m_2，半径 R_2，两轮边缘均绕有轻绳，绳下端各挂一个物块，物块质量分别为 M_1 和 M_2，求轮轴转动时绳中张力及物块加速度。

解： 分别取 M_1, M_2 和轮为讨论对象，画出受力分析示意图如图 4-11(a)、(b)、(c)，对 M_1 和 M_2 用牛顿第二运动定律，对转轮用转动定律。

对 M_1：
$$T_1 - M_1 g = M_1 a_1$$
对 M_2：
$$M_2 g - T_2 = M_2 a_2$$
对轮
$$T_2 R_2 - T_1 R_1 - M_f = (J_1 + J_2)\beta$$
又
$$J_1 = \frac{1}{2} m_1 R_1{}^2, \quad J_2 = \frac{1}{2} m_2 R_2^2$$
$$a_1 = R_1 \beta, \quad a_2 = R_2 \beta$$

联立解之

$$\beta = \frac{(M_2 R_2 - M_1 R_1) g - M_f}{M_1 R_1^2 + M_2 R_2^2 + \frac{1}{2} m_1 R_1{}^2 + \frac{1}{2} m_2 R_2^2}$$
$$a_1 = R_1 \beta, \quad a_2 = R_2 \beta$$
$$T_1 = M_1 (g + a_1), \quad T_2 = M_2 (g - a_2)$$

第五节　力矩的功和刚体的机械能守恒

一、力矩的功

质点和质点系问题中力的功的定义是作用力 $\boldsymbol{F}$ 与元位移 $\mathrm{d}\boldsymbol{l}$ 点乘积的线积分。

$$A = \int_l \boldsymbol{F} \cdot \mathrm{d}\boldsymbol{l}$$

刚体定轴转动时力矩的功用上述定义可得到作用力矩 $\boldsymbol{M}$ 与角元位移 $\mathrm{d}\boldsymbol{\theta}$ 的点乘积的积分。

$$A = \int_{\theta_1}^{\theta_2} \boldsymbol{M} \cdot \mathrm{d}\boldsymbol{\theta} \tag{4-13}$$

若 $\boldsymbol{M}$ 是恒力矩，$\boldsymbol{M}$ 与 $\mathrm{d}\theta$ 同方向，力矩做的功为

$$A = M\Delta\theta \tag{4-14}$$

例 4-8　如图 4-12 所示，一个转轮 A 绕中心轴的转动惯量为 J，转轴的摩擦力矩 M_f，转轮半径 R，轮边缘绕有轻的细绳，用恒力 F 拉绳，A 轮被拉动转过 n 圈，求拉力和摩擦力矩对轮做的功，设 B 轮质量不计，且转轴光滑。

解： 作用轮上的拉力为恒力 F，作用在轮上有两个力矩

$$M_F = FR \text{ 及 } M_f$$

轮转过 n 圈时，角位移 $\Delta\theta = 2\pi n$

$$A_F = M_F \cdot \Delta\theta = 2\pi n R F$$

$$A_f = -M_f \cdot \Delta\theta = -2\pi n M_f$$

A_f 中的负号表示题中的摩擦力矩做负功。

例 4-9 若上题中不是用恒力 F 拉转转轮，而靠一个重物 $G(G=mg)$ 吊在绳的一端来拉轮使轮转动，其他条件不变，求绳中张力对轮做的功。

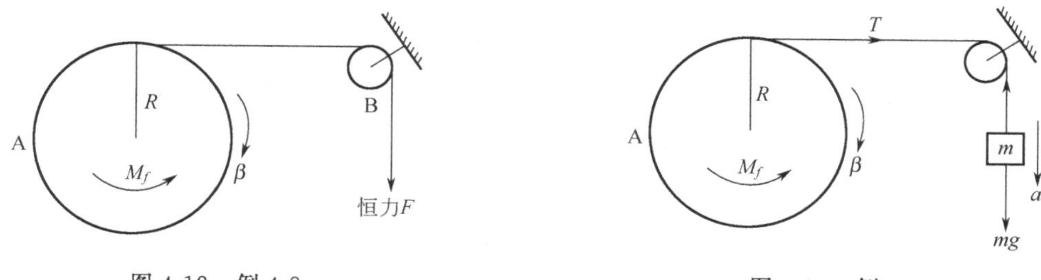

图 4-12 例 4-8

图 4-13 例 4-9

解： 分离转轮与重物如图 4-13 所示，作示力图，分别用转动定律和牛顿第二定律。

对轮 $$TR - M_f = J\beta$$

对 G $$G - T = ma$$

又 $$a = R\beta$$

解得 $$\beta = \frac{mgR - M_f}{mR^2 + J}$$

$$T = \frac{Jg + M_f R}{mR^2 + J} \cdot m$$

二、刚体的动能定理，刚体的机械能守恒

力矩对刚体做功是力矩的空间积累过程，将转动定律对角位移 $\mathrm{d}\theta$ 积分得

$$\int_{\theta_1}^{\theta_2} \boldsymbol{M} \cdot \mathrm{d}\boldsymbol{\theta} = \int_{\theta_1}^{\theta_2} J\beta \cdot \mathrm{d}\theta$$

上式左边为力矩做的功 A，式右边为

$$\int_{\theta_1}^{\theta_2} J \frac{\mathrm{d}\omega}{\mathrm{d}t} \cdot \mathrm{d}\theta = \int J \frac{\mathrm{d}\theta}{\mathrm{d}t} \cdot \mathrm{d}\omega = \int_{\omega_1}^{\omega_2} J\omega \mathrm{d}\omega = \frac{1}{2}J\omega_2^2 - \frac{1}{2}J\omega_1^2$$

得

$$A = \int_{\theta_1}^{\theta_2} \boldsymbol{M} \cdot \mathrm{d}\boldsymbol{\theta} = \Delta E_\mathrm{k} \tag{4-15}$$

此式为定轴转动刚体的动能定理，是力矩的空间积累的效应，M 为合外力矩，若合外力矩对刚体不做功，刚体的转动动能守恒，合外力矩做正功，刚体的转动动能增加，合外力矩做负功，刚体转动动能减少，请与前述质点和质点系的动能定理比较。

在质点动力学中若只有保守内力对系统做功，系统机械能守恒，对刚体言，若只有保守力矩对刚体做功，刚体的机械能守恒，只是刚体的机械能中的动能的形式与质点的动能的形式不相同。

$$E_\mathrm{k} = \frac{1}{2}mv^2 \text{（质点）}$$

$$E_\mathrm{k} = \frac{1}{2}J\omega^2 \text{（刚体）} \tag{4-16}$$

例 4-10 如图 4-14 所示，半径为 R，质量为 m_1 的均匀的薄圆盘，盘边绕有足够长的轻的细绳，下端挂着一个重物，质量为 m_2，开始系统静止，释放后，重物向下移动 h 距离，

设圆盘轴上摩擦力矩为 M_f，求物块下滑到 h 距离时的速度。

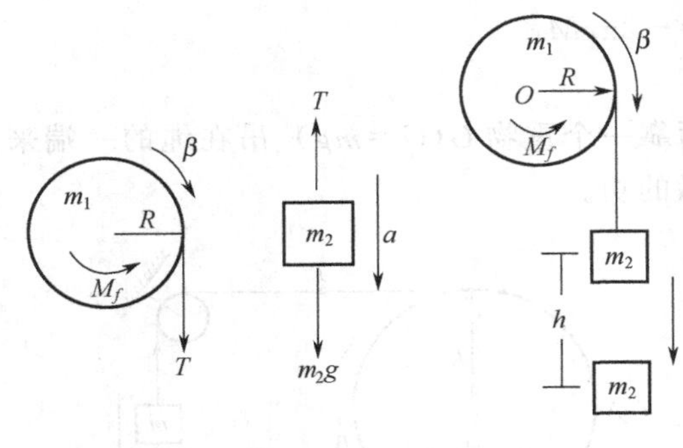

图 4-14　例 4-10

解：合外力矩对 m_1 做的功为 A_1，外力对 m_2 做的功为 A_2，m_2 下移 h 时，轮转过角位移为 $\Delta\theta=h/R$，设绳中张力为 T，作 m_1 和 m_2 的受力图。

$$TR-M_f=J\beta \qquad ⓐ$$

$$M_2 g-T=m_2 a \qquad ⓑ$$

$$J=\frac{1}{2}m_1R^2,\ a=R\beta$$

$$A_1=(TR-M_f)\Delta\theta$$

$$A_2=(m_2 g-T)h$$

用动能定理

$$A=A_1+A_2=(TR-M_f)\frac{h}{R}+(m_2 g-T)h$$

$$\Delta E_{\mathrm{k}}=\frac{1}{2}m_2 v^2+\frac{1}{2}J\omega^2$$

$$(TR-M_f)\frac{h}{R}+(m_2 g-T)h=\frac{1}{2}m_2 v^2+\frac{1}{2}J\omega^2 \qquad ⓒ$$

解ⓐⓑ得

$$\beta=\frac{m_2 gR-M_f}{\left(\frac{1}{2}m_1+m_2\right)R^2} \qquad ⓓ$$

$$T=\frac{m_2(m_1 gR+2M_f)}{(m_1+2m_2)R} \qquad ⓔ$$

将ⓓ与ⓔ代入ⓒ得

$$v^2=\frac{4h(m_2 gR-M_f)}{R(m_1+2m_2)}$$

若 $m_1=0$，$M_f=0$，则 $v=\sqrt{2gh}$。

第六节　动量矩、角动量、冲量矩

由图 4-9 可看出力 $\boldsymbol{F}_i$ 对 OO' 轴的力矩是 $\boldsymbol{r}_i\times\boldsymbol{F}_i$，其大小为 $r_i\cdot F_i\cdot\sin\varphi_i=r_i\cdot F_{i\perp}$，“矩”字在汉语字典中有“使成直角的”、“挺直的”、“成直角的”、“规则”等含义。中学物理教材中对力矩的定义是“力与力臂的乘积，力臂是力的作用线到转轴的距离”，其中也有使成直角的意思。

式（4-14）将转动定律对角位移 $\mathrm{d}\theta$ 积分为力矩的空间积累、产生的效果是刚体的转动动能发生了变化，导出了刚体的动能定理式（4-15）。将转动定律对时间 $\mathrm{d}t$ 积分为力矩的时间积累，也能得到一条力学定理。

$$\int_{t_1}^{t_2}M\mathrm{d}t=\int_{t_1}^{t_2}J\beta\mathrm{d}t=\int_{t_1}^{t_2}J\frac{\mathrm{d}\omega}{\mathrm{d}t}\mathrm{d}t=\int_{t_1}^{t_2}J\mathrm{d}\omega$$

$$\int_{t_1}^{t_2}\boldsymbol{M}\mathrm{d}t=J(\boldsymbol{\omega}_2-\boldsymbol{\omega}_1) \qquad (4\text{-}17)$$

上式右边力矩对时间的积分叫做力矩对刚体的冲量矩，与质点动力学中的冲量对应，等式右边出现的 $J\omega$ 叫做刚体的动量矩或叫刚体的角动量与质点力学中的动量对应。记冲量矩为

$\boldsymbol{K}$，记动量矩为 $\boldsymbol{L}$。

$$\left.\begin{aligned} \boldsymbol{K} &= \int_{t_1}^{t_2} \boldsymbol{M}\mathrm{d}t \\ \boldsymbol{L} &= J\boldsymbol{\omega} \end{aligned}\right\} \tag{4-18}$$

式（4-18）中若 $\boldsymbol{M}$ 为恒力矩，有

$$\boldsymbol{K}=\boldsymbol{M}\Delta t \tag{4-19}$$

若刚体在运动中转动惯量发生了变化，式（4-17）要写成

$$\boldsymbol{K}=\int_{t_1}^{t_2}\boldsymbol{M}\mathrm{d}t = \Delta(J\omega) \tag{4-20}$$

式（4-20）为刚体的角动量定理，是力矩作用于刚体的时间积累的效应，$\int_{t_1}^{t_2}\boldsymbol{M}\mathrm{d}t$ 是合外力矩 $\boldsymbol{M}$ 在 $\Delta t=t_2-t_1$ 这段时间内给刚体的冲量矩，$\Delta(J\omega)$ 是刚体在 Δt 时间内刚体的角动量的增量，刚体的角动量定理指出："转动刚体所受合外力矩的冲量矩等于在这段时间内转动刚体的动量矩的增量。"这条定理与质点力学中的动量定理对应。

冲量矩 $\boldsymbol{K}$ 的单位与动量矩 $\boldsymbol{L}$ 的单位相同，J 的单位为 $\mathrm{kg\cdot m^2}$，ω 的单位为 $\mathrm{s^{-1}}$，$\boldsymbol{K}$ 与 $\boldsymbol{L}$ 的单位均为 $\mathrm{kg\cdot m^2\cdot s^{-1}}$，可化为 $\mathrm{kg\cdot m\cdot s^{-2}\cdot m\cdot s}$，得知在 SI 单位中 $\boldsymbol{K}$ 与 $\boldsymbol{L}$ 的单位为牛顿·米·秒，N·m·s。

例 4-11 质量为 M 的质点用匀角速度 ω 绕 O 点作半径为 R 的圆周运动，求

① 质点对 O 轴的转动惯量 J；

② 质点的线动量 $\boldsymbol{p}$；

③ 质点的角动量 $\boldsymbol{L}$；

④ 半个周期中质点线动量的变化量 $\Delta\boldsymbol{p}$；

⑤ 半个周期中质点角动量的变化量 $\Delta\boldsymbol{L}$；

⑥ 半个周期内作用于质点的向心力对质点的冲量矩 $\boldsymbol{K}$。

解： ① 按转动惯量定义

$$J=\int_0^M r^2\mathrm{d}m = R^2\int_0^M\mathrm{d}m = MR^2$$

② 按质点的线动量定义

$$\boldsymbol{p}=m\boldsymbol{v}$$

其方向如图 4-15 所示，动量的方向各点都不相同。

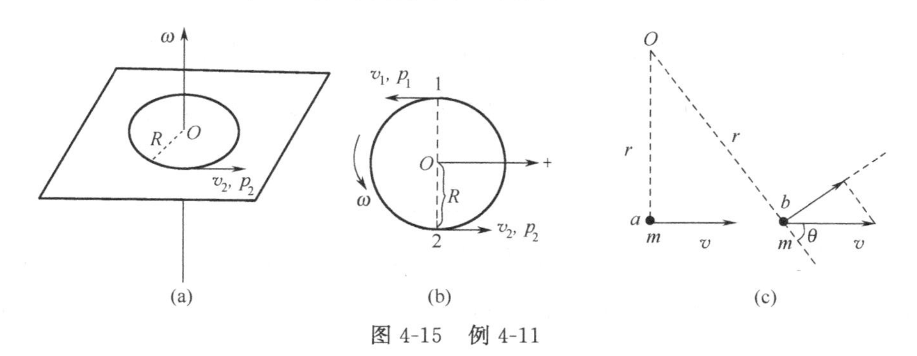

图 4-15 例 4-11

③ 按质点绕 O 点转动的角动量定义

$\boldsymbol{L}=J\boldsymbol{\omega}=MR^2\boldsymbol{\omega}$ 其方向如图 4-15(a) 所示，角动量的方向各点都相同。

④ 半个周期内质点动量的变化量为

$$\Delta \boldsymbol{p}=m\boldsymbol{v}_2-m\boldsymbol{v}_1$$

$\Delta p=2mv$　其方向如图 4-15(b) 所示，与所选正方向相同。

⑤ 由③知任何时间间隔内角动量的变化量均为零，即

$$\Delta \boldsymbol{L}=0$$

⑥ 由⑤向心力对质点冲量矩为零，即

$$\boldsymbol{K}=0$$

此例指出对质点可以用线量描述，也可以用角量描述。若质量为 m 的质点作直线运动，某时在某点有瞬时速度 $\boldsymbol{v}$，除此点及瞬时速度延长线线上的点以外，质点对任意点都可有角量。如图 4-15(c) 所示，质点在 a 点时，对 O 点，质点的角速度为 $\omega=\dfrac{v}{r}$，转动惯量为 mr^2，角动量为 $J\omega=mr^2\dfrac{v}{r}=mvr=pr$ 写成矢量式为

$$\boldsymbol{L}=\boldsymbol{r}\times\boldsymbol{p} \tag{4-21}$$

其方向在 O 点垂直纸面向外可用符号⊙表示。质点在 b 点时，对 O 点，质点的线动量 $\boldsymbol{p}=m\boldsymbol{v}$，可以分解成沿位矢 $\boldsymbol{r}$ 的分量 $mv\cos\theta$ 与和位矢 $\boldsymbol{r}$ 垂直的分量 $mv\sin\theta$，质点在 b 点的角速度 $\omega=\dfrac{v\sin\theta}{r}$，角动量大小为 $rmv\sin\theta$，方向仍为⊙，所以角动量还是可写成式 (4-21)。请注意上述 $\sin\theta$ 中 θ 是质点的线动量 $\boldsymbol{p}$ 与质点对某点的位矢 $\boldsymbol{r}$ 的夹角，千万不要弄错这只夹角。在我们研讨质点与刚体相互作用时，必须对质点用角量。因为线量与角量的量纲是不同的，请你自己找几个角量和有关的线量试试看它们的量纲相差什么？

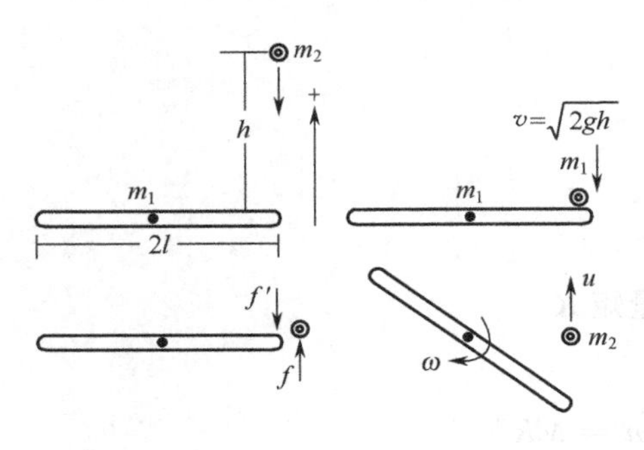

图 4-16　例 4-12

例 4-12　如图 4-16 所示，一根质量为 m_1，长为 $2l$ 的均匀细棒可在竖直平面内绕其中心的光滑的水平轴转动，一个质量为 m_2 的小球从棒一端 h 高处自由落下与棒的一端作完全弹性碰撞，求碰后小球与棒获得的角速度。

解法一： 对小球用线量，对棒用角量，小球用速度 $v=\sqrt{2gh}$ 碰棒的一端，设它们相互作用力为 f 和 f'。

对小球用线量描述，小球在相互作用时间内受到棒端对球的冲量为 $\int f\mathrm{d}t$，小球碰前速度为 $v=\sqrt{2gh}$，小球碰后的速度为 u，小球在作用时间内动量的变化量为 $m_2(u+v)$，对小球用动量定理。

$$\int f\mathrm{d}t=m_2(u+v) \tag{a}$$

对棒必须用角量描述，棒与球在相互作用时受到小球的力矩为 $f'l$，小球在相互作用时间内给棒的冲量矩为 $\int f'l\mathrm{d}t$，棒在碰前角速度为零，棒碰后角速度为 ω，棒对轴的转动惯量为 $J=\dfrac{1}{12}m_1(2l)^2=\dfrac{1}{3}m_1l^2$，棒碰前角动量为零，棒碰后角动量为 $J\omega$，对棒用动量矩定理

$$\int M\mathrm{d}t = \int f'l\,\mathrm{d}t = J\omega \tag{ⓑ}$$

因为 $f'=f$（大小相等）比较ⓐⓑ两式可得

$$m_2(u+v)\cdot l=J\omega \tag{ⓒ}$$

题示碰撞是完全弹性的，所以球和棒系统的机械能守恒。

$$\frac{1}{2}m_2v^2=\frac{1}{2}m_2u^2+\frac{1}{2}J\omega^2 \tag{ⓓ}$$

将 $J=\frac{1}{3}m_1l^2$，代入ⓒⓓ两式，得

$$\left.\begin{aligned} u&=\frac{m_1-3m_2}{m_1+3m_2}\sqrt{2gh} \\ \omega&=\frac{6m_2}{(m_1+3m_2)\,l}\sqrt{2gh} \end{aligned}\right\}$$

解法二：对小球也可用角量描述

棒对球的作用力为	f	方向与＋方向相同
棒对球的作用力的力矩为	fl	方向垂直纸面向外记作⊙
棒在作用时间内对球的冲量矩为	$\int fl\,\mathrm{d}t$	方向⊙
球作用前对轴的角速度为	$\sqrt{2gh}/l$	方向⊗
球作用后对轴的角速度为	u/l	方向⊙
球对轴转动惯量为	m_2l^2	
球作用前角动量为	$m_2l^2\cdot\sqrt{2gh}/l$	方向⊗
球作用后角动量为	$m_2l^2\cdot u/l$	方向⊙
球作用前后角动量变化量为	$m_2l^2(u+\sqrt{2gh})/l$	方向⊙

对球用冲量矩原理得

$$\int fl\,\mathrm{d}t = m_2l(u+\sqrt{2gh}) \tag{ⓔ}$$

其实ⓐ式两边乘 l，即得ⓔ式，看你习惯用哪种方法。

对棒必须仍用角量描述，得

$$\int f'l\,\mathrm{d}t = \frac{1}{3}m_1l^2\cdot\omega$$

同样可得到和解法一相同的结果。

第七节　角动量守恒定律

与动量守恒定律有同样重要意义的是角动量守恒，角动量守恒定律指出："转动物体所受合外力矩的冲量矩在作用时间区间内为零时，转动物体的角动量始终保持不变"，它的数学表达式是

$$\boldsymbol{L}=J\boldsymbol{\omega}=\text{恒定矢量} \tag{4-22}$$

上述定律表达中强调的始终不变在前面其他守恒定律中已多次强调，可能你已经明白了它的含义，这里不再重复，但使用这条定律时，我们习惯用的形式仍是

$$(J\boldsymbol{\omega})_1=(J\boldsymbol{\omega})_2 \tag{4-23}$$

或

$$J_1\boldsymbol{\omega}_1=J_2\boldsymbol{\omega}_2 \tag{4-24}$$

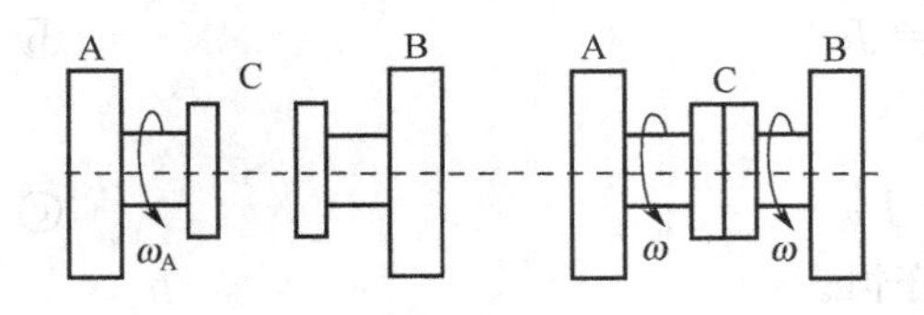

图 4-17 例 4-13

例 4-13 用摩擦的办法可使两只转动的轮以相同的转速一起转动，这种装置叫做摩擦啮合器。

如图 4-17 所示，AB 两轮在同一光滑轴上，$J_A=10\text{kg}\cdot\text{m}^2$，$J_B=20\text{kg}\cdot\text{m}^2$，开始时 A 轮的转速为 600r/min，B 轮静止，C 为摩擦啮合器，J_A 与 J_B 均包含 C 在内，两轮啮合后，能同速转动。

求① 两轮啮合稳定后的转速；

② A 轮和 B 轮各受到的冲量矩；

③ 啮合过程中系统损失的机械能；

④ 啮合过程中系统产生的热量。

解： ① 设共同转速为 n，因为外力矩的冲量矩为零、系统角动量守恒。

$$n_1J_A+n_2J_B=n(J_A+J_B)$$

$$600\times10+0=n(10+20)$$

$$n=200\ \text{r/min}$$

$$\omega=200\times\frac{2\pi}{60}=20.9\ \text{s}^{-1}$$

② 由冲量矩定理

$$K_A=L_{A2}-L_{A1}=J_A\omega_2-J_A\omega_1=J_A(\omega_2-\omega_1)$$

$$=10\times(200-600)\frac{2\pi}{60}=-418.3\ \text{N}\cdot\text{m}\cdot\text{s}$$

$$K_B=J_B(\omega_2-\omega_1)=418.3\ \text{N}\cdot\text{m}\cdot\text{s}$$

③ 损失的机械能为转动动能的减少

$$\frac{1}{2}J_A\omega_A^2-\frac{1}{2}(J_A+J_B)\omega^2=1.32\times10^4\ \text{J}$$

④ 损失的机械能以热的形式放出

$$Q=1.32\times10^4\ \text{J}$$

在生活中，动量矩守恒的例子很多，舞蹈演员、溜冰运动员、跳水运动员、单杠运动员等在旋转时常靠自己的手臂和弯身体来改变自己的转动惯量，调节自己的转动速度。

表 4-2 是平动与转动问题中重要关系式的对比，希望同学能从表中学到“对比学习”、“温故知新”、“自列知识结构”等学习方法，要从表中了解这些学习方法，不要死记硬背。

表 4-2 平动与转动

质点的直线运动(刚体的平动)	刚体的定轴转动
速度 $v=\frac{ds}{dt}$	角速度 $\omega=\frac{d\theta}{dt}$
加速度 $a=\frac{dv}{dt}$	角加速度 $\beta=\frac{d\omega}{dt}$
匀速直线运动 $s=vt$	匀角速转动 $\theta=\omega t$
匀变速直线运动： $v=v_0+at$ $s=v_0t+\frac{1}{2}at^2$ $v^2-v_0^2=2as$	匀变速转动： $\omega=\omega_0+\beta t$ $\theta=\omega_0t+\frac{1}{2}\beta t^2$ $\omega^2-\omega_0^2=2\beta\theta$

续表

质点的直线运动(刚体的平动)	刚体的定轴转动
力 f,质量 m 牛顿第二定律 $f=ma$	力矩 M,转动惯量 J 转动定律 $M=J\beta$
动量 mv,冲量 ft 动量原理 $ft=mv-mv_0$(恒力)	动量矩 $J\omega$,冲量矩 Mt 动量矩原理 $Mt=J\omega-J\omega_0$(恒力矩)
动量守恒定律 $\sum mv=$恒量	动量矩守恒定律 $\sum J\omega=$恒量
平动动能 $\frac{1}{2}mv^2$ 恒力的功 fs	转动动能 $\frac{1}{2}J\omega^2$ 恒力矩的功 $M\theta$
动能原理 $fs=\frac{1}{2}mv^2-\frac{1}{2}mv_0^2$(恒力)	动能原理 $M\theta=\frac{1}{2}J\omega^2-\frac{1}{2}J\omega_0^2$(恒力矩)

第八节 刚体平面运动的例子

刚体从一个斜面自上而下作纯滚动时，刚体中每一个转动平面都保持互相平行，这种运动叫做刚体的平面运动，如图 4-18 所示。自行车沿直线运动，汽车沿直线运动时，自行车轮和汽车车轮都是平面运动。

如果你手握住一只乒乓球拍子，把它斜抛出去，使球拍平面保持平行。如图 4-19 所示，球拍在空中一方面不停地翻转一方面沿抛物线前进（不计阻力时），可以看出球拍前进时还总是绕着一个点 C 转动着，这个 C 点是球拍的质量中心，这个 C 点始终在抛物线上。如果用一个均匀的球代替球拍，结果如图4-20所示，球心始终在抛物线上，球绕着球心一面转动一面前进。再看图 4-18 中的圆柱体，它的中心沿斜面作直线运动，圆柱体又绕中心不停地转动。

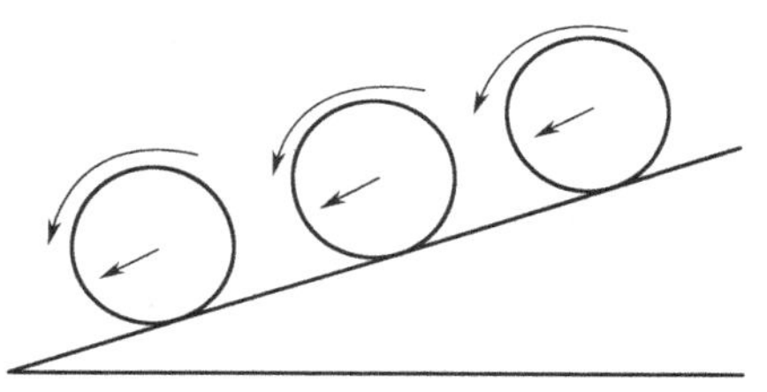

图 4-18 刚体的平面运动

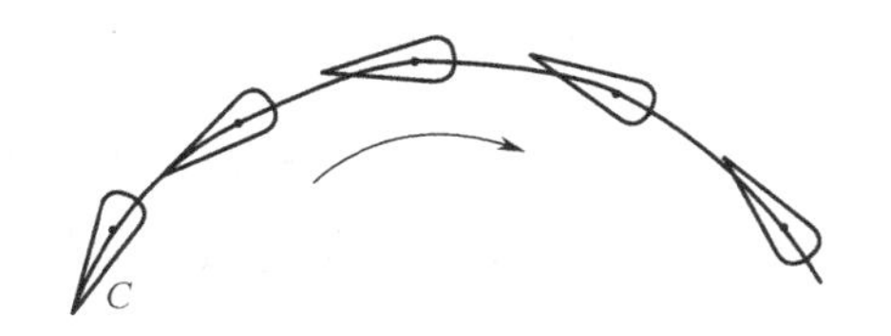

图 4-19 质量中心

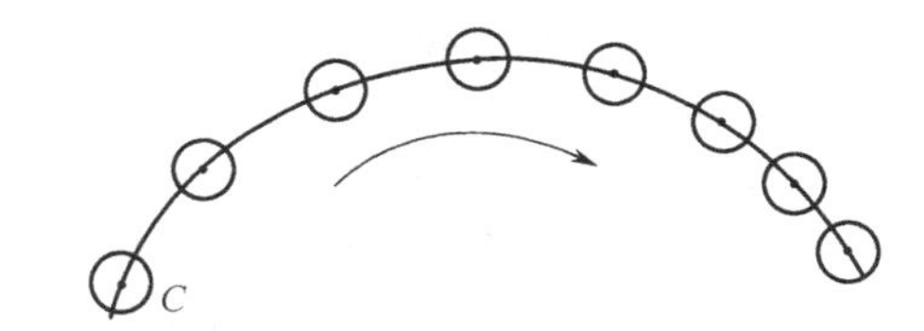

图 4-20 质量中心

因此，可把刚体的平面运动看作是质心的移动和刚体绕质心的转动，其运动方程式为

$$\left.\begin{aligned}\boldsymbol{F}_x&=m\boldsymbol{a}_{cx}\\ \boldsymbol{F}_y&=m\boldsymbol{a}_{cy}\end{aligned}\right\} \tag{4-25}$$

$$\boldsymbol{M}=J\boldsymbol{\beta} \tag{4-26}$$

式 (4-25) 中 $\boldsymbol{F}_x$ 是作用于平面运动刚体上的沿 x 方向的合外力，$\boldsymbol{F}_y$ 是作用于平面运动刚体上沿 y 方向的合外力，$\boldsymbol{a}_{cx}$是刚体质心沿 x 方向的线加速度，a_{cy}是刚体质心沿 y 方向的线加速度，$\boldsymbol{M}$ 是合外力对质心的力矩，J 是刚体对质心的转动惯量，$\boldsymbol{\beta}$ 是刚体绕过质心的轴的角加速度。

有些几何体，质心在几何中心上，例如均匀的车轮，均匀的圆柱，质心就在中心，而球拍的质心并不在球拍的中心点，质心位置的求法在高等数学和一些大学物理教材中都能找到，需要的读者可去参考。本书只举几个实例说明刚体平面运动问题的解法。

例 4-14 如图 4-21 所示，质量为 M，半径为 R 的均匀圆柱体，沿倾角为 θ 的斜面从静止开始，自上向下作纯滚动，求

① 圆柱体质心的加速度 a_c；

② 斜面对圆柱体的摩擦力 f。

解： 作圆柱体受力图（如图 4-21 左上方），注意三力不共点，由式（4-25）

$$\boldsymbol{N}+\boldsymbol{G}+\boldsymbol{f}=M\boldsymbol{a}_c$$

在 x 方向上

$$Mg\sin\theta-f=Ma_c \quad ⓐ$$

$$fR=J\beta=\frac{1}{2}MR^2\beta \quad ⓑ$$

圆柱体作纯滚动，有

$$a_c=R\beta \quad ⓒ$$

解ⓐⓑⓒ得

$$a_c=\frac{2}{3}g\sin\theta \qquad 方向沿斜面向下$$

$$f=\frac{1}{3}Mg\sin\theta \qquad 为静摩擦力$$

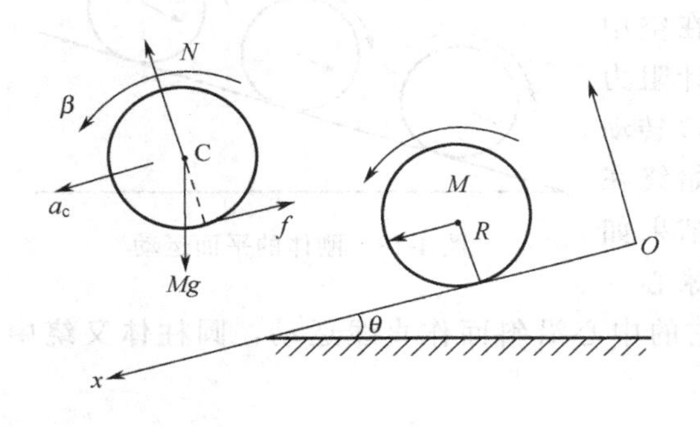

图 4-21 例 4-14

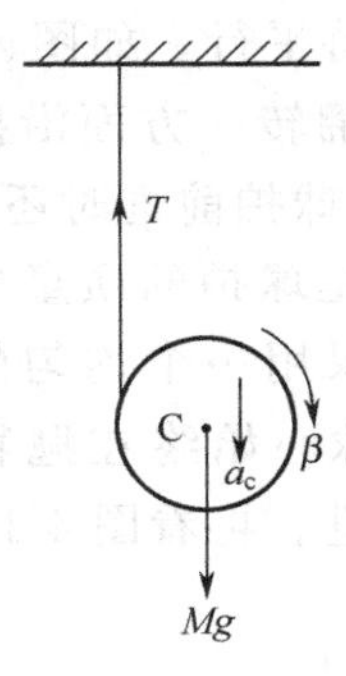

图 4-22 例 4-15

例 4-15 如图 4-22 所示，在一个质量为 M，半径为 R 的均匀圆板上，板边缘上绕有不能伸长的、质量不计的、足够长的细绳，细绳一端固定在天花板上，若细绳与板间无相对滑动，求圆板下落时，圆板质心的加速度 a_c 与绳中张力 T。

解：

$$Mg-T=Ma_c$$

$$TR=J\beta=\frac{1}{2}MR^2\beta$$

$$a_c=R\beta$$

解得

$$T=\frac{1}{3}Mg$$

$$a_c=\frac{2}{3}g$$

$$\beta=\frac{2g}{3R}$$

习　　题

1. 求均匀的薄的正三角形板对其任一条中垂线的转动惯量。

2. 一长方形薄板，求

① 对过中心与板垂直的轴的转动惯量；

② 对过中心在板内与长边平行的轴的转动惯量；

③ 对过中心在板内与短边平行的轴的转动惯量。

3. 求均匀半球面对半圆面内直径的转动惯量。

4. 如图 4-23 所示，质量为 m 的小球与水平放置的木杆作弹性碰撞，木杆由两段均质材料黏合而成，若球碰杆的速度 v_0，求碰撞后，杆得到的角速度和动能。

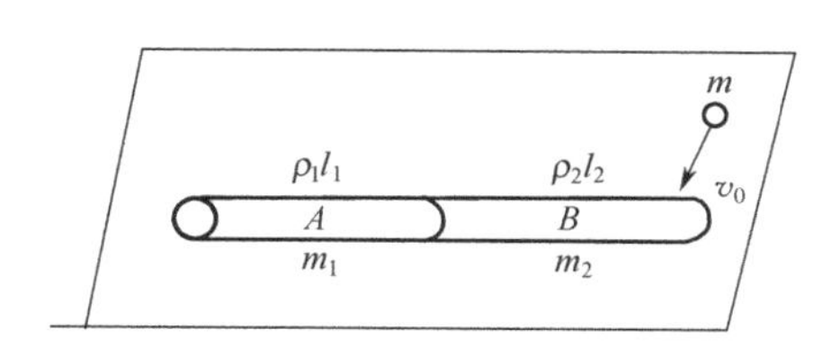

图 4-23　习题 4 图

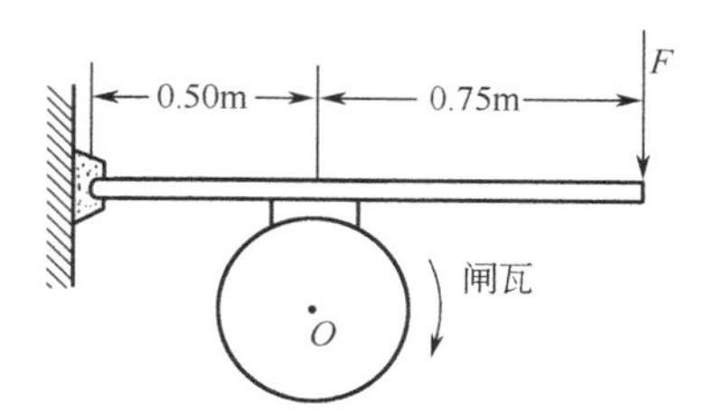

图 4-24　习题 5 图

5. 飞轮的质量 $m=60\text{kg}$，半径 $R=0.25\text{m}$，绕其水平中心轴 O 转动，转速为 900r/min。现利用一制动用的闸杆，在闸杆的一端加一竖直方向的制动力 F，可使飞轮减速，已知闸杆的尺寸如图 4-24 所示，闸瓦与飞轮之间的摩擦系数 $\mu=0.4$，飞轮的转动惯量可按匀质圆盘计算：

① 设 $F=100\text{N}$，问可使飞轮在多长时间内停止转动？在这段时间里，飞轮转了几转？

② 如要在 2s 内使飞轮转速减为一半，需加多大的制动力 F？

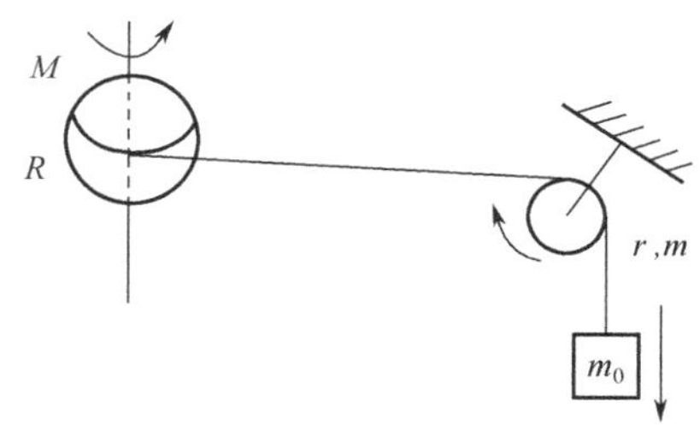

图 4-25　习题 6 图

6. 图 4-25 中 M 为均匀球的质量，m 为滑轮的质量，R 和 r 分别为它们的半径，m_0 为物块的质量，绳的质量不计。求物块下滑时的加速度和绳中的张力，绳一段连着物块，另一端绕在球的赤道位置上。

7. 一轻绳绕于半径 $r=0.2\text{m}$ 的飞轮边缘，现以恒力 $F=98\text{N}$ 拉绳的一端，使飞轮由静止开始加速转动，如图 4-26(a)，已知飞轮的转动惯量 $J=0.5\text{kg}\cdot\text{m}^2$，飞轮与轴承之间的摩擦不计，求：

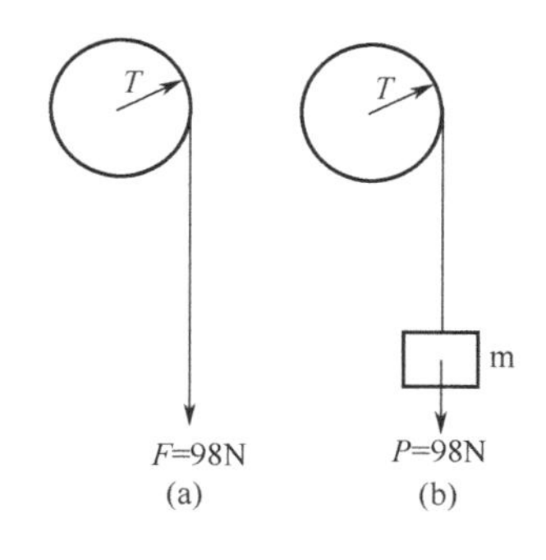

图 4-26　习题 7 图

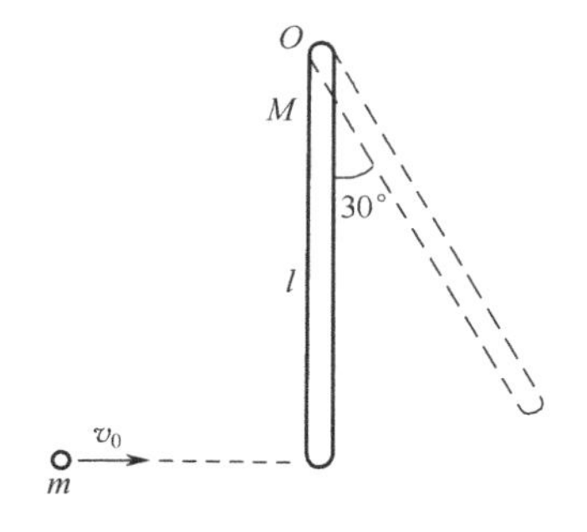

图 4-27　习题 8 图

① 飞轮的角加速度；

② 绳子拉下 5m 时，飞轮的角速度和飞轮获得的动能；

③ 这动能和拉力 F 所做的功是否相等？为什么？

④ 如以重量 $P=98\text{N}$ 的物体 m 挂在绳端，如图 4-26(b)，飞轮将如何运行？试再计算飞轮的角加速度和绳子拉下 5m 时飞轮获得的动能。这动能和重力对物体 m 所做的功是否相等？为什么？

8. 如图 4-27 所示，质量为 M，长为 l 的均匀直棒，可绕垂直于棒的一端的水平轴 O 无摩擦地转动。它原来静止在平衡位置。现有一质量为 m 的弹性小球飞来，正好在棒的下端与棒垂直地相撞。相撞后，使棒从平衡位置处摆动到最大角度 $\theta=30^{\circ}$ 处。

① 这碰撞设为弹性碰撞，试计算小球初速 v_0 值；

② 相撞时，小球受到多大的冲量？

第五章　气体分子运动论

第一节　理 想 气 体

一、理想气体的定义

理想气体是一个理想的物理模型，从宏观上说完全遵守三条气体实验定律的气体为理想气体，这三条气体实验定律是：波义耳-马略特定律、查理定律和盖吕萨克定律。

理想气体的微观描述采用理想气体分子模型。这个模型是：

(1) 气体分子的大小可略去不计；

(2) 除了相互碰撞的瞬间之外，分子间的相互作用可略去不计；

(3) 分子与分子，分子与器壁的碰撞都是弹性的。

按上述模型，理想气体是大量、自由、自身体积可不计的弹性小球的集合。

二、理想气体的平衡状态、平衡过程、准静态过程

热力学系统在不受外界影响的条件下，经过足够长时间后，达到一个宏观上看来不随时间变化的状态，这种状态称为平衡态。平衡态在状态图上可用一个点来表示。

因为气体分子的热运动是永不停息的，所以气体的平衡状态实际上是热动平衡状态。

状态变化过程中若每一中间状态都是平衡状态，此过程叫平衡过程。平衡过程是一种理想的物理模型。无限缓慢的过程叫准静态过程，准静态过程中每一中间状态都极近似平衡状态，所以可将准静态过程视为平衡过程。平衡过程在状态图上可以用一条曲线表示。

三、理想气体的状态参量

力学中，物体的运动状态可用物体的位置、速度来描述，这些物理量可称为物体的运动状态参量。在气体分子系统中，其平衡态也可用一组与系统有关的物理量来描述，这些量称之为系统的状态参量。对于一定质量的气体，可以用体积 V、压强 p 和温度 T 来描述它的状态。

气体的体积是指气体分子活动的空间范围，也即容器的容积，与气体分子本身体积的总和是不同的。在 SI 制中，体积的单位用 m^3 表示。

气体的压强是气体作用在容器单位面积上的指向器壁的垂直作用力，是气体分子对器壁碰撞的宏观表现。在 SI 制中，压强的单位是 Pa，$1Pa=1N/m^2$。习惯上也常用 atm 及 mmHg 等，它们与 Pa 的换算关系为

$$1atm=1.013\times10^5 Pa=760mmHg$$

气体的温度是气体分子微观运动剧烈程度的宏观反映。一切互为热平衡的物体具有相同的温度。在 SI 制中，热力学温度（T）的单位是开尔文，符号为 K。它与摄氏温度（t，单位为℃）有如下换算关系

$$T=273.15+t$$

另外，若气体系统中的气体并不是单一的一种气体，如同时存在氧气和氮气，则对

系统的描述除了用体积、压强、温度外，还需反映系统在化学成分上的参量，也称化学参量。在气体分子运动论中，用物质的量（mol）来表示一个系统中某种气体的量。在SI制中，物质的量是一个基本量。1mol系统中所包含的基本单元数与0.012kg碳12所含的原子数目相等。这个数称为阿伏伽德罗常数，符号为N_A，$N_A \approx 6.022 \times 10^{23} mol^{-1}$。

四、理想气体的状态方程

根据理想气体的宏观定义，某一系统中理想气体在任意两个平衡态之间，必然有

$$\frac{p_1V_1}{T_1}=\frac{p_2V_2}{T_2} \tag{5-1}$$

根据实验，在标准状态下1mol理想气体的体积为22.4L，即$22.4\times10^{-3}m^3/mol$。若某系统内理想气体的摩尔质量为$M(kg/mol)$，则质量为m的该种理想气体的物质的量为m/M，则由式（5-1）可知，在任一状态，即p,V,T时有

$$pV=\frac{m}{M}\cdot\frac{p_0V_0}{T_0}T \tag{5-2}$$

式（5-2）中T_0为273.15K，p_0为1.013×10^5Pa，V_0为$22.4\times10^{-3}m^3$，即标准状态。

式（5-2）中$\frac{p_0V_0}{T_0}$对各种理想气体都一样，是一个常数，称摩尔气体常数，也称普适气体恒量，用R表示

$$R=\frac{p_0V_0}{T_0}=8.31J/(mol\cdot K) \tag{5-3}$$

则式（5-2）可写为

$$pV=\frac{m}{M}RT \tag{5-4}$$

也可写为

$$pV=\nu RT \tag{5-5}$$

式中，$\nu=m/M$，为物质的量。式（5-4）、式（5-5）便是理想气体状态方程，表示的是系统的状态参量之间的关系。

理想气体状态方程还有一些别的形式。如式（5-4）可变为

$$p=\frac{m}{V}\frac{1}{M}RT=\frac{\rho}{M}RT \tag{5-6}$$

ρ为气体的密度。式（5-5）可变为

$$pV=\frac{N}{N_A}RT \tag{5-7}$$

N为气体的分子数，式（5-7）继续可变为

$$p=\frac{N}{V}\cdot\frac{R}{N_A}\cdot T \tag{5-8}$$

用$n=N/V$，表示单位体积内的分子数，也称分子数密度。用$k=R/N_A$，称为玻耳兹曼常数。

则式（5-8）成为

$$p=nkT \tag{5-9}$$

式（5-9）也是理想气体的状态方程，此方程常用。

第二节　理想气体的压强与温度

一、理想气体的压强公式

1857 年，德国物理学家克劳修斯用统计的方法首先推导了理想气体的压强公式，也向世人表明了气体的压强实际上是气体微观运动的一个宏观表现。

为计算方便，我们选一个边长分别为 l_1、l_2、l_3 的长方形容器（图 5-1），并设容器中有 N 个同类气体的分子作不规则的热运动，每个分子的质量都是 m，重力的影响忽略不计。

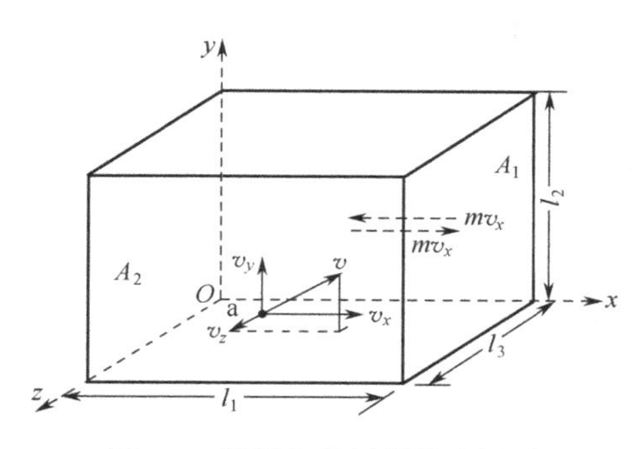

图 5-1　推导气体压强公式用图

在平衡状态下，器壁各处的压强完全相同。现在我们计算器壁 A_1 所受的压强。先选一分子 a 来考虑，它的速度是 $\boldsymbol{v}$，在 x,y,z 三个方向上的速度分量分别为 $\boldsymbol{v}_x,\boldsymbol{v}_y,\boldsymbol{v}_z$。当分子 a 撞击器壁 A_1 时，它将受到器壁 A_1 沿 $-x$ 方向所施的作用力。因为碰撞是完全弹性的，所以就 x 方向的运动来看，分子 a 以速度 $\boldsymbol{v}_x$ 撞击 A_1 面，然后以速度 $-\boldsymbol{v}_x$ 弹回。这样，每与 A_1 面碰撞一次，分子动量的改变量为 $2m\boldsymbol{v}_{ix}$。分子在相对的两壁之间来回一次所需时间为 $\Delta t=2l_1/\boldsymbol{v}_{ix}$，所以单位时间内任意一个分子给器壁的冲量为

$$I_{ix}=\frac{\Delta p}{\Delta t}=\frac{2m\boldsymbol{v}_{ix}}{2l_1/\boldsymbol{v}_{ix}}=2m\boldsymbol{v}_{ix}\frac{\boldsymbol{v}_{ix}}{2l_1}$$

对所有分子作用于器壁的冲量求和即得单位时间内所有分子作用于器壁的冲量

$$I_x=\sum_{i=1}^{N}2m\boldsymbol{v}_{ix}\frac{\boldsymbol{v}_{ix}}{2l_1}$$

作用于 A_1 面上的平均作用力的大小等效于单位时间内所有分子与作用面 A_1 的碰撞给予 A_1 的冲量和，即

$$\overline{F}=\sum_{i=1}^{N}\left(2m\boldsymbol{v}_{ix}\frac{\boldsymbol{v}_{ix}}{2l_1}\right)=\frac{m}{l_1}\sum_{i=1}^{N}\boldsymbol{v}_{ix}^2$$

作用面 A_1 所受的压强为

$$p=\frac{\overline{F}}{A_1}=\frac{\overline{F}}{l_2l_3}=\frac{m}{l_1l_2l_3}\sum_{i=1}^{N}\boldsymbol{v}_{ix}^2=\frac{Nm}{V}\frac{\sum_{i=1}^{N}\boldsymbol{v}_{ix}^2}{N}=\frac{Nm}{V}\overline{\boldsymbol{v}_x^2}=nm\,\overline{\boldsymbol{v}_x^2}$$

由统计基本假设

$$\overline{\boldsymbol{v}_x^2}=\overline{\boldsymbol{v}_y^2}=\overline{\boldsymbol{v}_z^2}=\frac{1}{3}\overline{\boldsymbol{v}^2}$$

代入得

$$p=\frac{1}{3}nm\,\overline{v^2}=\frac{2}{3}n\left(\frac{1}{2}m\,\overline{v^2}\right)=\frac{2}{3}n\,\bar{\varepsilon}_{平动} \tag{5-10}$$

式中 $\bar{\varepsilon}_{平动}$ 为分子平均平动动能。

$$\bar{\varepsilon}_{平动}=\frac{1}{2}m\,\overline{v^2} \tag{5-11}$$

而 $$\overline{v^2}=\frac{1}{N}\sum_{i=1}^{N}v_i^2 \qquad (5\text{-}12)$$

这里推导中没有提及分子之间的碰撞，请读者思考一下，若考虑分子之间的碰撞，对结果有影响吗？

二、温度的微观意义

由理想气体状态方程，式（5-9）

$$p=nkT$$

及理想气体压强公式，式（5-10）

$$p=\frac{2}{3}n\bar{\varepsilon}_{平动}$$

可得

$$\bar{\varepsilon}_{平动}=\frac{3}{2}kT \qquad (5\text{-}13)$$

这就是分子平均平动动能与温度的关系。

式（5-10）及式（5-13）中的$\bar{\varepsilon}$是气体分子运动的微观量统计平均值。而压强 p、温度 T 是宏观量，可以用宏观的手段来直接测量。这两个公式建立了微观量与宏观量之间的关系。

温度的意义就是气体分子的运动剧烈程度的一个平均体现。

第三节 理想气体的内能

一、自由度

分子物理学中确定分子在空间位置需要的独立坐标的数目叫做分子的自由度数。

刚性分子中单原子分子相当于一个质点，有三个自由度（x,y,z）；双原子分子相当一条直线，确定重心要三个自由度（x,y,z），确定方向要两个（方向余弦 $\cos\alpha,\cos\beta$），共有 5 个自由度；多原子分子相当一个刚体有 6 个自由度。如用 t 表示平动自由度，r 表示转动自由度，则总的自由度 i 为

$$i=t+r$$

因为只有在高温下，气体分子才有显著的振动，所以一般不考虑分子的振动自由度。

二、平均平动动能

刚体的运动包括平动和转动，而平动也代表了质点的运动，因此$\bar{\varepsilon}_{平动}=\frac{3}{2}kT$是刚性分子的平均平动动能，也代表了单原子分子的模型下得到的分子的平均动能。平动有三个自由度，从统计的意义上讲，三个自由度也即 x,y,z 方向上没有一个方向更具优越性。因此，$\frac{3}{2}kT$ 的平均平动动能在三个自由度上应是均分的。即分子平均平动动能为

$$\bar{\varepsilon}=\frac{1}{2}m\overline{v^2}=\frac{3}{2}kT=\underbrace{\underset{(x)}{\frac{1}{2}kT}+\underset{(y)}{\frac{1}{2}kT}+\underset{(z)}{\frac{1}{2}kT}}_{每个平动自由度分得\frac{1}{2}kT},$$

可以认为分子平均平动动能均匀地分配在每个平动自由度上。用统计物理方法可以证

明，在平衡状态下，分子的每个自由度都有平均动能$\frac{1}{2}kT$，这称作能量按自由度均分原则。能量按自由度均分原则不适用于非平衡状态。

有 i 个自由度的气体分子的平均动能为

$$\bar{\varepsilon}=\frac{i}{2}kT$$

可见玻耳兹曼常数 k 与绝对温度 T 的乘积给出了分子热运动动能的数量级，分子热运动动能在室温时约为 10^{-21}J。

三、理想气体的内能

系统的内能是组成系统的所有分子的热运动的总动能与分子间相互作用的总势能之和。固体吸热溶解时温度保持不变，固体中分子的总动能不变，但是分子间距离变大了，吸收的能量使固体分子的内能增加了。

内能是系统的状态函数，某一系统从初态变到末态时，系统内能的改变只与初、末两个状态有关，而与中间状态无关。

理想气体不计分子间相互作用，即不考虑分子间的势能，理想气体的内能只是气体分子各种运动（平动、转动）动能的总和。由表 5-1 得出理想气体的内能为

$$E=\frac{m}{M}\times\frac{i}{2}RT \tag{5-14}$$

式中，m 为气体的质量；M 为气体的摩尔质量；R 为摩尔气体常数；T 为气体的温度。式（5-14）指出理想气体的内能是热力学温度的单值函数。

表 5-1　理想气体内能导出步骤

理想气体一个分子一个自由度的平均动能		理想气体一个分子所有自由度的平均动能		1mol 理想气体所有自由度的平均动能		质量为 m 的理想气体所有自由度的平均动能		质量为 m 的理想气体的内能
$\frac{1}{2}kT$	→	$\frac{i}{2}kT$	→	$\frac{i}{2}RT$	→	$\frac{m}{M}\frac{i}{2}RT$	→	$\frac{m}{M}\frac{i}{2}RT$

由以上论证可知，气体的内能随分子自由度数加大而增加的原因是分子的自由度愈多，分子参加的运动愈多，则分子的动能也愈大。

例如，1mol 的双原子分子气体的内能是$\frac{5}{2}RT$，即$\frac{3}{2}RT$ 的平均平动动能，$\frac{2}{2}RT$ 的平均转动动能。

第四节　麦克斯韦速率分布律

一、速率分布函数 $f(v)$

平衡状态下，气体中的分子各以不同的速率沿各个方向运动，各有各的能量，各有各的自由程，且频繁地相互碰撞。个别分子的运动情况是偶然的，不容易掌握的，但是大量分子遵循着完全确定的统计分布规律，本节讨论分子的速率分布。

分子的速率分布描述气体处于热动平衡态时，气体的分子数按速率分布的规律。速率分布只考虑分子速度的大小，而不考虑分子速度的方向。分子的速度分布既要考虑分子速度的

大小，又要考虑分子速度的方向。

$f(v)$ 为速率分布函数

$$f(v)=\lim_{\Delta v\to 0}\frac{\Delta N}{N\Delta v}=\frac{dN}{N\,dv} \tag{5-15}$$

麦克斯韦速率分布定律指出它的意义是给出在某一速率 v 附近单位速率区间中分子数（dN）占总分子数（N）的百分比，或者说给出某一个分子在此单位速率区间内的概率。$f(v)dv$ 表示某一个分子的速率落在 $v\to v+dv$ 区间内的概率。

从分布函数的意义看，$f(v)dv$ 是分子速率在 $v\to v+dv$ 中的概率，$\int_0^\infty f(v)dv$ 就是分子速率落在 $0\to\infty$ 中的概率，此概率应为 1。所以分布函数必须满足

$$\int_0^\infty f(v)dv=1 \tag{5-16}$$

上式称作分布函数的归一化条件，式（5-17）是已经归一化的分布函数。

二、麦克斯韦速率分布律

在统计物理学中可以导出适用平衡状态的麦克斯韦速率分布函数为

$$f(v)=4\pi\left(\frac{m}{2\pi kT}\right)^{3/2}\exp\left(-\frac{mv^2}{2kT}\right)v^2 \tag{5-17}$$

三、麦克斯韦速率分布曲线

速率分布曲线。图 5-2 为同一种气体在不同温度下的速率分布曲线，图 5-3 为同一温度下不同气体的速率分布曲线。从式（5-7）或图 5-2 及图 5-3 都可见分子速率分布只与热力学温度及气体种类有关。

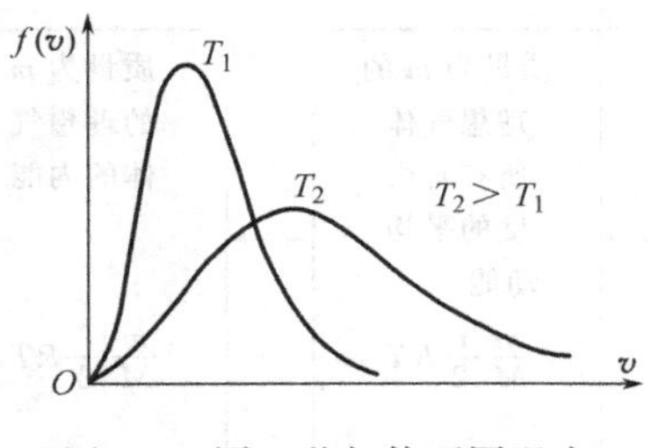

图 5-2　同一种气体不同温度下的速率分布曲线

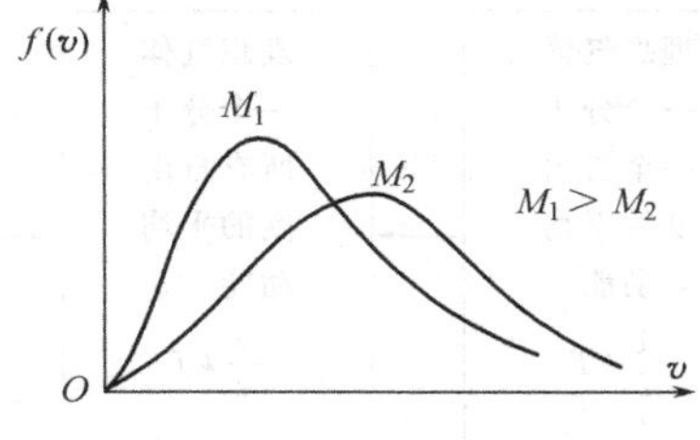

图 5-3　同一温度下不同气体的速率分布曲线

由分布曲线可得到以下的信息。

（1）存在最可几速率 v_p　对应于最可几分布［即 $f(v)$ 最大］的速率叫最可几速率，记作 v_p。v_p 的值可从式（5-17）用求最大值的方法求得。分子的速率从 $0\to\infty$，所以 v_p 不是分子的最大速率。最可几速率可以理解为速率落在 v_p 附近相同速率区间 Δv 中的分子数占总分子数的百分比最大，但是不可理解为速率等于 v_p 的分子占总分子数的百分比最大，也不可理解为一个分子具有 v_p 的概率为 1。

随着温度的升高，曲线变得平坦，曲线宽度增大，峰位向速率大的方向移动，这表示气体中速率较小的分子数减少，速率较大的分子数增加，分子速率分布的差别减小了。

（2）曲线下面积的意义　曲线下面积 $\int_0^\infty f(v)dv$ 按归一化条件应为 1，即曲线下面积是不变量，它表示分子百分比的总和

$$\int_0^{\infty}\frac{dN}{N}=\frac{1}{N}\int_0^{\infty}dN=1 \tag{5-18}$$

速率分布函数的意义由表 5-2 给出。

表 5-2　速率分布函数的意义

项　目	物　理　意　义
$f(v)$	速率在 v 附近单位速率区间中的分子数占总分子数的百分比或某分子的速率在 v 附近单位速率区间内的概率
$f(v)dv$	速率在 $v\to v+dv$ 区间内的分子数占总分子数的百分比，或某分子的速率在 $v\to v+dv$ 区间内的概率
$nf(v)dv$	单位体积中速率在 $v\to v+dv$ 区间内的分子数
$\int_{v_1}^{v_2}vf(v)dv$	速率在 $v_1\to v_2$ 区间内分子对速率算术平均值的贡献，它无直接明显的物理意义
$\int_0^{v_p}f(v)dv$	速率不大于 v_p 的分子数占总分子数的百分比，或分子的速率不大于 v_p 的概率
$\int_{v_p}^{\infty}v^2f(v)dv$	速率在 $v_p\to\infty$ 间分子对速率平方的算术平均值的贡献，它无直接明显的物理意义
$\int_0^{\infty}\frac{1}{v}f(v)dv$	速率的倒数 $\left(\frac{1}{v}\right)$ 在 $0\to\infty$ 区间内的算术平均值 $\left(\frac{1}{v}\right)=\int_0^{\infty}\frac{1}{v}f(v)dv\Big/\int_0^{\infty}f(v)dv$，而 $\int_0^{\infty}f(v)dv=1$

四、理想气体分子的特征速率

理想气体分子的算术平均值 $\bar{v}$、最可几速率 v_p、方均根速率 $\sqrt{\overline{v^2}}$ 是理想气体分子的三个重要的特征速率。

$$\bar{v}=\int_0^{\infty}vf(v)dv=\sqrt{\frac{8kT}{\pi m}}=\sqrt{\frac{8RT}{\pi M}}\approx 1.60\sqrt{\frac{RT}{M}}$$

$$v_p=\sqrt{\frac{2kT}{m}}=\sqrt{\frac{2RT}{M}}\approx 1.41\sqrt{\frac{RT}{M}}$$

$$\sqrt{\overline{v^2}}=\sqrt{\int_0^{\infty}v^2f(v)dv}=\sqrt{\frac{3kT}{m}}=\sqrt{\frac{3RT}{M}}\approx 1.73\sqrt{\frac{RT}{M}}$$

v_p 用于研究分子的速率分布；$\bar{v}$ 用于研究分子的迁移；$\sqrt{\overline{v^2}}$ 用于研究分子的动能。

第五节　气体分子的平均自由程

一、分子碰撞

常温时，气体分子的平均速率约为每秒数百米，但是气体中的一切过程并不快，例如打开香水瓶，要经过数秒或数十秒才能传到数米以外。这是由于气体分子在前进中要与其他分子作多次的碰撞，走的路程是折线状，分子从一处到另一处需要较长的时间。气体的许多物理现象和物理过程与分子碰撞密切相关，如扩散、热传导、黏滞三种典型过程，都可以用分子碰撞和自由程的理论予以解释。

分子连续两次碰撞之间的路程叫自由程，记作 λ。每秒钟分子碰撞的次数叫碰撞次数，记作 Z。研究个别分子的自由程和碰撞次数并无意义。而大量分子的自由程和碰撞次数遵从完全确定的统计分布规律。对大量分子可求出 1s 内一个分子与其他分子碰撞的平均次数，这叫平均碰撞次数，记作 $\bar{Z}$，两次连续碰撞之间一个分子自由运动的平均路程，这叫平均自由程，记作 $\bar{\lambda}$。

下面计算平均碰撞次数。

假设只有某一个分子以平均速率 $\bar{v}$ 运动，而其他分子都静止不动，即一分子去碰撞众多个分子，在这样的情况下，可导出平均碰撞次数。

$$\bar{Z}=\pi d^2 \bar{v} n \tag{5-19}$$

式中，d 为分子的有效直径；n 为分子数密度；$\bar{v}$ 为分子平均速率。这里假定每个分子都是直径等于 d 的圆球，某一个分子每与其他分子碰撞一次，其速率方向改变一次，所以此分子的球心的轨道形成一条折线，如图 5-4 中所示折射 $ABCD$……每秒钟此分子所走折射的长度在数值上就等于 $\bar{v}$，从图中可见凡是球心离开折线的距离小于 d 的其他分子都会与此分子碰撞。以折线为轴，以 d 为半径作一个圆柱筒，则凡是球心在圆柱筒内的其他分子都会与此分子碰撞，只要求出圆柱筒内的其他分子数即是一秒钟内的碰撞次数。圆柱筒内的其他分子数为 $\pi d^2 \bar{v} n$，所以分子的平均碰撞次数为 $\bar{Z}=\pi d^2 \bar{v} n$。

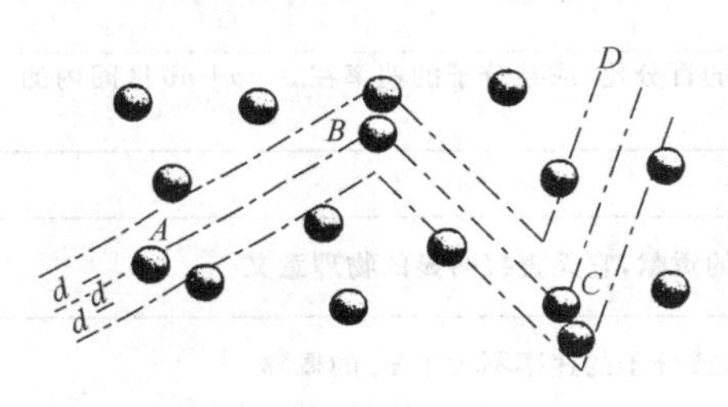

图 5-4 $\bar{\lambda}$ 和 $\bar{Z}$ 的计算

实际上一切分子都在运动。在这样的条件下，麦克斯韦从理论上导出分子平均碰撞次数为

$$\bar{Z}=\sqrt{2}\pi d^2 \bar{v} n \tag{5-20}$$

二、平均自由程

分子的平均自由程为

$$\bar{\lambda}=\frac{\bar{v}}{\bar{Z}}=\frac{1}{\sqrt{2}\pi d^2 n} \tag{5-21}$$

用 $p=nkT$ 代入上式，可得

$$\bar{\lambda}=\frac{kT}{\sqrt{2}\pi d^2 p} \tag{5-22}$$

式 (5-22) 指出，在温度恒定时，$\bar{\lambda}$ 与 p 成反比，因为 p 愈小，密度 ρ 也愈小，$\bar{\lambda}$ 就愈长。

推导 $\bar{Z}$ 与 $\bar{\lambda}$ 时均假设了分子是弹性球，其实分子是一个复杂系统，并非理想的圆球，所以式中的 d 只能近似地反映分子的尺寸，称做分子的有效直径。如果系统中有两种不同的分子，直径为 d_1 和 d_2，就要用平均直径 $\frac{d_1+d_2}{2}$ 代替 d。

第六节 气体内的输运过程

处于非平衡状态的气体，其内各部分的物理性质不均匀，由于分子热运动的频繁碰撞，各部分间相互交换质量、动量和能量，形成扩散、黏滞（内摩擦）和热传导现象，这种现象叫气体的内迁移现象，或叫气体的输运过程。气体经过迁移过程后，由非平衡态趋向平稳态。

产生迁移的条件是气体中存在某种物理的不均匀性，如密度、温度、定向运动速度的不均匀。产生迁移的原因是分子的热运动和分子间频繁的碰撞。

气体的内迁移有三种形式——扩散、热传导和黏滞（或内摩擦）。表 5-3 列出了它们的产生条件、迁移图像、迁移规律、微观机理和迁移系数。

常压下传热系数 K、内摩擦系数 η 与压强 p 无关。

将 $\rho=nm$，$\bar{v}=\sqrt{\dfrac{8kT}{\pi m}}$ 和 $\bar{\lambda}=\dfrac{1}{\sqrt{2}\pi d^2 n}$ 代到 K 和 η 的表示式中（见表 5-3），得到

$$K=\frac{2}{3}\sqrt{\frac{mk}{\pi}}\frac{C_v}{M\pi d^2}T^{1/2} \tag{5-23}$$

$$\eta=\frac{2}{3}\sqrt{\frac{mk}{\pi}}\frac{1}{\pi d^2}T^{1/2} \tag{5-24}$$

式（5-23）和式（5-24）指出在恒定温度下，K,η 都与压强无关。

在常压下，如分子迁移的空间线度大于分子平均自由程，则在压强增加（或减少）时，分子数密度随之增加（或减少）。分子数密度的增加（或减少）带来两方面的影响：其一，交换的分子数增加（或减少），使 K 和 η 变大（或变小）；其二，分子平均自由程减小（或加大），使 K 和 η 变小（或变大）。综合上述两种影响，在常压下，热传导、内摩擦与压强无关，即分子数密度的变化在气体中产生两种相反的影响，互相抵消这两种影响后，分子数密度的变化不致影响 K 和 η。

低压下，K,η 与 p 有关。当气体压强足够低，分子迁移空间的线度小于或等于平均自由程时，K 和 η 都随压强正比例地减小。因为这时压强的减小已不能影响分子的平均自由程，压强的减小，使分子数密度减小，迁移的分子数也减少，热传导和内摩擦也减少，K 和 η 变小。

现将气体内迁移现象的图像、规律、机理列成表 5-3 以便参考对照所学内容。

表 5-3　气体的内迁移

项目	内迁移图像	内迁移定律	微观机理	产生条件	迁移系数
扩散	z；ΔS；Δm；$p=p(z)$；$p_1<p_2$；ΔS；O；x	$\Delta m=-D\left(\dfrac{d\rho}{dz}\right)\Delta S\Delta t$，负号表示扩散方向从高密度区向低密度区	分子热运动和碰撞，使分子质量迁移，在 Δt 时间内通过 ΔS 面的质量迁移量为 Δm	存在密度梯度 $\dfrac{d\rho}{dz}$	D 叫扩散系数，单位是 m^2/s，D 与 $\bar{v},\bar{\lambda}$ 有关
热传导	z；ΔS；ΔQ；$T=T(z)$；$T_1<T_2$；ΔS；O；x	$\Delta Q=-K\left(\dfrac{dT}{dz}\right)\Delta S\Delta t$，负号表示热传导方向从高温向低温	分子热运动和碰撞，使分子动能迁移，在 Δt 时间内通过 ΔS 面的动能迁移量为 ΔQ	存在温度梯度 $\dfrac{dT}{dz}$	K 叫传热系数，单位是 J/(m・s・K)，$K=\dfrac{1}{3}\dfrac{C_v}{M}\rho\bar{v}\cdot\bar{\lambda}$，$C_v$ 为气体定容比热
黏滞（或内摩擦）	z；$u=u(z)$；O；x；f；ΔS；u_1；相邻两流层；f；ΔS；u_2；$u_1>u_2$	$\dfrac{\Delta p}{\Delta t}=f=\pm\eta\left(\dfrac{du}{dz}\right)\Delta S$，±号表示摩擦是相互的，有两个相反的方向，流层快的受到与流层速度相反方向的摩擦力，流层慢的受到与流层速度相同方向的摩擦力	分子热运动和碰撞使分子动量迁移，在 Δt 时间内相邻两层流体速度不同，两个相邻 ΔS 面上的分子互相交换动量 Δp	存在速度梯度 $\dfrac{du}{dz}$	η 叫黏滞系数或内摩擦系数，单位是 Pa/s $\eta=\dfrac{1}{3}\rho\bar{v}\cdot\bar{\lambda}$

习　题

1. 有一个具有活塞的容器中盛有一定量的气体，如果压缩气体并对它加热，使它的温度从 27℃升到 177℃、体积减小一半，①求气体压强变化多少？② 这时气体分子的平均平动动能变化多少？③分子的方均根速率变化多少？

2. 证明麦克斯韦速率分布函数

$$f(v)=\frac{\mathrm{d}N}{N\mathrm{d}v}=4\pi\left(\frac{m}{2\pi kT}\right)^{3/2}\exp\left(-\frac{mv^2}{2kT}\right)v^2$$

可以改写成

$$f(x^2)=\frac{\mathrm{d}N}{N\mathrm{d}x}=\frac{4}{\sqrt{\pi}}x^2\exp(-x^2)$$

式中 $x=\frac{v}{v_\mathrm{p}}$。并证明 $f(v)$ 与 $f(x^2)$ 均是已经归一化的分布函数。

3. 某种气体分子在温度 T_1 时的方均根速率等于温度为 T_2 时的平均速率，求 $T_2:T_1$。

4. 根据麦克斯韦速率分布定律，证明处于方均根速率附近一个固定的小速率区间 Δv 内的分子数随气体温度的升高而减少，并由此说明气体温度升高时，分布曲线变得平坦的物理意义。

5. ① 气体分子速率与最可几速率之差不超过 1%的分子占全部分子的百分之几？

② 设氢气的温度为 300K，求速率在 $3000\mathrm{m\cdot s^{-1}}$ 到 $3010\mathrm{m\cdot s^{-1}}$ 之间的分子数 n_1 与速率在 $1500\mathrm{m\cdot s^{-1}}$ 到 $1510\mathrm{m\cdot s^{-1}}$ 之间的分子数 n_2 之比。

6. 在温度为 127℃时，1mol 氧气中具有的分子平动总动能和分子转动总动能各为多少？

7. 热水瓶胆两壁间相距 0.4cm，其间充以 27℃的氮气，氮分子的有效直径为 3.1×10^{-8}cm。问瓶胆两壁间的压强降到多大值时，氮的热导率才会比它在大气压下时小？

8. 分子的平均平动动能 $\bar{\varepsilon}=\frac{3}{2}kT$，这是对气体中大量分子而言的，只对其中某一个分子而言可以吗？但如容器中就只有几个、几十个或几百个分子，上式对其中某一个分子而言还有什么意义吗？对这些分子全体而言上式还有什么意义吗？能对少数分子说什么温度的高或低吗？

9. 两瓶不同种类的气体，其分子的平均平动动能相等，但密度不同，问它们的温度是否相同？压强是否相同？

10. 两瓶不同种类的气体，它们的温度和压强相同，但体积不同，问它们单位体积中的分子数是否相同？单位体积中的气体质量是否相同？单位体积中的分子总平动动能是否相同？

第六章　热力学基础

第一节　热力学过程

一、热力学系统

热力学把所研究的物体或一组物体，称为热力学系统或系统。在热力学中往往不考虑系统整体的机械运动，仅考虑系统内部与热运动有关的变化。

二、热力学过程

热力学把一个状态经一系列变化到达另一个状态的经历称作热力学过程。从一个平衡态出发可以经过不同过程到达另一个平衡状态，例如可以是等值的、绝热等过程及它们的组合或其他过程。

三、准静态和准静态过程

平衡和过程本是对立的两个概念，在过程中的任一时刻，系统的状态是不平衡的，所以平衡过程本是不存在的。但是用平衡态和平衡过程便于研究问题，为此有必要引入准静态和准静态过程这两个理想物理模型。

无限接近于平衡态的状态叫准静态。过程中任何时刻系统的状态都无限接近平衡态的叫准静态过程。可将准静态当作平衡态来处理，将准静态过程当作平衡过程来处理。

进行得无限缓慢的过程可作为准静态过程。

四、“弛豫时间”和“无限缓慢”的含义

系统从非平衡态过渡到平衡态的时间叫弛豫时间。

“无限缓慢”应从相对意义上去理解。如果系统可测的微小变化所经历的时间比弛豫时间长得多，这个微小变化可视作无限缓慢。若压缩气缸需要时间 1s，这并非无限缓慢，但是气缸内的气体被压后从不平衡态到新的平衡态只需 10^{-3}s，那么，弛豫时间是变化过程时间的$^1/_{1000}$，所以压缩气缸虽用去 1s 仍可认为是无限缓慢的，即用 1s 去压缩气缸是可以作为平衡过程处理的。研究准静态过程有助于了解实际过程的规律。

五、过程图线

准静态和平衡态在 p-V 图、V-T 图和 p-T 图上可用一个点表示。准静态过程和平衡过程在 p-V 图、V-T 图和 p-T 图上可用一条曲线表示，此曲线叫过程曲线。图 6-1 是理想气体的等值准静态过程的过程曲线。图中，a 为等容过程、b 为等压过程、c 为等温过程。

六、理想气体的等值过程

等温、等容、等压过程称作理想气体的等值过程。遵守的过程方程如表 6-1 所示。

表 6-1　理想气体的等值过程

过程	过程特征	两变量关系
等温过程	$\Delta T=0$	pV=恒量
等容过程	$\Delta V=0$	p/T=恒量
等压过程	$\Delta p=0$	V/T=恒量

七、理想气体的绝热过程

理想气体在绝热过程中无热量传递，即 $dQ=0$，它遵守的过程方程为

$$\begin{cases} pV^{\gamma}=\text{恒量} \\ TV^{\gamma-1}=\text{恒量} \\ p^{\gamma-1}T^{-\gamma}=\text{恒量} \end{cases}$$

式中，γ 是气体的比热比$\left[\gamma=\dfrac{C_p}{C_V}，见后面式（6-16）\right]$。

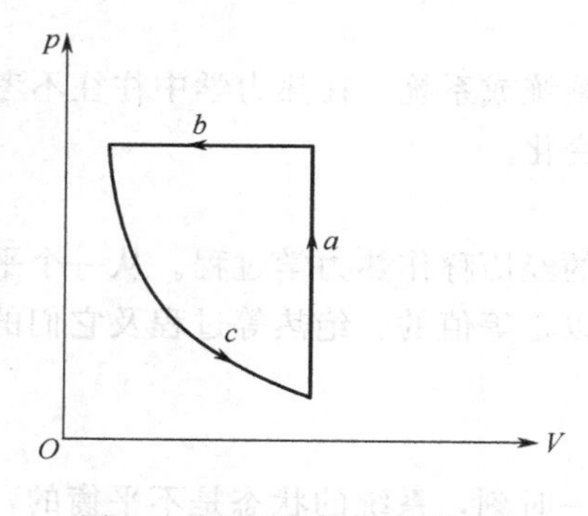

图 6-1　理想气体的过程曲线

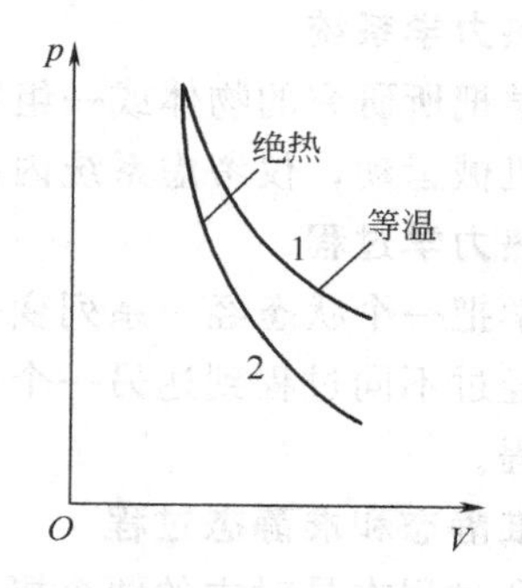

图 6-2　绝热线和等温线

绝热曲线比等温曲线陡，如图 6-2 中的曲线 1 为等温线，曲线 2 为绝热线。分别求曲线的斜率$\left(\dfrac{\partial p}{\partial V}\right)$可以证明此结论。

第二节　准静态过程中的能量变化

一、功

气体体积增加时，气体对外做功；气体体积减小时，外界对气体做功。热力学中规定气体对外做功为正，外界对气体做功为负。

气体经准静态过程体积从 V_1 变化到 V_2 时，气体对外做功为

$$A=\int_{V_1}^{V_2} p\mathrm{d}V \tag{6-1}$$

气体的功在 p-V 图上与过程曲线下所围面积对应。图 6-3 中阴影部分的面积大小与式（6-1）中的功 A 的数值相等。

微小体积变化 $\mathrm{d}V$ 引起的功为

$$\mathrm{d}A=p\mathrm{d}V \tag{6-2}$$

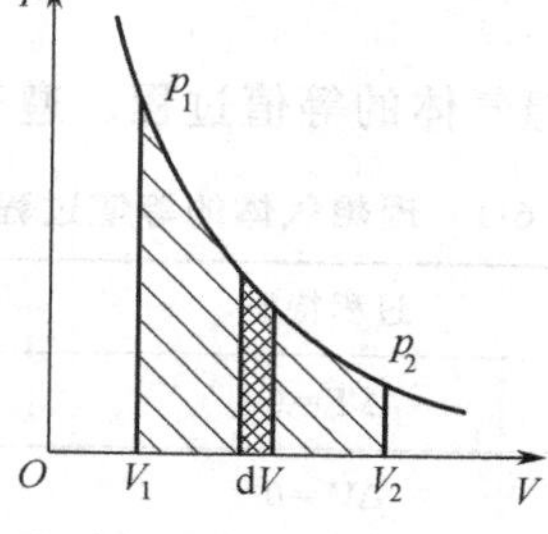

图 6-3　气体做功示意图

因为功是过程物理量，不同的过程有不同过程曲线，曲线下围的面积不同，功也不同，所以有些教材在 d 符号上加横线，记为 $đA$，以表示此物理量与过程有关。

二、内能的变化

在热力学中，内能函数的具体形式需要根据实验来确定。对定量的气体，内能一般是气体状态参量 p,V,T 的函数；对低压气体，内能与体积和压强基本无关，它只决定于气体的温度；对理想气体，内能仅仅是气体温度的函数

$$E=\frac{m}{M}\frac{i}{2}RT \tag{6-3}$$

内能的变化用下式表示

$$\Delta E=\frac{m}{M}\frac{i}{2}R\Delta T \tag{6-4}$$

内能的单位与功的单位相同，在 SI 单位制中为 J。

三、传热

改变系统的内能可以用做功的方法，如搅拌水使水的温度升高、摇动一瓶气体使气体温度升高等。也可以用系统与外界的温差来改变系统的内能，这种方法叫传热。用 Q 表示传递的热量，微小的热量用 $đQ$ 表示。d 上加横也表示热量与过程有关，例如等容传热与等压传热，有相同的温升，传递的热量是不同的。热量的单位也用 J（焦耳）。

热量是过程物理量，规定过程吸热为正，放热为负。

第三节　热力学第一定律

一、热力学第一定律的数学表达

热力学第一定律可以写作

$$Q=A+\Delta E \tag{6-5}$$

式中，Q 为外界给系统的热量，即系统吸收的热量；A 为系统对外做的功；ΔE 为系统内能的变化。读者应注意式（6-5）与 A、Q 的正负规定有关，如果规定系统对外做功为负，则式（6-5）应写成

$$Q+A=\Delta E \tag{6-6}$$

有些教材（包括中学物理教材）也用式（6-6）表达热力学第一定律。本书采用多数大学物理采用的式（6-5）。

若过程是无限小过程，则

$$đQ=đA+\mathrm{d}E \tag{6-7}$$

式（6-5）表明：外界传给系统的热量一部分使系统内能增加，一部分用于系统对外做功。从式（6-5）可见，热力学第一定律的实质是包括热能在内的能量守恒及转换定律。

二、第一类永动机不可能制成

不消耗任何形式的能量而循环动作对外做功，或者消耗能量少而对外做的功多的机器叫第一类永动机。第一类永动机是“无中生有”的永动机，其效率 $\eta>1$，这是违背热力学第一定律的。因此热力学第一定律的另一种表述为：第一类永动机是不可能制成的。

第四节　热力学第一定律在理想气体等值过程中的应用

一、等容过程、摩尔定容热容 $C_{V,m}$

按图 6-4 设计一个容器，除底部可传热外，其他部分均绝热。固定上端活塞，在容器中

充满温度为 T_1 的气体。让传热的底部接触的热库温度依次变为 $T_1+\mathrm{d}T, T_1+2\mathrm{d}T, T_1+3\mathrm{d}T\cdots$ 直到 T_2，因为过程的每一步温差都为无限小，所以全过程是准静态过程。

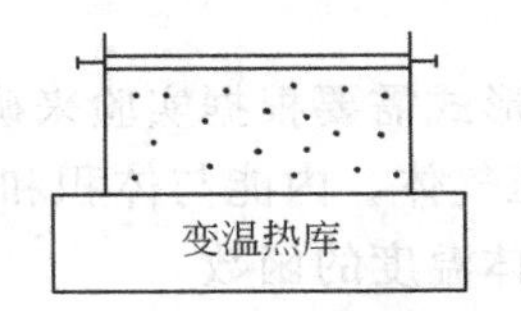

图 6-4　等容准静态过程

在此过程中，系统的体积未发生改变即

$$\mathrm{d}V=0$$

因此

$$\mathrm{d}A=p\mathrm{d}V=0$$

即等容过程没有功的交换，则根据热力学第一定律可知

$$Q=\Delta E$$

表示外界传给气体的热量全部转变成气体内能的增加。

$$\Delta E=\frac{m}{M}\times\frac{i}{2}R\Delta T$$

所以

$$Q=\frac{m}{M}\times\frac{i}{2}R\Delta T$$

若系统的质量为 m，系统温度升高 $\mathrm{d}T$，系统吸收的热量 $\mathrm{d}Q$，系统的比热容为

$$c=\frac{1}{m}\times\frac{\mathrm{d}Q}{\mathrm{d}T} \tag{6-8}$$

当系统温度升高时，质量为 m 的系统所吸收的热量与温升之比，称作物体的热容量，记作 mc。

当系统温度升高时，系统中 1mol 的物体所吸收的热量与温升之比，称作物体的摩尔热容，用大写字母 C_{m} 表示

$$C_{\mathrm{m}}=M_{\mathrm{mol}}c=\frac{\mathrm{d}Q_{\mathrm{mol}}}{\mathrm{d}T}=\frac{M_{\mathrm{mol}}}{m}\frac{\mathrm{d}Q}{\mathrm{d}T} \tag{6-9}$$

因传递热量与过程有关，所以同一系统或同一物质其热容量随过程而异。例如绝热过程 $\mathrm{d}Q=0$，$\mathrm{d}T\neq0$，故 $C_{\mathrm{m}}=0$；又如等温过程 $\mathrm{d}Q\neq0$，$\mathrm{d}T=0$，故 $C_{\mathrm{m}}=\pm\infty$；若系统吸热温度升高，$C_{\mathrm{m}}>0$；若系统吸热温度降低，$C_{\mathrm{m}}<0$。在热力学中，最有实际意义的热容量是摩尔定压热容量 C_p 和摩尔定容热容量 C_V。

摩尔定压热容量是 1mol 物质在系统压强不变时，系统吸收的热量与温度变化之比

$$C_p=\left(\frac{\mathrm{d}Q}{\mathrm{d}T}\right)_p \tag{6-10}$$

摩尔定容热容量是 1mol 物质在系统容积不变时，系统吸收的热量与温度变化之比

$$C_V=\left(\frac{\mathrm{d}Q}{\mathrm{d}T}\right)_V \tag{6-11}$$

各种物质的比热容实际上是与温度有关的，只在特定的温度范围内，某种物质的比热容才近似为常数，常用的恒定比热容只是某一温度区间的比热容，常常指的是平均比热容。

理想气体的摩尔定容热容为

$$C_V=\frac{i}{2}R \tag{6-12}$$

即对于单原子分子理想气体

$$C_V=\frac{3}{2}R$$

对于双原子分子理想气体

$$C_V=\frac{5}{2}R$$

这样，理想气体的内能也可写为

$$E=\frac{m}{M}C_V T \tag{6-13}$$

因此

$$\mathrm{d}E=\frac{m}{M}C_V\mathrm{d}T$$

$$\Delta E=\frac{m}{M}C_V\Delta T \tag{6-14}$$

二、等压过程，摩尔定压热容 C_p

改装图 6-4 中的容器，底部热库依次从 $T_1+\mathrm{d}T$ 到 T_2，活塞上放置一个固定砝码，维持等压。热库传热给气体，气体压强不变，温度与体积逐渐变化，最后达到新平衡态（见图 6-5）。因为过程的每一步气体与热库的温差都是无限小的，所以全过程是准静态过程。

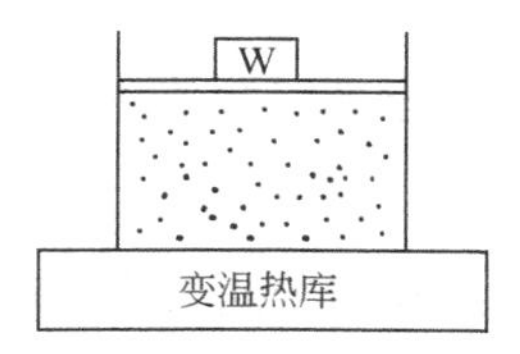

图 6-5　等压准静态过程

在等压过程中，p 保持恒量，由

$$\mathrm{d}A=p\mathrm{d}V$$

积分得

$$A=p\Delta V=p(V_2-V_1)$$

若 $\Delta V>0$，则 A 表示气体对外界做功。

根据理想气体状态方程，考虑到等压过程，

$$p\mathrm{d}V=\frac{m}{M}R\mathrm{d}T$$

因为气体的内能变化可表示为

$$\mathrm{d}E=\frac{m}{M}\frac{i}{2}R\mathrm{d}T=\frac{m}{M}C_V\mathrm{d}T$$

所以，根据热力学第一定律，有

$$\mathrm{d}Q=p\mathrm{d}V+\mathrm{d}E=\frac{m}{M}R\mathrm{d}T+\frac{m}{M}C_V\mathrm{d}T=\frac{m}{M}(R+C_V)\mathrm{d}T$$

因此，理想气体在等压过程中有

$$\mathrm{d}A=p\mathrm{d}V=\frac{m}{M}R\mathrm{d}T$$

$$\mathrm{d}E=\frac{m}{M}\frac{i}{2}R\mathrm{d}T=\frac{m}{M}C_V\mathrm{d}T$$

$$\mathrm{d}Q=\frac{m}{M}(C_V+R)\mathrm{d}T$$

根据摩尔定压热容的定义可知

$$C_p=C_V+R=\left(\frac{i}{2}+1\right)R \tag{6-15}$$

也即，单原子分子理想气体，$C_p=\frac{5}{2}R$

双原子分子理想气体，$C_p=\frac{7}{2}R$

式（6-15）表明 C_p 比 C_V 大一个 R 值，此关系式叫迈耶公式。

$$\gamma=\frac{C_p}{C_V}=\frac{i+2}{i} \tag{6-16}$$

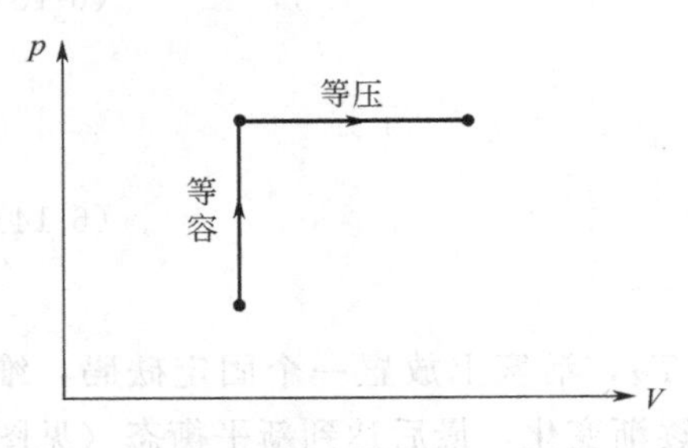

图 6-6　等容和等压的过程

式中，i 是分子的自由度；γ 叫比热比或叫比热容比。绝热过程方程中的 γ 即此比热比。

借用 $C_V=\frac{i}{2}R$，可将理想气体的内能简写为 $E=\frac{m}{M}C_VT$，读者不要误解为这是什么定容内能，不论是定容还是定压过程，其内能都是 $E=\frac{m}{M}C_VT$，只是用（C_V）替换了$\left(\frac{i}{2}R\right)$。在 p-V 图上，等容过程和等压过程可表示为如图 6-6 的形式。

三、等温过程

将图 6-4 中容器的活塞放松，活塞与四壁间可作无摩擦移动，容器底部与温度为 T 的恒温热库接触（见图 6-7），气体可自热库吸热膨胀，为使过程无限缓慢进行，在活塞上加若干微小质量（砝码）$\mathrm{d}m$（沙粒也可），压住活塞不至于迅速向上移动，然后依次逐渐移去砝码 $\mathrm{d}m$，$2\mathrm{d}m$，$3\mathrm{d}m$…一直到取完，此时气体等温膨胀到新的平衡状态。因为过程的每一步压力变化都是无限小的，所以全过程是准静态过程。

等温过程中的功 $\mathrm{d}A=p\mathrm{d}V$ 由理想气体状态方程 $pV=\frac{m}{M}RT$ 知

$$p=\frac{1}{V}\frac{m}{M}RT$$

所以

$$\mathrm{d}A=\frac{m}{M}RT\,\frac{1}{V}\mathrm{d}V$$

$$A=\frac{m}{M}RT\ln\frac{V_2}{V_1} \tag{6-17}$$

也可

$$A=\frac{m}{M}RT\ln\frac{p_1}{p_2} \tag{6-18}$$

等温过程中温度 T 不变，所以，理想气体内能不变，即 $\mathrm{d}E=0$，由热力学第一定律可知 $\mathrm{d}Q=\mathrm{d}A$

或

$$Q=A=\frac{m}{M}RT\ln\frac{V_2}{V_1} \tag{6-19}$$

式（6-19）说明在等温过程中，理想气体从外界吸收的热量全部用来对外做功，或者外界对理想气体系统做的功全部通过放热的形式被释放。

在 p-V 图上，等温过程可如图 6-8 表示，顺便说一下，等温线下的阴影部分的面积即为功的大小。由于在等温过程中吸收或放出热量，而体系的温度不变，所以可看做此过程的热容为∞。

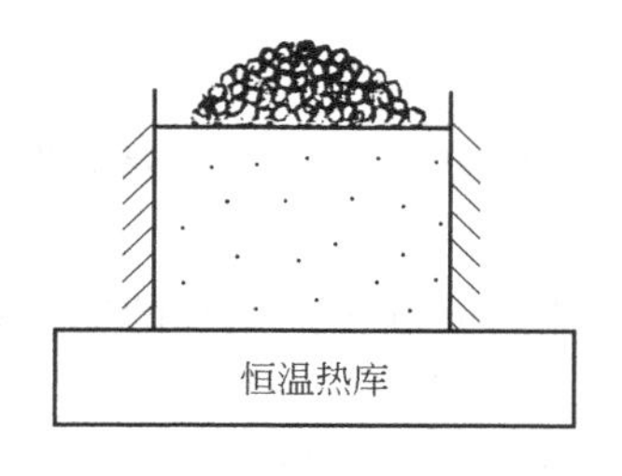

图 6-7　等温准静态过程

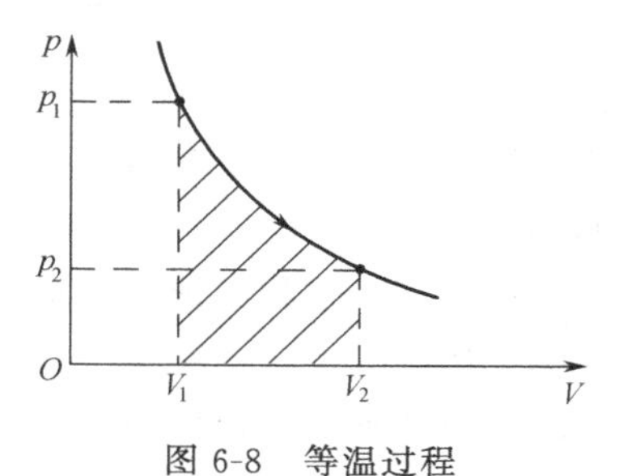

图 6-8　等温过程

四、绝热过程

绝热过程的特点是

$$dQ=0$$

因此，由热力学第一定律知

$$dA=-dE$$

即外界对系统做功，全部用来提升系统的内能，或者系统内能的减少完全用来对外做功。

$$dE=\frac{m}{M}C_V dT$$

所以

$$dA=-\frac{m}{M}C_V dT$$

$$A=-\frac{m}{M}C_V \Delta T \tag{6-20}$$

也可用绝热过程中的 p,V 改变来表示功的变化

$$A=\frac{p_1V_1-p_2V_2}{\gamma-1} \tag{6-21}$$

γ 为气体的比热容比。

表 6-2 显示出理想气体等值过程和绝热过程中功（A）、热量（Q）与内能的增量（ΔE）之间的关系，这些关系式是用等值过程和绝热过程的过程方程、功与内能公式及热力学第一定律推导得到的，表中 $\nu=\frac{m}{M}$是物质的量，$\gamma=\frac{C_p}{C_V}$。

表 6-2　理想气体热力学过程的主要公式

过程	参量间的关系	系统内能的增量 ΔE	系统对外界所做的功 A	系统从外界吸收的热量 Q
等容	$V_2=V_1,\frac{T_2}{T_1}=\frac{p_2}{p_1}$	$\nu C_V(T_2-T_1)$	0	$\nu C_V(T_2-T_1)$
等压	$p_2=p_1,\frac{T_2}{T_1}=\frac{V_2}{V_1}$	$\nu C_V(T_2-T_1)$	$p(V_2-V_1)$或$\nu R(T_2-T_1)$	$\nu C_p(T_2-T_1)$
等温	$T_2=T_1,\frac{p_2}{p_1}=\frac{V_1}{V_2}$	0	$\nu RT_1\ln\frac{V_2}{V_1}$或$p_1V_1\ln\frac{V_2}{V_1}$	$\nu RT_1\ln\frac{V_2}{V_1}$或$p_1V_1\ln\frac{V_2}{V_1}$
绝热	$\frac{p_2}{p_1}=\left(\frac{V_1}{V_2}\right)^{\gamma}$ $\frac{T_2}{T_1}=\left(\frac{V_1}{V_2}\right)^{\gamma-1}$ $\frac{T_2}{T_1}=\left(\frac{p_2}{p_1}\right)^{\frac{\gamma-1}{\gamma}}$	$\nu C_V(T_2-T_1)$	$\frac{1}{1-\gamma}(p_2V_2-p_1V_1)$或 $\frac{p_1V_1}{1-\gamma}\left[\left(\frac{V_1}{V_2}\right)^{\gamma-1}-1\right]$ 或$\nu C_V(T_1-T_2)=$ $\frac{\nu R}{\gamma-1}(T_1-T_2)$	0

第五节　循 环 过 程

一、循环过程

物质系统经历一系列变化过程又回到初始状态，这种周而复始的变化过程称作循环过程或简称循环。

循环往往由多个过程组成，组成循环的各过程称作循环的分过程。循环的物质称作工作物质或简称工质。

循环的重要特征是：可以做功，可以传热，但完成一个循环后内能不变。

二、热机与致冷机

利用工质持续不断地把热转化为功的装置叫热机。热机的相反的循环是外界对工质持续不断地做功，把低温物体的热量传到高温物体，这样的装置叫致冷机。

循环的理论是热机和致冷机的基本理论。

三、卡诺循环

卡诺循环由四个过程组成，图 6-9 是卡诺循环中气缸的活塞的冲程图，图 6-10 是卡诺循环的过程图。

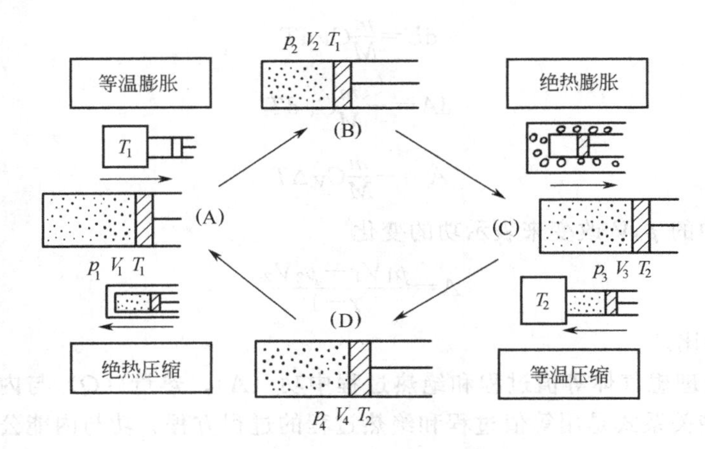

图 6-9　卡诺循环中气缸的活塞冲程图

活塞与器壁无摩擦时的过程可近似为准静态过程。

四、卡诺循环的效率

(1) 循环的效率

$$\eta=\frac{功}{吸热} \tag{6-22}$$

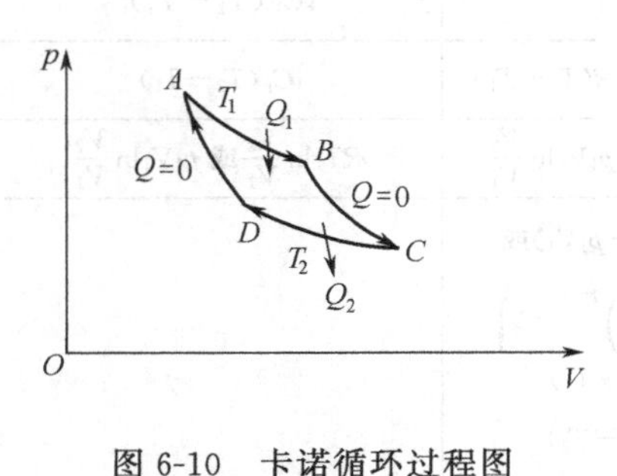

图 6-10　卡诺循环过程图

(2) 卡诺循环的效率。卡诺循环从高温热源（T_1）吸热 Q_1，向低温热源（T_2）放热 Q_2（取绝对值），对外做功 A，由效率的定义得

$$\eta=\frac{Q_1-Q_2}{Q_1}=1-\frac{Q_2}{Q_1}=1-\frac{T_2}{T_1} \tag{6-23}$$

应注意有些循环自多处吸热，并向多处放热，此时效率应为

$$\eta=\frac{\sum Q_{吸}-\sum Q_{放}}{\sum Q_{吸}} \tag{6-24}$$

（3）理想气体卡诺循环效率的证明。由表 6-2 可知

$$Q_1=\frac{m}{M}RT_1\ln\frac{V_2}{V_1}$$

$$Q_2=\frac{m}{M}RT_2\ln\frac{V_3}{V_4}$$

由二绝热线可证

$$\frac{V_3}{V_4}=\frac{V_2}{V_1}$$

则

$$\eta=1-\frac{Q_2}{Q_1}=1-\frac{T_2}{T_1}$$

五、卡诺热机

以卡诺循环作热机循环的热机叫卡诺热机，卡诺热机的示意图如图 6-11 所示。工质自高温热库吸热 Q_1，向外做功 A，向低温热库放热 Q_2（取绝对值），循环动作吸热做功。

卡诺循环只需两个恒温热库（T_1 和 T_2），所以说是最简单的循环。

任何一个循环都可以化成许多卡诺循环，如图 6-12 中任意一个循环，都可以分解成许多卡诺循环，所以卡诺循环是最基本的循环。

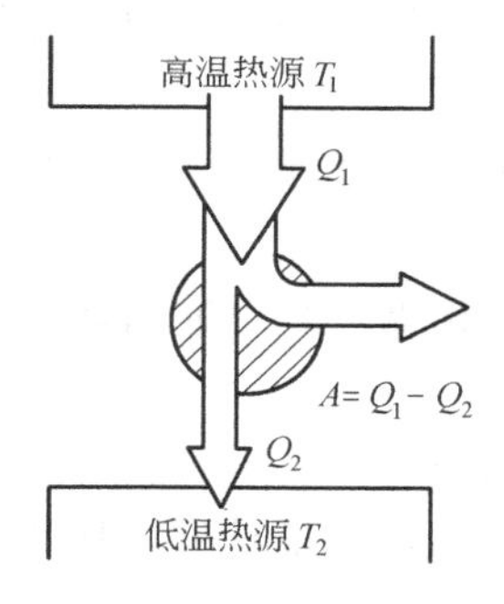

图 6-11　卡诺热机

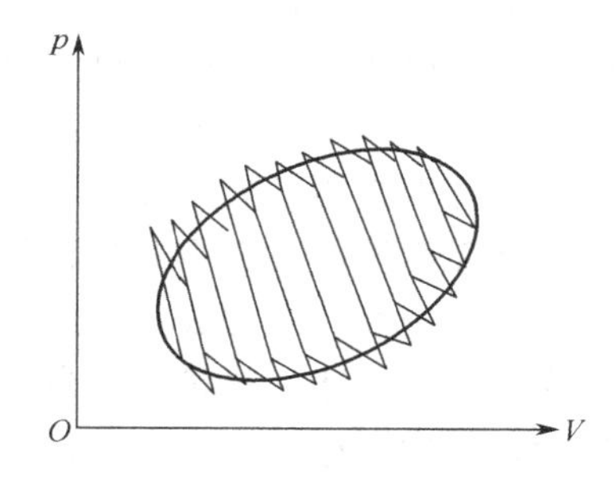

图 6-12　卡诺循环的组合

卡诺循环指导人们怎样去提高热机的效率，在理论上与热力学第二定律密切相关。所以说卡诺循环是最重要的循环。

卡诺循环反向进行可用做功的方法把热量从低温热源传到高温热源，这就是致冷机的工作原理。图 6-13 为致冷机工作原理示意图。致冷机的致冷系数是致冷机的重要指标，致冷系数为

$$w=\frac{Q_2}{A}=\frac{Q_2}{Q_1-Q_2} \tag{6-25}$$

热机两热源的温差愈大，效率愈高，热的利用率也愈高。致冷机两热库的温差愈大，致冷系数愈小，需要的功愈大。若 Q_2 大，A 小则致冷系数大。对于热机要求其效率高，对致冷机要求其致冷系数大。

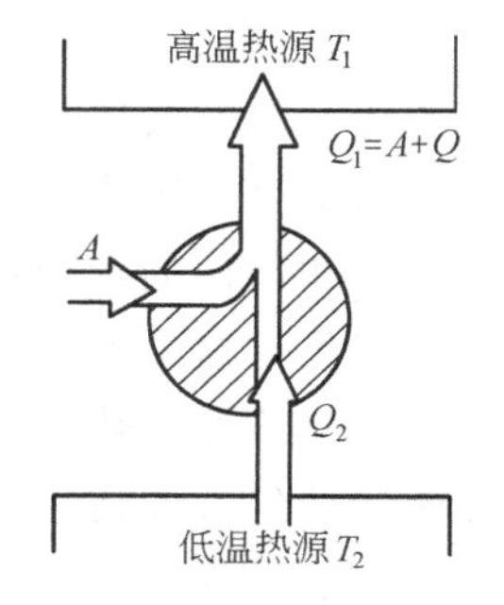

图 6-13　致冷机工作原理

致冷机依靠外界做功，从低温热源吸取热量向高温热源传送，使低温热源的温度降低，例如电冰箱及空调机的致冷。也可以依靠外界做功从低温热源吸取热量向高温热源提供热量，例如

空调机取暖，此种装置叫热泵。致冷机与热泵的工作原理相同，只是用途不同。

第六节 热力学第二定律

与外界无任何相互作用的热力学系统叫孤立系统。在孤立系统内，满足热力学第一定律的过程不一定都能实现，即实际的自发过程总是按一定的方向进行的。热力学第一定律指出自然过程必须遵守能量守恒，但没有说明自然过程进行的方向。能够说明自然过程方向的定律是从无数事实中总结出来的，即独立于热力学第一定律的热力学第二定律。

热力学第二定律研究热力学过程的方向。一个系统的状态变化是否可沿原来进行方向的反方向进行，如果可以反向进行，会产生什么影响，这是很重要的问题。引入可逆过程，使实际过程理想化、简单化，从而便于分析和掌握实际过程的基本特点，寻求实际过程的规律性，对于提高热机效率和建立热力学第二定律的定量表达式也有重要意义。

设在某一过程 P 中，系统从状态 A 变化到状态 B。如果能使：①系统逆向变化，从状态 B 回到状态 A；②当系统回到初态时，周围一切也都各自回复原状，此过程叫可逆过程。某过程中不满足可逆过程的两个条件中的一个，就是不可逆过程。

实际过程都是不可逆过程，它们的方向性具有不可逆性。实际过程的不可逆性是因为：①过程中有摩擦，因而有功转换为热，产生能量耗散；②过程不是准静态的。若过程中无摩擦，无功热的转换，过程进行无限缓慢，无明显的温差，则此过程是可逆的。可见可逆过程必是准静态，有摩擦时，准静态过程也不是可逆过程。

循环过程中，如果每个分过程都是可逆的，此循环为可逆循环，如果有一个分过程不是可逆的，此循环即为不可逆循环。

卡诺循环无摩擦，且每个分过程都是准静态的，所以卡诺循环是可逆循环。

热力学第二定律有多种表达方式，常用的有两种。

(1) 克劳修斯表述：热量不能自动地从低温物体传向高温物体。

在这种表述中，应特别注意“自动”两字，若外界做了功，热量是可以从低温物体传向高温体的。

(2) 开尔文表述：不可能制成一种循环动作的热机，只从单一热源吸取热量，使之完全变为有用的功，而其他物体不发生任何变化。

在这种表述中，应特别注意“循环动作”几个字。若不要求循环动作，例如在气体的等温膨胀中，气体只从单一热源吸热，全部变为功是可以的，但这不能称为热机。如果只是这样做功，工作物质不可能回到初始状态。

热力学第二定律的两种表述，从表面看不出有什么联系，但是可以证明这两种表述是完全等价的，即从一种表述可推断出另一种表述。或者说可以证明，若违背了克劳修斯表述就一定违背开尔文表述，若违背了开尔文表述也一定违背克劳修斯表述。

热力学第二定律可以有许多不同的表述，这是因为热力学第二定律是反映实际的自然过程的方向和条件的物理定律，而自然过程的方向性又有内在联系。所以只要能反映自然过程的方向和条件这个实质，它的不同表述原则上都可作热力学第二定律的表述。

从单一热源吸热并将热全部变为功的热机叫第二类永动机，第二类永动机违背热力学第二定律的开尔文表述，这类永动机的 $\eta=1$，所以也叫“一劳永逸”永动机。

热力学过程涉及大量分子的无序运动状态的变化。热力学第一定律说明变化中能量必须守恒，热力学第二定律说明变化中有序程度的变化规律。

功热转换实际是机械能或其他能转换为内能，从微观看这是大量分子从有序运动转向无序运动，热力学第二定律否定了这个过程的逆过程可以自动进行，即否定了大量分子可以从无序运动自动地转向有序运动。在功热转换现象中，实际的自然过程的进行方向是分子运动的有序状态向无序状态变化的方向。

热传导是大量分子从无序状态转向更无序状态的过程。热传导初态时两热源有温差，高温组分子有平均动能$\frac{i}{2}kT_1$，低温组分子有平均动能$\frac{i}{2}kT_2$。热传导末态时，两热源无温度差，两热源中分子共有一个平均动能$\frac{i}{2}kT$，初态还能指出谁高谁低，末态温度高低不见了，所以说热传导的初态比末态更有序一些。

热力学第二定律的微观意义是：实际的自然过程总是朝着无序性增大的方向进行的。这是热力学第二定律的实质。

热力学第二定律是宏观统计规律，只适用于大量气体分子组成的系统。热力学第二定律又是在有限的时空中观察现象总结出来的规律，所以不能把它推广到全宇宙。

第七节　卡诺定理

卡诺定理揭示了一切热机效率的极限值，它的内容包括如下两点。

(1) 在相同的高温热源（T_1）与相同的低温热源（T_2）之间工作的一切可逆机，不论用什么工质，其效率都相等。

$$\eta_{可逆}=1-\frac{T_2}{T_1}$$

(2) 在相同的高温热源（T_1）与相同的低温热源（T_2）之间工作的所有不可逆机的效率不可能高于可逆机的效率。

$$\eta_{不可逆}\leqslant\eta_{可逆}=1-\frac{T_2}{T_1}$$

卡诺定理在技术上指出了提高热机效率的途径。从温度看，是提高两个热源的温差；从过程看，是使过程尽可能接近可逆循环。

例 6-1　已知一个系统如图 6-14 所示，由状态 a 经 acb 到达状态 b 时，系统自外界吸收热量 324J，并对外做功 126J。

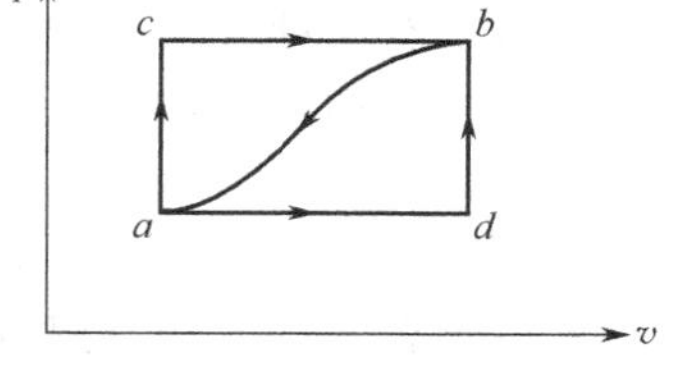

图 6-14　例 6-1

① 若沿 adb 变化时系统对外做功 42.0J，系统经历此过程时自外界吸收多少热量？

② 若系统由状态 b 直接回到状态 a 时，需外界对系统做功 84.0J，问此过程传递的热量是多少？是吸热还是放热？

③ 若状态 d 比状态 a 的内能高 40.0J，求 ad 及 db 两分过程各吸热多少？

解： ① 将热力学第一定律用于 acb 过程可求出 a 与 b 状态的内能差

$$E_b-E_a=Q_{acb}-A_{acb}$$

将 $Q_{acb}=324\text{J}$，$A_{acb}=126\text{J}$ 代入上式，得

$$E_b-E_a=198\text{ J}$$

再将热力学第一定律用于 adb 过程

$$Q_{adb}=A_{adb}+E_b-E_a$$

将数据代入得

$$Q_{adb}=42+198=240(\mathrm{J}) \quad (\text{吸热})$$

② 将热力学第一定律用于 ba 过程，并将 $Q_{ba}=-84.0\mathrm{J}$，$E_a-E_b=-198\mathrm{J}$，代入得

$$Q_{ba}=E_a-E_b+A_{ba}=-282(\mathrm{J})$$

Q_{ba} 为负值，说明系统放热。

③ 根据热力学第一定律

$$Q_{ad}=A_{ad}+E_d-E_a=A_{adb}+E_d-E_a$$

$$Q_{db}=A_{db}+E_b-E_d=Q_{adb}-Q_{ad}$$

将数值代入，得

$$Q_{ad}=82(\mathrm{J}),\ Q_{db}=158(\mathrm{J})$$

由本题可见，运用内能是状态函数这个特性，把热力学第一定律用于热力学过程求做功与传热是很方便的。

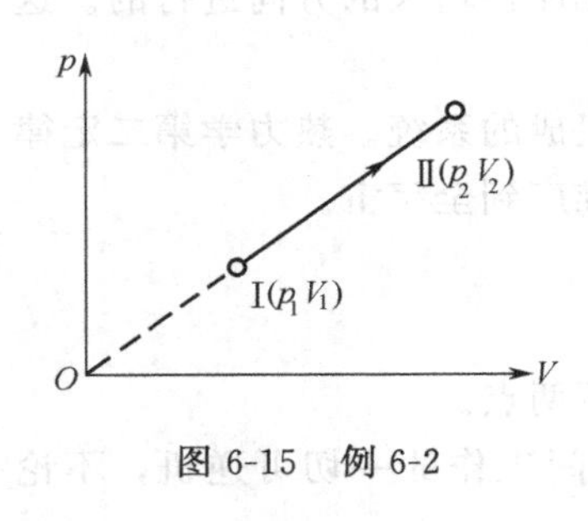

图 6-15　例 6-2

例 6-2　1mol 的氦气由状态Ⅰ(p_1V_1) 沿图 6-15 中的直线变化到状态Ⅱ(p_2V_2)。求：

① 此变化的过程方程式；

② 变化前后内能的改变量，变化中做的功，交换的热量；

③ 此过程的摩尔热容。

解：① 过程方程指 $p=f(V)$，由图可知 $p=kV$，k 为图中直线的斜率，$k=\frac{\mathrm{d}p}{\mathrm{d}V}=\frac{p_2-p_1}{V_2-V_1}$，故过程方程为

$$p=\frac{p_2-p_1}{V_2-V_1}V$$

② 根据内能公式

$$\Delta E=E_2-E_1=C_V(T_2-T_1)$$

同时因氦为单原子分子，得到

$$\Delta E=\frac{3}{2}RT_2-\frac{3}{2}RT_1=\frac{3}{2}(p_2V_2-p_1V_1)$$

求做功有三种方法（积分，曲线包含面积，热力学第一定律），因曲线包含积可由梯形求出，故可采用求面积法。按梯形面积公式，有

$$A=\frac{1}{2}(p_1+p_2)(V_2-V_1)=\frac{1}{2}(p_2V_2-p_1V_1)$$

求传热有两种方法（热容量和温升，热力学第一定律），因功和内能变化已知，故可用热力学第一定律求传热。

$$Q=A+\Delta E=\frac{3}{2}(p_2V_2-p_1V_1)+\frac{1}{2}(p_2V_2-p_1V_1)=2(p_2V_2-p_1V_1)$$

③ 按摩尔热容定义

$$C=\frac{Q}{\Delta T}$$

根据 $p_1V_1=\frac{m}{M}RT_1$ 和 $p_2V_2=\frac{m}{M}RT_2$ 可求出 ΔT，且 $\frac{m}{M}=1$，代入上式得

$$C=\frac{2(p_2V_2-p_1V_1)}{\frac{1}{R}(p_2V_2-p_1V_1)}=2R$$

将 $R=8.31\text{J/mol}\cdot\text{K}$ 代入得

$$C=16.62\ \text{J/(mol}\cdot\text{K)}$$

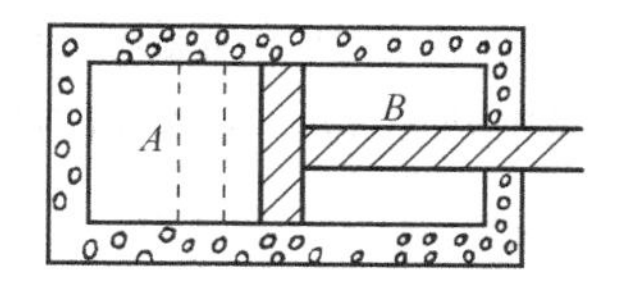

图 6-16　例 6-3

例 6-3　如图 6-16 所示，一个可以自由滑动的绝热活塞，把绝热容器分为相等的两部分 A 和 B，A 和 B 均为边长 l_0 的立方体，各盛有 1mol 的单原子理想气体，其温度均为 27℃。如果用一外力将活塞缓慢推动，把 A 压成原体积的一半（活塞杆的体积很小）。

① 求外力做的功；

② 如果将 A 压为 $\frac{1}{2}l_0^3$ 时，打开活塞上的一个阀门，两边气体混合，求容器的最终温度。

解：①因为是绝热过程 $Q=0$，$A=-\Delta E$，故此题应用热力学第一定律法求做功，$\Delta E=\Delta E_A+\Delta E_B$，$\Delta E_A,\Delta E_B,\Delta E$ 分别为 $A,B,A+B$ 的内能变化，T_A,T_B 分别为压缩后 A,B 的温度：

$$\Delta E_A=C_V(T_{\text{A}}-T_0)=C_VT_0\left[\left(\frac{V_0}{V_{\text{A}}}\right)^{\gamma-1}-1\right]=C_VT_0(2^{\gamma-1}-1)$$

$$\Delta E_B=C_V(T_{\text{B}}-T_0)=C_VT_0\left[\left(\frac{V_0}{V_{\text{B}}}\right)^{\gamma-1}-1\right]=C_VT_0\left[\left(\frac{2}{3}\right)^{\gamma-1}-1\right]$$

$$\Delta E=C_VT_0\left[2^{\gamma-1}+\left(\frac{2}{3}\right)^{\gamma-1}-2\right]$$

将 $T_0=300\text{K}$，$C_V=\frac{3}{2}R$ 代入得

$$\Delta E=1.31\times10^3\ \text{J}$$

因为 $A=-\Delta E$，所以

$$A=-1.31\times10^3\ \text{J}$$

负号表示外界对系统做功。

② 设终温为 T，有

$$\Delta E=\frac{m}{M}C_V\Delta T,\quad \Delta T=\frac{\Delta E}{\frac{m}{M}C_V}=53\ \text{K}$$

$$T=T_0+53=353\ \text{K}$$

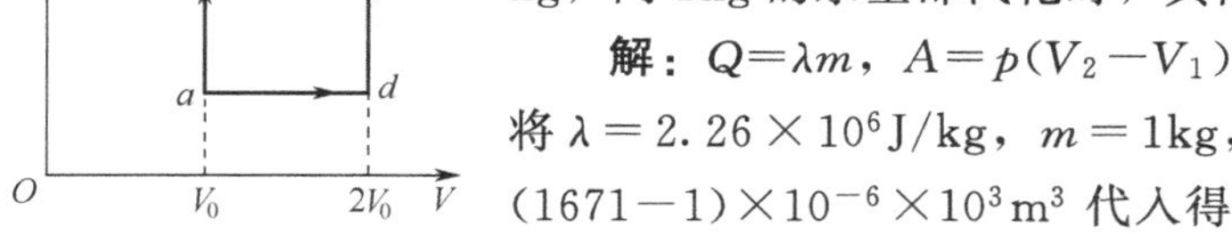

图 6-17　例 6-5

例 6-4　1cm^3 的 100℃ 的纯水，在 1atm❶ 下加热，变成 1671cm^3 的同温度的水蒸气，已知水的汽化热为 $\lambda=2.26\times10^6\text{J/kg}$，问 1kg 的水全部汽化时，其内能改变多少？

解：$Q=\lambda m$，$A=p(V_2-V_1)$，$\Delta E=Q-A=\lambda m-p(V_2-V_1)$。将 $\lambda=2.26\times10^6\text{J/kg}$，$m=1\text{kg}$，$p=1.013\times10^5\text{Pa}$，$V_2-V_1=(1671-1)\times10^{-6}\times10^3\text{m}^3$ 代入得

$$\Delta E=2.1\times10^6\ \text{J}$$

例 6-5　图 6-17 所示，1mol 的氢，在 1atm，20℃时，体积为 V_0，

① 先保持体积不变，加热使其温度升到 80℃，然后再令其作等温膨胀到 $2V_0$，此为 abc 过程；

---

❶ $1\text{atm}=1.013\times10^5\text{Pa}$。

② 先使其等温膨胀到 $2V_0$，然后保持体积不变，加热到 80℃，此为 adc 过程。求两种过程中热量 Q、功 A 和内能变化。

解： ① $C_V=\frac{5}{2}R$，

$$A_{abc}=A_{ab}+A_{bc}=0+RT\ln\frac{V}{V_0}$$
$$=8.31\times253\times\ln2=2.03\times10^3\ \text{J}$$

$$\Delta E_{abc}=C_V\Delta T=\frac{5}{2}\times8.31\times60=1.25\times10^3\ \text{J}$$

$$Q_{abc}=\Delta E_{abc}+A_{abc}=3.28\times10^3\ \text{J}$$

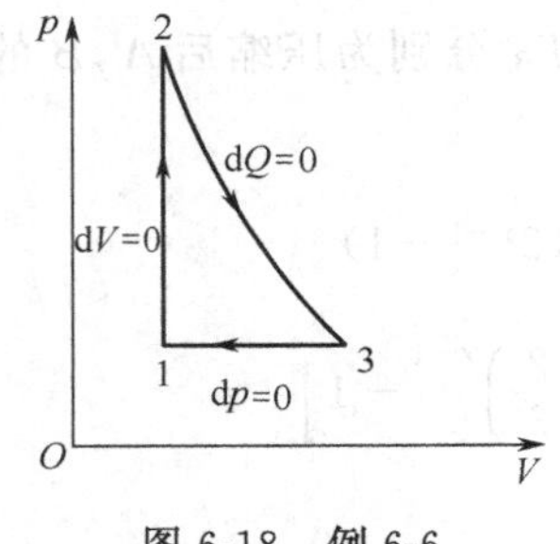

图 6-18　例 6-6

② $A_{adc}=A_{ad}+A_{dc}=RT_0\ln\frac{V}{V_0}+0$

$$=8.31\times293\times\ln2=1.69\times10^3\ \text{J}$$

$$\Delta E_{adc}=C_V\Delta T=\frac{5}{2}\times8.31\times60=1.25\times10^3\ \text{J}$$

$$Q_{adc}=\Delta E_{adc}+A_{adc}=2.94\times10^3\ \text{J}$$

例 6-6　如图 6-18 所示的循环，1→2 为等容过程，2→3 为绝热过程，3→1 为等压过程，已知气体摩尔定压热容与摩尔定容热容之比，求循环的效率。

解： 1→2 过程吸热，不做功，内能增加；

2→3 过程绝热，对外做功，内能减少；

3→1 过程放热，外界对气体做功，内能减少。

$$Q_{12}=\frac{m}{M}C_V(T_2-T_1)\quad（吸热）$$

$$Q_{31}=\frac{m}{M}C_p(T_3-T_1)\quad（放热）$$

$$A=Q_{12}-Q_{31}$$

$$\eta=\frac{A}{Q_{12}}=\frac{Q_{12}-Q_{31}}{Q_{12}}=1-\frac{C_p(T_3-T_1)}{C_V(T_2-T_1)}=1-\gamma\frac{\frac{T_3}{T_1}-1}{\frac{T_2}{T_1}-1}$$

用 $\frac{T_3}{T_1}=\frac{V_3}{V_1}$（等压），$\frac{T_2}{T_1}=\frac{p_2}{p_1}$（等容），$\frac{p_2}{p_3}=\left(\frac{V_3}{V_2}\right)^\gamma$（绝热）即 $\frac{p_2}{p_1}=\left(\frac{V_3}{V_1}\right)^\gamma$（绝热），可将 η 化简为

$$\eta=1-\gamma\frac{\frac{V_3}{V_1}-1}{\left(\frac{V_3}{V_1}\right)^\gamma-1}$$

例 6-7　用致冷机将 1mol 的空气在定压条件下从 20℃冷却到 18℃时，至少要对致冷机提供多少机械功？设致冷机循环的热源温度为 40℃。

解： 设 T_H 为高温热源温度，T_L 为低温热源的平均温度，致冷系数为

$$w=\frac{T_L}{T_H-T_L}=\frac{18+273}{(40+273)-(18+273)}=13.2$$

空气温度从 $t_1=20℃$降到 $t_2=18℃$时放出热量为

$$Q=C_p(T_1-T_2)=58.2\ \text{J}$$

致冷机至少需提供的最小机械功为

$$A=\frac{Q}{w}=\frac{58.2}{13.2}=4.41\ \text{J}$$

习　　题

1. 0.1mol 的单原子理想气体经历如图 6-19 所示的过程，由状态 A 经一直线到达状态 B。

① 试证所示状态 A、B 的温度相同；

② 在这一过程中气体吸热多少？

③ 在 A 到 B 的过程中哪一点的温度最高？

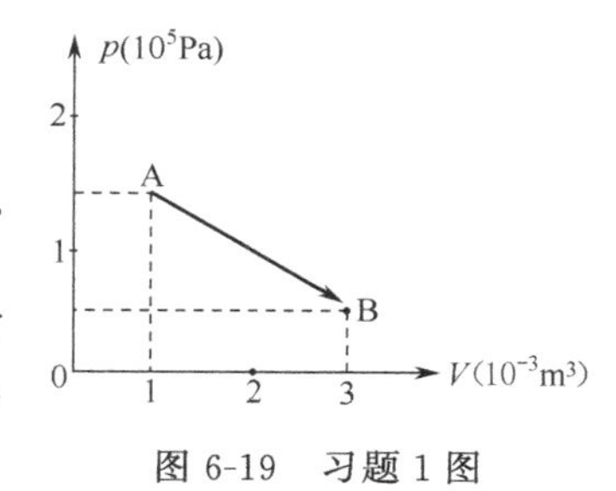

图 6-19　习题 1 图

2. 标准状态下 0.016kg 的氧气，经过一绝热过程对外界做功 80J。求终态的压强、体积和温度。

3. 物质的量相同的三种气体：He，N_2，CO_2，都作为理想气体，它们从相同的初态出发，都经过等容吸热过程，如果吸收的热量相等，试问：

① 温度的升高是否相等？

② 压强的增加是否相等？

4. 将 400J 的热量传给标准状态下的 2mol 氢气，

① 若温度不变，氢的压强、体积各变为多少？

② 若压强不变，氢的温度、体积各变为多少？

③ 若体积不变，氢的温度、压强各变为多少？

哪一过程中它做功最多？为什么？哪一过程中内能增加最多？为什么？

5. 有氢 1mol，在压强 1atm、温度 20℃时，其体积为 V_0，今使其经以下两种过程达同一状态：

① 先保持体积不变，加热，使其温度升高到 80℃，然后令其作等温膨胀，体积变为原体积的 2 倍；

② 先使其等温膨胀至原体积的 2 倍，然后保持体积不变，加热到 80℃。

试分别计算上述两种过程中气体吸收的热量、气体对外所做的功和气体内能的增量，并作出 p-V 图。

6. 1mol 氧，温度为 300K 时，体积为 $2\times10^{-3}\text{m}^3$。试计算下列两过程中氧所做的功：

① 绝热膨胀至体积为 $20\times10^{-3}\text{m}^3$；

② 等温膨胀至体积为 $20\times10^{-3}\text{m}^3$，然后再等容冷却，直到温度等于绝热膨胀后所达到的温度为止；

③ 将上述两过程在 p-V 图上图示出来。

怎样说明这两过程中功的数值的差别？

7. 一热机在 1000K 和 300K 的两热源之间工作，如果①高温热源提高为 1100K，②低温热源降低为 200K，从理论上说，热机效率各可增加多少？为了提高热机效率哪一种方案为好？

8. 一个平均输出功率为 50MW 的发电厂，热机在 $T_{高}=1000\text{K}$ 和 $T_{低}=300\text{K}$ 下工作，试求：

① 理论上最高效率为多少？

② 这个厂只能达到这一效率的 70%，有多少输入热量转化为电能？

③ 为了生产 50MW 的电功率，每秒钟需要提供多少热量？

④ 如果低温热源是由一条河流来承担，其流量为 $10\text{m}^3\cdot\text{s}^{-1}$，由于电厂释放的热量而引起的温升是多少？

9. ① 用一卡诺循环的致冷机从 7℃的热源中提取 1000J 的热传向 27℃的热源，需要做多少功？从 −173℃向 27℃呢？从 −223℃向 27℃呢？

② 一可逆的卡诺机，作热机使用时，如果工作的两热源的温度差愈大，则对于做功就愈有利，当作致

冷机使用时，如果两热源的温度差愈大，对于致冷是否也愈有利？为什么？

10. 使用一致冷机将 1mol、1atm 的空气从 20℃冷却到 18℃时，对致冷机必须提供的最小机械功要多少？

11. ①“热泵”的循环过程与致冷机有什么原则上的区别？“热泵”有实际用途吗？

② 用一个电动机带动一个热泵，从－5℃的室外吸收热量传给 17℃的室内，在理想情况下，每消耗 1000J 的功有多少热量传到室内？

第七章　静　电　场

第一节　库仑定律

一、电荷

毛皮和硬橡胶棒摩擦，丝绸和玻璃棒摩擦，橡胶棒和玻璃棒都有吸引轻小物体的作用。我们说硬橡胶棒和玻璃棒都带了电，或者说它们有了电荷。带电的橡胶棒和橡胶棒，带电的玻璃棒和玻璃棒会互相排斥，而带电的硬橡胶棒和玻璃棒会相吸，说明硬橡胶棒带的电和玻璃棒带电不是同一种电荷，硬橡胶棒带的电称为负电，玻璃棒带的电称为正电。同种电荷相斥，异种电荷相吸。斥力和吸力都沿着它们的连线方向。

物体带电，古人还不了解它的本质，所以称物体所带的电为电荷，电荷即“载有”“具有”或“荷有”电的意思，有时把带电体也称为电荷，例如在电场中运动的带电粒子，有时也称为电场中的电荷。

现代科学指明物体带电是物体本身的一种固有属性。物体由原子分子组成，原子又由带正电的原子核和核外带负电的电子组成，中性物体中正负电荷中和不呈现电性。物体接触时，物体间会有电荷迁移，失去电子的物体将呈现正电性，获得电子的物体将呈现负电性。可见，物体带电是物体间电荷转移的结果。

1897 年，英国物理学家汤姆孙发现了电子，电子带负电。美国物理学家密立根发现雾状小油滴带的电量是 $e=1.60\times10^{-19}$C 的整数倍，这个 e 就是电子的电荷量。任何带电体的电量 Q 都是 e 的整数倍，$Q=ne(n=1,2,\cdots)$，电荷只能取不连续的值，这叫做电荷的量子化。宏观物体带电时的带电荷量 $Q\gg e$，所以宏观物质带电时，它所带电荷量仍可看做是连续分布的，不考虑电荷的量子化。

电荷在物体间迁移时，电荷既不能消灭，也不能创造生成，这叫做电荷守恒。

二、库仑定律

力学中把运动物体的尺寸比运动范围小得多的物体作为质点，只考虑它的质量、不考虑它的大小。电学中把电荷的尺寸比研究考察范围尺寸小得多的电荷作为点电荷，只考虑它的电荷量不考虑它的大小。质点和点电荷都是相对于某些对象而言的理想模型。

电荷带电的多少称为电荷量，在国际单位制中电荷量的单位为库仑，记为 C。

1785 年库仑用实验总结出点电荷间的相互作用规律，称为库仑定律。

真空中两个带电荷量分别为 q_1 和 q_2 的点电荷，相距 r 时，它们间的相互作用力 $\boldsymbol{F}$ 为

$$F=k_1\frac{q_1q_2}{r^2} \tag{7-1}$$

k_1 为比例系数，在国际单位制中 k_1 值为

$$k_1=8.98755\times10^9\ \mathrm{N\cdot m^2\cdot C^{-2}}\approx9\times10^9\ \mathrm{N\cdot m^2\cdot C^{-2}}$$

常把 k_1 换成另一个比例系数$\frac{1}{4\pi\varepsilon_0}$，$\varepsilon_0$ 值为

$$\varepsilon_0=\frac{1}{4\pi k_1}=8.85\times10^{-12}\ \mathrm{C^2\cdot N^{-1}\cdot m^{-2}}=8.85\times10^{-12}\ \mathrm{F/m}$$

ε_0 叫做真空介电常数，在以后的章节中将说明这种变换的意义和这一称谓的缘由。

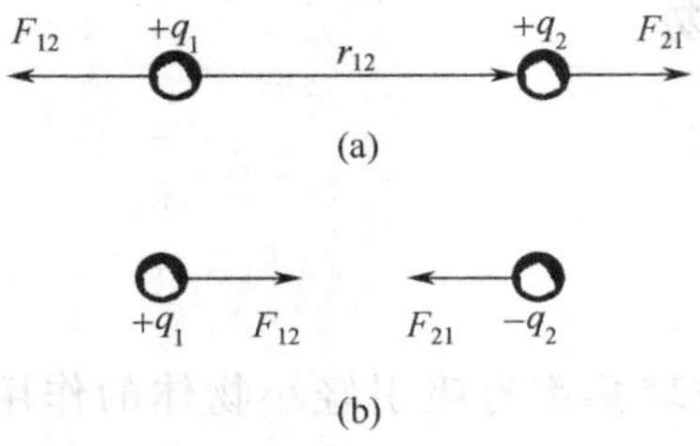

由于同种电荷相斥，异种电荷相吸，所以电力 F 的方向是沿着两个点电荷的连线方向的，同号电荷相互作用力沿连线向外，异号电荷相互作用力沿连线向内（如图7-1）。

图 7-1　两个点电荷之间的作用力

F_{12} 为 q_2 对 q_1 的作用力、F_{21} 为 q_1 对 q_2 的作用力，这是一对作用力和反作用力，遵守牛顿第三定律。

库仑定律指出：真空中，两个静止的电荷间的相互作用力的方向沿着它们的连线，作用力的大小和它们的电荷量的乘积成正比，和它们之间的距离的平方成反比。

第二节　电场、电场强度

一、电场

力是物体间的相互作用，那么，图 7-1 中的两个点电荷是怎样相互作用的呢？研究表明 q_1 外有一种特殊的物质——q_1 的电场，q_2 外也有一种特殊的物质——q_2 的电场。电荷外的特殊物质称为电场，电场是区别于由粒子（电子、质子、中子等等）构成的普通物质的一种特殊物质，人们可以用仪器感受到它是客观存在的。电荷与电荷间的相互作用是靠电荷的电场来完成的。q_1 的电场对 q_2 作用，同时 q_2 的电场对 q_1 作用。

电荷在电场中会受力，电荷在电场中不同点受力不同，为了定量地表示电场强弱，引入电场强度概念。

二、电场强度

为引入电场强度概念，可用试验电荷 q_0 在电场中逐点探测，试验电荷必须是电荷量小，本身尺寸也小的电荷。这样的电荷才能不改变被探测的电场的原来情况，并能测出电场中各点情况。

试验电荷在电场中某点受到的电场力（$\boldsymbol{F}$）与此电荷的电荷量（q_0）之比为此点电场强度（$\boldsymbol{E}$）

$$\boldsymbol{E}=\frac{\boldsymbol{F}}{q_0}\tag{7-2}$$

电场强度是矢量，方向与正电荷在该点受力方向相同，电场强度在数值上，等于单位电荷在该点受力的大小。可见要判断电场中某点的场强方向，可试放一个正点电荷在此点，这个正点电荷在这点受力的方向就是这点的电场强度的方向。显然负电荷在电场中某点受力的方向与此点场强方向相反。电荷在电场中受的力叫电场力。

在国际单位制中，场强的单位是 N/C，场强还有一个单位是 V/m，在讲到电势时再介绍这个单位，这两个单位是等价的。

点电荷 q 在电场中受的电场力可写成

$$\boldsymbol{F}=q\boldsymbol{E}\tag{7-3}$$

此式与式（7-1）库仑定律都为点电荷受的电力，但是，式（7-3）比式（7-1）有更深刻和更广泛的意义。

三、电场强度基本公式——点电荷电场场强公式

电量为 Q 的点电荷场源置于真空中，离场源距离 r 处一个场点 P，在 P 点放一个试验电荷 q_0（如图 7-2），q_0 受力大小为

$$F=\frac{q_0 Q}{4\pi\varepsilon_0 r^2}$$

按场强定义，P 点场强大小为

$$E=\frac{F}{q_0}=\frac{Q}{4\pi\varepsilon_0 r^2} \tag{7-4}$$

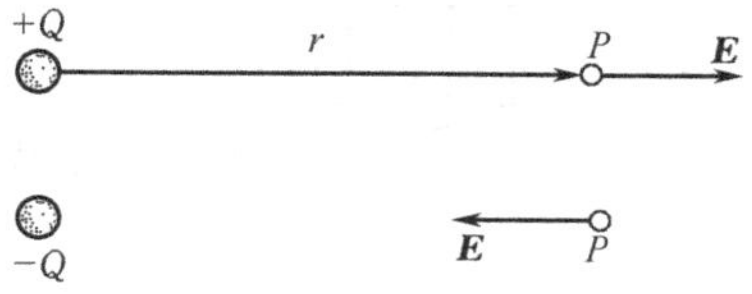

图 7-2　场强的方向

按场强方向规定，若 $Q>0$，方向为 $Q\rightarrow P$，若$Q<0$，方向为 $P\rightarrow Q$。

从式（7-4）可以看出，电场中某点场强与 Q 和 r 有关，场强是电场中场点的固有属性，与试验电荷电荷量大小及正负均无关系。

第三节　电通量、高斯定理

一、电场线

为形象化地描述电场，使人们对电场有一直观感觉，引入电场线概念。电场线是在电场中虚拟的一些曲线。曲线上任意一点的切线方向就是这点的电场强度方向，而通过垂直于电场线的单位面积的电场线根数与该处电场强度 $\boldsymbol{E}$ 大小相等。图 7-3～图 7-7 列出几种典型电场的电场线。

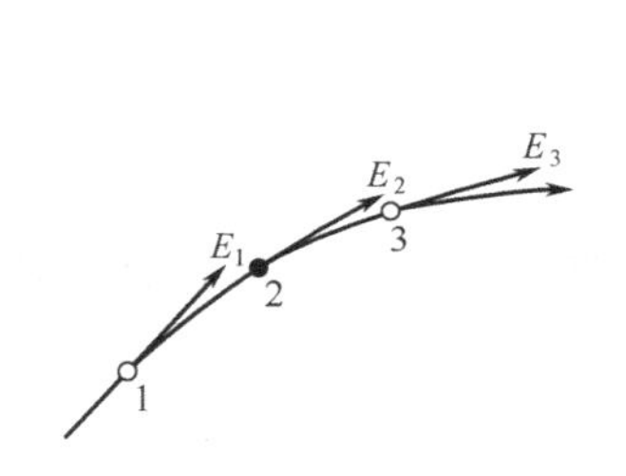

图 7-3　电场线

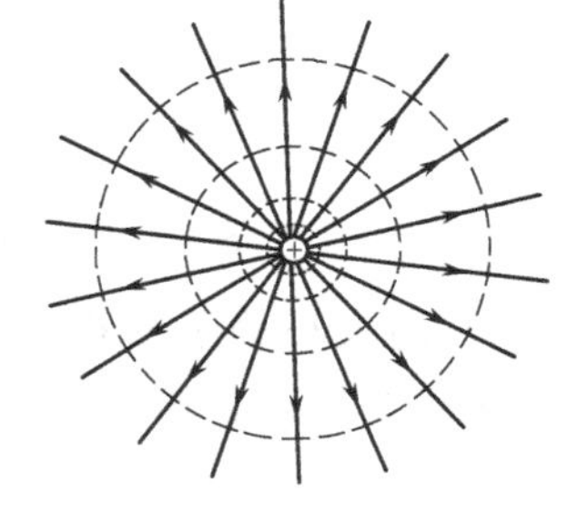

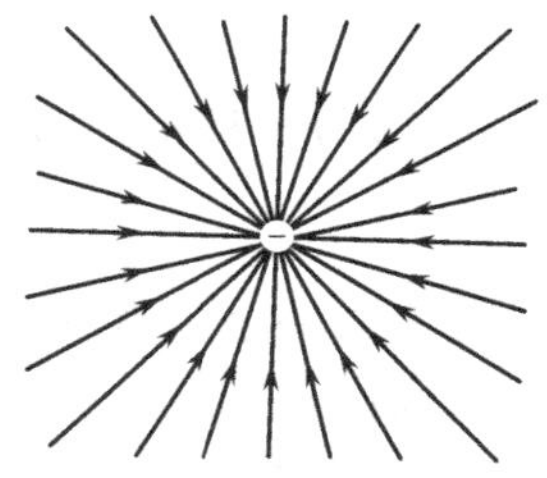

图 7-4　正负点电荷的电场线

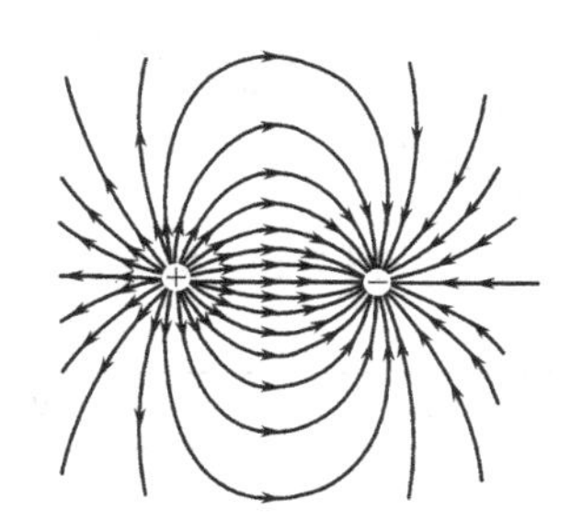

图5　电荷对（等量异号）的电场线

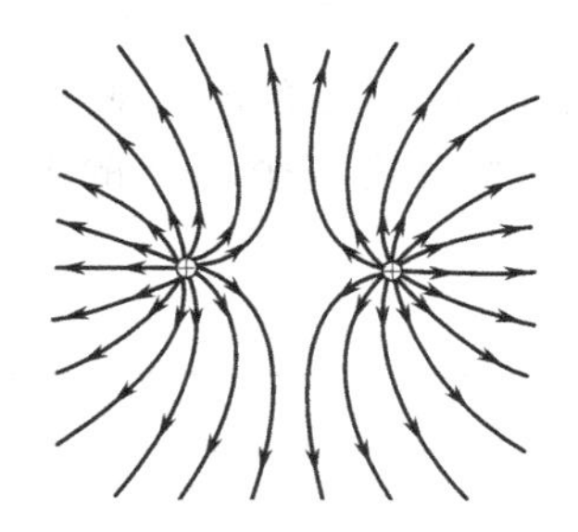

图 7-6　电荷对（等量同号）的电场线

图 7-7 为两块靠得很近的带电平行板，板内部的电场线为平行的、均匀分布的等间距的直线，这样的电场称为匀强电场。匀强电场中任意两点的电场强度的大小和方向都相同，这是一种重要的，有实用意义的电场。

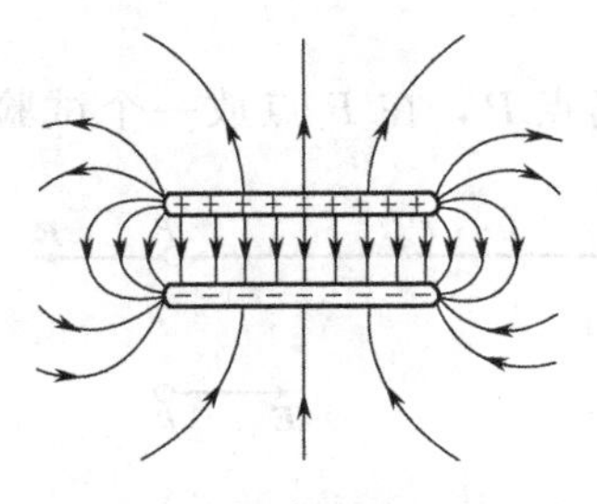

图 7-7 平行板电容器中的电场线

电场线有下列特性。

(1) 因为电场强度是电场中点的单值函数，所以电场线不能相交。

(2) 电场线从正电荷发出，到负电荷终止，正电荷是电场线的源头，负电荷为终点。

(3) 电场线在没有电荷的空间不会中断。

二、电通量

通过某个面的电场线数称为这个面的电通量，记作 Ψ。电通量的计算分两种情况讨论，一种特殊情况是均匀电场中通过一个平面的电通量的计算方法（如图 7-8）；另一种普遍情况是不均匀电场中通过一个曲面的电通量的计算方法（如图 7-9）。

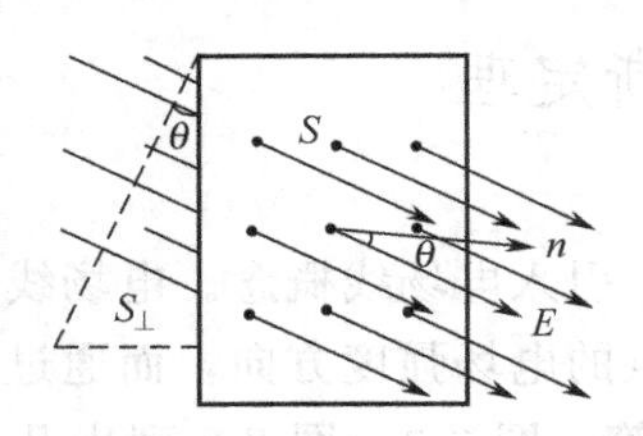

图 7-8 通过平面的电通量

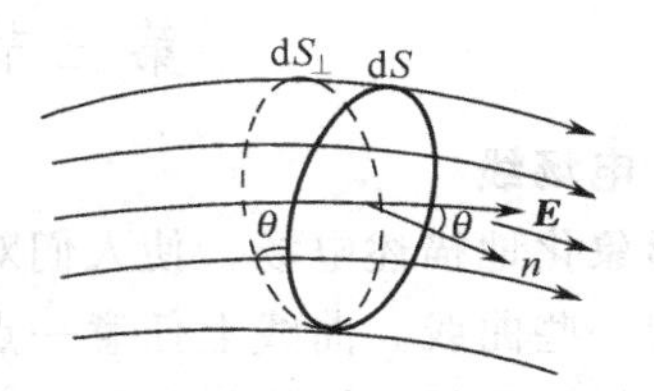

图 7-9 通过曲面的电通量

图 7-8 中通过 S 面的电通量规定为

$$\Psi = ES\cos\theta = ES_{\perp}$$

$S_{\perp}$ 为与电场垂直的面积

$$S_{\perp} = S\cos\theta$$

若引入一个矢量 $\boldsymbol{S}$，矢量 $\boldsymbol{S}$ 的大小等于面积 S 的大小，矢量 $\boldsymbol{S}$ 的方向沿 S 面的法线方向，若为闭合曲面，通常取外法线方向，则通过 S 面的电通量可写成

$$\Psi = \boldsymbol{E} \cdot \boldsymbol{S} \quad (7\text{-}5)$$

例 7-1 图 7-10 中均匀电场 $\boldsymbol{E}$ 平行 Ox 轴，一个五面三角体由左面 $\boldsymbol{S}_1$（矩形）、后面（矩形 $\boldsymbol{S}_2$）、上面 $\boldsymbol{S}_3$（三角形）、下面 $\boldsymbol{S}_4$（三角形）、侧面 $\boldsymbol{S}_5$（矩形）构成，按式 (7-5) 计算可得五个面上的电通量 Ψ_1、Ψ_2、Ψ_3、Ψ_4、Ψ_5 各为

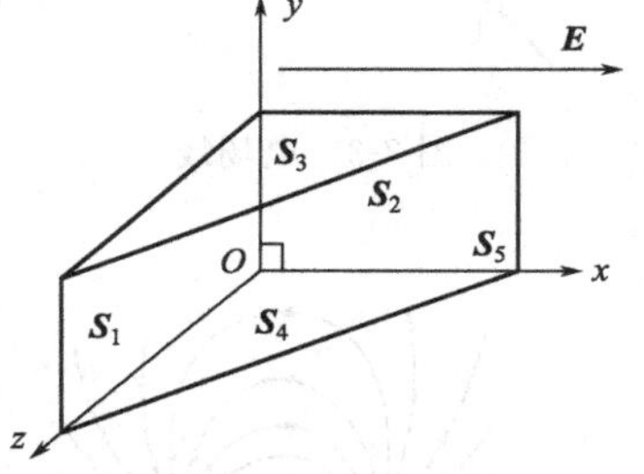

图 7-10 例 7-1

Ψ_1	Ψ_2	Ψ_3	Ψ_4	Ψ_5
$-ES_1$	0	0	0	ES_1
$\boldsymbol{E} /\!/ \boldsymbol{S}_1$	$\boldsymbol{E} \perp \boldsymbol{S}_2$	$\boldsymbol{E} \perp \boldsymbol{S}_3$	$\boldsymbol{E} \perp \boldsymbol{S}_4$	$\Psi_5 = -\Psi_1$

图 7-9 中电场是不均匀的，面 S 又不是平面，求 S 面上电通量要用微积分。在 S 面上取面积元 dS，dS 上的电通量 $d\Psi$ 为

$$d\Psi = \boldsymbol{E} \cdot d\boldsymbol{S} = EdS\cos\theta$$

S 面上通量为

$$\Psi=\int_S \mathrm{d}\Psi=\int_S \boldsymbol{E}\cdot \mathrm{d}\boldsymbol{S}=\int_S E\cos\theta \mathrm{d}S \qquad (7\text{-}6)$$

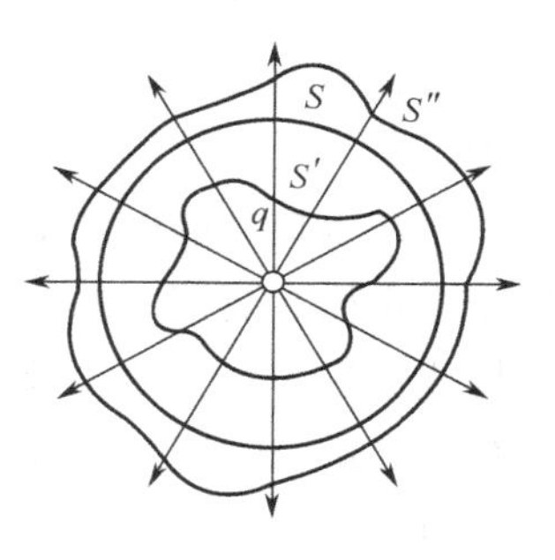

图 7-11 例 7-2

例 7-2 求点电荷外距点电荷为 R 的球面上的电通量。

解： 如图 7-11 在球面上取面积元 dS，dS 与球面上 dS 处的场强 $\boldsymbol{E}$ 处处平行，$\theta=0$。

$$\Psi=\int_S E\mathrm{d}S\cos\theta=\int_S E\mathrm{d}S$$

因为在球面上任意点的场强大小均为 $Q/4\pi\varepsilon_0 R^2$，所以

$$\Psi=E\int_S \mathrm{d}S=ES=4\pi R^2 E=\frac{Q}{\varepsilon_0} \qquad (7\text{-}7)$$

通过此球面的电通量为 Q/ε_0，即通过此封闭球面 S 的电通量等于此封闭球面内的电荷量的 $1/\varepsilon_0$，通过 S'和 S''的电通量也一样。

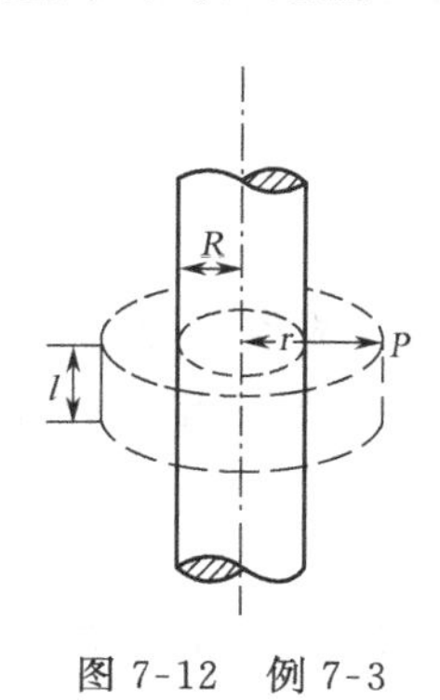

图 7-12 例 7-3

例 7-3 无限长均匀带电线，电荷线密度为 λ，半径为 R 的柱面，求外长为 l，半径为 r 的封闭曲面（侧面，上面和下面）上的电通量（图 7-12）。

解： 设离柱心 r 处的电场强度的大小为 E。因带电线为无限长，所以它的电场线是以柱面轴为轴的从柱面向外均匀辐射的垂直柱面的线。在侧面上取面积元 d$\boldsymbol{S}$，因 d$\boldsymbol{S}$ 平行于 d$\boldsymbol{S}$ 处的 $\boldsymbol{E}$，所以侧面 d$\boldsymbol{S}$ 上的电通量为

$$\mathrm{d}\Psi=\boldsymbol{E}\cdot \mathrm{d}\boldsymbol{S}=E\mathrm{d}S$$

又因为所取封闭曲面，侧面上 E 大小处处相等，所以侧面上电通量为

$$\Psi_{侧}=\int \mathrm{d}\Psi=\int \boldsymbol{E}\cdot \mathrm{d}\boldsymbol{S}=E\int \mathrm{d}S=ES$$

因 $S=2\pi rl$，得

$$\Psi_{侧}=2\pi rlE$$

在顶面和底面上 $\boldsymbol{E}/\!/\mathrm{d}\boldsymbol{S}$，故 $\Psi_{顶}=\Psi_{底}=0$。通过该封闭柱面的总电通量为

$$\Psi=\Psi_{侧}=2\pi rlE$$

从以上两例可以看到：①电场强度大小相等且与面法线处处平行时的面上的通量可将 $\int_S \boldsymbol{E}\cdot \mathrm{d}\boldsymbol{S}$ 化成 ES 来计算，如第一个例子中的球面和第二个例子中的侧面；②电场强度大小不相等的面上的通量不可将 $\int_S \boldsymbol{E}\cdot \mathrm{d}\boldsymbol{S}$ 化成 ES 来计算，如第二个例子中的圆柱的盖面和底面，但是若某些场强大小不相等的面上的 $\boldsymbol{E}$ 垂直于 d$\boldsymbol{S}$，则 $\int_S \boldsymbol{E}\cdot \mathrm{d}\boldsymbol{S}=0$ 就不必再去计算。记住这两点对今后利用高斯定理求少数有对称性的电场的场强是会很有用的。

三、高斯定理

式（7-7）是从一个电荷得出的结论，对多个点电荷用叠加原理也可导出与式（7-7）类似的关系为

$$\Psi=\oint_S \boldsymbol{E}\cdot \mathrm{d}\boldsymbol{S}=\frac{\sum q_i}{\varepsilon_0} \qquad (7\text{-}8)$$

式（7-8）中$\oint_S \boldsymbol{E}\cdot\mathrm{d}\boldsymbol{S}$为封闭曲面$S$上的电通量，等式表示：真空电场中，通过任意封闭曲面的电通量都等于此封闭曲面中所有电荷的代数和的ε_0分之一，这就是真空中的高斯定理。

高斯定理是静电场重要的基本定理，它由静电场中的库仑定律和电场叠加原理导出，却比库仑定律有更深刻的意义和广泛的适用性。式（7-8）中，$\sum q_i=0$时，$\Psi=0$，可以没有电场线通过S面（也可能进出S面电场线数相同）；$\sum q_i>0$时，$\Psi>0$，表示有电场线穿出S面；$\sum q_i<0$时，$\Psi<0$，表示有电场线穿进S面，即电场线从正电荷发出，终止于负电荷，所以式（7-8）表明静电场是有源场，这是静电场的基本性质之一。应注意到，式（7-8）右边$\sum q_i$是S中所有的电荷之和，但是式左边积分号中的$\boldsymbol{E}$却是产生电场的所有电荷在$\mathrm{d}\boldsymbol{S}$处的电场强度。

对于少数有对称性的电场，若选取合适的封闭曲面，有可能把$\oint_S \boldsymbol{E}\cdot\mathrm{d}\boldsymbol{S}$化成$ES$形式，求出封闭面$S$中的电荷$\sum q_i$后，再用式（7-8）就可能解得$\boldsymbol{E}$。

第四节　电场强度的计算方法

电场强度是电场中重要的物理量，现在介绍两类计算电场强度的方法（两类三种），一类为电场叠加法，一类利用高斯定理求场强法。电场叠加法又包含两种：点电荷系电场叠加和连续带电体电场叠加。

一、电场强度叠加原理

式（7-4）指出离点电荷Q距离为r的场点的电场强度为$Q/4\pi\varepsilon_0 r^2$，实际上，常见的电场往往不是一个点电荷的电场，而是多个点电荷的电场的叠加，一个连续带电体也可看成是许多电荷元$\mathrm{d}q$的叠加。电场强度的叠加原理指出：点电荷系电场中某点的电场强度等于每个点电荷单独存在时它们在此点产生的电场强度的矢量和，用数学式表达为

$$\boldsymbol{E}=\sum \boldsymbol{E}_i \tag{7-9}$$

二、点电荷系电场强度的计算——矢量求和

例 7-4　分开一定距离的等量异号两个点电荷（$\pm q$相距l）为电偶极子。求电偶极子的场强。

图 7-13(a) 用于求电偶极子连线上点的场强，正负电荷在P点的场强分别为

$$E_+=\frac{kq}{\left(r-\frac{l}{2}\right)^2}\ （方向\rightarrow）$$

$$E_-=\frac{kq}{\left(r+\frac{l}{2}\right)^2}\ （方向\leftarrow）$$

P点场强为

$$E=E_+-E_-=\frac{2rlq}{4\pi\varepsilon_0\left(r^2-\frac{l^2}{4}\right)^2}\ （方向与E_+相同）$$

若$r\gg l$，得

$$\boldsymbol{E}=\frac{2\boldsymbol{p}}{4\pi\varepsilon_0 r^3}，\boldsymbol{p}=q\boldsymbol{l} \text{ 叫做电偶极矩}$$

偶极矩是一个表示电偶极子大小和方向的量，其方向为$-q$指向$+q$。图 7-13(b) 用于求电偶极子中垂线上P点的场强，同理得到E_+和E_-，但它们的方向不同，需用矢量相加，从图可见P点场强大小在$r\gg l$时，有

$$E=2E_+\cos\alpha=\frac{p}{4\pi\varepsilon_0 r^3}$$

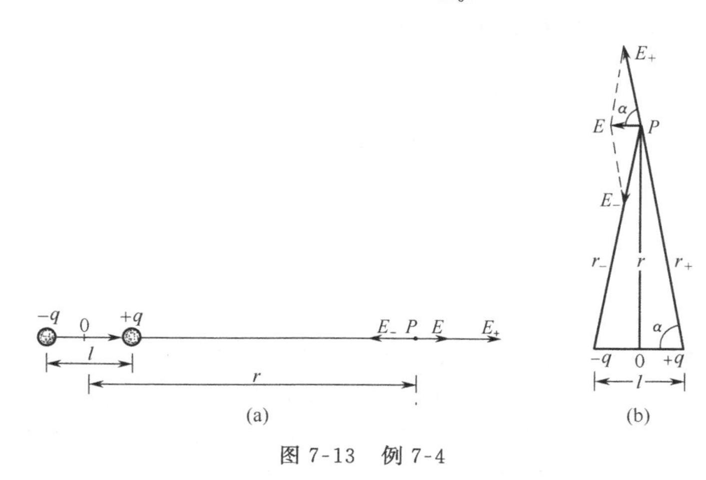

图 7-13　例 7-4

电偶极子连线上和中垂线上的场强可以分别写成：

在连线上有
$$\boldsymbol{E}=\frac{2\boldsymbol{p}}{4\pi\varepsilon_0 r^3}$$

在中垂线上有
$$\boldsymbol{E}=-\frac{\boldsymbol{p}}{4\pi\varepsilon_0 r^3}$$

式中负号表示$\boldsymbol{E}$的方向与$\boldsymbol{p}$的方向相反。

上面的例子指出点电荷的场强公式是求点电荷系场强的基本公式，对于连续带电体它也是基本的，因为任何连续带电体都可分割成许多点电荷，然后再用点电荷场强公式来叠加，不过分割出的点电荷应用电荷元$\mathrm{d}q$来代替q，叠加时用积分求矢量和。

三、连续带电体电场强度的计算

例 7-5　求均匀带电$+Q$，长为L的细棒外延长线上的场强（图 7-14）。

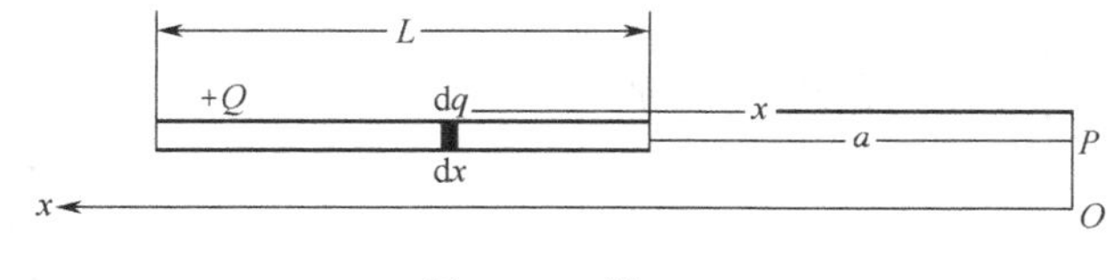

图 7-14　例 7-5

在L上取电荷元$\mathrm{d}q$，$\mathrm{d}q$长为$\mathrm{d}x$，则$\mathrm{d}q=\lambda\mathrm{d}x=\dfrac{Q}{L}\mathrm{d}x$，$\lambda$为线电荷密度$\lambda=\dfrac{Q}{L}$，$\mathrm{d}q$在$P$点激发的场强$\mathrm{d}E$为

$$\mathrm{d}E=\frac{k_1\mathrm{d}q}{x^2}=\frac{k_1 Q}{Lx^2}\mathrm{d}x \text{（方向→）}$$

因为所有$\mathrm{d}q$在P点的场强$\mathrm{d}E$的方向都相同，所以P点场强

$$E=\int \mathrm{d}E=\int_{a}^{a+L}\frac{k_1 Q}{Lx^2}\mathrm{d}x=-\frac{k_1 Q}{L}\left[\frac{1}{x}\right]_{a}^{a+L}$$

$$=-\frac{Q}{4\pi\varepsilon_0 L}\left[\frac{1}{a+L}-\frac{1}{a}\right]=\frac{Q}{4\pi\varepsilon_0 a(a+L)}$$

$Q>0$ 时，E 方向向右，$Q<0$ 时，E 方向向左。

此例中因电荷元 $\mathrm{d}q$ 在 P 点产生的场强 $\mathrm{d}E$ 都沿同一方向，才有 $E=\int \mathrm{d}E$，若 $\mathrm{d}q$ 在 P 点产生的场强不在同一方向，就不能用 $E=\int \mathrm{d}E$，而需用正交分解法将 $\mathrm{d}E$ 分解成沿 Ox 轴方向的 $\mathrm{d}E_x$ 和沿 Oy 轴方向的 $\mathrm{d}E_y$，然后用

$$\left.\begin{aligned} &E_x=\int \mathrm{d}E_x,\ E_y=\int \mathrm{d}E_y \\ &E=\sqrt{E_x^2+E_y^2} \\ &\alpha=\arctan\frac{E_y}{E_x} \end{aligned}\right\} \tag{7-10}$$

下面举例说明。

例 7-6 求半径为 R，均匀带电 Q 的细圆环过圆心与圆面垂直的轴上任意点的场强。

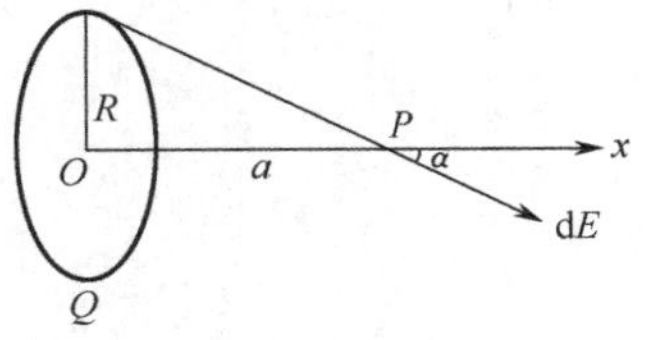

图 7-15 例 7-6

图 7-15 中对称位置上的两个 $\mathrm{d}q$ 在 P 点的场强两个 $\mathrm{d}E$ 正交分解后，垂直于 Ox 轴的场强分量因为有轴向对称互相抵消，因此只需对 $\mathrm{d}E_x$ 积分即可。

$$E_x=\int \mathrm{d}E_x=\int_0^Q\frac{k_1\mathrm{d}q}{r^2}\cdot\cos\alpha=\frac{k_1 a}{r^3}\int_0^Q\mathrm{d}q=\frac{k_1 aQ}{r^3}$$

$$E=E_x=\frac{aQ}{4\pi\varepsilon_0\ (R^2+a^2)^{3/2}}$$

若 $Q>0$，E_x 沿 Ox 方向。

比较以上两例，再次看到当微分电荷元 $\mathrm{d}q$ 在某点激发的元场强 $\mathrm{d}E$ 方向相同时可用 $E=\int \mathrm{d}E$，若 $\mathrm{d}E$ 不同方向时，需在正交坐标系下对 $\mathrm{d}E$ 做正交分解，得 $\mathrm{d}E_x$ 和 $\mathrm{d}E_y$，然后积分，得 $E_x=\int \mathrm{d}E_x$ 和 $E_y=\int \mathrm{d}E_y$，如式（7-10）所示。

例 7-7 圆心角为 2θ，半径为 R 的均匀带电 q 的圆弧中心的场强（图 7-16）。

在弧上取电荷元 $\mathrm{d}q$，所以对应弧长为 $\mathrm{d}l$

$$\mathrm{d}q=\frac{q}{2R\theta}\mathrm{d}l=\frac{q}{2R\theta}R\,\mathrm{d}\alpha=\frac{q}{2\theta}\mathrm{d}\alpha$$

$\mathrm{d}q$ 在圆心处场强为 $\mathrm{d}E$。

$\mathrm{d}E=\frac{k\mathrm{d}q}{R^2}$ 方向与 α 有关。

$$\mathrm{d}E_x=-\mathrm{d}E\cdot\cos\alpha=-\frac{kq}{R^2}\cdot\frac{\mathrm{d}\alpha}{2\theta}\cos\alpha\ (\text{沿 } Ox \text{ 方向})$$

$$E_x=\int \mathrm{d}E_x=-\frac{kq}{2\theta R^2}\int_{-\theta}^{\theta}\cos\alpha\mathrm{d}\alpha=-\frac{q}{4\pi\varepsilon_0 R^2}\frac{\sin\theta}{\theta}$$

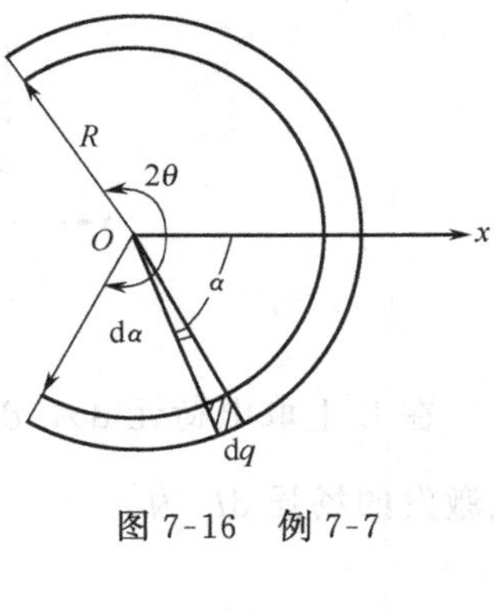

图 7-16 例 7-7

若计算 $E_y=\int \mathrm{d}E\sin\alpha$，也可得到零结果，这是对称抵消的必然结果。从以上两例可知用

积分法求连续带电体的场强可遵以下程序。

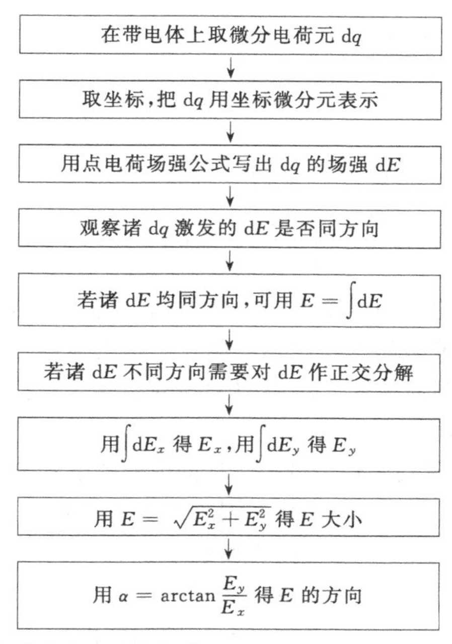

四、用高斯定理求某些对称场场强方法

$$\oint_S \boldsymbol{E}\cdot \mathrm{d}\boldsymbol{S}=\frac{1}{\varepsilon_0}\sum q_i$$

上式为高斯定理的数学表达式，可以设想如果能找到由几个面组成一个封闭曲面，某些面上各点电场强度的大小不变，各点 $\boldsymbol{E}$ 又与 $\mathrm{d}\boldsymbol{S}$ 平行，在该曲面上电通量为 ES_1，在另一些面上场强与面元 $\mathrm{d}\boldsymbol{S}$ 垂直，使通过这部分面积的电通量为零，则有

$$\oint_S \boldsymbol{E}\cdot \mathrm{d}\boldsymbol{S}=ES_1$$

S_1 为封闭曲面与 $\boldsymbol{E}$ 平行部分的面积。要是又能求出封闭曲面内所有的电荷 $\sum q_i$，则由此得出

$$E=\frac{1}{\varepsilon_0 S_1}\sum q_i$$

下面举几个例子来说明这种方法。

例 7-8 求半径为 R 的均匀带电 Q 的薄球壳内外任意点的电场强度（图 7-17）。

图 7-17 中，过球壳内点 P_1 作半径为 r_1 的同心球面，高斯定理等式的左边为

$$左边=\oint_S \boldsymbol{E}\cdot \mathrm{d}\boldsymbol{S}\underset{(\boldsymbol{E}/\!/\mathrm{d}\boldsymbol{S})}{=}\oint_S E\,\mathrm{d}S\underset{E为恒量}{=}E\oint_S \mathrm{d}S=ES$$

过 P_1 点的球面内无电荷，所以

$$右边=\frac{1}{\varepsilon_0}\sum q=0$$

$$左边=右边$$

$$ES=0,\quad E=0\ (0<r_1<R)$$

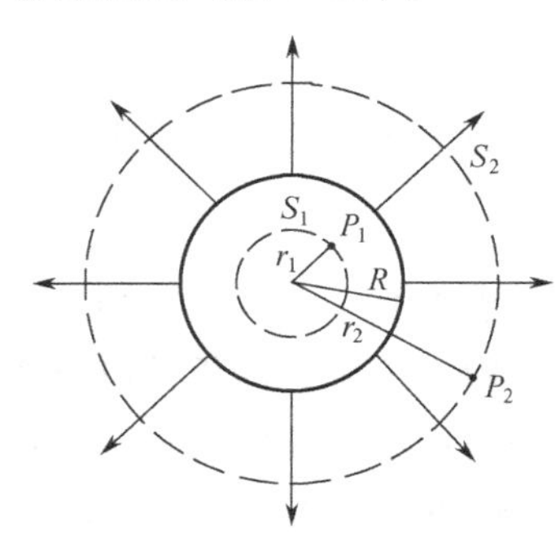

图 7-17 例 7-8

再过 P_2 点作半径为 r_2 的同心球面。

$$左边=\oint_S \boldsymbol{E}\cdot d\boldsymbol{S}=ES=4\pi {r_2}^2 E$$

$$右边=\frac{\sum Q}{\varepsilon_0}=\frac{Q}{\varepsilon_0}$$

$$左边=右边$$

$$E=\frac{Q}{4\pi\varepsilon_0 {r_2}^2}\quad (R<r_2)$$

此例指出带电球壳壳内的电场强度为零，球外的电场强度与点电荷的场强等同。从此例也可知点电荷、带电球壳、带电球体及球壳套球壳，带电球体外套球壳等带电体的电场强度都可以取同心球面作为封闭高斯曲面，用类似例题的步骤求它们的场强，但是对无球对称的电场要另想办法，如下面的例子。

例 7-9 求半径为 R，无限长的均匀带电圆柱面内外的电场强度（单位长度电荷量为 λ）。

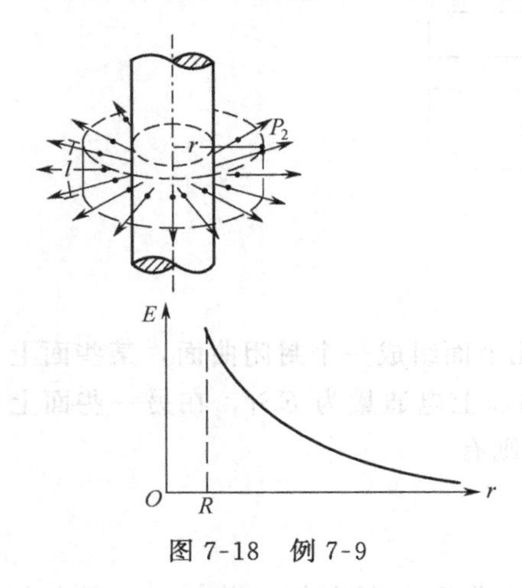

图 7-18 例 7-9

解： 因为图 7-18 中的柱面是无限长的，其电场线是垂直柱表面的从柱面向外辐射形的直线，求 P_2 点的场强 E 时，若取过 P_2 点的有盖（S_1）的，有底（S_2）的，有侧面（S_3）的圆柱面作高斯封闭面，则高斯定理等式左边可写成

$$\begin{aligned}左边&=\oint_S \boldsymbol{E}\cdot d\boldsymbol{S}\\&=\int_{S_1}\boldsymbol{E}\cdot d\boldsymbol{S}+\int_{S_2}\boldsymbol{E}\cdot d\boldsymbol{S}+\int_{S_3}\boldsymbol{E}\cdot d\boldsymbol{S}\\&=\underset{(因无通量)}{0}+\underset{(也无通量)}{0}+\underset{(\boldsymbol{E}/\!/ d\boldsymbol{S})}{ES_3}\end{aligned}$$

即

$$\oint_S \boldsymbol{E}\cdot d\boldsymbol{S}=2\pi rlE$$

E 为圆柱侧面上任意点处的场强值，由此可见我们取的高斯封闭面必须通过研究的场点（如 P_2）。再看高斯定理等式右边。

$$右边=\frac{1}{\varepsilon_0}\sum q_i=\frac{\lambda l}{\varepsilon_0}$$

代入高斯定理等式中，得

$$E=\frac{\lambda}{2\pi\varepsilon_0 r}\quad (R<r)$$

方向由 λ 的正负决定，同理可得

$$E=0\quad (R>r)$$

例 7-10 求均匀带电、面电荷密度为 σ 的无限大薄平板外任意点处的电场强度。

解： 无限大薄板的电场线为垂直无限大平面向两侧辐射的均匀平行直线，可取垂直平面的左右两端有盖的且关于带电平板对称的圆柱面为封闭高斯曲面，如图 7-19，封闭曲面由 S_1,S_2,S_3 组成，通过封闭面 S 的电通量为 $\Psi_S=\Psi_{S_1}+\Psi_{S_2}+\Psi_{S_3}$，因在侧面 S_3 上无通量，在 S_1 和 S_2 上 E 值处处相等，$\boldsymbol{E}$ 与 $d\boldsymbol{S}$ 又处处平行，所以高斯定理等式左边为

$$左边=\oint_S \boldsymbol{E}\cdot d\boldsymbol{S}=\int_{S_1}\boldsymbol{E}\cdot d\boldsymbol{S}+\int_{S_2}\boldsymbol{E}\cdot d\boldsymbol{S}+\int_{S_3}\boldsymbol{E}\cdot d\boldsymbol{S}$$
$$=ES_1+ES_2+0=2ES_1=2ES_2$$

E 为 S_1 和 S_2 上任意点处场强值，高斯定理等式右边为

$$右边=\frac{\sum q_i}{\varepsilon_0}=\frac{1}{\varepsilon_0}\sigma S$$

将它们代入高斯定理等式中，得

$$E=\frac{\sigma}{2\varepsilon_0}$$

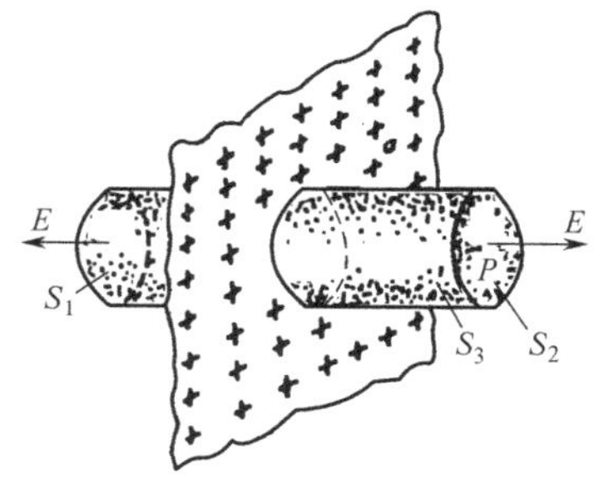

图 7-19　例 7-10

上式表明所求场强与点位置无关，即无限大均匀带电平板外电场为匀强电场，场强方向由 σ 的符号决定。

从上面三个例子应该看到，对点、线、面这三类带电体，用高斯定理求场强时，可分别取与点同心的球面，与柱同轴的柱面，与平面对称的圆柱面做封闭高斯曲面。

第一类：点、球壳、球体、球壳套点、球壳套球壳、球壳套球体等。

第二类：线、圆柱面、圆柱体、柱套线、柱套面等。

第三类：面、薄平面、厚平面、平行平面。

例 7-11　两块无限大互相平行的分别带面电荷密度为 $\pm\sigma$ 的平板的电场强度。

解： 在图 7-20 中取向右为正方向。

左区　　$E=-\dfrac{\sigma}{2\varepsilon_0}+\dfrac{\sigma}{2\varepsilon_0}=0$

中区　　$E=\dfrac{\sigma}{2\varepsilon_0}+\dfrac{\sigma}{2\varepsilon_0}=\dfrac{\sigma}{\varepsilon_0}$

右区　　$E=\dfrac{\sigma}{2\varepsilon_0}-\dfrac{\sigma}{2\varepsilon_0}=0$

此例指出均匀带电 $\pm\sigma$ 的无限大平板外场强为零，板间电场为匀强电场，场强值为 σ/ε_0，方向由 $+\sigma$ 指向 $-\sigma$，如图 7-20 所示。若两块平行板带等量异号电荷，板的面积的尺寸比板的间距的尺寸大得多时，板中场即当成匀强电场，后面章节中谈到平板电容器时还要用到这里的结论。

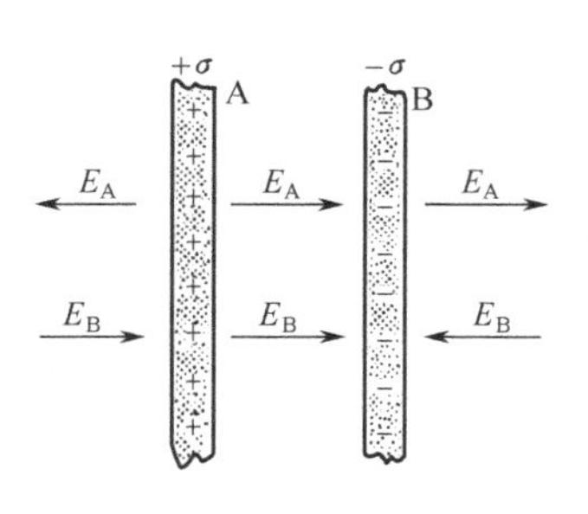

图 7-20　例 7-11

从以上的例子可见，用高斯定理求 E 就是要把积分 $\oint \boldsymbol{E}\cdot d\boldsymbol{S}=\dfrac{\sum q}{\varepsilon_0}$ 内的 $\boldsymbol{E}$ 解脱出来，而步骤的关键是要找到一个合适的、巧妙的高斯封闭曲面，使得高斯面上的某些面上通量的计算由积分 $\oint_S \boldsymbol{E}\cdot d\boldsymbol{S}$ 简化得到 ES。事实上常用此法求 E 的只是上述三类——点、线和面，对于电偶极子和有限长的带电线、有限长的带电柱、有限大的带电平面都没有条件找到这样的封闭高斯面，也就不能用高斯定理求场强。

利用高斯定理求少数具有特殊对称性的电场的场强可用下列方框图表示其步骤。

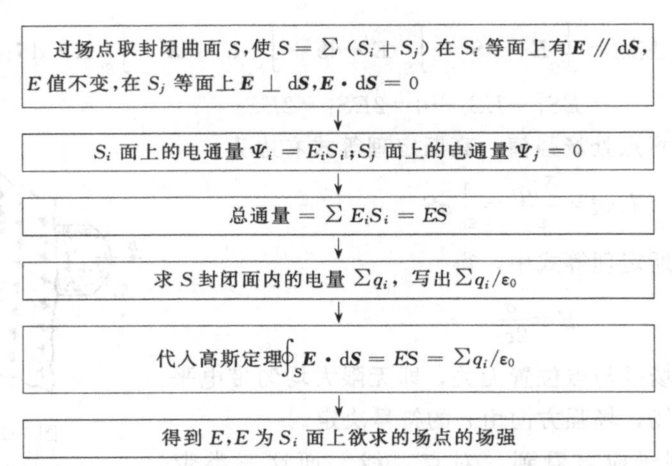

例 7-12 两块面积比厚度大得多的平行的金属板 A 和 B，分别让它们带净电荷 Q_A 和 Q_B，设金属板的面积为 S。求金属板四个平行平面上的电荷量和面电荷密度（图 7-21）。

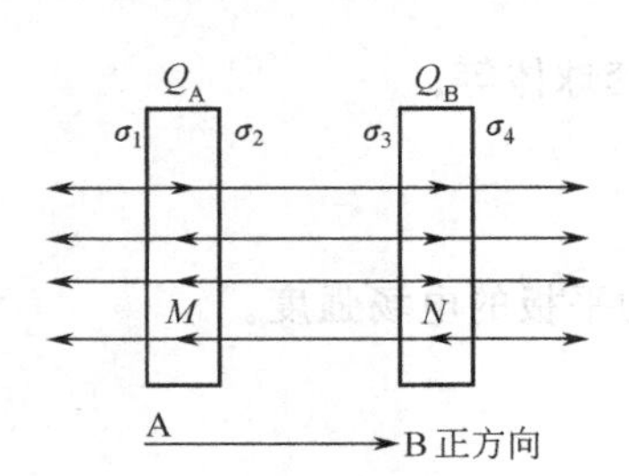

图 7-21 例 7-12

解： 考虑 A 中任意点 P_1 和 B 中任意点 P_2 处的电场强度 E_1 和 E_2，E_1 和 E_2 由四个无限大带电平面的电场叠加，取 A 到 B 为正方向，则

$$E_1=\frac{\sigma_1}{2\varepsilon_0}-\frac{\sigma_2}{2\varepsilon_0}-\frac{\sigma_3}{2\varepsilon_0}-\frac{\sigma_4}{2\varepsilon_0}$$

$$=\frac{1}{2\varepsilon_0 S}(Q_1-Q_2-Q_3-Q_4)$$

$$E_2=\frac{\sigma_1}{2\varepsilon_0}+\frac{\sigma_2}{2\varepsilon_0}+\frac{\sigma_3}{2\varepsilon_0}-\frac{\sigma_4}{2\varepsilon_0}=\frac{1}{2\varepsilon_0 S}(Q_1+Q_2+Q_3-Q_4)$$

因为静电平衡时，金属导体内部电场强度为 0，由 $E_1=E_2=0$，得

$$Q_1-Q_2-Q_3-Q_4=0$$

$$Q_1+Q_2+Q_3-Q_4=0$$

据电荷守恒定律有

$$Q_1+Q_2=Q_A$$

$$Q_3+Q_4=Q_B$$

解这四个独立方程得

$$\left.\begin{aligned}
Q_1&=Q_4=\frac{1}{2}(Q_A+Q_B)\\
Q_2&=-Q_3=\frac{1}{2}(Q_A-Q_B)\\
\sigma_1&=\sigma_4=\frac{1}{2S}(Q_A+Q_B)\\
\sigma_2&=-\sigma_3=\frac{1}{2S}(Q_A-Q_B)
\end{aligned}\right\}\qquad(7\text{-}11)$$

式（7-11）是很有用的结果，它指出无论这两块板带怎样的电荷（无论是否等量、同号、异号），外侧两面带电总是等量同号，内侧两面带电总是等量异号。此法也可解同心球带电问题。

例 7-13 金属球壳 A 带电 $Q_A=-2\times10^{-8}$C，外金属球壳 B 带电 $Q_B=3\times10^{-8}$C，求球壳 A 内层带电荷量 Q_1 和外层带电荷量 Q_2，球壳 B 内层带电荷量 Q_3 和外层带电荷量 Q_4（图 7-22）。

解：在 A 中取任意点 P_1，过 P_1 作半径为 r 的球面为高斯面 S_1，用高斯定理

$$\oint_{S_1} \boldsymbol{E} \cdot \mathrm{d}\boldsymbol{S} = 0, \quad \frac{1}{\varepsilon_0}\sum q = \frac{Q_1}{\varepsilon_0}$$

所以

$$Q_1 = 0, \quad Q_1 + Q_2 = Q_A,$$

$$Q_2 = Q_A$$

在 B 中取任意点 P_2，过 P_2 作半径为 r 的球面为高斯面 S_2，用高斯定理

$$\oint_{S_2} \boldsymbol{E} \cdot \mathrm{d}\boldsymbol{S} = \frac{1}{\varepsilon_0}(Q_2 + Q_3) = 0; Q_2 + Q_3 = 0$$

所以

$$Q_3 = -Q_2 = -Q_A$$

由

$$Q_3 + Q_4 = Q_B;\ Q_4 = Q_B - Q_3$$

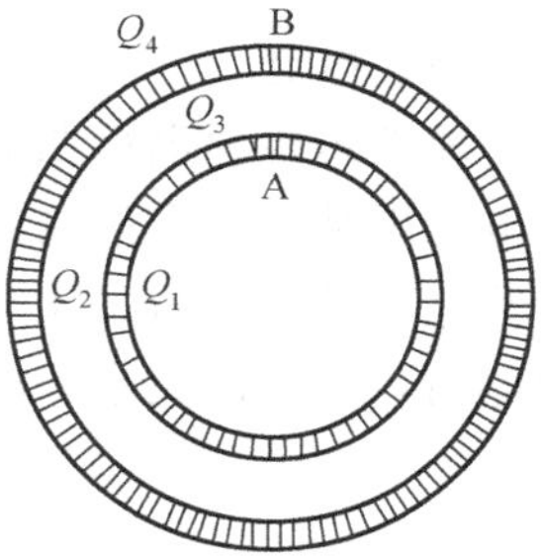

图 7-22 例 7-13

代入数字，得 $Q_1 = 0$，$Q_2 = -2\times10^{-8}\mathrm{C}$，$Q_3 = +2\times10^{-8}\mathrm{C}$，$Q_4 = +10^{-8}\mathrm{C}$。

第五节 电 势 能

一、保守力

力对物体做的功与物体运动的路径无关，仅仅只与物体运动的起点及终点的位置有关时，这种力叫做保守力，这种力场叫做保守力场，如重力、弹性力、万有引力都有这种性质。保守力对物体做的功可用相应的势能的变化量来表示。其数学表达为

$$A = -\Delta E_p$$

E_p 为物体在保守力场中相应点的势能。式中负号表示保守力做正功，势能减少；保守力做负功，势能增加。

二、静电场是保守力场

图 7-23 中画出了一个正点电荷 Q 的电场中的部分电场线。一个正点电荷 q 从 a 点出发经过 P 点到 b 点（请注意，aPb 曲线是随手任意画出的），电场力对此电荷 q 做的功为

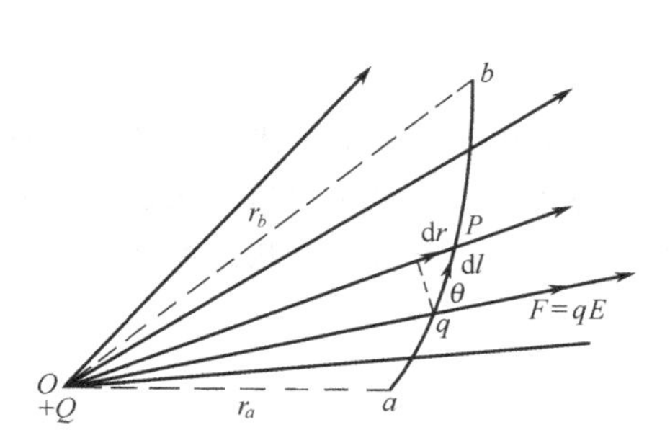

图 7-23 电场力的功

$$A_{a\to b} = \int_{r_a}^{r_b} F\,\mathrm{d}l\cos\theta = \int_{r_a}^{r_b} qE\,\mathrm{d}l\cos\theta$$

$$= q\int_{r_a}^{r_b} E\,\mathrm{d}r = q\int_{r_a}^{r_b} \frac{Q\,\mathrm{d}r}{4\pi\varepsilon_0 r^2}$$

$$= -\left(\frac{qQ}{4\pi\varepsilon_0 r_b} - \frac{qQ}{4\pi\varepsilon_0 r_a}\right)$$

$$= -(W_b - W_a) = -\Delta W_P$$

由此例可见静电场具有保守场性质，静电场是保守场可严密证明（本书略），W_b 为点电荷 q 在 b 点具有的（与 Q 相互作用）电势能、W_a 为 q 在 a 点时的电势能。在力学中势能记作 E_p，此处改用 W。

三、电场力的功

电场力对电荷的功可用电势能的变化量表示为

$$A_{a\to b} = -(W_b - W_a) \tag{7-12}$$

或

$$A = -\Delta W \tag{7-13}$$

第六节 电 势

一、电势

前面用检验电荷在电场中某点受的电场力定义了电场中的电场强度，现在也用检验电荷在电场中某点具有的电势能来定义电场中的电势。检验电荷在电场中某点处具有的电势能与检验电荷的电荷量之比叫做此点的电势。和场强一样，电势也是电场本身的属性，与该点有无电荷，电荷的大小，电荷的正负都无关系。

$$V=\frac{W}{q_0} \tag{7-14}$$

电势是标量，但是有正负，电势的单位在国际单位制中为 V（伏特）。

某点电势在数值上等于单位电荷在此点具有的电势能，例如说某点电势为＋5V 表示单位正点电荷放在此点时有 5J 的电势能，若在该点放一个单位负的点电荷，电荷在此点具有－5J 的电势能。

电势与电势能的关系是

$$W=qV \tag{7-15}$$

要注意式（7-15）与式（7-3）$\boldsymbol{F}=q\boldsymbol{E}$ 都只适用于点电荷。式（7-15）中 W 是点电荷 q 在电势为 V 的点时具有的电势能。

二、电势差

利用式(7-12)，两点的电势差可表达成

$$V_a-V_b=\frac{W_a}{q}-\frac{W_b}{q}=\frac{1}{q}\int_a^b qE\,\mathrm{d}r=\int_a^b E\,\mathrm{d}r$$

参阅图 7-23 有

$$V_a-V_b=\int_a^b E\,\mathrm{d}l\cos\theta$$

将 $E\mathrm{d}l\cos\theta$ 写成 $\boldsymbol{E}\cdot\mathrm{d}\boldsymbol{l}$ 得到电场中两点电势差表达式

$$V_a-V_b=\int_a^b \boldsymbol{E}\cdot\mathrm{d}\boldsymbol{l} \tag{7-16}$$

从式（7-16）可以看出和各种保守力场中的势能一样，电势和电势能在没有选定参考点前只有相对数值，没有绝对数值，只有在选定了参考点后，电势才可以有绝对数值。选取不同的参考点可有不同的电势与电势能的值，这和重力势能中要选重力势能零点是相同的道理。式（7-16）中若选 a 点电势为 0，则 b 点的电势为

$$V_b=-\int_a^b \boldsymbol{E}\cdot\mathrm{d}\boldsymbol{l}=\int_b^a \boldsymbol{E}\cdot\mathrm{d}\boldsymbol{l}$$

若选 b 点电势为 0，则 a 点电势为

$$V_a=\int_a^b \boldsymbol{E}\cdot\mathrm{d}\boldsymbol{l}$$

三、点电荷电场中电势

一个点电荷 Q 激发的电场中各点的电势是学习电势的基本公式，点电荷系电场的电势和连续带电体的电势都要用它，就像点电荷的场强公式是解各种电场的电场强度的基本公式一样。若选无限远处为零点，用式（7-13）容易得到点电荷电场的电势公式为

$$V=\frac{Q}{4\pi\varepsilon_0 r}$$

上式中，Q 为场源点电荷的电荷量，r 为要讨论的场点到场源电荷的距离，显然 V 的正负是由场源电荷的电荷量 Q 决定的。

四、电势叠加原理

在点电荷系中，求某个场点的电势时，可以先求出每个点电荷单独存在时该场点的电势，然后考虑它们的正负，求代数和，这就是电势的叠加原理。电势的叠加原理可表述为：点电荷系电场中某场点的电势，等于各点电荷单独存在时在该场点的电势的代数和。电势叠加原理的数学表达为

$$V=\sum V_i \tag{7-17}$$

若场源电荷是连续带电体，可在其上取一个微分电荷元 $\mathrm{d}q$，用点电荷电势公式求出 $\mathrm{d}q$ 在场点的电势，再积分

$$V=\int \mathrm{d}V=\int_0^Q \frac{\mathrm{d}q}{4\pi\varepsilon_0 r} \tag{7-18}$$

式（7-18）是标量式。不像前面求连续带电体的场强那样麻烦。

下面两个求电势的公式是从不同角度、不同途径得到的，用于两种不同情况，虽然都是积分运算，但是它们是两种不同方法。

① $V=\int_0^Q \frac{\mathrm{d}q}{4\pi\varepsilon_0 r}$；

② $V_a=\int_a^b \boldsymbol{E}\cdot\mathrm{d}\boldsymbol{l}+V_b$ 。

① 式是连续带电体的电势叠加公式，用它时必须知道电荷的分布情况；且电荷分布在有限大小范围内，因为我们选无限远处为电势零点。②式是从电势与电势差的定义出发的，是关于电场强度的曲线积分，用它时必须知道电场强度的分布，务必请注意区别对待！

第七节 电势的计算方法

下面通过几个例题说明式（7-16）和式（7-18）的用法，进一步说明这两个式子的区别。

例 7-14 半径为 R 的球壳均匀带电荷量 Q，求球内、球面、球外各点电势（图 7-24）。

解：对球外点 P_2 和球内点 P_1 用上面①式与②式试讨论之，若用①式，得

$$V_P=\int_0^Q \frac{\mathrm{d}q}{4\pi\varepsilon_0 r}$$

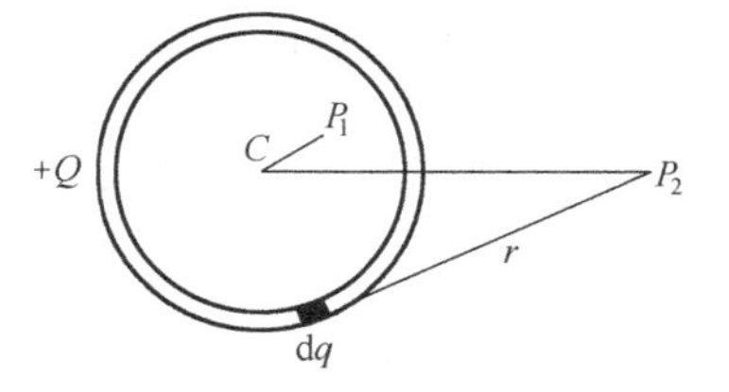

图 7-24 例 7-14

r 为微分电荷元到场点 P_2 的距离，$\mathrm{d}q$ 与 r 的关系又难以找到，积分困难。若用②式较合适，因为积分函数场强 E 的分布是已知的。在电学中，常选作零点的有：接地、无限远和任意点。地球是个大导体，电势可视为不变，作零点合适；无限远处电荷互作用可不计，作零点也合适，但是对无限带电体不宜选无限远作零点。此题可选无限远为零点。设 P_1 为球内一点，P_3 为球面上的点，P_2 为球外点。分别有

$$V_{P_1}=V_{P_1}-V_\infty=\int_{P_1}^\infty \boldsymbol{E}\cdot\mathrm{d}\boldsymbol{r}=\int_{P_1}^R \boldsymbol{E}\cdot\mathrm{d}\boldsymbol{r}+\int_R^\infty \boldsymbol{E}\cdot\mathrm{d}\boldsymbol{r}=\frac{Q}{4\pi\varepsilon_0 R} \qquad (0<r<R)$$

$$V_{P_2}=V_{P_2}-V_\infty=\int_r^\infty \frac{Q\mathrm{d}r}{4\pi\varepsilon_0 r^2}=\frac{Q}{4\pi\varepsilon_0 r} \qquad (R<r)$$

$$V_{P_3}=V_{P_3}-V_\infty=\int_R^\infty \frac{Q\mathrm{d}r}{4\pi\varepsilon_0 r^2}=\frac{Q}{4\pi\varepsilon_0 R} \quad (R=r)$$

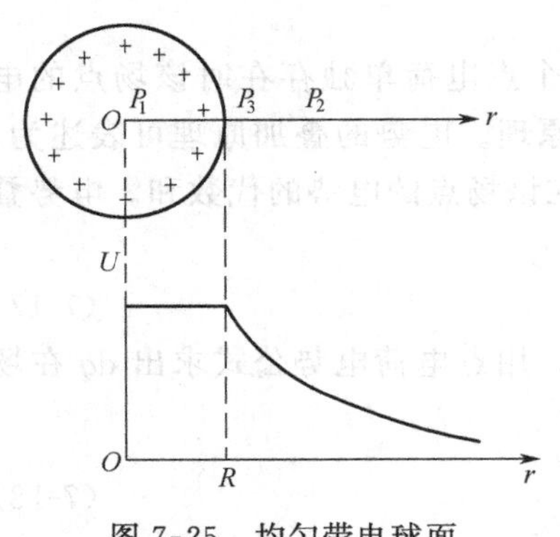

图 7-25 均匀带电球面内外各处的电势

由上可见，球壳内各点的电势都相同，且与球壳上电势相等，即球壳是一个等势体。球外电势与点电荷的电势等效，与离球心的距离成反比，见图 7-25 所示。

$$V=\begin{cases}\dfrac{Q}{4\pi\varepsilon_0 R} & (0<r\leqslant R)\\[2ex] \dfrac{Q}{4\pi\varepsilon_0 r} & (R<r)\end{cases}$$

由此例也可知，离球心相同距离的各点电势也相同，由这些相同电势的点连成的曲面叫做等势面。图 7-26 中圆实线为带正电荷的球壳，直实线为电场线，虚线为等势面。从图 7-26 中看到电场线是垂直于等势面的，而且沿着电场线方向，电势是减少的。

图 7-27 是某电场中的部分电场线。图（a）中 $V_a>V_b$；图（b）中 $V_b>V_a$。为什么？请读者思考。

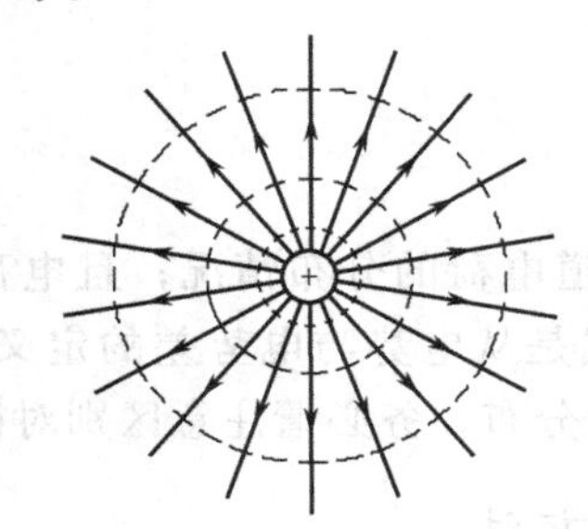

图 7-26 等势面与电场线

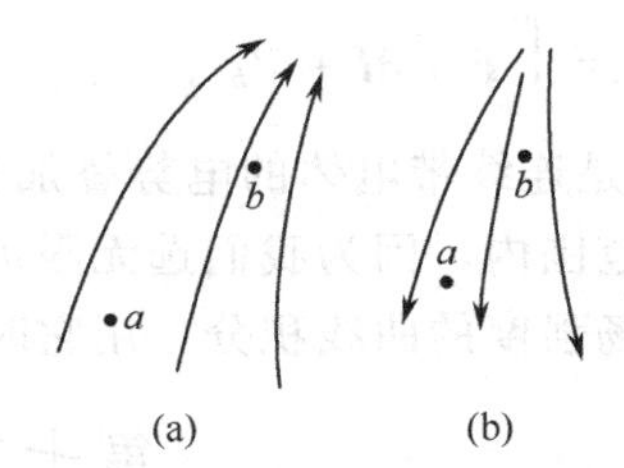

图 7-27 电场中部分电场线

例 7-15 求面电荷密度为 σ 的无限大平板外任意点的电势（图 7-28）。

解： $$V_a-V_b=\int_{r_a}^{r_b}\boldsymbol{E}\cdot\mathrm{d}\boldsymbol{r}=\int_{r_a}^{r_b}\frac{\sigma}{2\varepsilon_0}\mathrm{d}r=\frac{\sigma}{2\varepsilon_0}(r_b-r_a)=\frac{\sigma l}{2\varepsilon_0}$$

只能求得两点电势差，若设 $V_b=0$，则 $V_a=\frac{\sigma l}{2\varepsilon_0}$，若 $V_a=0$，则 $V_b=-\frac{\sigma l}{2\varepsilon_0}$，若取板电势为零，则任意点的电势为 $V=-\frac{\sigma r}{2\varepsilon_0}$，$r$ 为场点到平板距离。

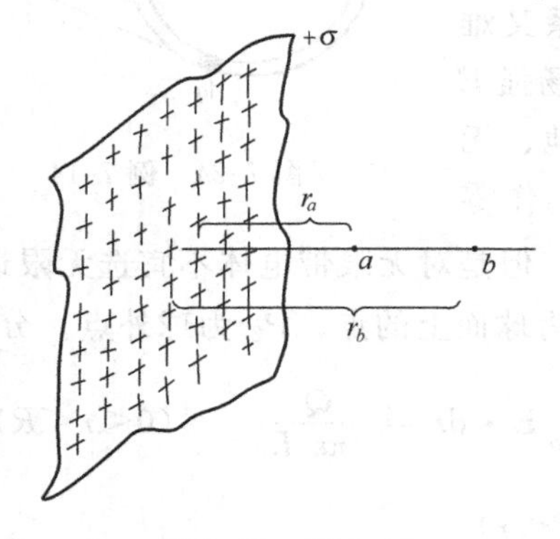

图 7-28 例 7-15

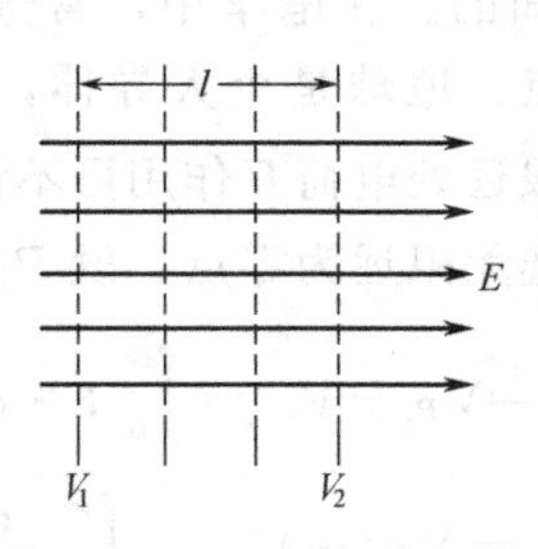

图 7-29 匀强电场中电势

从上例可得出均匀电场中电场强度与电势差的关系。图 7-29 为匀强电场，实线为电场线，虚线为等势面，若以电场线方向为正方向，由上例得 $E=-\dfrac{V_2-V_1}{l}=-\dfrac{\Delta V}{l}$，负号的意义是沿着电场线走，电势是逐渐减少的，就像沿着重力方向走时，重力势是逐渐减少的那样。电场强度 E 与电势的关系，也可以写成

$$E=-\frac{\Delta V}{\Delta r} \tag{7-19}$$

例 7-16 无限长的均匀带电圆柱面，其线电荷密度为 λ，半径为 R，求圆柱面内外任意点的电势（图 7-30）。

解： 取轴电势为零，用高斯定理可求出此带电体的场强分布为

$$E=\begin{cases}0 & (0<r<R)\\ \dfrac{\lambda}{2\pi\varepsilon_0 r} & (R<r)\end{cases}$$

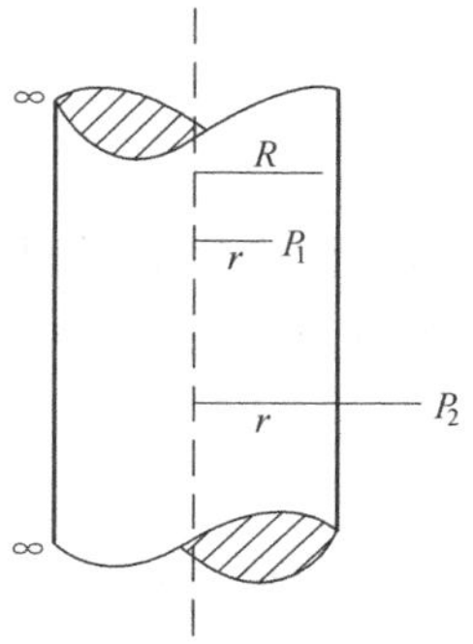

图 7-30　例 7-16

① 柱内场点

$$V_0-V_{P_1}=\int_0^{P_1}\boldsymbol{E}\cdot \mathrm{d}\boldsymbol{r}=0,\quad V_{P_1}=0 \qquad (0<r<R)$$

② 柱外场点

$$V_0-V_{P_2}=\int_0^{P_2}\boldsymbol{E}\cdot \mathrm{d}\boldsymbol{r}=\int_0^{R}\boldsymbol{E}\cdot \mathrm{d}\boldsymbol{r}+\int_R^{P_2}\boldsymbol{E}\cdot \mathrm{d}\boldsymbol{r}=0+\int_R^{r}\frac{\lambda}{2\pi\varepsilon_0 r}\mathrm{d}r$$

$$=\frac{\lambda}{2\pi\varepsilon_0}\ln\frac{r}{R}$$

$$V_{P_2}=-\frac{\lambda}{2\pi\varepsilon_0}\ln\frac{r}{R} \qquad (R<r)$$

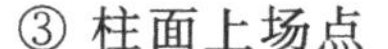

③ 柱面上场点

$$V_0-V_R=\int_0^{R}\boldsymbol{E}\cdot \mathrm{d}\boldsymbol{r}=0,\quad V_R=0\quad (R=r)$$

$$V=\begin{cases}0 & (0<r\leqslant R)\\ -\dfrac{\lambda}{2\pi\varepsilon_0}\ln\dfrac{r}{R} & (R<r)\end{cases}$$

此例②项中讨论柱面外场强时，λ 为正时，电场线从柱面向外辐射，柱心与柱面上电势应大于柱外，现柱心与柱面为 0，柱外电势比 0 小，自然应小于 0$\left(\ln\dfrac{r}{R}>0\right)$所以带负号。$\lambda$ 为负时，电场线方向改为向内。柱外电势应大于柱面与柱心，自然应大于 0，所以带负号正好满足要求。

在这两个例中带电体为无限大，都不能取无限远处电势为零势点。如前所述，应该注意，只有有限连续带电体问题才能取无限远为零势点。

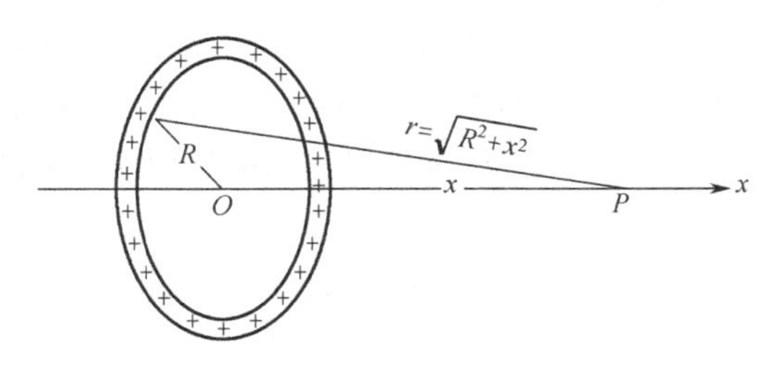

图 7-31　例 7-17

例 7-17 半径为 R 的细圆环均匀带电 Q，求过环心与环面垂直的轴上任意点的电势（图 7-31）。

解： 对轴上离环心为 x 的场点，用场强积分法和叠加法。

① 用场强积分法

$$V_P - V_\infty = \int_P^\infty \boldsymbol{E} \cdot \mathrm{d}\boldsymbol{r}$$

本章第四节中例题已解出此题轴上任意场点的电场强度为

$$E = \frac{xQ}{4\pi\varepsilon_0 (R^2 + x^2)^{3/2}}$$

因带电环为有限连续带电体，$V_\infty = 0$，故 P 点

$$V = \int_P^\infty \boldsymbol{E}(x) \cdot \mathrm{d}x = \int_x^\infty \frac{Qx\,\mathrm{d}x}{4\pi\varepsilon_0 (R^2 + x^2)^{3/2}} = \frac{Q}{4\pi\varepsilon_0 (R^2 + x^2)^{1/2}}$$

② 用叠加法

$$V = \int_0^Q \mathrm{d}V = \int \frac{\mathrm{d}q}{4\pi\varepsilon_0 r} = \int_0^Q \frac{\mathrm{d}q}{4\pi\varepsilon_0 (R^2 + x^2)^{1/2}}$$

$$= \frac{1}{4\pi\varepsilon_0 (R^2 + x^2)^{1/2}} \int_0^Q \mathrm{d}q = \frac{Q}{4\pi\varepsilon_0 (R^2 + x^2)^{1/2}}$$

用叠加法和用场强积分法得到的结果完全一致。再次提请读者注意：用场强积分法必须知道场强分布，用叠加法必须知道电荷分布。

第八节　电势梯度

平行板带等量异号电荷面电荷密度 σ，板间场强为 $\frac{\sigma}{\varepsilon_0}$，方向由正电荷指向负电荷（图 7-32），坐标 Ox 的原点 O 与板间任意点的电势差为

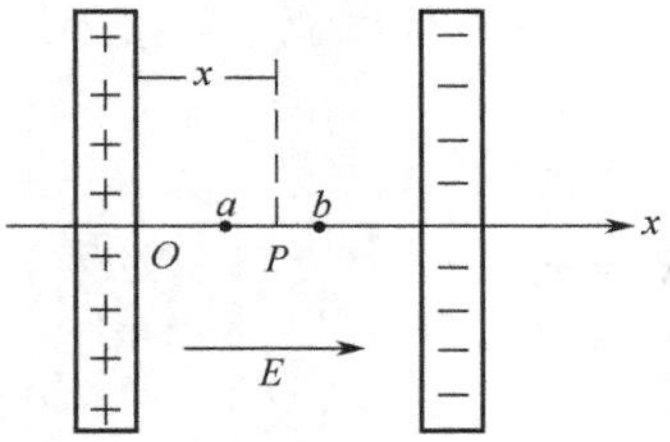

$$V_O - V_x = \int_0^x \boldsymbol{E} \cdot \mathrm{d}\boldsymbol{x} = Ex$$

或

$$V_x = V_O - \frac{\sigma}{\varepsilon_0} x$$

图 7-32　电势梯度

表示在板间匀强电场中电势随 x 均匀减少，这与图 7-32 表示的是同一结论。若讨论如图 7-32 中 a，b 二点，则

$$E = \frac{V_a - V_b}{x_b - x_a} = -\frac{V_b - V_a}{x_b - x_a} = -\frac{\Delta V}{\Delta x}$$

a 为起点，b 为终点，沿着 x 方向（即电场强度走向）电势按线性关系减少。若 a 与 b 点无限接近就有

$$E_x = -\frac{\mathrm{d}V}{\mathrm{d}x} \tag{7-20}$$

$-\mathrm{d}V/\mathrm{d}x$ 叫做沿 x 方向的电势梯度。式（7-20）是式（7-19）在极限情况下的结果。式（7-20）可表述为：在电场中任一场点处的电场强度（是函数，不是一个值）在 x 方向的分量等于该处电势（也是函数，不是值）对 x 的导数的负值。或者说：电场中任一点的电场强度在 x 方向的分量等于该点 x 方向的电势梯度的负值。负号的意义在前文已多次提到——沿电场线方向电势减少。也表示电场强度方向沿电势减小的方向。

在 xyz 坐标下，每个场点的电势都有三个方向梯度，梯度记作 **grad**，三个坐标的三个方向梯度 $\mathrm{grad}_x(V)$，$\mathrm{grad}_y(V)$，$\mathrm{grad}_z(V)$ 分别对应于电场强度的三个分量 E_x，E_y，E_z：

$$\begin{cases} E_x = -\mathrm{grad}_x V = -\dfrac{\partial V}{\partial x} \\ E_y = -\mathrm{grad}_y V = -\dfrac{\partial V}{\partial y} \\ E_z = -\mathrm{grad}_z V = -\dfrac{\partial V}{\partial z} \end{cases}$$

$$\boldsymbol{E} = -\mathrm{grad}V = -\left(\boldsymbol{i}\frac{\partial V}{\partial x} + \boldsymbol{j}\frac{\partial V}{\partial y} + \boldsymbol{k}\frac{\partial V}{\partial z}\right)$$

例 7-18 长为 $2L$ 均匀带电 Q 的细棒，求棒中垂线上任意场点的电势，并用电势梯度求此点电场强度（图 7-33）。

解： 取电荷元 $\mathrm{d}q$，$\mathrm{d}q$ 在 P 点激发的电势为 $\mathrm{d}V$，带电棒在 P 点电势为 V，用点电荷电势公式求出 $\mathrm{d}V$，再用叠加求 V。

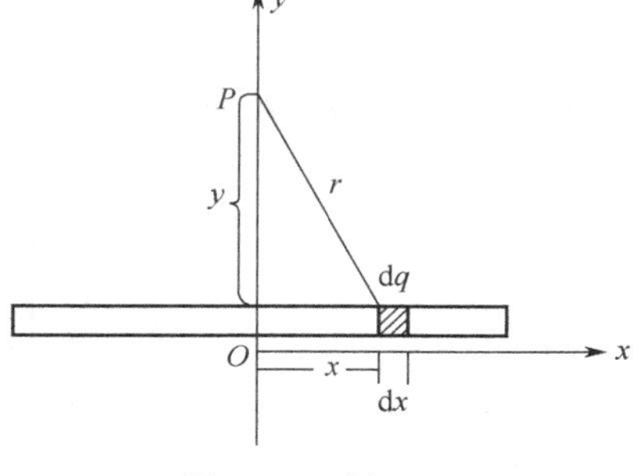

图 7-33　例 7-18

$$V = \int \mathrm{d}V = \int_0^Q \frac{\mathrm{d}q}{4\pi\varepsilon_0 r} = \int_{-L}^{L} \frac{\lambda \mathrm{d}x}{4\pi\varepsilon_0 (x^2 + y^2)^{1/2}}$$

$$= \frac{\lambda}{4\pi\varepsilon_0} \ln[x + \sqrt{x^2 + y^2}]_{-L}^{L}$$

$$= \frac{\lambda}{4\pi\varepsilon_0} \ln \frac{\sqrt{L^2 + y^2} + L}{\sqrt{L^2 + y^2} - L}$$

请注意此积分中 x 为自变量，$\lambda, \varepsilon_0, L, y$ 均为恒定的量。

$$E_y = -\frac{\mathrm{d}V}{\mathrm{d}y} = \frac{\lambda L}{2\pi\varepsilon_0 y (L^2 + y^2)^{1/2}}$$

E_y 的方向由 λ 的正负决定。注意此导数中 y 为自变量，$L, \lambda, \varepsilon_0$ 均为恒定的量。由对称性可知其他方向分量为 0，所以

$$\boldsymbol{E} = \boldsymbol{j} E_y$$

第九节　静电场环路定理

一、电场力对电荷的功

在本章第五节中，得到电场力对电荷做的功为

$$A = -\Delta W$$

引入电势后，可写成

$$A = -q\Delta U \tag{7-21}$$

式（7-21）指出电场力对点电荷做的功等于点电荷的电荷量（q）与两点电势差（ΔU）的乘积的负值。电场力做正功（$A>0$），电荷的电势能减少（$\Delta W<0$），电场力做负功（$A<0$），电荷的电势能增加（$\Delta W>0$）。这就是式中负号的物理意义。

例 7-19 有 4 个等势面 a, b, c, d，它们的电势分别标在等势面上。一个点电荷 q（$q=+10^{-8}$C）。求该电荷经过 $a \to c \to b \to d$ 时电场力做的功（图 7-34）。

解： 从 $a \to c \to b \to d$ 时电场力对 q 做的功

$$A = -q(V_d - V_a) = -10^{-8}[8-(-4)] = -12 \times 10^{-8}\ \mathrm{J}\ （外力做功）$$

$A<0$，故外力做功，因为是逆着电场线移动正电荷。

例 7-20 三个点电荷分布在一个正三角形上，$q_1 = 10^{-6}$C，$q_2 = -2\times10^{-6}$C，$q_3 = 3\times$

10^{-6}C，三角形边长 0.6m，电子从一边的中点 A 移到另一边的中点 B，电场力对电子做功多少（图 7-35）？

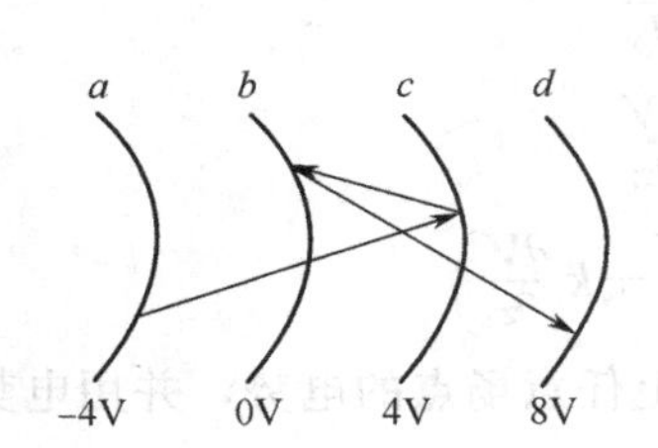

图 7-34 例 7-19

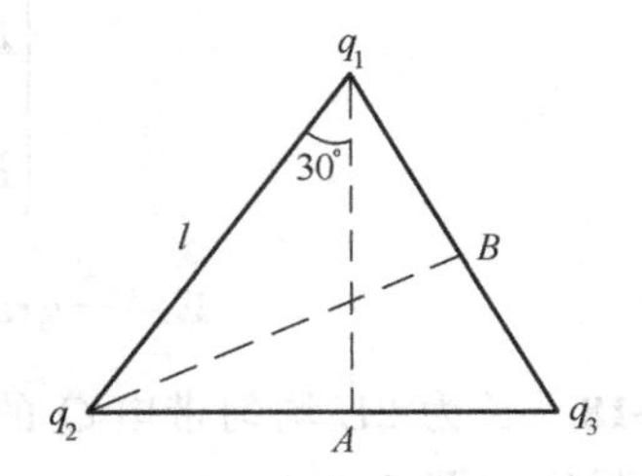

图 7-35 例 7-20

解：先求出 V_A 和 V_B

$$V_A=\frac{1}{4\pi\varepsilon_0}\left[\frac{q_1}{l\cos30°}+\frac{q_2}{l/2}+\frac{q_3}{l/2}\right]=4.73\times10^4\ \text{V}$$

$$V_B=\frac{1}{4\pi\varepsilon_0}\left[\frac{q_1}{l/2}+\frac{q_2}{l\cos30°}+\frac{q_3}{l/2}\right]=8.54\times10^4\ \text{V}$$

$$A=-q\Delta V=+e(V_B-V_A)=1.6\times10^{-19}\times(8.54\times10^4-4.73\times10^4)=6.1\times10^{-15}\ \text{J}$$

答案中正号表示电子从低电势处（V_A）移到高电势处（V_B）电场力对电子做正功，可见用式（7-21）时式中 q 是应带正负号的。

例 7-21 一个电量为 $+3\times10^{-9}$C 的带电粒子逆着一个均匀电场移动 0.05m，外力对它做功为 6×10^{-6}J，此粒子的动能增加了 4.5×10^{-6}J，求

① 电场力对粒子做的功；

② 此电场电场强度。

解：①合外力对粒子做的功等于粒子动能的增量。

$$A_{合}=A_{外}+A_{电}=\Delta\left(\frac{1}{2}mV^2\right)$$

$$A_{电}=\Delta\left(\frac{1}{2}mV^2\right)-A_{外}=4.5\times10^{-6}-6\times10^{-6}=-1.5\times10^{-6}\ \text{J}$$

② $F=qE\quad A_{电}=qEd$

$$E=\frac{A_{电}}{qd}=\frac{1.5\times10^{-6}}{3\times10^{-9}\times0.05}=10^4\ \text{N/C}$$

二、静电场环流定理

图 7-23 中，点电荷从 a 点始发经 P 点到终点 b 电场力的功为

$$A_{a\to b}=q\int_a^b \boldsymbol{E}\cdot \text{d}\boldsymbol{r}=-q(V_b-V_a)$$

若此电荷到 b 点后经另外一条路径从 b 始发回到 a 点电场力的功为

$$A_{b\to a}=q\int_b^a \boldsymbol{E}\cdot \text{d}\boldsymbol{r}=-q(V_a-V_b)$$

若 q 在电场中经过一个封闭回路 l，从始发点回到始发点力的功为

$$A_{a\to b\to a}=\oint_l \boldsymbol{E}\cdot \text{d}\boldsymbol{r}=\int_a^b \boldsymbol{E}\cdot \text{d}\boldsymbol{r}+\int_b^a \boldsymbol{E}\cdot \text{d}\boldsymbol{r}=-q(V_b-V_a)-q(V_a-V_b)=0$$

即

$$\oint_l \boldsymbol{E}\cdot \text{d}\boldsymbol{r}=0 \tag{7-22}$$

上式左边的积分号 $\oint_l$ 的意思表示沿封闭回路的线积分，积分符号中的一个圈和积分符号下端的 l 表示是沿着一条封闭曲线 l 求和的意思。式（7-22）指出在电场中沿着任意封闭曲线电场强度的线积分为零，其意义为电场力对电荷做的功与做功路径无关，只与起始位置和终点位置有关，它是静电场力做功特性的数学表达。式（7-22）中 $\oint_l \boldsymbol{E} \cdot \mathrm{d}\boldsymbol{r}$ 叫做电场的环流。式（7-22）为电场环流定理的表达式，电场环流定理为：在静电场中，场强沿任意闭合路径的线积分等于零。它和静电场力做功与路径无关的说法是等价的。环流定理是静电场基本属性的反映，指出静电场是保守力场，是有势场，它也是从库仑定律得到的静电场基本定理。环流定理和高斯定理从有势和有源两方面表达了静电场的性质。

第十节　电场中的导体

一、导体

金属原子结合成金属晶体后，原子中价电子为晶体共有，称为自由电子，金属中自由电子能传导电流，金属为一种导体。含有正负离子的电解液和电离的气体中有能自由移动的离子，这些物质中的离子也能传导电流，也是导体。本节讨论的导体主要是指金属导体。

二、导体的静电平衡

导体中无宏观电荷移动时，导体处于静电平衡状态。导体处于静电平衡状态时导体有许多特性，这些特性都基于导体处于平衡态，即导体中无宏观电荷移动这一事实。导体静电平衡时有下列特性。

（1）导体内部电场强度为零，若导体内部场强不为零，内部自由电子受电场力（eE）的作用还要移动，那就是尚未达到静电平衡状态。

（2）导体表面场强垂直导体表面，若不垂直表面，则沿表面将有场强分量、自由电子将沿表面移动，也未达到静电平衡。

（3）导体带有净电荷时，净电荷分布在导体表面，这是由于同号电荷相斥的原因。

不带净电荷的导体放入静电场中，沿电场方向，导体两端分别带等量异号电荷，这个现象称为静电感应。在没有外场情况下，带电导体面电荷密度 σ 与导体表面弯曲程度（数学中用曲率表示）有关，曲率相同处面电荷密度相同，曲率小（曲率半径大）处面电荷密度小，曲率大（曲率半径小）处面电荷密度大。

再举一例：一个原为中性的空腔金属球壳，壳内有一个点电荷 Q，根据静电平衡原理，壳内层感应出 $-Q$，外层感应出 $+Q$。

图 7-36(a) 中的电荷 Q 在球壳中心，内外层感应电荷分布都是对称的，空腔内电场线分布也是对称的，图（b）中的电荷 Q 偏在球壳的右侧，内层电荷分布也随着偏向右侧，空腔中电场线分布不对称，但是球外电荷分布仍然对称，电场线分布仍为对称。

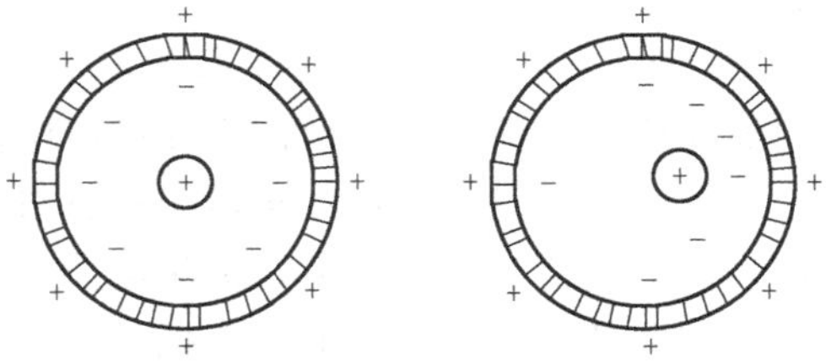

图 7-36　面电荷密度

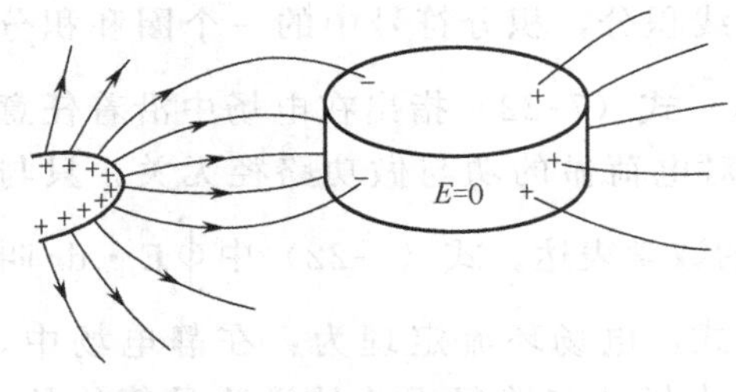

图 7-37 静电屏蔽（一）

三、静电屏蔽

一个实心的导体放在电场中，导体静电平衡时，导体内部电场强度为零。如果在这个实心导体中挖去一部分，这个实心导体就成为导体空腔，空腔内部也无场强。可以证明无论空腔导体是否本身带净电荷，或是否放置于电场中，只要在空腔内没有电荷，空腔内部总是无电场的。

图 7-37 中外面的电场被空腔“挡住”，它对空腔内空间无作用，即外电场被导体空腔屏蔽住不能进入空腔中去。空腔内部如果有电荷 Q，此电荷 Q 激发的电场能不能影响空腔外面的空间呢？图 7-38 讨论这个问题。

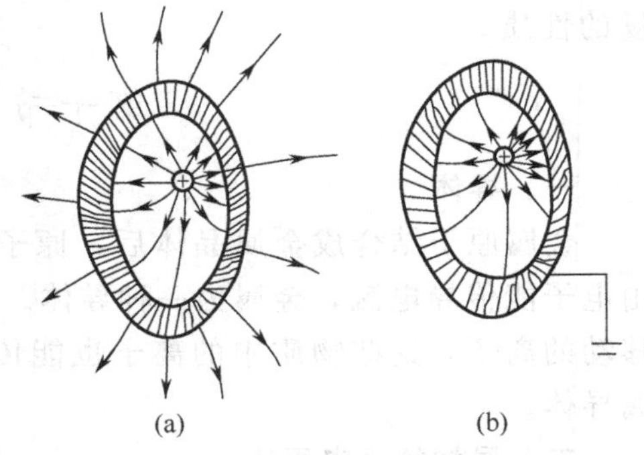

图 7-38 静电屏蔽（二）

图 7-38(a) 中导体空腔挡不住空腔内的电场对空腔外的空间的影响，即空腔导体对腔内电场无屏蔽作用。图 7-38(b) 中空腔外壳接地后外壳感应电荷移走，导体空腔内部电场被导体“挡住”不再影响外部空间，空腔导体有了屏蔽作用。

可见，无论导体空腔的外壳是否接地，导体空腔都能屏蔽住腔外电场使它不能影响腔内；当导体空腔外壳接地时，导体空腔能屏蔽住腔内电场使它不能影响腔外。

第十一节　介质的极化、电位移矢量

一、电介质在电场中的极化

电介质分为无极分子电介质和有极分子电介质。无极分子电介质中分子的正负电荷中心重合；有极分子电介质中分子的正负电荷中心不重合，每个分子相当一个电偶极子。

在无外电场作用时，无极分子电介质中分子呈中性，无电偶极矩；有极分子电介质中分子虽有极性，但是分子的电偶极矩排列无序，所以介质也呈中性。在外电场作用下，无极分子中正负电荷要位移，形成电偶极矩，它们的排列方向大致与外电场一致，介质沿外电场方向两侧表面会出现等量异号的电荷；有极分子的电偶极矩会转向，它们的排列方向也大致与外电场一致，介质沿外电场方向两侧表面也会出现等量异号的电荷。这种电荷叫做极化电荷，这种现象叫做介质的极化现象，前者称为位移极化，后者称为转向极化。极化电荷是在介质分子中的，不能自由活动，所以极化电荷是一种束缚电荷。两种极化现象的机理是不同的，但是宏观表现是一样的。

图 7-39 为导体与介质在平行板电场中的表现，E_0 为平行板中真空时电场强度。沿电场方向导体两侧表面和介质两侧表面都有电荷出现，导体两侧表面的电荷为感应电荷。感应电荷是自由电荷，感应电荷在导体中形成与外电场相反方向的电场。导体内部场强为零。介质两侧表面的电荷为极化电荷，极化电荷是束缚电荷，在介质中也形成与外电场相反方向的电场，能削弱外电场，但不能完全抵消，所以介质只是削弱外电场。

E' 为极化电荷激发的附加电场，E_0 为真空时电场，E 为有介质时电场，由叠加原理知

$$E=E_0-E'<E_0$$

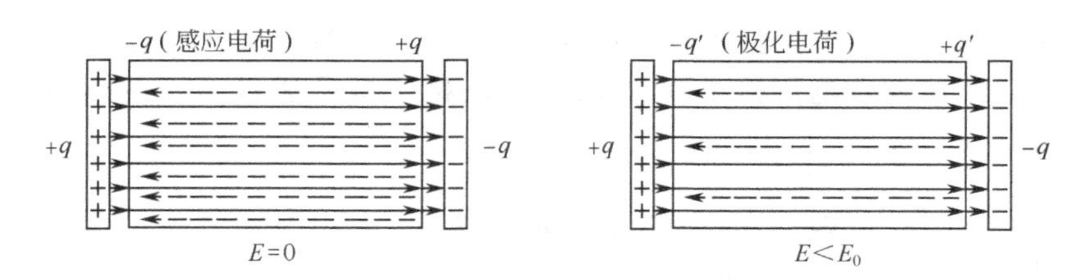

图 7-39 金属与介质中的电场

二、有电介质时的库仑定律与场强

两个点电荷 q_1 与 q_2 相距 r，在充满电介质的空间，它们间的作用力 F 小于在真空中作用力 F_0，实验测得

$$F=\frac{1}{\varepsilon_r}F_0=\frac{q_1q_2}{4\pi\varepsilon_0\varepsilon_r r^2}=\frac{q_1q_2}{4\pi\varepsilon r^2}$$

其中 ε 为介质的电容率，ε_r 为介质的相对电容率，当介质均匀时，ε_r 为无量纲的常数。介质的 ε_r 由材料决定，表 7-1 为几种材料的 ε_r 值。有些介质的 ε_r 与介质的方向有关，有些介质的 ε_r 与外电场有关，还有些介质的 ε_r 有更复杂的关系，本书不予讨论。

表 7-1 电介质的 ε_r

电 介 质	ε_r	电 介 质	ε_r
真空	1	陶瓷	5.7～6.8
空气	1.000 59	电木	7.6
水	78	聚乙烯	2.3
油	4.5	聚苯乙烯	2.6
纸	3.5	二氧化钛	100
玻璃	5～10	氧化钽	11.6
云母	3.7～7.5	钛酸钡	10^3～10^4

以水为例，$F=\frac{1}{78}F_0=0.0128F_0=(1.28\%)F_0$，水中的库仑力 F 相当于真空中的库仑力 F_0 的 1.28%。

因为 $E=\frac{F}{q}$，所以介质中的场强也是真空中场强的 $1/\varepsilon_r$。计算介质中场强时有时先把介质当做真空算出场强 E_0，再乘 $1/\varepsilon_r$。但这并非普遍成立的方法。

三、电位移矢量

真空中库仑定律与有介质时的库仑定律不相同；真空中点电荷场强公式与有介质时点电荷的场强公式也不同；真空中无限大均匀带电面电荷密度为 σ 的平板外场强与有介质时场强也不同，下面试作一比较：

	库仑定律	点电荷场强	无限大平板场强
真空	$F_0=\frac{1}{4\pi\varepsilon_0}\frac{q_1q_2}{r^2}$	$E_0=\frac{1}{4\pi\varepsilon_0}\frac{Q}{r^2}$	$E_0=\frac{\sigma}{2\varepsilon_0}$
有介质	$F=\frac{1}{4\pi\varepsilon_0}\cdot\frac{1}{\varepsilon_r}\frac{q_1q_2}{r^2}$	$E=\frac{1}{4\pi\varepsilon_0}\cdot\frac{1}{\varepsilon_r}\cdot\frac{Q}{r^2}$	$E=\frac{\sigma}{2\varepsilon_0}\cdot\frac{1}{\varepsilon_r}$

比较可见 $\frac{E}{E_0}=\frac{1}{\varepsilon_r}$，$\frac{F}{F_0}=\frac{1}{\varepsilon_r}$，$\varepsilon E_0=\frac{Q}{4\pi r^2}$，$\varepsilon F_0=\frac{q_1q_2}{4\pi r^2}$ 均与电介质无关。因此，可引入一个辅助物理量 $\boldsymbol{D}$。$\boldsymbol{D}$ 也是矢量，叫电位移，对于均匀的各向同性的电介质 $\boldsymbol{D}=\varepsilon\boldsymbol{E}$，其方向与 $\boldsymbol{E}$ 的方向相同。

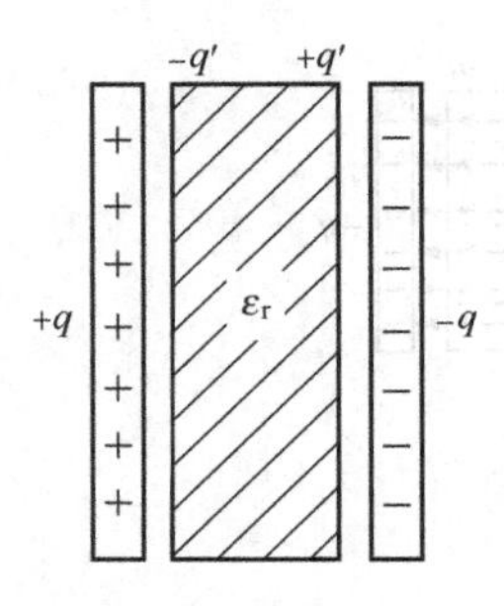

图 7-40　例 7-22

电位移线也是在电场中虚拟的曲线，曲线上每点的切线方向即为此点电位移 $\boldsymbol{D}$ 的方向。电位移通量是通过某面的电位移线的根数，

$$\Psi_D=\int_S \boldsymbol{D}\cdot \mathrm{d}\boldsymbol{S}\text{。}$$

四、有介质时的高斯定理

有介质时，介质极化后将出现束缚电荷 q'，有介质时的高斯定理也将有别于真空时的高斯定理。先通过一例，讨论极化电荷的计算方法。

例 7-22　面积为 S，间距为 d 的平行板电容器内部填满相对介电常数为 ε_r 的电介质，此电容器充电后，极板上带有自由电荷 q，求介质两侧面的束缚电荷 q'（图 7-40）。

解： 真空时电容中场强

$$E_0=\frac{\sigma}{\varepsilon_0}=\frac{q}{\varepsilon_0 S}$$

极化电场

$$E'=\frac{\sigma'}{\varepsilon_0}$$

合电场

$$E=E_0-E'$$

即

$$\frac{\sigma}{\varepsilon_0\varepsilon_r}=\frac{\sigma}{\varepsilon_0}-\frac{\sigma'}{\varepsilon_0}$$

得

$$\sigma'=\sigma\left(1-\frac{1}{\varepsilon_r}\right),\quad q'=q\left(1-\frac{1}{\varepsilon_r}\right)$$

例 7-23　相对介电常数为 ε_r 的无限大介质中一个点电荷 q，求 q 发出的电位移通量（图 7-41）。

解： 以点电荷 q 为球心，以 r 为半径作一球面，先求通过此球面的电通量（$\boldsymbol{E}$ 通量）Ψ，按真空的高斯定理

$$\Psi=\oint_S \boldsymbol{E}\cdot \mathrm{d}\boldsymbol{S}=\frac{1}{\varepsilon_0}\sum q=\frac{q-q'}{\varepsilon_0}$$

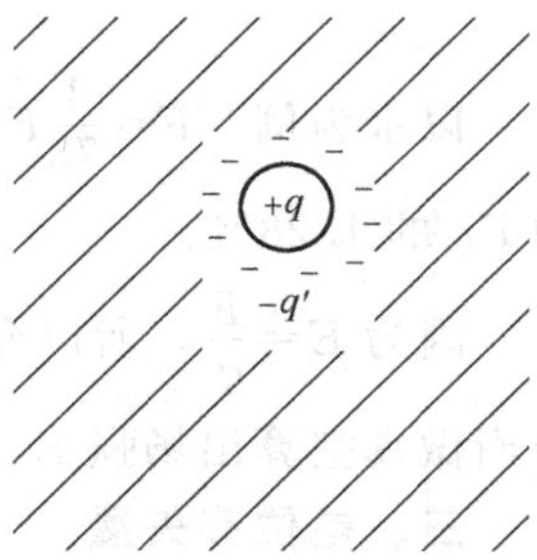

将上式两边乘 ε

$$\varepsilon\oint_S \boldsymbol{E}\cdot \mathrm{d}\boldsymbol{S}=\varepsilon_r(q-q')=\varepsilon_r\left[q-q\left(1-\frac{1}{\varepsilon_r}\right)\right]=q$$

上式化为

$$\oint_S \boldsymbol{D}\cdot \mathrm{d}\boldsymbol{S}=q$$

图 7-41　例 7-23

可见通过封闭球面的电位移通量等于面内的自由电荷 q。可以证明此例有普遍意义，即

$$\oint_S \boldsymbol{D}\cdot \mathrm{d}\boldsymbol{S}=\sum q \tag{7-23}$$

式（7-23）是介质中高斯定理的数学表达式，表示：通过任何封闭曲面的电位移通量等于面内自由电荷的代数和。介质中的高斯定理是高斯定理的普遍形式，其意义仍指出静电场是有源场，自由电荷是电位移线的源。

真空中高斯定理 $\oint \boldsymbol{E}\cdot \mathrm{d}\boldsymbol{S}=\frac{1}{\varepsilon_0}\sum q$ 中的 $\sum q$ 是面内一切电荷的代数和，包括自由电荷与束缚电荷。$\boldsymbol{E}$ 线起源于一切正电荷，终止于一切负电荷。介质里的高斯定理 $\oint_S \boldsymbol{D}\cdot \mathrm{d}\boldsymbol{S}=\sum q$

中的$\sum q$是面内一切自由电荷的代数和。$\boldsymbol{D}$线只起源于自由正电荷，终止于自由负电荷。图7-42以平行板电容器为例，说明这个结果。

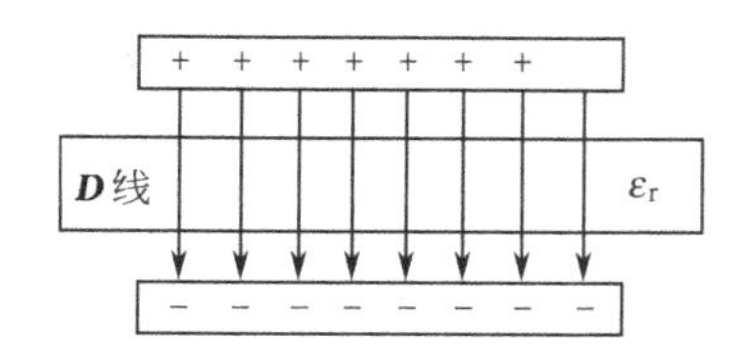

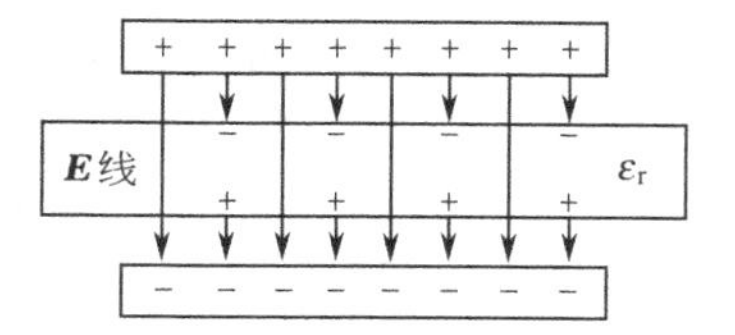

图 7-42　$\boldsymbol{E}$线与$\boldsymbol{D}$线

例 7-24　均匀带电的介质球，带电荷量Q，半径R，介电常数为ε，求

① 球内、外任意一点的电场强度；

② 球内任意一点的电位（图 7-43）。

解：① 在球内取点a离球心r远，过a点作球面为高斯面，根据高斯定理有

$$\oint_S \boldsymbol{D}\cdot d\boldsymbol{S}=\sum q$$

而　$\oint_S \boldsymbol{D}\cdot d\boldsymbol{S}=D\cdot S=4\pi r^2 D$，$\sum q=\dfrac{Q}{\frac{4}{3}\pi R^3}\cdot\dfrac{4}{3}\pi r^3=\dfrac{Qr^3}{R^3}$

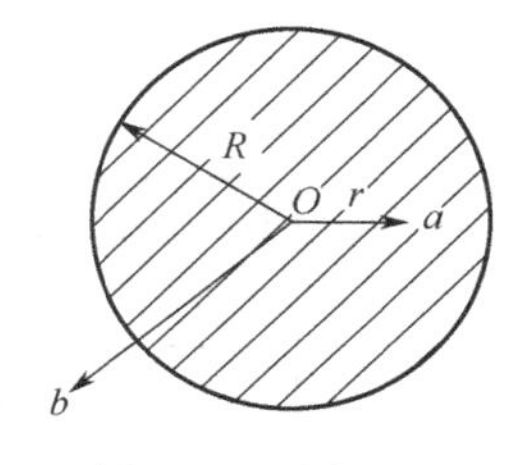

图 7-43　例 7-24

则　$$D_{内}=\frac{Qr}{4\pi R^3},\ E_{内}=\frac{Qr}{4\pi\varepsilon R^3}\quad (r<R)$$

过b点作球面为高斯面，根据高斯定理有

$$\oint_S \boldsymbol{D}\cdot d\boldsymbol{S}=\sum q$$

$$\oint_S \boldsymbol{D}\cdot d\boldsymbol{S}=DS=4\pi r^2 D=Q$$

则　$$D_{外}=\frac{Q}{4\pi r^2},\quad E_{外}=\frac{Q}{4\pi\varepsilon_0 r^2}\quad (r>R)$$

② 设$U_\infty=0$，则

$$U_a=\int_a^\infty \boldsymbol{E}\cdot d\boldsymbol{r}=\int_a^R \boldsymbol{E}_{内}\cdot d\boldsymbol{r}+\int_R^\infty \boldsymbol{E}_{外}\cdot d\boldsymbol{r}$$

$$=\int_r^R \frac{Qr}{4\pi\varepsilon R^3}dr+\int_R^\infty \frac{Q dr}{4\pi\varepsilon_0 r^2}=\frac{Q}{4\pi\varepsilon_0 R}\left(\frac{R^2-r^2}{2\varepsilon_r R^2}+1\right)$$

第十二节　电容、电容器

一、电容

孤立导体带电达到静电平衡时为等势体，孤立导体的带电荷量Q与导体的电势U之比叫做孤立导体的电容，记作C。

$$C=\frac{Q}{U}\tag{7-24}$$

在国际单位制中，电容单位为法拉（F）。导体的电容在数值上等于使导体获得1V电势所需电荷量值。例如一个电容为10^{-6}F的导体，要使它得到1V的电势，需给导体10^{-6}C的电荷量，要是给这个导体1C的电荷量，导体的电势将达10^6V，可见法拉是一个数量级很大的单位。再看看地球的电容，地球平均半径$R=6.4\times10^6$m，若使它带电Q，它的电势为$Q/$

$4\pi\varepsilon_0 R$，得

$$C=\frac{Q}{U}=4\pi\varepsilon_0 R=\frac{R}{k}=\frac{6.4\times10^6}{9\times10^9}=7.1\times10^{-4}\ \mathrm{F}$$

地球这么大的导体的电容才有万分之几法拉，因此常用微法（μF）和皮法（pF）作实用电容的单位。

$$1\mu\mathrm{F}=10^{-6}\mathrm{F}$$

$$1\mathrm{pF}=10^{-12}\mathrm{F}$$

二、电容器

两个靠得很近的中间有绝缘层的导体组成电容器。例如两块互相平行的间距很小的平板为平行板电容器，两个同轴金属空心圆柱为柱形电容器，两个同心金属空心圆球为球形电容器（图 7-44）。它们的两极板带电后，两极板就有电势差，电容器的一个极板带的电荷量 Q 与两个极板间的电势差 ΔU 之比叫做电容器的电容。

$$C=\frac{Q}{\Delta U}$$

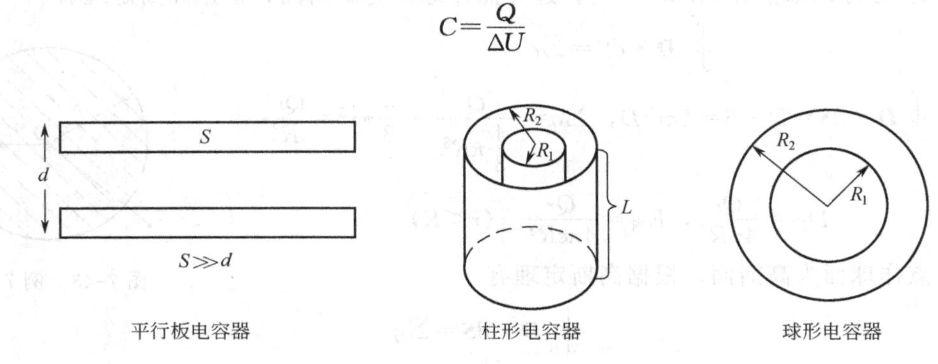

图 7-44　几种电容器

例 7-25　求平行板电容器的电容（图 7-45）。

解：

$$U_A-U_B=Ed=\frac{Q}{\varepsilon_0 S}\cdot d=\frac{d}{\varepsilon_0 S}Q$$

$$C=\frac{Q}{U_A-U_B}=\frac{\varepsilon_0 S}{d}$$

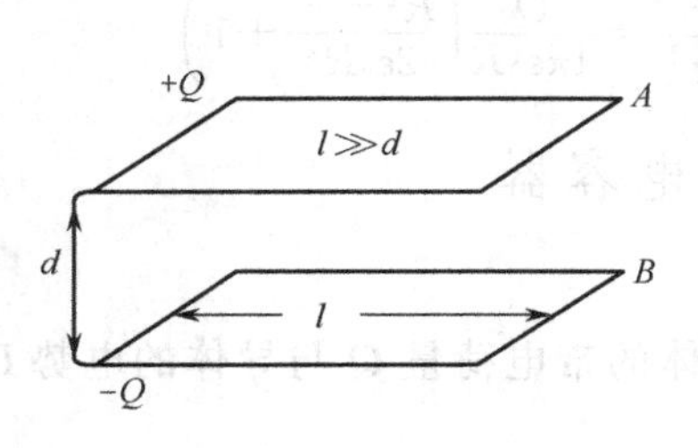

图 7-45　例 7-25

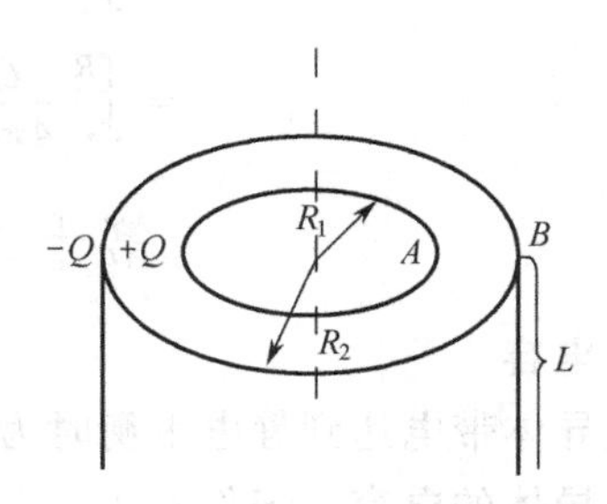

图 7-46　例 7-26

例 7-26　求柱形电容器电容（图 7-46）。

解：

$$U_A-U_B=\int_A^B \boldsymbol{E}\cdot \mathrm{d}\boldsymbol{r}=\int_{R_1}^{R_2}E\mathrm{d}r$$

$$=\int_{R_1}^{R_2}\frac{Q}{2\pi\varepsilon_0 rL}\mathrm{d}r=\frac{Q}{2\pi\varepsilon_0 L}\ln\frac{R_2}{R_1}$$

$$C=\frac{Q}{U_A-U_B}=2\pi\varepsilon_0 L/\ln\frac{R_2}{R_1}$$

从上面的例子可看到电容器的电容是电容器本身属性，与电容器是否带电无关。

三、电容器的连接

图 7-47(a) 为电容器 C_1 与 C_2 串联，图 (b) 为电容器 C_1 与 C_2 并联。电容器充电后，由图知 (a) 中 C_1 与 C_2 上电荷量相同，两个电容器上的分电压之和等于总电压；图 (b) 中两个电容器上的电压相同，每个电容上的电荷量之和等于总电荷量。即电容器串联时，电荷量相同，电压相加；电容器并联时，电压相同，电荷量相加，按此规则可求出等效电容公式，设等效电容为 C。

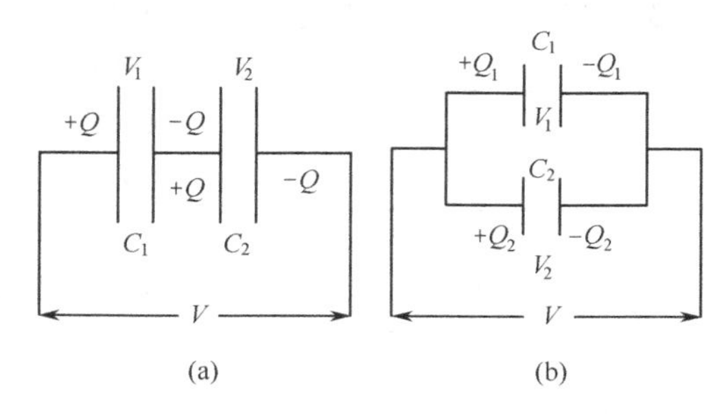

图 7-47　电容器的连接

(1) 电容器串联

$$V=V_1+V_2=\frac{Q}{C_1}+\frac{Q}{C_2}=\frac{Q}{C}$$

故

$$\frac{1}{C}=\frac{1}{C_1}+\frac{1}{C_2}$$

(2) 电容器并联

$$Q=Q_1+Q_2=C_1V+C_2V=CV$$

故

$$C=C_1+C_2$$

例 7-27　两只电容器，电容分别为 $C_1=2\text{pF}$，$C_2=5\text{pF}$，先对 C_1 充电，充电电压 100V，切断电源后，将 C_1 与 C_2 并联，求并联后，电容器的带电荷量（图 7-48）。

解：C_1 充电后，带电 $q_0=C_1U=2\times10^{-12}\times100\ \text{C}$

$$q_0=2\times10^{-10}\ \text{C}$$

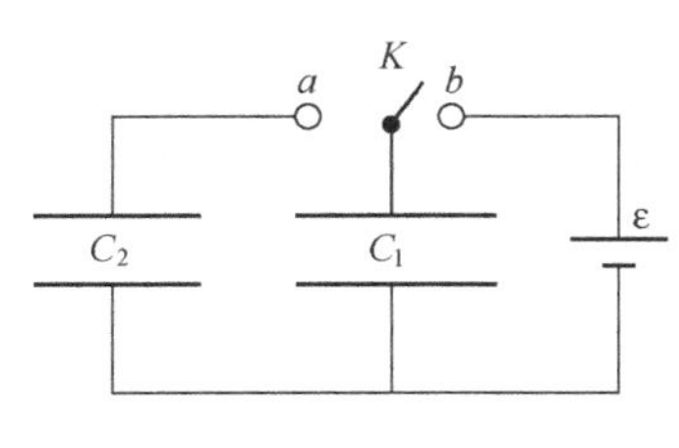

图 7-48　例 7-27

并联电容器，每只电容的电荷量与电容成正比（U 相同，$\frac{q_1}{C_1}=\frac{q_2}{C_2}=U$）

$$q_1=\frac{C_1}{C_1+C_2}q_0=\frac{2}{2+5}\times2\times10^{-10}=\frac{4}{7}\times10^{-10}\ \text{C}$$

$$q_2=\frac{C_2}{C_1+C_2}q_0=\frac{5}{2+5}\times2\times10^{-10}=\frac{10}{7}\times10^{-10}\ \text{C}$$

例 7-28　两只电容器 $C_1=2\text{pF}$，$C_2=5\text{pF}$，分别在 100V 电压下充电，切断电源后，将两电容器的正极与负极相接，求相接后电容器带电荷量（图 7-49）。

解：相接前电容器带电荷量为 q_1, q_2，接后带电荷量为 q_1', q_2'。

$$q_1=C_1U=2\times10^{-12}\times100=2\times10^{-10}\ \text{C}$$
$$q_2=C_2U=5\times10^{-12}\times100=5\times10^{-10}\ \text{C}$$

并联后,两极带电荷量为

$$q_0=|q_2-q_1|=3\times10^{-10}\ \text{C}$$

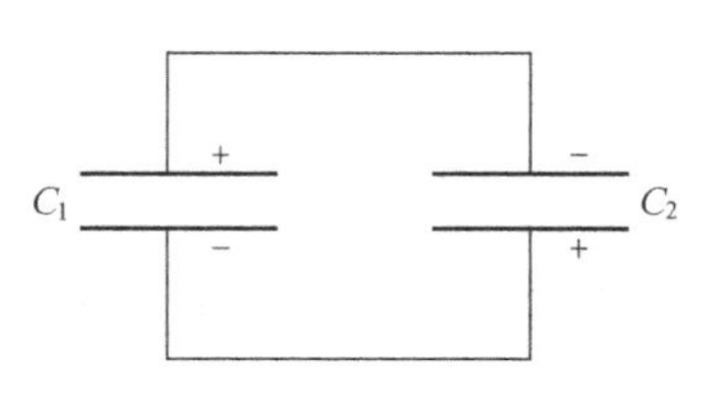

图7-49　例 7-28

按上例，知

$$q_1'=\frac{C_1}{C_1+C_2}q_0=\frac{2}{2+5}\times3\times10^{-10}=\frac{6}{7}\times10^{-10}\ \text{C}$$

$$q_2'=\frac{C_2}{C_1+C_2}q_0=\frac{5}{2+5}\times3\times10^{-10}=\frac{15}{7}\times10^{-10}\text{ C}$$

（提问：并联后，两只电容间迁移的电荷是多少？）

例 7-29 一只平行板电容器面积 S，间距 d，板间真空，后来充进一半介质，介质的相对介电常数为 ε_r，如图 7-50 所示。

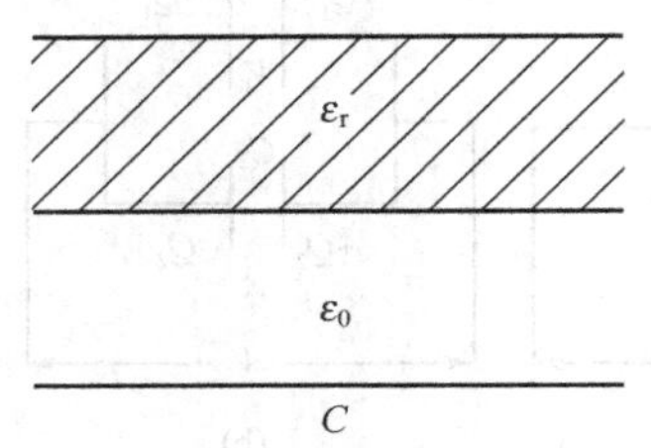

图 7-50 例 7-29

原来电容为 C_0，后来电容为 C。

① $C:C_0=?$

② C 中上半部电容中场强，电位移与下半部电容中场强，电位移之比 $E_1:E_2=?$ $D_1:D_2=?$

解：① $C_0=\frac{\varepsilon_0 S}{d}$，$C$ 可看做两只电容的串联。

$$C_1=\frac{\varepsilon_r\varepsilon_0 S}{d/2}=\frac{2\varepsilon_0\varepsilon_r S}{d}$$

$$C_2=\frac{\varepsilon_0 S}{d/2}=\frac{2\varepsilon_0 S}{d}$$

$$C=\frac{C_1C_2}{C_1+C_2}=\frac{2\varepsilon_r}{1+\varepsilon_r}C_0$$

$$C:C_0=\frac{2\varepsilon_r}{1+\varepsilon_r}$$

②
$$E_1=\frac{\sigma}{\varepsilon_0\varepsilon_r}=\frac{Q}{\varepsilon_0\varepsilon_r S},\quad E_2=\frac{\sigma}{\varepsilon_0}=\frac{Q}{\varepsilon_0 S}$$

$$E_1:E_2=\frac{1}{\varepsilon_r}$$

$$D_1=\sigma=\frac{Q}{S},\qquad D_2=\sigma=\frac{Q}{S}$$

$$D_1:D_2=1$$

四、介质对电容器电容的影响

在平行板电容器中和柱形电容器金属夹层中充满相对介电常数为 ε_r 的电介质后，金属夹层中场强分别为

$$E=\frac{\sigma}{\varepsilon_0\varepsilon_r}=\frac{\sigma}{\varepsilon}$$

和
$$E=\frac{\lambda}{2\pi\varepsilon_0\varepsilon_r r}=\frac{\lambda}{2\pi\varepsilon r}$$

电容分别为

$$C=\frac{\varepsilon_r\varepsilon_0 S}{d}=\frac{\varepsilon S}{d}$$

$$C=\frac{2\pi\varepsilon_r\varepsilon_0 L}{\ln\left(\frac{R_2}{R_1}\right)}=\frac{2\pi\varepsilon L}{\ln\left(\frac{R_2}{R_1}\right)}$$

电容器金属夹层中有电介质后，电容器的电容 C 为真空电容 C_0 的 ε_r 倍。

$$\frac{C}{C_0}=\varepsilon_r$$

可见 ε_r 是有介质时电容器的电容 C 与无介质时电容器电容 C_0 之比，因而 ε_r 叫做介质的相对电容率。

第十三节　静电场的能量

设电容为 C 的电容器已充有电荷量 q，电势差已达到 U，要把 dq 再充进电容器就需要外力对电荷做功

$$dA = U dq$$

对 q 积分

$$A = \int_0^Q U dq = \int_0^Q \frac{q}{C} dq = \frac{Q^2}{2C}$$

此功增加了电容器的电能

$$W = \frac{Q^2}{2C} = \frac{1}{2}CU^2 = \frac{1}{2}QU \tag{7-25}$$

若以平行板电容器为例，将电容 C 代入式（7-25）

得
$$W = \frac{1}{2}\varepsilon E^2 V \tag{7-26}$$

式中，$V = Sd$ 为电容器中电场体积。式（7-25）和式（7-26）都是电容器充电后的能量表达式，但是式（7-25）是用电容器的量 C，U 表达的；式（7-26）是用电容器里的电场量 E 表达的。$W = \frac{1}{2}CU^2$ 叫做电容器的能量，认为电能储存在电容器中；$W = \frac{1}{2}\varepsilon E^2 V$ 叫做电容器中电场的能量，认为电能储存在电场中。电场是能量的携带者，在静电学中不能证明这个观点。

若电场是不均匀的，不能用 $W = \frac{1}{2}\varepsilon E^2 V$，而需引入电场能量密度，然后用能量密度的体积积分求电场能量。电场能量密度

$$w = \frac{W}{V} = \frac{1}{2}\varepsilon E^2 = \frac{1}{2}DE \tag{7-27}$$

电场能量

$$W = \int_0^V w dV = \int_0^V \frac{1}{2}DE dV \tag{7-28}$$

例 7-30　内径 R_1 外径 R_2 同轴两个薄金属圆柱面长为 $L(L \gg R_1, R_2)$，内层带电线密度 $+\lambda$，外层带电线密度 $-\lambda$，R_1R_2 间充满了相对介电常数为 ε_r 的电介质，求 R_1R_2 间电场能量（图 7-51）。

解：
$$w = \frac{1}{2}\varepsilon E^2$$

$$W = \int_0^V \frac{1}{2}\varepsilon E^2 dV = \int_{R_1}^{R_2} \frac{1}{2}\varepsilon E^2 (2\pi r dr \cdot L)$$

$$= \int_{R_1}^{R_2} \frac{\varepsilon}{2}\left(\frac{\lambda}{2\pi\varepsilon r}\right)^2 (2\pi r L) dr$$

$$= \int_{R_1}^{R_2} \frac{2\pi L\varepsilon\lambda^2}{8\pi^2\varepsilon^2}\frac{dr}{r} = \frac{L\lambda^2}{4\pi\varepsilon}\ln\frac{R_2}{R_1}$$

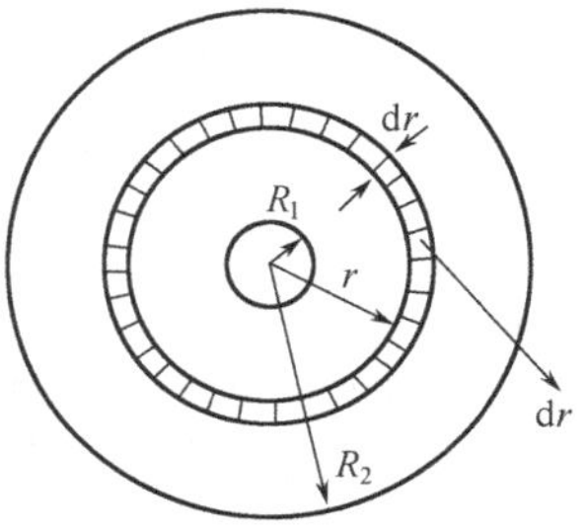

图 7-51　例 7-30

例 7-31　求半径 R，相对介电常数为 ε_r，带电体密度为 ρ 的介质球中的电场能量。

解：

$$E=\frac{\rho}{3\varepsilon}r$$

$$W=\int_0^R \frac{\varepsilon}{2}\left(\frac{\rho}{3\varepsilon}r\right)^2(4\pi r^2\,\mathrm{d}r)=\int_0^R \frac{\rho^2 r^2}{18\varepsilon}\cdot 4\pi r^2\,\mathrm{d}r$$

$$=\int_0^R \frac{2\pi\rho^2}{9\varepsilon}r^4\,\mathrm{d}r=\frac{2\pi\rho^2}{9\varepsilon}\frac{R^5}{5}$$

例 7-32 面积 S，间距 d，介电常数 ε 的平行板电容器充电后，带电 Q。充电后切断电源，抽出介质，求至少要做多少功（图 7-52）。

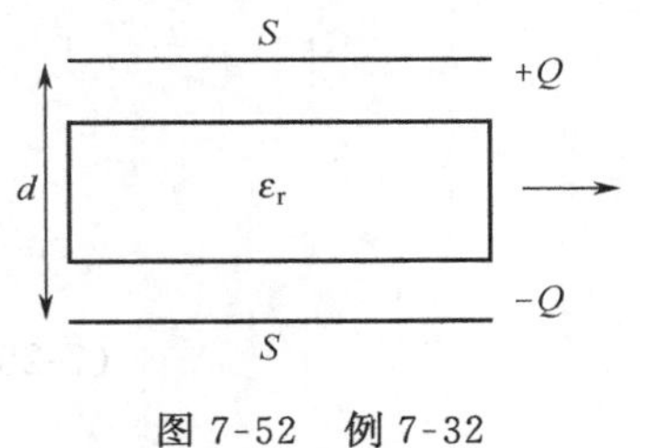

图 7-52　例 7-32

解：若缓慢抽出，每步都可看做平衡，此时做功最少，电容器充电后储能为 W_1，抽出后储能为 W_2，功 A 为

$$A=W_2-W_1$$

$$W_1=\frac{1}{2}\varepsilon E^2 V=\frac{1}{2}\varepsilon\left(\frac{\sigma}{\varepsilon}\right)^2 V=\frac{1}{2}\varepsilon\left(\frac{Q}{\varepsilon S}\right)^2 V$$

$$=\frac{1}{\varepsilon}\cdot\frac{Q^2}{2S^2}V=\frac{1}{\varepsilon_0\varepsilon_r}\frac{Q^2 d}{2S}$$

$$W_2=\frac{1}{\varepsilon_0}\frac{Q^2 d}{2S}$$

$$A=W_2-W_1=\frac{dQ^2}{2\varepsilon_0 S}\left(1-\frac{1}{\varepsilon_r}\right)$$

习　题

1. 两点电荷带电荷为 $2q$ 和 q，相距为 l，将第三个点电荷放在何处，所受合力为零？

2. 如图 7-53 所示，一根细玻璃棒被弯成半径为 R 的半圆形，其上半段均匀地带有 $+Q$ 电荷，下半段均匀地带有 $-Q$ 电荷，试求半圆中心 P 点的电场强度 $\boldsymbol{E}$。

3. 设均匀电场 $\boldsymbol{E}$ 与半径为 R 的半球面的轴（通过球心垂直于底平面的直线）平行，试计算通过此半球面的电通量 Ψ。

4. 有一个边长 a 的立方体，其中一个顶点为坐标原点，三个棱边分别为 x,y,z 轴，今有 $\boldsymbol{E}=(200\boldsymbol{i}+400\boldsymbol{j})\,\mathrm{N\cdot C^{-1}}$，求通过三个面（$xy,yz,xz$）的电通量。

5. 半径为 R 的无限长直圆柱体内均匀带电，电荷体密度为 ρ，以轴线为电势参考点，求其电势分布。

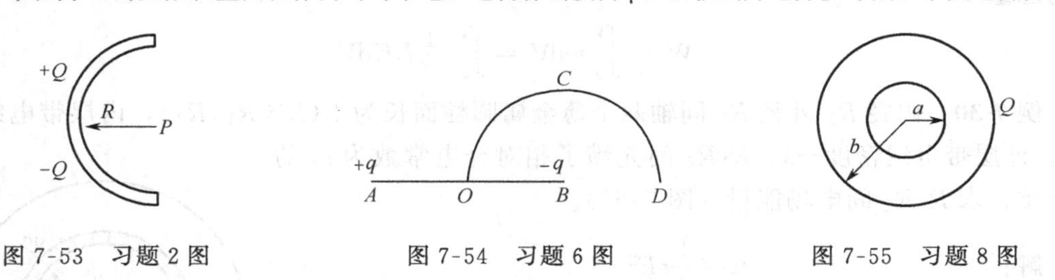

图 7-53　习题 2 图　　图 7-54　习题 6 图　　图 7-55　习题 8 图

6. 如图 7-54 所示，$AB=2L$，OCD 是以 B 为中心，L 为半径的半圆，A 点有点电荷 $+q$，B 点有点电荷 $-q$。

① 把单位正电荷从 O 点沿 OCD 移到 D 点，电场力对它做了多少功？

② 单位负电荷从 D 点沿 AB 的延长线移到无穷远，电场力对它做了多少功？

7. 求均匀带电介质球内与球心 O 相距为 r 的一点的电势，设球的半径为 R，相对介电常数为 ε_r，带电荷总量为 q，球外为空气。

8. 如图 7-55 所示，有一球形电容器，内球半径为 a，外球半径为 b，内球壳接地，外球壳带电荷 Q，求电容器的电容及外球壳内外表面上的电荷。

第八章　稳 恒 电 流

第一节　电　　流

带电粒子的定向运动形成电流。金属导体中自由电子的定向运动；电离气体和电解质中离子的定向运动；真空管中电子的定向运动；半导体中电子或空穴的定向运动；带电物体在空间的机械运动都能形成电流。前几种电荷的定向运动形成的电流叫做传导电流，最后一种带电物体的定向运动形成的电流叫做运流电流。形成传导电流的定向移动的电荷叫做载流子。

不同的电流的载流子可以不同，但是形成电流必须要具备两个条件：其一，要有可以移动的电荷（自由电荷）；其二，要有电场，载流子在电场力作用下，做定向运动。

第二节　电流、电流密度

电流是描述电流强弱的物理量，电流密度是描述导体中电流微观情况的物理量。若流过导体截面（图 8-1 中 S_A，S_B 面）的电荷量为 $\mathrm{d}q$，流经这个截面的时间为 $\mathrm{d}t$，则电流的定义为

$$I=\frac{\mathrm{d}q}{\mathrm{d}t} \tag{8-1}$$

电流在数值上等于单位时间内流过导体截面的电荷量。电流的单位“安培”是国际单位制（SI）中的基本单位，今后在稳恒磁场中还将进一步介绍电流单位安培的定义。事实上，每秒流过截面 1 库仑的电流强度为 1 安培，记作 A，辅助单位有 mA，μA 等。

电流中的载流子可带正电，也可带负电，在电场中正电荷受力与场强同方向，负电荷受力与场强反方向，讨论电流的流向时，规定正电荷定向移动的方向为电流的流向，图 8-2 表示载流子定向运动的方向与电流流向间关系。

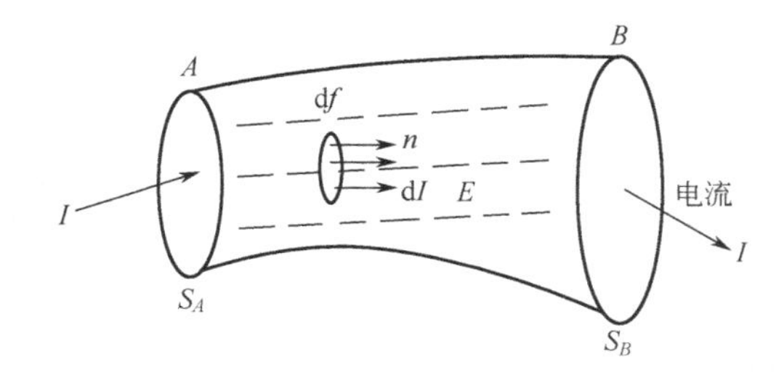

图 8-1　导体中电流

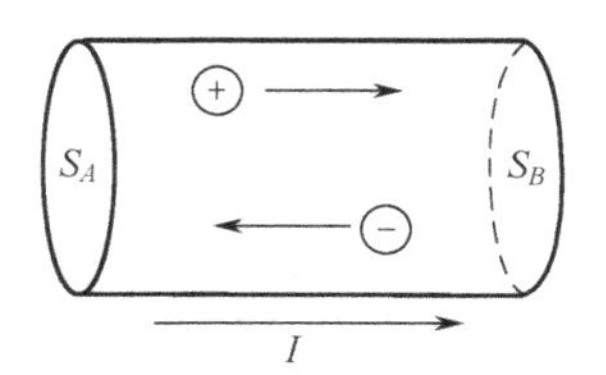

图 8-2　导体中电流与载流子

特别提醒读者注意：电流 I 是标量，电流没有方向，通常说的电流的方向是指电流沿导线的流向，不是指电流与某一特定矢量方向有夹角。

不随时间改变的电流为稳恒电流，稳恒电流的 $I=\frac{\mathrm{d}q}{\mathrm{d}t}=$恒定量；若 $I=\frac{\mathrm{d}q}{\mathrm{d}t}$与时间有关，这种电流即为非稳恒电流。直流电是指方向不随时间发生改变的电流；交流电是指大小和方向都发生周期性变化的电流。稳恒电流是直流中的特例，其大小与流向都不改变。

由图 8-1 可见稳恒电流的条件是流过 S_A 面的电荷量与流过 S_B 面的电荷量是相等的，亦即流进导体 AB 的电荷量与流出 AB 的电荷量是相等的，这叫做电流的连续性。

图 8-1 中，虽然经 S_A 面的电流与流经 S_B 面的电流是相等的，但是在这两个不同面上电流的分布是不同的，为描述电流流经导体各点的差异引入电流密度概念。在图 8-1 所示导体 AB 中垂直电流流线方向取一个微分面积元 $\mathrm{d}S$，流经 $\mathrm{d}S$ 的电流为 $\mathrm{d}I$，电流密度的定义为

$$\boldsymbol{J}=\frac{\mathrm{d}I}{\mathrm{d}S}\boldsymbol{n}$$

$\boldsymbol{n}$ 为 $\mathrm{d}S$ 面上沿电流流向的单位矢量，亦即 $\mathrm{d}S$ 与该处电流垂直（在 $\mathrm{d}S$ 面的法线方向上）。

金属导体中无电场时，导体中的自由电子作无规则的热运动，热运动的速度约 $10^5\mathrm{m/s}$。导体中有了电场，导体中自由电子受与电场方向相反的电场力，自由电子除热运动外还沿着特定的方向缓慢的移动，这个速度约 $10^{-3}\mathrm{m/s}$。这种定向的缓慢移动叫做漂移，如图 8-3 所示，请注意图中已经把电子的漂移夸大了。

电流与电流密度都与漂移速度有关，用图 8-4 的模型容易求出它们的关系。

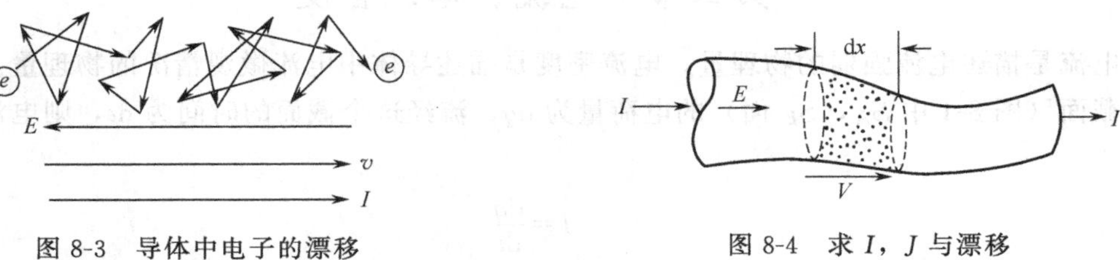

图 8-3　导体中电子的漂移

v—电子的漂移速度；E—导体中的电场；I—导体中的电流

图 8-4　求 I，J 与漂移速度关系用图

在导体中取一个长度微分元 $\mathrm{d}x$，导体截面积为 S，单位体积中载流子数为 n，载流子的漂移速度为 $\boldsymbol{v}$，则两个面积 S 间体积为 $S\mathrm{d}x$。体积中的载流子数为 $nS\mathrm{d}x$，体积中所有载流子带有电荷量 $\mathrm{d}q$，$\mathrm{d}q=q\cdot nS\mathrm{d}x$，$q$ 为一个载流子的带电荷量，电荷量 $\mathrm{d}q$ 通过 S 面的时间 $\mathrm{d}t=\frac{\mathrm{d}x}{v}$，按电流的定义

$$I=\frac{\mathrm{d}q}{\mathrm{d}t}=nqSv$$

按电流密度定义

$$\boldsymbol{J}=\frac{\mathrm{d}I}{\mathrm{d}S}\cdot\boldsymbol{n}=nq\boldsymbol{v} \tag{8-2}$$

请注意式（8-2）中，若电荷是负的，则 $\boldsymbol{J}$ 与 $\boldsymbol{v}$ 反方向。

第三节　电阻、电导

图 8-5 为一根水管 AB。当两端有水位差，管中又有可以移动的水时，管中会有水流。一段导体 ab，两端有电压时，导体中会有电流，两者有相似处。图 8-5 水管两端水位差固定时，水管中水流的大小与管的粗细（截面 S）、管的长短（长度 l）、管内是否干净有否异物（管质）有关。图 8-6 为一段导体，导体两端电压固定时，导体中的电流与导体的粗细（截面积 S）、导体的长短（长度 l）、导体的材料（材质）有关系。表示导体这一性质的物理量为导体的电阻。电阻的形成是因为载流子漂移时会受到阻力，例如金属导体中自由电子定向

漂移时会与金属结晶格子碰撞而受阻。

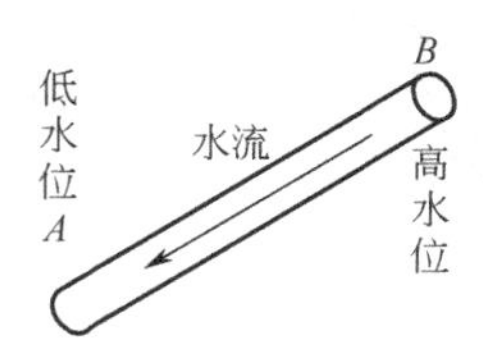

图 8-5　水管与水流

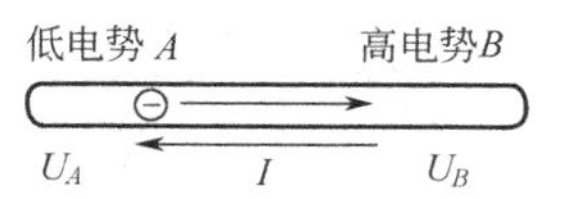

图 8-6　导体与电流

导体的电阻 R 与导体的长度 l 成正比，与导体的截面积 S 成反比。

$$R=\rho\frac{l}{S} \tag{8-3}$$

ρ 由导体的材料决定，叫做材料的电阻率。电阻的单位是欧姆，记作 Ω。欧姆的意义是：若加在导体两端的电压为 1V 时，导体中电流为 1A，此导体的电阻即为 1Ω。电阻的辅助单位有 kΩ、MΩ。电阻率的单位为 Ω・m。

导体电阻的温度关系是

$$R=R_0(1+\alpha t) \tag{8-4}$$

R_0 是导体在 0℃时的电阻，R 是导体在 t℃时的电阻，α 是电阻的温度系数，由材料决定。电阻的倒数为电导 G

$$G=\frac{1}{R} \tag{8-5}$$

电阻率的倒数叫做材料的电导率 γ

$$\gamma=\frac{1}{\rho} \tag{8-6}$$

表 8-1 是几种材料的 ρ 值与 α 值。电导的单位为西门子，符号为 S。电导率的单位是 S/m。

表 8-1　材料的 ρ 值与 α 值

材　　料	$\rho_0/\Omega\cdot m$	$\alpha/℃^{-1}$	材　　料	$\rho_0/\Omega\cdot m$	$\alpha/℃^{-1}$
钠	4.3×10^{-8}	$+5.4\times10^{-3}$	铅	19.5×10^{-8}	$+4.5\times10^{-3}$
铝	2.5×10^{-8}	$+3.9\times10^{-3}$	铂	9.8×10^{-8}	$+3.7\times10^{-3}$
铁	8.9×10^{-8}	$+6.2\times10^{-3}$	铜	1.56×10^{-8}	$+3.8\times10^{-3}$
碳(石墨)	8.0×10^{-6}	$+7.5\times10^{-5}$	银	1.47×10^{-8}	$+3.8\times10^{-3}$
碳(非晶态)	3.5×10^{-5}	-4.6×10^{-4}	康铜	5.0×10^{-8}	$+1\times10^{-5}$

第四节　电源的电动势

两个绝缘的导体 A 和 B，A 带正电荷，B 带负电荷，A 导体的电势 V_A 大于 B 导体的电势 V_B。若用导线连接 A 与 B，则在导线中有电流。设载流子带正电，这些带正电的载流子会从 A 极经过导线运动到 B 极，即正电荷将从高电势移向低电势，导线中形成电流。电流在流动的过程中，A 极的正电荷逐渐减少，电势 V_A 将逐渐下降，B 极的负电荷也逐渐减少，电势 V_B 将逐渐上升，直到 $V_A=V_B$，AB 两极的电势差消失，导线中的电流停止。可见图 8-7 中的电流是瞬间的，不能持久的。只要把图 8-7 和图 8-8 比较一下就能看出它们的相似处。图 8-8 中的水流动时，一端水位由 h_B 下降到 h，另一端水位由 h_A 上升到 h。待到两边水位相等，$h_A=h_B=h$ 时，水位差消失，水流也就停止。

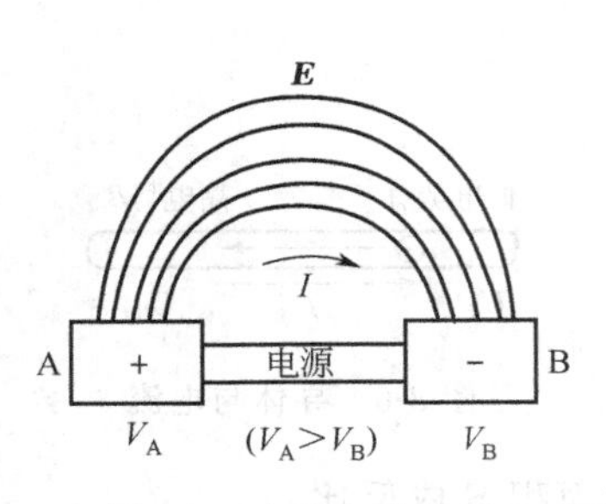

图 8-7　电流与电势差

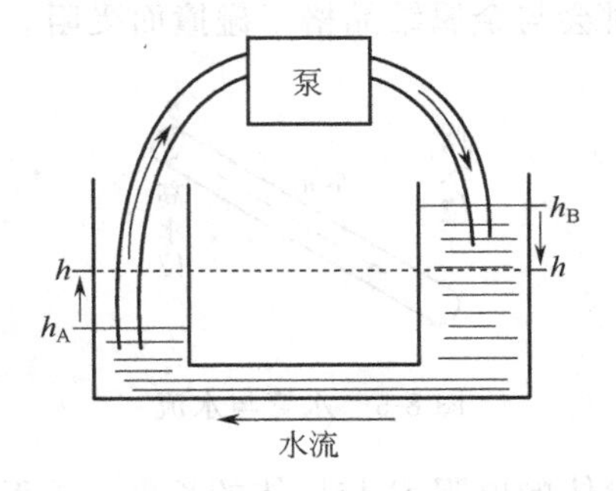

图 8-8　水流与水位差

图 8-8 中水流停止是由于高水位处的水在重力作用下流到了低水位处。要想使 AB 管中的水流不停止，必须要用“非重力”的方法把从高水位处流到低水位处的水送回到高水位去。要想把水从低处送到高处可用的办法甚多，例如用水泵、用人工淘水等等，但是唯独不能用重力把水从低处送到高处。请注意“非重力”这种提法。

图 8-7 中电流停止是由于高电势处的正电荷在静电力作用下流到了低电势处。要想使导体 AB 中的电流不停止，必须要用“非静电力”的方法把从高电势处流到低电势处的正电荷送回到高电势处去。要想把正电荷从低电势处送回到高电势处可用的办法也甚多，但是唯独不能用静电力（库仑力）把正电荷从低电势送回到高电势处去。若在图 8-7 中 AB 之间放一个能提供非静力的设备，这个设备能靠它提供的非静电力把流到负极的正电荷经设备的内部送回到正极去，电路中的电流就能维持下去。这种相当于一个“电泵”的装置叫做电源。化学电池（干电池、蓄电池等）靠化学变化提供非静电力；发电机靠机械运动和磁力提供非静电力，还有其他多种能提供非静电力的设备都是电源。电源输送正电荷时，电源中的非静电力要对电荷做功，把非电能转化为电能，所以电源是一个能量转化器。这里再次提醒注意“非静电力”这种提法。

电源的电动势是表示电源对电荷做功本领的物理量，电源中非静电力把单位正电荷从电源负极经过电源内部送回到电源正极时做的功叫做电源的电动势。

图 8-7 中导体内有电场，导体内曲线为电力线，$\boldsymbol{E}$ 为导体内场强。电荷 q 在电源中受到的非静力为 $\boldsymbol{F}_k$，非静电力把电荷 q 从 B 极送向 A 极，做的功为

$$A=\int_B^A \boldsymbol{F}_k \cdot \mathrm{d}\boldsymbol{l}$$

非静电力对单位电荷做的功为

$$\varepsilon=\frac{A}{q}=\int_B^A \frac{\boldsymbol{F}_k}{q} \cdot \mathrm{d}\boldsymbol{l}=\int_B^A \boldsymbol{E}_k \cdot \mathrm{d}\boldsymbol{l} \tag{8-7}$$

$\boldsymbol{E}_k=\frac{\boldsymbol{F}_k}{q}$ 与场强定义相似，而且其单位也是 N/C，与电场强度单位也相同，为叙述方便，常把 $\boldsymbol{E}_k=\frac{\boldsymbol{F}_k}{q}$ 叫做非静电的电场强度或非静电场强。请注意 $\boldsymbol{E}_k$ 不是静电产生的电场强度，也不满足静电场规律（7-22）式。

因为电源中才有非静电力，导体内无非静电力 $\boldsymbol{F}_k$ 也无非静电场强 $\boldsymbol{E}_k$，所以式（8-7）也可写成

$$\varepsilon=\int_B^A \boldsymbol{E}_k \cdot \mathrm{d}\boldsymbol{l}+\int_A^B \boldsymbol{E}_k \cdot \mathrm{d}\boldsymbol{l}$$

请注意上式中 $\int_{A}^{B}\boldsymbol{E}_k \cdot \mathrm{d}\boldsymbol{l}$，由于 $\boldsymbol{E}_k=0$，$\int_{A}^{B}\boldsymbol{E}_k \cdot \mathrm{d}\boldsymbol{l}=0$，于是

$$\varepsilon=\oint_{l}\boldsymbol{E}_k \cdot \mathrm{d}\boldsymbol{l} \tag{8-8}$$

式（8-7）和式（8-8）中 ε 叫做电源的电动势，这两个式子都是电源的电动势的定义式。式（8-7）指出：电源中非静电力把单位正电荷从电源负极经过电源内部送回到电源正极时，电源中非静电力对电荷做的功叫做电源的电动势。式（8-8）指出：单位正电荷绕闭合回路一周时，电源中非静电力对单位正电荷做的功叫做电源的电动势，从两式的导出可见两式的意义是一致的，式（8-8）包含了式（8-7），应用更广。

若某电源把 10C 的正电荷从负极经电源送回到正极，非静电力做功为 15J，则这个电源的电动势为 1.5J，记此电动势为 ε=1.5V，常用伏特来表示电动势就是这个意义。再如某电源的电动势为 ε=2V，其意为此电源中非静电力移动每库仑电荷做功为 2J。以上讨论中设载流子带正电，若载流子带负电，可用同样方法讨论得到同样结果。从上面讨论也可看到，电源的电动势在数值上就等于电源移动单位正电荷提供的能量数值。

电势、电压、电动势都用伏特做单位，但其意义并不相同。某点电势在数值上等于单位电荷在此点具有的电势能；两点的电压在数值上等于单位正电荷在这两点间移动时电场力做的功，也等于单位正电荷在这两点时具有的电势能的差；电源的电动势在数值上等于电源移动单位正电荷电源提供的能量，三者意义是不同的。

电源符号用 +|− r ←ε，箭头表示电势升高的方向，r 为内电阻。

第五节　欧姆定律

联系电路中电压、电阻、电动势和电流的关系式为欧姆定律。图 8-9 表示三种不同情况：图（a）一段纯电阻电路；图（b）一段含有电源的电路；图（c）把含电源电路两端连成回路，就是常说的闭合回路。

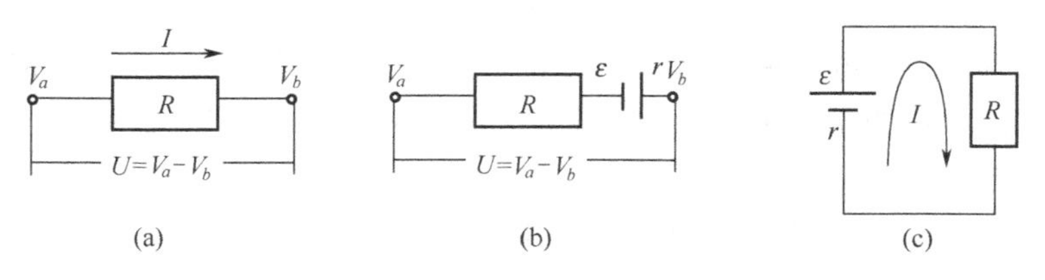

图 8-9　欧姆定律

一段纯电阻电路不含电源，加在电阻上的电压（U）或电势差（V_a-V_b）与电阻（R）及电流（I）的关系是

$$I=\frac{U}{R}=\frac{V_a-V_b}{R}=-\frac{V_b-V_a}{R}=-\frac{\Delta U}{R} \tag{8-9}$$

写成带负号的 ΔU 的形式表示电流从高电势流向低电势，即电流的流向是电势降落的方向。电流流经一个电阻时电势要减少一个数值，这个数值就是 IR，因此有时也把 IR 叫做电阻上的电势降落，或电势降。

让我们再看一下图 8-9 中（b）电路中的电势变化，从 V_a 开始，电流流过电阻 R 时线路上的电势降落了 IR；经过电源时，由于电流有内电阻，线路上的电势又降了 Ir；到达 V_b

时电势总的降落了（$IR+Ir$）。但是电源在电路中是正接的，电源中电势升方向与电流流向相同，所以线路中电势又由正负极板化学反应二次提升共 ε，于是有

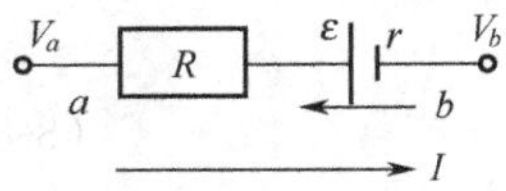

图 8-10　电动势反接

$$V_b=V_a-IR-Ir+\varepsilon \tag{8-10}$$

假若电路中电动势的电势升高的方向与电流流向相反，即电动势在电路中反接，则 ε 前应冠以负号。在图 8-10 中，电动势为反接，式（8-10）应改为

$$V_b=V_a-IR-Ir+(-\varepsilon) \tag{8-11}$$

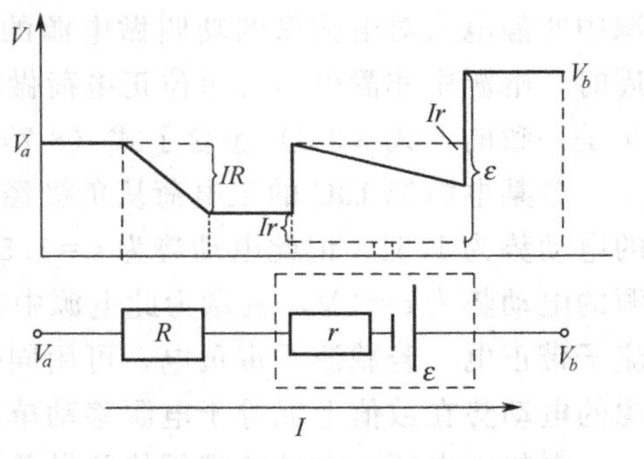

图 8-11　简单含源电路中各点电势

上述“数”电路中电势变化的方法在计算电路中任意两点的电势差时是很有用、很方便的方法。

以图 8-9 中（b）为例，画出电路中各点电势间的变化关系于图 8-11 就更容易了解式（8-10）和式（8-11）的意义。

从图 8-11 看出若导线电阻不计，导线上不消耗能量，导线为一根等势导线。电流流经电阻时，电阻 R 要消耗能量，电势变低。电源在图中供给能量，电势又变高。

图 8-9(c)，可以连图 8-9(b) 中 a,b 二点为同一点，则 $V_b=V_a$，所以

$$\varepsilon=I(R+r)$$

第六节　电流的功

导线中有电流时，导线中的电场力对电荷做的功叫电功，通常称为电流的功。电功为

$$A=-q\Delta U=qIR=I^2Rt=\frac{U^2}{R}t=UIt \tag{8-12}$$

电流的功率为

$$P=\frac{A}{t}=UI \tag{8-13}$$

电功的单位为焦耳（J），电功率的单位为瓦特（W），辅助单位有 kJ,kW,MW 等，电功还有一个重要的常用单位为千瓦・时，记作 kW・h。kW・h 是 1kW 功率的电器使用 1h 时的电功，1 度电即指 1kW・h。

图 8-9(c) 中电源供给能量，电阻消耗能量。为了解这一点先举一个力学的例子。设有一块质量为 m 的石块，由高为 h 的地方落下。下落过程中，石块的重力势能减小 mgh。若此石块是在真空中或在空气中下落的，石块的势能就转变为石块的动能。如果石块在水中下落，阻力作用使石块由加速度变为匀速运动。石块匀速运动时，石块的势能还在不断减小，但是石块的动能不再增加。可利用的石块的势能用于克服摩擦做功，结果转化为热能。载流子在电阻中的运动与石块在水中运动的过程很相似。载流子在导体中以恒定的漂移速度漂移，动能不再变化，但是载流子的电势能还在继续减少，减少的电势能就转化为电阻的热能。从微观角度看，对于金属导电，上述过程就是自由电子与金属点阵碰撞的结果。从宏观角度看，就是导体发热，升高温度。电流流过导体时，导体中产生的热量为

$$Q=I^2Rt \tag{8-14}$$

式（8-13）适用于各种电能转换，无论是纯电阻电器（如加热器）还是非纯电阻电器（如电

动机）。但是式（8-14）只适用于纯电阻电器，式（8-14）称为焦耳定律。式（8-14）中热量 Q 的单位在 SI 单位制中也是 J，与功用同一单位。

第七节　闭合电路欧姆定律

图 8-9(c) 中，电源对电荷 q 供给能量为 $q\varepsilon$，外电阻消耗能量为 I^2Rt，内电阻消耗能量为 I^2rt。由能量守恒定律，得

$$q\varepsilon=I^2Rt+I^2rt=I\varepsilon t$$

$$I=\frac{\varepsilon}{R+r}$$

此式为闭合回路欧姆定律。从推导过程中可知闭合回路欧姆定律表达的实质是回路中能量守恒，也可改写成

$$\varepsilon=IR+Ir=U+Ir$$

于是电源的端电压 U 与电源的电动势的关系为

$$U=\varepsilon-Ir$$

此式表达关系叫做电源的外部特性。图 8-12 中直线是电源的外部特性线。

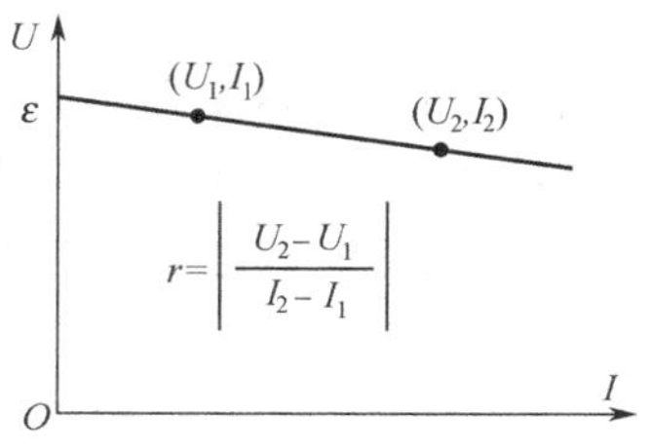

图 8-12　电源的外部特性

电源的外部特性表示电源的端电压随用电多少变化的关系，外部用电多时电流增大，电源的端电压下降。图 8-12 也指出 $r=0$ 时直线与水平线平行，此时 $U=\varepsilon$；$I=0$ 时，直线的纵截距为 ε，此时 $U=\varepsilon$。只有在这两种情况下电源两极的电压在数值上才等于电源的电动势，电源的端电压与电源的电动势不能混为一谈。

第八节　温差电现象

金属中自由电子不停地做无规则运动，一些有足够能量的电子会逸出表面，这些逸出的电子将在金属表面形成一个电偶层。

图 8-13 所示，电偶层的形成有两个原因，一是电子逸出后，金属缺少了电子；二是逸出的电子与金属中的正电荷要相互吸引，于是在金属表面形成了电偶层。电偶层的电场方向是从金属内部指向金属外部的，这个电偶层阻止金属中其他电子的逸出。金属中的电子要逸出金属表面的电偶层必须克服电偶层的阻力，要做功，此功称为金属的逸出功。不同金属的逸出功不同。逸出功约几个电子伏（eV）。用 W 表示金属的逸出功，也用 V 表示金属的逸出电势，即

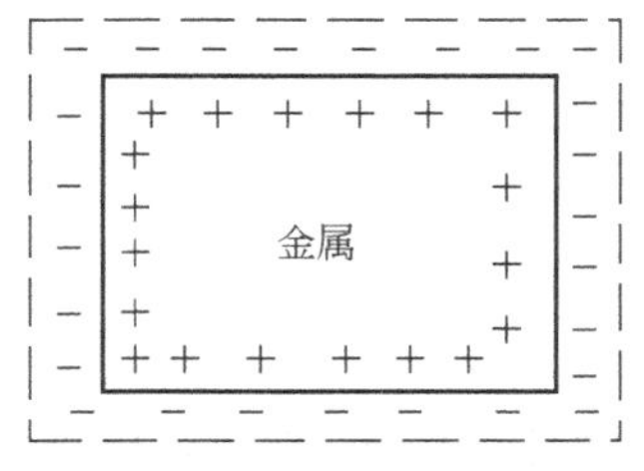

图 8-13　金属表面的电偶层

$$V=\frac{W}{e}$$

两种不同金属接触后，由于它们的逸出功不同和它们的自由电子数密度不同，金属间会有电势差，此电势差叫做接触电势差。

图 8-14(a) 中，B 的逸出功 W_B 小，B 中电子逸向 A 的多于 A 逸向 B 的。B 带正电，A 带负电，$V_B>V_A$，A 与 B 间因逸出功不同而产生电势差 V_B-V_A。图 8-14(b) 中，B 的电子数密度大，B 电子逸向 A 的多于 A 逸向 B 的。结果 B 带正电，A 带负电，$V'_B>V'_A$，A 与 B 间有因电子数密度不同产生的电势差 $V'_B-V'_A$。综合两种原因，金属 A 与 B 间有接触电势

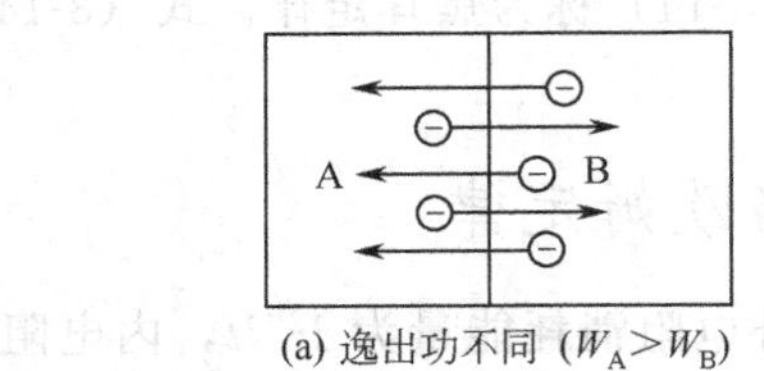

(a) 逸出功不同 ($W_A > W_B$)

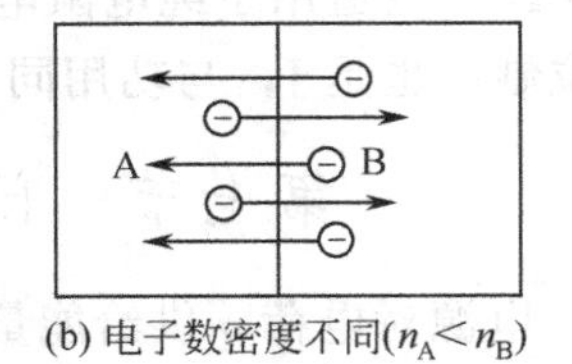

(b) 电子数密度不同($n_A < n_B$)

图 8-14　金属的接触电势差

差

$$U_{BA}=(V_B-V_A)+(V'_B-V'_A)$$

可以证明

$$U_{BA}=(V_B-V_A)+\frac{kT}{e}\ln\frac{n_B}{n_A} \tag{8-15}$$

若把两种金属接成环形，金属环中的两个接触点外的接触电势差互相抵消，如图 8-15(a)。若两个触点处的温度不同，金属环中的两个接触点处的接触电势差不会互相抵消，环中将有电动势。此电动势叫做温差电动势，如图 8-15(b)。

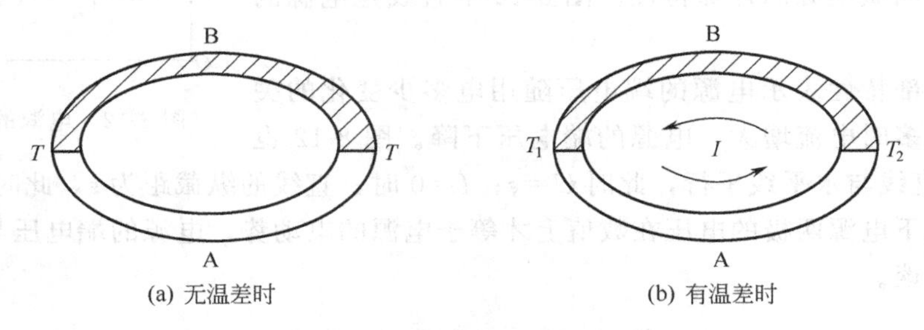

(a) 无温差时　　(b) 有温差时

图 8-15　温差电动势

温差电动势为

$$\varepsilon=\frac{k(T_1-T_2)}{e}\ln\frac{n_B}{n_A} \tag{8-16}$$

式 (8-16) 只能定性地说明温差电现象，它并不严格符合实际。温差电现象的实验定律为

$$\varepsilon=\alpha_{AB}(t_1-t_2)+\frac{1}{2}\beta_{AB}(t_1^2-t_2^2) \tag{8-17}$$

式中，α_{AB}及β_{AB}为材料的温差电系数；t_1 为热接头处温度；t_2 为冷接头处温度。$\alpha_{AB}=\alpha_A-\alpha_B$，$\beta_{AB}=\beta_A-\beta_B$，$\alpha_A, \alpha_B, \beta_A, \beta_B$ 的数据都可从手册查得。

利用温差电现象可制成热电偶温度计。图 8-16 是热电偶温度计的示意图。

图 8-16 中伏特表ⓜⓥ用来测温差电动势。实际使用时已经将热电偶中的温差电动势定标换成温度标度，测量时可直接得到温度，也可用电势差计直接测得温差电动势。温差电动势一般是 mV 数级量。

温差现象也叫塞贝克效应，塞贝克效应的逆效应是不同金属接触通过电流时，接头处会放出热量或吸收热量，这叫做珀

图 8-16　热电偶

耳帖效应。

习　　题

1. 在稳定电场作用下某柱状金属导体（半径为 r）内的自由电子在室温时的平均漂移速度大小为 v，单位体积内的电子数目为 n。求

① 该导体内的电流密度（电子的电荷是 e 为已知）；

② 在 t 时间内，通过导体横截面上的电荷 q。

2. 求长度 $l=0.20\text{m}$，半径 $r=0.01\text{m}$ 的圆柱形铅导体在 $t=23℃$ 条件下圆柱两端的电阻 R。

3. 如何估算白炽电灯泡内的灯丝在电源接通前后的电阻比值？

第九章　电流的磁场

第一节　磁场、磁感应强度

把一根细磁棒用细线悬挂起来，细磁棒的一端会指向地球的南方，另一端指向地球的北方。指向地球南方的磁棒的一端称为磁棒的南极，记作 S；指向地球北方的磁棒的一端称为磁棒的北极，记作 N。

地球是一个大磁体，地球的地理北极是地磁的南极（S），地球的地理南极是地磁的北极（N）。实际地磁的 N 极和 S 极都和地球的地理北极和南极有些偏移，而且地磁的 N 和 S 有时可以变化。

图 9-1 为几个磁学演示：图（a）通电导线在磁极间受力移动；图（b）同方向流动的两平行电流受力相互吸引（反方向平行电流相排斥）；图（c）电子射线中的电子在磁极间受力偏转；图(d) 磁针在通电导线近旁受力偏转；图（e）磁棒在地球表面受力偏转。这些作用力均为磁力。电场力是通过电场作用的，磁力是通过电流和磁铁周围的一种叫做磁场的特殊物质作用的。磁场的定义是，电流周围和运动电荷周围的特殊物质称为磁场。磁体的磁场就其本质讲也是运动电荷激发的。

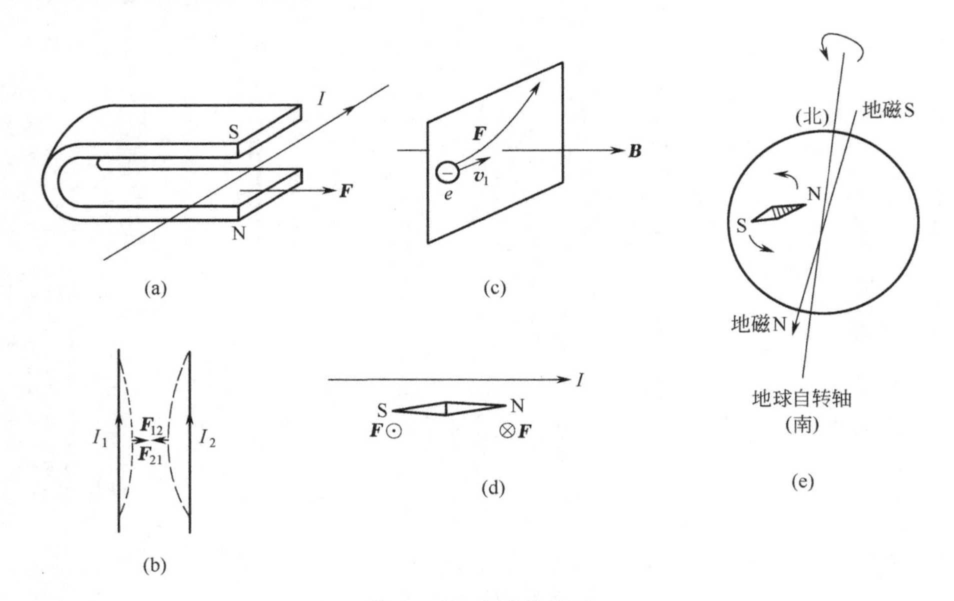

图 9-1　几个磁学演示

描述磁场的强弱和方向用磁感应强度，记作 $\boldsymbol{B}$。至于为何不用磁场强度而用磁感应强度描述磁场的强弱与方向，留待讨论磁介质时再说。我们曾经用检验电荷 q_0 在电场中受的力 $\boldsymbol{F}$ 与 q_0 之比定义电场强度 $\boldsymbol{E}(\boldsymbol{E}=\boldsymbol{F}/q_0)$，$\boldsymbol{E}$ 能表示出电场各点对电荷作用力的强弱与方向。电流在磁场中会受到磁场作用力，运动电荷在磁场中也会受到磁场力（注意！静止电荷不会受磁场力），因而可以用一段电流 $I\Delta l$ 受的磁场力定义磁感应强度，也可以用运动电荷受的磁场力定义磁感应强度，本书采用后一种方法。

图 9-2 表示电量为 q 的电荷用速度 v 在磁场中的运动情况，设 $\boldsymbol{v}_1$ 与 $\boldsymbol{v}_2$ 在与磁极 N 和 S 垂直的平面内（即 yz 面内），$\boldsymbol{v}_3$ 与磁极 NS 平行（即垂直 yz 面与 Ox 轴平行）。实验发现若 $v_1=v_2=v_3$，电荷 q 在 P 点受到的磁力并不同，运动方向与 NS 磁极垂直的电荷受力最大，这样的方向在 P 点有无限多（在 yz 面内的都有最大值）；运动方向与磁极 NS 平行的电荷受力为零，这样的方向有两个，一个沿 Ox 轴，即小磁针的 N 极的指向，另一个沿 Ox 轴的相反方向。若去掉一个与 Ox 轴反方向的方向，那么运动电荷在 P 点受磁力为零的方向就是唯一的。我们就用这个唯一的方向定义 P 点的磁感应强度的方向。则 $\boldsymbol{F}$ 方向为 $\boldsymbol{v}\times\boldsymbol{B}$ 的方向（见图 9-3），若用 $\boldsymbol{v}_0,\boldsymbol{B}_0,\boldsymbol{F}_0$ 分别表示 $\boldsymbol{v},\boldsymbol{B},\boldsymbol{F}$ 方向的单位矢量，则有

$$\boldsymbol{F}_0=\boldsymbol{v}_0\times\boldsymbol{B}_0 \tag{9-1}$$

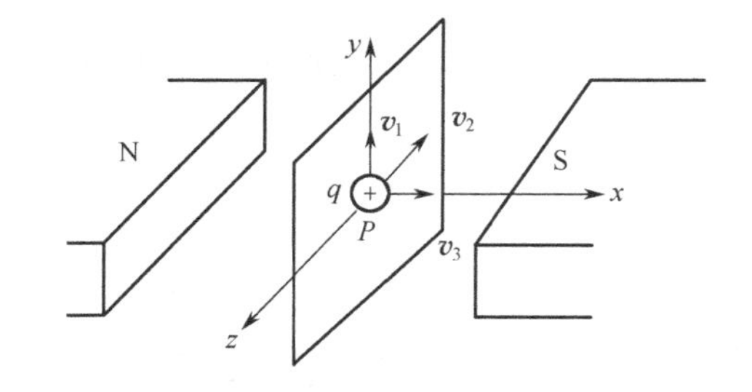

图 9-2　运动电荷在磁场中

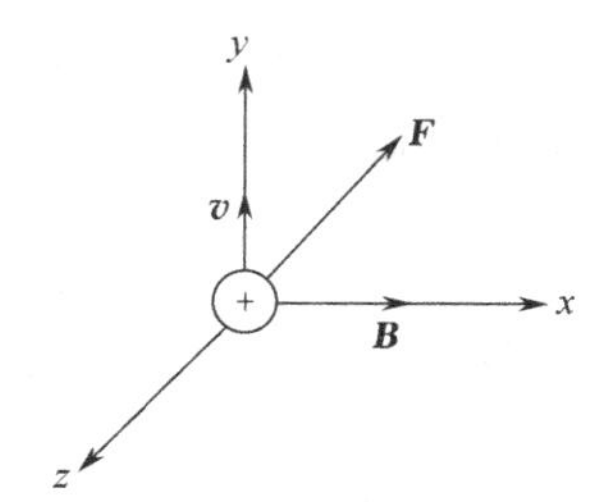

图 9-3　$\boldsymbol{v},\boldsymbol{B},\boldsymbol{F}$ 方向关系

实验指出带电粒子在磁场中运动时在某点受到的磁场力大小与带电粒子的电量 q、带电粒子的速度 v、该点的磁感应强度 B 及 $\boldsymbol{v}$ 与 $\boldsymbol{B}$ 的夹角的正弦成正比。

$$F=qvB\sin(\boldsymbol{v},\boldsymbol{B}) \tag{9-2}$$

用式(9-2)定义磁场中某点磁感应强度 $\boldsymbol{B}$，$\boldsymbol{B}$ 的大小为

$$B=\frac{F}{qv\sin(\boldsymbol{v},\boldsymbol{B})} \tag{9-3}$$

$\boldsymbol{B}$ 的方向是运动电荷沿 $\boldsymbol{B}$ 运动时不受磁力的方向，也是磁针 N 极的指向，称为零磁力方向。式(9-2)也可写成

$$\boldsymbol{F}=q\boldsymbol{v}\times\boldsymbol{B} \tag{9-4}$$

式(9-4)表达了运动电荷在磁场中受到的磁力，此力称为洛伦兹力。

磁感应强度的单位由定义式（9-3）得知是 $\mathrm{N/C\cdot m\cdot s^{-1}}$，叫做特斯拉，记作 T。也常用高斯(Gs)做磁感应强度的单位，高斯不是国际单位，两者关系为

$$1\mathrm{Gs}=10^{-4}\mathrm{T}$$

第二节　磁通量、高斯定理

磁感应线也叫做磁场线，磁感应线是磁场中虚拟的一些曲线，曲线上每点的切线方向即为该点的磁感应强度 $\boldsymbol{B}$ 的方向，而通过垂直于磁感应线单位面积的磁感应线根数与该处 $\boldsymbol{B}$ 的大小相等。图 9-4 为几种磁感应线。

在电场中通过面 S 的电场线称为过此面的电通量 Φ_e，$\Phi_e=\int_S\boldsymbol{E}\cdot\mathrm{d}\boldsymbol{S}$。在磁场中通过面 S 的磁感应线称为过此面的磁通量，为

$$\Phi_m=\int_S\boldsymbol{B}\cdot\mathrm{d}\boldsymbol{S}=\int_S B\cos\theta\mathrm{d}S \tag{9-5}$$

dS 为 S 面上的任意面积微分元，$\boldsymbol{B}$ 是 d$\boldsymbol{S}$ 处的磁感应强度，θ 是 d$\boldsymbol{S}$ 处 $\boldsymbol{B}$ 与 d$\boldsymbol{S}$ 的夹角，即 $\boldsymbol{B}$ 与面元的法线的夹角。

(a) 磁棒　　(b) 直线电流　　(c) 圆形电流

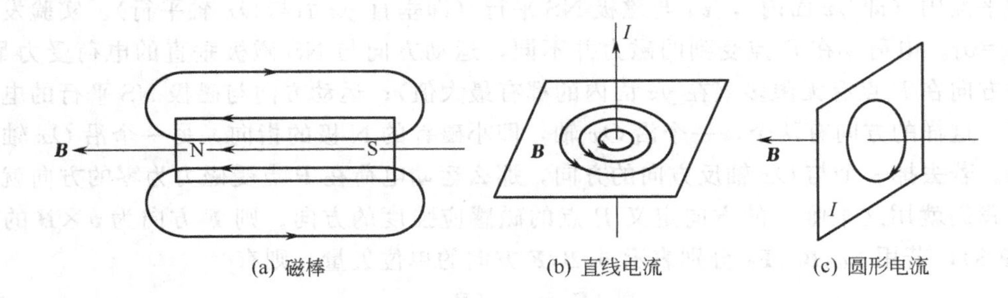

图 9-4　几种磁感应线

图 9-5(b) 表达了式（9-5）的意义，图 9-5(a) 是特殊情况，匀强磁场中一个平面 S 与 $\boldsymbol{B}$ 垂直，过 S 面的磁通为 $\Phi=BS$。

(a) 匀强磁场、通过平面磁场垂直平面　　(b) 一般情况

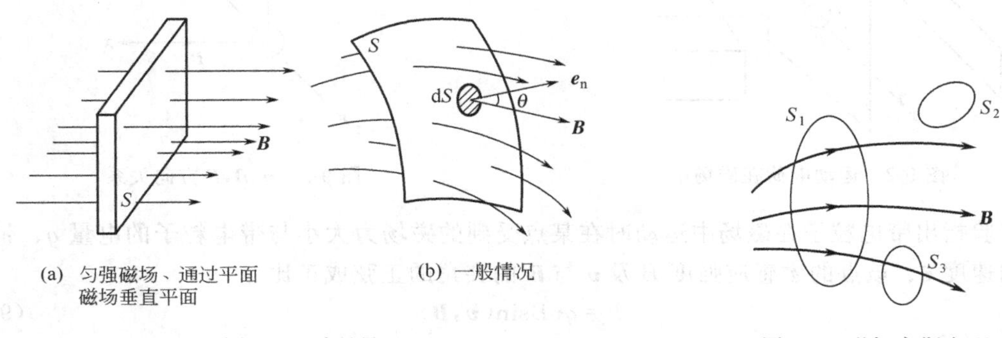

图 9-5　磁通量

图 9-6　磁场高斯定理

磁通量的单位由定义式（9-5）得知是 $\mathrm{T\cdot m^2}$，叫做韦伯，记作 Wb。

磁感应线与静电场中电场线一个重要的区别是，电场线总是发自于正电荷终止于负电荷的不闭合的连续曲线，这是由静电场是有源场这一特性决定的。而磁感应线是闭合的连续曲线。从图 9-6 可看到在磁场中任意作一个封闭曲面的话，必定有相同量值的磁感应线穿进和穿出这个封闭面。这个结果可写成

$$\oint_S \boldsymbol{B}\cdot \mathrm{d}\boldsymbol{S}=0 \tag{9-6}$$

式（9-6）是真空中磁场的高斯定理，它的意义表明磁场是无源场。至今尚未发现单独存在的磁极，这是磁场的重要特性。因为磁感应线是封闭的，所以磁场也叫有旋场。电场是有源无旋场，磁场是无源有旋场。

第三节　毕奥-沙伐尔定律

电场中用点电荷场强公式和叠加原理可求出电场强度，点电荷场强公式是求场强的基本公式。磁场中有一个类似点电荷场强公式的公式，它是求磁感应强度的基本公式。点电荷场强公式中场源是点电荷，求磁感应强度的公式中的场源是一段微分电流元（$I\mathrm{d}\boldsymbol{l}$）。表达 $I\mathrm{d}\boldsymbol{l}$ 产生的磁感应强度（d$\boldsymbol{B}$）的关系式为毕奥-沙伐尔定律。$I\mathrm{d}\boldsymbol{l}$（矢量）为图 9-7 电流 I 上的电流元，P 为磁场中任意点，$\boldsymbol{r}$ 为电流元到场点 P 的矢径，d$\boldsymbol{B}$ 为电流元 $I\mathrm{d}\boldsymbol{l}$ 在任意点 P 处的

磁感应强度元。毕奥和沙伐尔在实验基础上得到 $Id\boldsymbol{l}$ 激发的磁感应强度元 $d\boldsymbol{B}$ 为

$$d\boldsymbol{B}=k_2\frac{Id\boldsymbol{l}\times\boldsymbol{r}_0}{r^2} \tag{9-7}$$

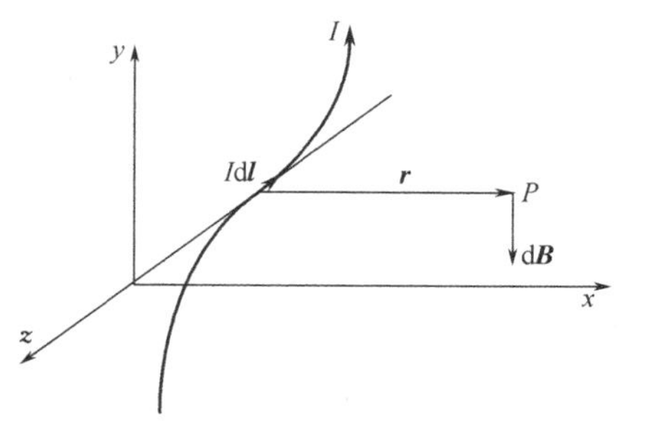

图 9-7 毕奥-沙伐尔定律

式（9-7）表达的内容为毕奥-沙伐尔定律。$\boldsymbol{r}_0$ 为 $\boldsymbol{r}$ 方向的单位矢量。式（9-7）中 k_2 为恒量，$k_2=10^{-7}\,\mathrm{T\cdot m\cdot A^{-1}}$，$\mathrm{T\cdot m\cdot A^{-1}}$ 可化成 $\mathrm{NA^{-2}}$。在电场中 $k_1=\dfrac{1}{4\pi\varepsilon_0}$；在磁场中，常记 k_2 为 $\dfrac{\mu_0}{4\pi}$，$\mu_0=4\pi\times10^{-7}\,\mathrm{NA^{-2}}$。式（9-7）也可写成

$$d\boldsymbol{B}=\frac{\mu_0}{4\pi}\frac{Id\boldsymbol{l}\times\boldsymbol{r}_0}{r^2} \tag{9-8}$$

$d\boldsymbol{B}$ 大小为

$$dB=\frac{\mu_0}{4\pi}\frac{Id\boldsymbol{l}\sin\theta}{r^2} \tag{9-9}$$

式（9-8）是常用的数学形式。毕-沙定律的文字表述为：真空中电流元 $Id\boldsymbol{l}$ 在离场源 $\boldsymbol{r}$ 远处任意点激发的磁感应强度大小与电流元的大小 Idl 及电流元与矢径夹角的正弦成正比，与矢径大小的平方成反比，方向与 $Id\boldsymbol{l}\times\boldsymbol{r}$ 相同。

由毕-沙定律求得电流元 $Id\boldsymbol{l}$ 在某点激发的场强 $d\boldsymbol{B}$ 后，再据磁场的叠加原理可得

$$\boldsymbol{B}=\int d\boldsymbol{B}$$

这是一个矢量积分式，不可以误以为

$$B=\int dB$$

但是在确认所有 $d\boldsymbol{B}$ 方向相同后，可将矢量式变成标量式积分，如下例。

例 9-1 如图 9-8 所示，真空中一段直电流电流强度为 I，P 点在直电流过一端点的垂线上与电流相距为 a，求 P 点的 $\boldsymbol{B}$。

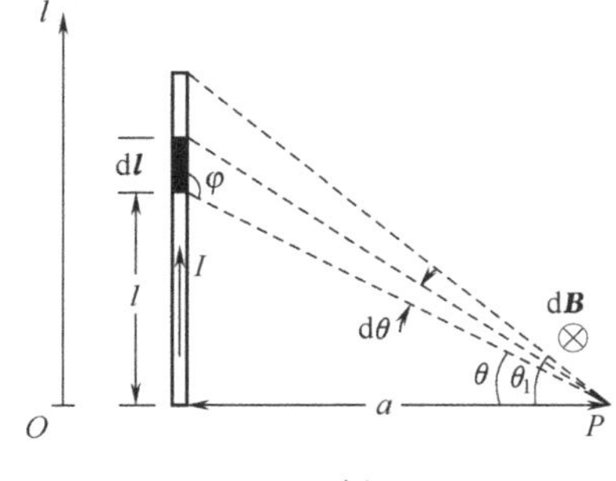

图 9-8 例 9-1

解： 取 $Id\boldsymbol{l}$，$Id\boldsymbol{l}$ 距 P 点为 $\boldsymbol{r}$，P 点的元磁感应强度 $d\boldsymbol{B}$ 的大小为

$$dB=\frac{\mu_0}{4\pi}\frac{Idl\sin\varphi}{r^2}$$

$d\boldsymbol{B}$ 的方向垂直纸面向内用⊗表示，先统一积分变量，再积分，由图 9-8 得 $l=a\tan\theta$，$dl=a\sec^2\theta d\theta$，$\sin\varphi=\sin(90°+\theta)=\cos\theta$，$r=a\sec\theta$，$r^2=a^2\sec^2\theta$。

$$dB=\frac{\mu_0}{4\pi}\frac{Ia\sec^2\theta\cos\theta}{a^2\sec^2\theta}d\theta \qquad \text{方向}\otimes$$

因为所有 $d\boldsymbol{B}$ 都同方向

$$B=\int dB=\frac{\mu_0 I}{4\pi a}\sin\theta_1 \tag{9-10}$$

式（9-10）是求各种直线形电流和直线形电流组合电流的磁感应强度极有用的关系式，应用时必须注意式（9-10）中各量在图 9-8 中的意义，请特别注意 θ_1 是对着电流 I 的角，以下通过几个例题说明式(9-10）的用法。

例 9-2 求图 9-9 中电流 I 外 P 点场强。

解： 对 θ_1 和 θ_2 分别用式（9-10）

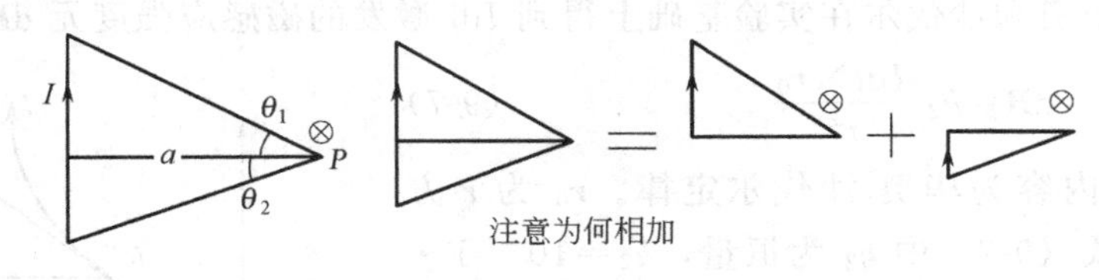

图 9-9　例 9-2

得
$$B_P=\frac{\mu_0 I}{4\pi a}(\sin|\theta_1|+\sin|\theta_2|)$$

方向垂直纸面向内⊗。

若 $I=2\text{A}$，$a=10\text{cm}$，$\theta_1=30°$，$\theta_2=45°$

$$B_P=\frac{k_2 I}{a}(\sin 30°+\sin 45°)$$

$$=10^{-7}\times\frac{2}{0.1}\left(\frac{1}{2}+\frac{\sqrt{2}}{2}\right)=2.41\times10^{-6}\ \text{T}\quad 方向⊗$$

例 9-3　求图 9-10 中 P 点处磁感应强度。

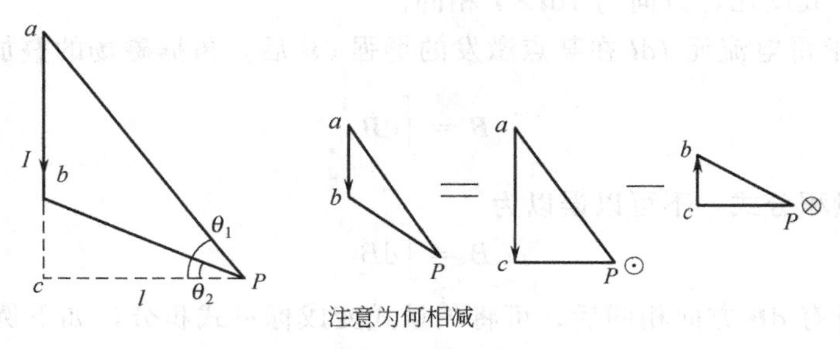

图 9-10　例 9-3

解： 为便于用式（9-10），加上两条辅助电流，一条沿原电流方向 $b\to c$，另一条沿原电流反方向 $c\to b$，分别对 ac 中电流和 cb 中电流用式（9-10）。

对 ac　$B_1=\frac{k_2 I}{l}\sin\theta_1$　方向⊙

对 cb　$B_2=\frac{k_2 I}{l}\sin\theta_2$　方向⊗

对 ab　$B=B_1-B_2=\frac{k_2 I}{l}(\sin\theta_1-\sin\theta_2)$　方向⊙

若 $I=10\text{A}$，$l=0.5\text{m}$，$\theta_1=60°$，$\theta_2=37°$

$$B=\frac{10^{-6}}{0.5}\left(\frac{\sqrt{3}}{2}-\frac{3}{5}\right)=5.3\times10^{-7}\ \text{T}\quad 方向⊙$$

例 9-4　求长方形回路中心点的场强，已知回路中电流为 I。

解： 从图 9-11 看出每段电流在 O 点的场强都是同一方向垂直纸面向内，而 1—2、2—3、5—6、6—7 四段电流在 O 点的场强大小也相等，3—4、4—5、7—8、8—1 的场强大小也相等，只要求出 2—3 在 O 点场强 B_1 和 3—4 在 O 点场强 B_2，即得 O 点场强

$$B_O=4(B_1+B_2)$$

用式（9-10）得

$$B_1=\frac{k_2 I}{l_1/2}\sin\alpha=\frac{2k_2 l_2 I}{l_1\sqrt{l_1^2+l_2^2}}$$

$$B_2=\frac{k_2 I}{l_2/2}\sin\beta=\frac{2k_2 l_1 I}{l_2\sqrt{l_1^2+l_2^2}}$$

$$B_O=\frac{8k_2 I}{\sqrt{l_1^2+l_2^2}}\left(\frac{l_2}{l_1}+\frac{l_1}{l_2}\right)\quad \text{方向为}\otimes$$

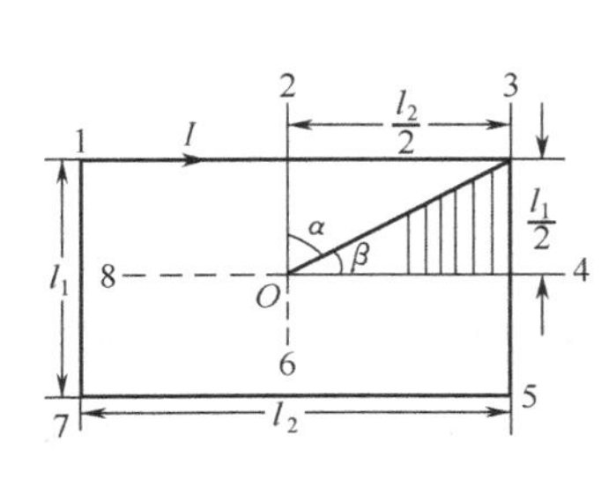

图 9-11 例 9-4

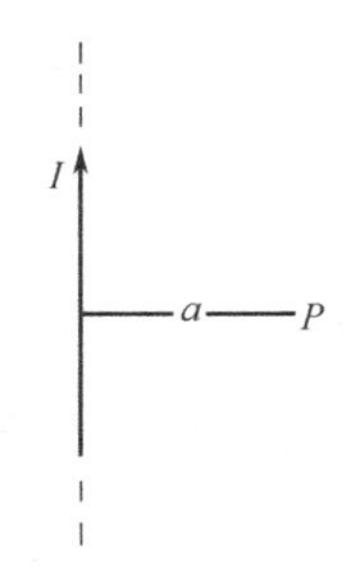

图 9-12 例 9-5

例 9-5 求无限长载流直线外场强（见图 9-12）。

解： 对无限长载流直线 $\theta_1\to\frac{\pi}{2}$，$\theta_2\to\frac{\pi}{2}$

$$B=2\,\frac{k_2 I}{a}\sin\,\frac{\pi}{2}=\frac{2k_2 I}{a}=\frac{\mu_0 I}{2\pi a}$$

例 9-6 求圆形电流过中心与圆面垂直的轴上的场强。

从图 9-13 可见 P 点的 d$\boldsymbol{B}$ 分布在一个锥面上，所有 d$\boldsymbol{B}$ 都不同方向，不可由 d$\boldsymbol{B}$ 得 $B=\int \mathrm{d}B$。应将 d$\boldsymbol{B}$ 正交分解成平行于 Ox 轴的分量 d$\boldsymbol{B}_x$ 和垂直于 Ox 轴的垂直分量 d$\boldsymbol{B}_y$。从图可见垂直分量具有轴向对称性，它们全部相互抵消，因此只要考虑水平分量即可（与电场情况类似）。

$$\mathrm{d}B_x=\mathrm{d}B\cdot\cos\theta$$

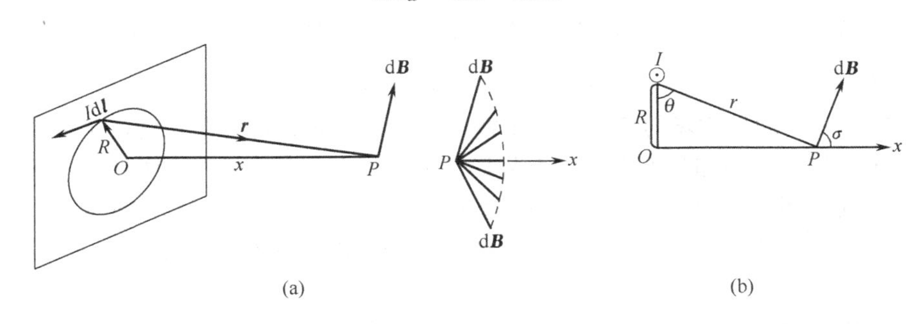

图 9-13 例 9-6

从下面可求出 $\cos\theta$

$\cos\theta=\frac{R}{r}$，用毕-沙定律求 $I\mathrm{d}\boldsymbol{l}$ 在 P 点的场强

$$\mathrm{d}B=\frac{k_2 I\mathrm{d}l}{r^2}\sin(I\mathrm{d}\boldsymbol{l},\boldsymbol{r})=\frac{k_2 I\mathrm{d}l}{r^2}\sin 90^\circ$$

分量 $\mathrm{d}B_x=\mathrm{d}B\cos\theta=\frac{k_2 I}{r^2}\frac{R}{r}\mathrm{d}l$ 方向都沿 Ox

由叠加原理

$$B_x=\int \mathrm{d}B_x=\frac{k_2 IR}{r^3}\oint_l \mathrm{d}l=\frac{k_2 IR}{r^3}2\pi R=\frac{\mu_0 R^2 I}{2r^3}$$

$$=\frac{\mu_0 R^2 I}{2(R^2+x^2)^{3/2}}$$

若 $x=0$，则中心点的磁感应强度为

$$B_O=\frac{\mu_0 I}{2R}$$

第四节 安培环路定理

图 9-14 中无限长直形电流 I 外一个闭合圆形曲线 l，设 l 所在平面与电流垂直，圆的半径为 R，电流 I 激发的磁感应强度为 $\boldsymbol{B}$，$\boldsymbol{B}$ 沿 l 线积分 为$\oint_l \boldsymbol{B}\cdot \mathrm{d}\boldsymbol{l}$，取积分方向沿图中箭头所示方向，得

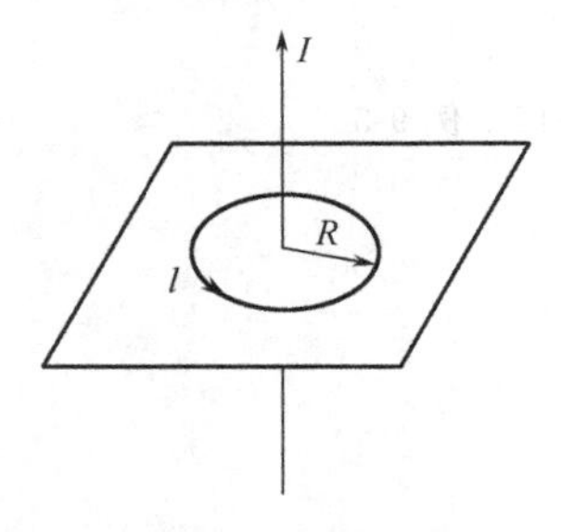

图 9-14 $\boldsymbol{B}$ 的线积分

$$\oint_l \boldsymbol{B}\cdot \mathrm{d}\boldsymbol{l}=\oint_l B\,\mathrm{d}l\cos\theta=\oint B\mathrm{d}l$$

在圆上，$B=\frac{\mu_0 I}{2\pi R}$代入上式，得

$$\oint_l \boldsymbol{B}\cdot \mathrm{d}\boldsymbol{l}=B\oint \mathrm{d}l=\mu_0 I \tag{9-11}$$

若所求闭合曲线不是圆形，曲线又不在一个平面上，同样可得出式 (9-11)。若所取闭合曲线圈的是不止一条电流，也有同样结果。沿任意曲线 l，磁感应强度的线积分与电流的关系是

$$\oint_l \boldsymbol{B}\cdot \mathrm{d}\boldsymbol{l}=\mu_0\sum I_i \tag{9-12}$$

式 (9-12) 中 $\boldsymbol{B}$ 是 l 内和 l 外的所有电流激发的磁场在 $\mathrm{d}\boldsymbol{l}$ 处的磁感应强度，$\sum I_i$ 是曲线 l 内所有电流的代数和，$\oint_l$ 表示沿封闭路线的线积分。I 与 l 构成右旋系统，则 I 为正；若 I 与 l 构成左旋系统，则 I 为负。例如图 9-15 中 I_1 与 I_3 为负、I_2 为正。

式 (9-12) 表达的是磁场的又一个重要特性，它指出磁场是非保守场，不能引入势的概念，磁场是无势场；电场却是保守场，有势场。式 (9-12) 表达的内容叫做真空中磁场的安培环流定理，安培环流定理指出：在真空磁场中，磁感应强度沿任何封闭曲线的线积分等于真空的磁导率乘封闭曲线内包围的一切电流的代数和。电流的符号与积分方向（l 方向）组成右旋系统。

前面已经提及过的下述四个积分，它们分别表示了真空中的静电场与稳恒磁场的特性。

(1) $\oint_S \boldsymbol{E}\cdot \mathrm{d}\boldsymbol{S}=\frac{1}{\varepsilon_0}\sum q$

(2) $\oint_S \boldsymbol{B}\cdot \mathrm{d}\boldsymbol{S}=0$

(3) $\oint_l \boldsymbol{E}\cdot \mathrm{d}\boldsymbol{l}=0$

(4) $\oint_l \boldsymbol{B} \cdot \mathrm{d}\boldsymbol{l} = \mu_0 \sum I$

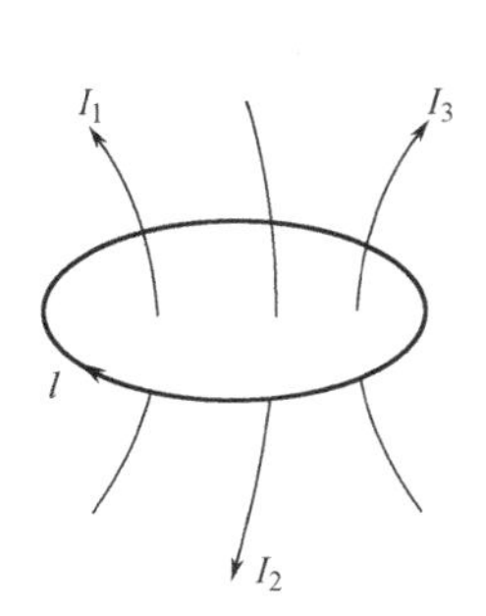

图 9-15 磁场环流定理

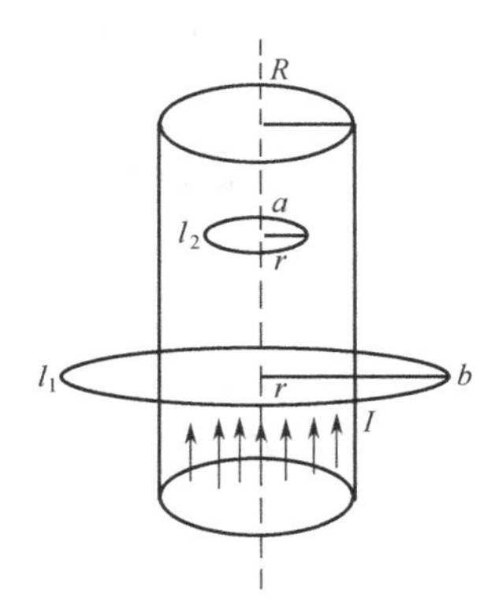

图 9-16 例 9-7

例 9-7 半径为 R 无限长导体中有电流 I 均匀流过，求导体内外任意点的磁感应强度。

解： 见图 9-16，过 b 点作半径为 r 的圆环 l_1，圆环面与电流垂直，使磁感应线与 l_1 重合，安培环流定理左边为

$$左 = \oint_{l_1} \boldsymbol{B} \cdot \mathrm{d}\boldsymbol{l} = \oint_{l_1} B\mathrm{d}l\cos\theta = \oint_{l_1} B\mathrm{d}l$$

因 l_1 上的 B 值处处相同，所以

$$左 = B\int_{l_1} \mathrm{d}l = Bl_1 = 2\pi rB$$

l_1 中圈的电流为 I，所以安培环流定理右边为

$$右 = \mu_0 I$$

左边与右边相等，得

$$B = \frac{\mu_0 I}{2\pi r} \qquad (R < r)$$

过 a 点作半径为 r 的圆环 l_2，圆环面与电流垂直，磁感应线与 l_2 重合，环流定理左边为

$$左 = \oint_{l_2} \boldsymbol{B} \cdot \mathrm{d}\boldsymbol{l} = Bl_2 = 2\pi rB$$

l_2 内圈的电流为 I'，$I' < I$，为求 I'，要先求出截面上的电流面密度 $\sigma = \frac{I}{\pi R^2}$，再求 l_2 中的 I'，显然 $I' = \pi r^2 \sigma = \frac{r^2}{R^2} I$，代入定理右边，得

$$右 = \mu_0 I' = \frac{r^2}{R^2} \mu_0 I$$

左边等于右边，得

$$B = \frac{\mu_0 I}{2\pi} \frac{r}{R^2} \qquad (r < R)$$

例 9-8 无限大的薄平板上有均匀电流流过，电流线密度 λ，求面外任意点处磁感应强度。

电流线密度 λ 的意义是单位宽度上电流［见图 9-17(a)］，图 9-17(b) 是俯视看这块板，⊙为电流方向，↓↓↑↑为磁感应线，取一闭合线路 $abcda$，两边 ad 与 bc 与磁感应线平行，另外两边 ab 与 cd 与磁感应线垂直，积分路线 $a—b—c—d—a$，环流定理的左边与右边分别为

$$左=\oint_l \boldsymbol{B}\cdot \mathrm{d}\boldsymbol{l}=\int_{ab}\boldsymbol{B}\cdot \mathrm{d}\boldsymbol{l}+\int_{bc}\boldsymbol{B}\cdot \mathrm{d}\boldsymbol{l}+\int_{cd}\boldsymbol{B}\cdot \mathrm{d}\boldsymbol{l}+\int_{da}\boldsymbol{B}\cdot \mathrm{d}\boldsymbol{l}$$

$$=0+\int_{bc}B\,\mathrm{d}l+0+\int_{da}B\,\mathrm{d}l=2B\,\overline{bc}$$

$$右=\mu_0\,\overline{bc}\cdot\lambda$$

左边等于右边，得

$$B=\frac{\mu_0\lambda}{2}$$

此式与电场中 $E=\frac{\sigma}{2\varepsilon_0}$ 相对应，若两块互相平行的无限大平板，其中电流方向相反大小相等，则两板间的磁感应强度为 $B=\mu_0\lambda$，这和平板电容器中场强 $E=\sigma/\varepsilon_0$ 相对应。

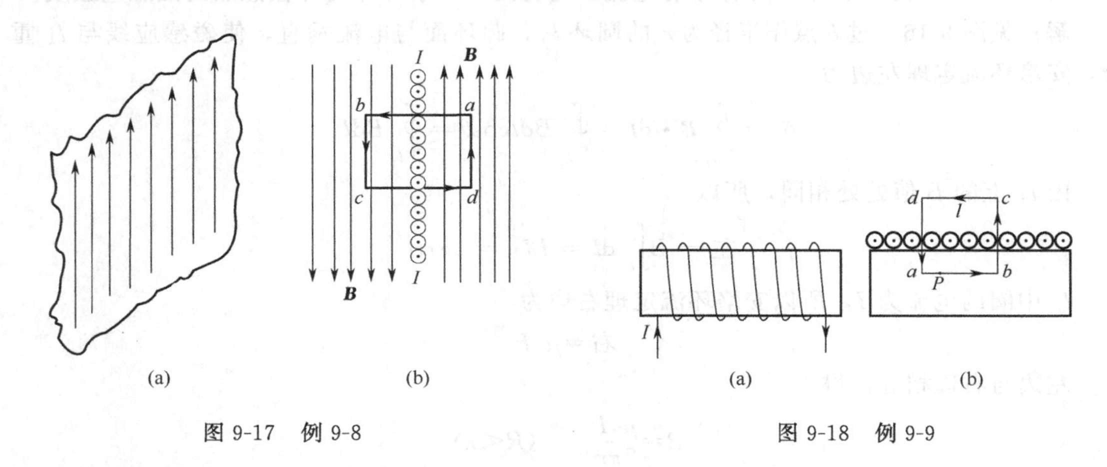

图 9-17　例 9-8

图 9-18　例 9-9

例 9-9　求密绕细长通电螺线管中磁感应强度（见图 9-18）。设螺线管中电流为 I，单位长度的匝数为 n，求管内 P 点磁感应强度。

解：过 P 点作方形封闭线路 $abcda$，用环流定理

$$\oint_l \boldsymbol{B}\cdot \mathrm{d}\boldsymbol{l}=B\cdot\overline{ab}$$

$$\mu_0\sum I=\mu_0\,\overline{ab}\cdot nI$$

$$B_{内}=\mu_0 nI$$

第五节　安 培 定 律

磁场对载流导线有作用力，此力叫安培力；磁场对运动电荷有作用力，此力叫洛伦兹力；磁场中载流线圈受磁力矩作用。

一、安培力，安培定律

求载流导线在磁场中受的安培力时，在载流导线上取电流元 $I\mathrm{d}\boldsymbol{l}$，求出此电流元 $I\mathrm{d}\boldsymbol{l}$ 受的力 $\mathrm{d}\boldsymbol{F}$，然后求合力 $\int_l \mathrm{d}\boldsymbol{F}$。见图 9-19 所示。

实验指出电流元 Idl 在磁场中受的磁场力的大小与电流元 Idl 的大小、Idl 处的磁感应强度 $\boldsymbol{B}$ 的大小及 $Id\boldsymbol{l}$ 与 $\boldsymbol{B}$ 的夹角 θ 的正弦成正比，$d\boldsymbol{F}$ 的方向在 $Id\boldsymbol{l}$ 与 $\boldsymbol{B}$ 的叉积方向。写成等式为

$$d\boldsymbol{F}=kId\boldsymbol{l}\times\boldsymbol{B}$$

在 SI 单位制下，$k=1$，得

$$d\boldsymbol{F}=Id\boldsymbol{l}\times\boldsymbol{B} \tag{9-13}$$

式（9-13）由安培从实验总结得到，称为安培定律。载流导线受的力即为

$$\boldsymbol{F}=\int_l Id\boldsymbol{l}\times\boldsymbol{B}$$

安培定律由实验得到，也可从洛伦兹力导出。

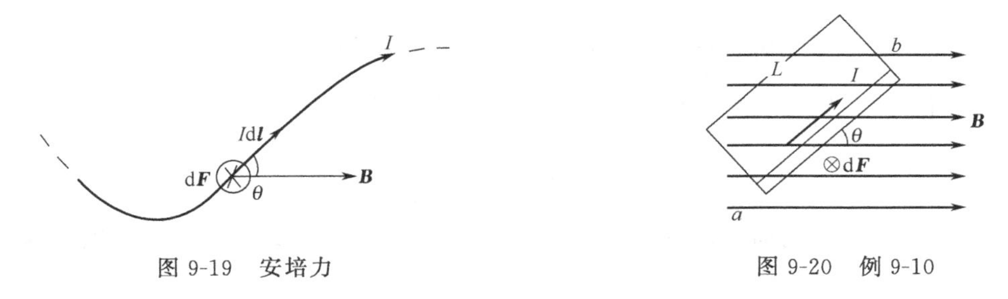

图 9-19　安培力　　　　图 9-20　例 9-10

例 9-10　求直载流导线在均匀磁场中受的安培力，见图 9-20。

解：用式（9-13），得 $d\boldsymbol{F}$ 大小为

$$dF=IB\sin\theta dl$$

$d\boldsymbol{F}$ 方向垂直纸面向内，用⊗表示之，因所有 $\boldsymbol{F}$ 的方向都相同，所以合力为

$$F=\int dF=BIL\sin\theta\quad 方向\ \otimes$$

例 9-11　求任意平面载流曲线在均匀磁场中受的安培力。见图 9-21，均匀磁场垂直纸面向内，用⊗表示，匀强磁场的磁感应强度 $\boldsymbol{B}$，在与 $\boldsymbol{B}$ 垂直的平面（如纸面）内有一条任意曲线 l，曲线的起点 a 与终点 b 间距离为 L，求此曲线受到的安培力。

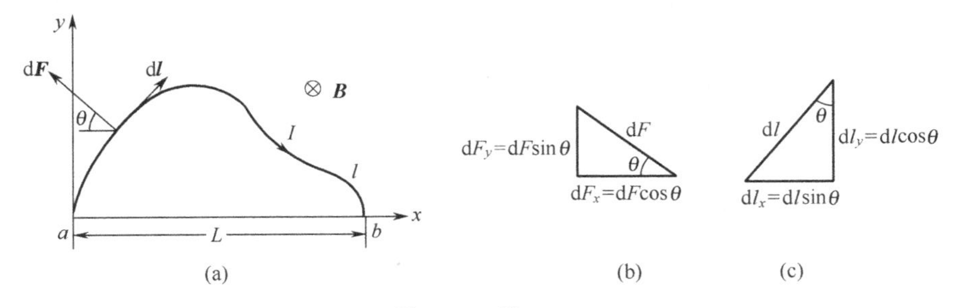

图 9-21　例 9-11

解：在 l 上取 $Id\boldsymbol{l}$，此 $Id\boldsymbol{l}$ 受力大小为

$$dF=Idl\cdot B\cdot\sin\frac{\pi}{2}=IBdl$$

$d\boldsymbol{F}$ 的方向斜上向左（如图 9-21），所有的 $d\boldsymbol{F}$ 方向不相同，不能用 $F=\int dF$，而需取坐标正交分解，然后对坐标分量积分，以 a 点为原点取 xy 坐标系。

$$dF_x = -dF\cos\theta = -IB\,dl\cos\theta = -IB\,dl_y$$

$$dF_y = dF\sin\theta = IB\,dl\sin\theta = IB\,dl_x$$

$$F_y = \int dF_y = \int IB\,dl_x = IBL \qquad y\text{ 方向}$$

$$F_x = \int dF_x = -\int IB\,dl_y = 0$$

$$F = BIL$$

例 9-12 真空中相距为 d 的两条无限长的平行直线，线中有同方向、同大小的电流 I，求载流导线上，单位长度受的力的大小$\dfrac{dF}{dl}$。

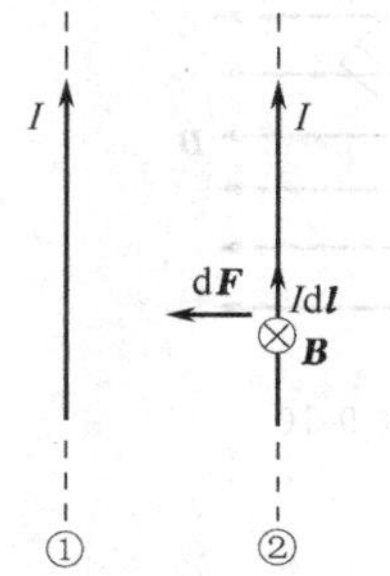

图 9-22 例 9-12

解： 见图 9-22，在导线②上取 $I\mathrm{d}\boldsymbol{l}$，$I\mathrm{d}\boldsymbol{l}$ 处磁感应强度为 $B=\dfrac{\mu_0 I}{2\pi d}$，方向⊗，由安培定律，$I\mathrm{d}\boldsymbol{l}$ 受力大小为

$$dF = I\,dl\,\frac{\mu_0 I}{2\pi d}\sin\frac{\pi}{2} = \frac{\mu_0 I^2}{2\pi d}dl$$

方向向左，可见两同方向平行电流相吸，反方向平行电流相斥。单位长度受的安培力为

$$\frac{dF}{dl} = \frac{\mu_0 I^2}{2\pi d} \tag{9-14}$$

在 SI 单位制中，电流强度的单位安培是由式（9-14）定义的。真空中相距 1m 的两根细长导线，通以等量恒定电流，若每米导线受到的相互作用力为 2×10^{-7}N 时，每根导线中的电流强度就是 1A（安培）。

二、载流线圈在磁场中受到的磁力矩

图 9-23 中 $abcd$ 为均匀磁场中的载流线圈，载流线圈在磁场中受力矩作用。图 9-23(b) 是图 9-23(a) 的俯视图。载流线圈 ab 边和 cd 边受力（$\boldsymbol{F}_1$）大小相同，方向相反，同一直线都作用于线框，此两力（$\boldsymbol{F}_1$）为一对平衡力，它们相互抵消。另外两边 ad 和 bc 受力（$\boldsymbol{F}_2$）也是大小相同，方向相反，都作用于线框，但不共线，此两力（$\boldsymbol{F}_2$）对线框形成力矩，由图 9-23(b) 知力矩为

$$M = F_2 l_1\cos\theta = BIl_1 l_2\cos\theta = BSI\cos\theta$$

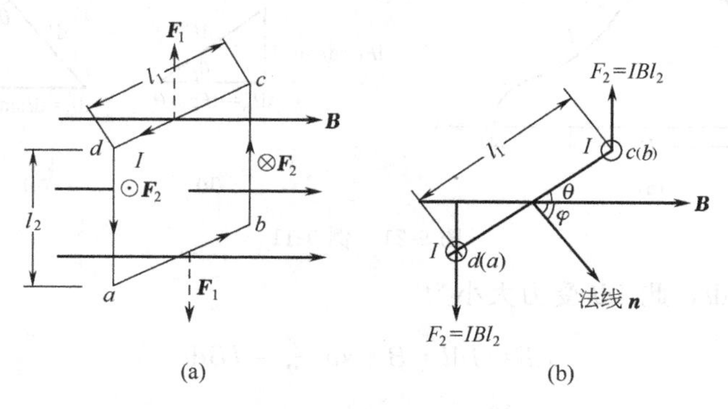

图 9-23 载流线圈在磁场中受到的磁力矩

若线框有 N 匝，$\boldsymbol{n}$ 为载流线圈的法线，φ 为法线 $\boldsymbol{n}$ 与 $\boldsymbol{B}$ 的夹角，则

$$M=NBIS\sin\varphi \tag{9-15}$$

记 NIS 为 $\boldsymbol{p}_{\mathrm{m}}$，叫做载流线圈的磁矩。$\boldsymbol{p}_{\mathrm{m}}$ 的方向为 $\boldsymbol{n}$ 方向，所以磁矩的矢量表达式为

$$\boldsymbol{p}_{\mathrm{m}}=NIS\boldsymbol{n}$$

式（9-15）写成矢量形式为

$$\boldsymbol{M}=\boldsymbol{p}_{\mathrm{m}}\times\boldsymbol{B} \tag{9-16}$$

由式（9-15）可见，M 有极大值 $NBIS$ 和极小值 0。当 $\varphi=\frac{\pi}{2}$ 时，图 9-24（a）$M_{\max}=NBIS$，此时线圈法线与 $\boldsymbol{B}$ 垂直，线圈平面与 $\boldsymbol{B}$ 平行。当 $\varphi=0$ 时，$M_{\min}=0$，此时线圈法线与 $\boldsymbol{B}$ 平行，线圈平面与 $\boldsymbol{B}$ 垂直。这个 $M=0$ 的位置是线圈在磁场中的平衡位置［见图9-24(b)］，由此可见载流线圈在均匀磁场中时，线圈要力图转向线圈平面与磁场垂直的位置，到达平衡位置。

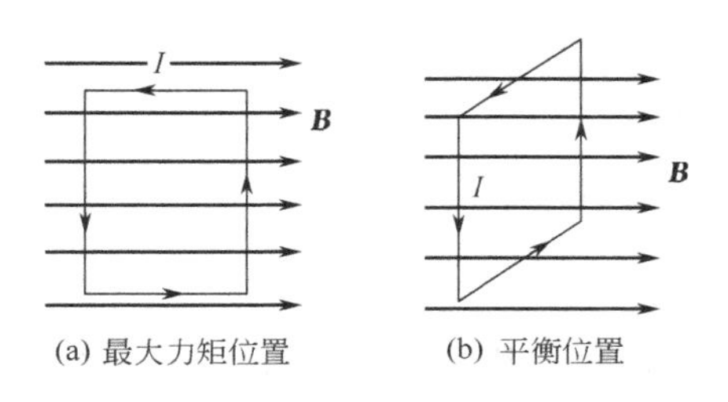

图 9-24　载流线圈在均匀磁场中

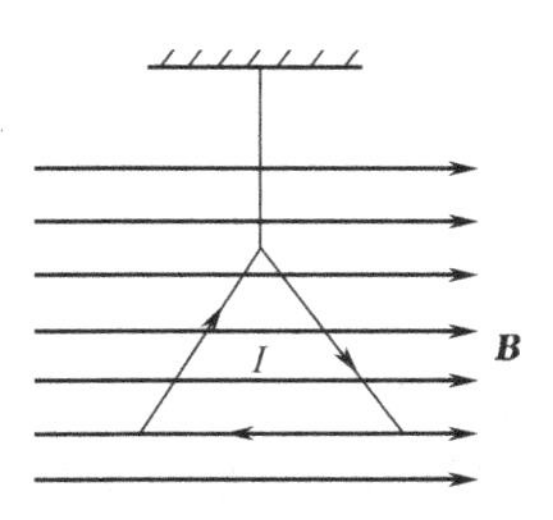

图 9-25　例 9-13

例 9-13　判别图 9-25 中载流线圈受磁力作用后的转向。

解：因载流线圈的磁矩 $\boldsymbol{p}_{\mathrm{m}}$ 与 $\boldsymbol{B}$ 成 90°，俯视此线框将顺时针转动$\frac{\pi}{2}$到达它的平衡位置。

三、洛伦兹力

电荷 q 在磁场中运动时受到磁场作用力，此力为洛伦兹力（见图 9-26 所示）。洛伦兹力为

$$\boldsymbol{F}=q\boldsymbol{v}\times\boldsymbol{B}$$

（1）若初速度 $\boldsymbol{v}$ 与 $\boldsymbol{B}$ 垂直　带电粒子作匀速圆周运动时，洛伦兹力为向心力

$$qvB=m\frac{v^2}{R}$$

得　　半径　$R=\dfrac{mv}{qB}$　　(9-17)

周期　$T=\dfrac{2\pi R}{v}=\dfrac{2\pi m}{qB}$　　(9-18)

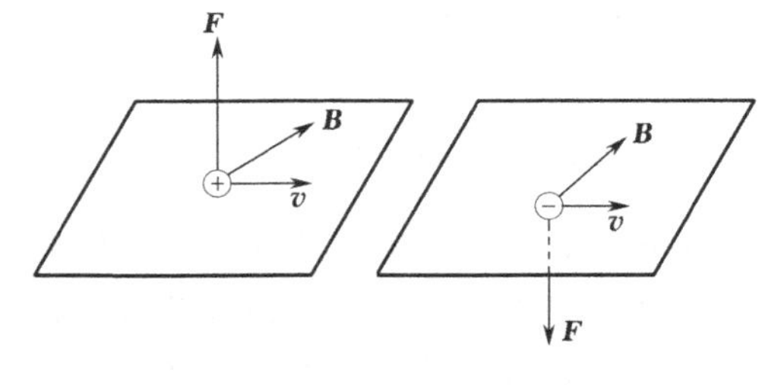

图 9-26　洛伦兹力

从图 9-27 可见，粒子转弯时 $\boldsymbol{v}$ 和 $\boldsymbol{F}$ 都改变了方向，但是 $\boldsymbol{F}$ 与 $\boldsymbol{v}$ 始终正交（$\boldsymbol{F}=q\boldsymbol{v}\times\boldsymbol{B}$），即 $\boldsymbol{F}$ 与粒子的位移矢量 $\mathrm{d}\boldsymbol{l}$ 始终正交。所以洛伦兹力起向心力作用，使带电粒子作匀速圆周运动，但是对粒子不做功。

（2）若初速度 $\boldsymbol{v}$ 与 $\boldsymbol{B}$ 有夹角　此时带电粒子做螺旋运动，将速度分解为沿 $\boldsymbol{B}$ 方向的分量 $\boldsymbol{v}_{/\!/}$ 和与 $\boldsymbol{B}$ 垂直方向的分量 $\boldsymbol{v}_{\perp}$。垂直分量 $\boldsymbol{v}_{\perp}$ 使带电粒子作匀速圆周运动，向心力为 $F=qv_{\perp}B=qvB\sin\theta$；水平分量 $\boldsymbol{v}_{/\!/}$ 使粒子沿 $\boldsymbol{B}$ 方向做匀速直线运动，两者叠加成螺旋运动。图 9-28 表示这种螺旋运动。

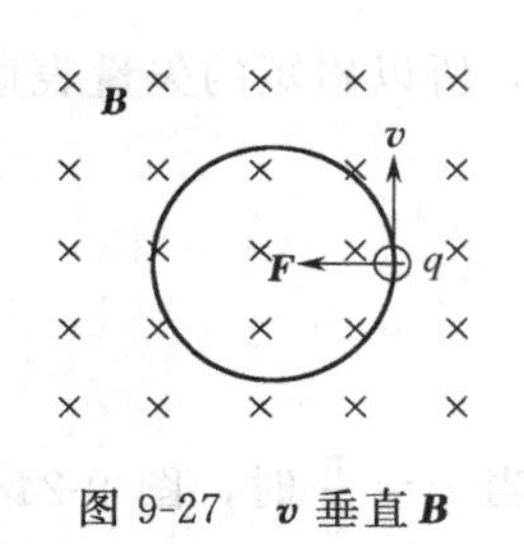

图 9-27 $\boldsymbol{v}$ 垂直 $\boldsymbol{B}$

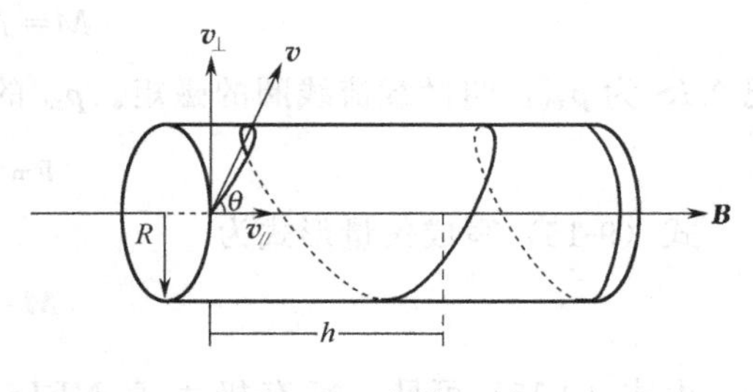

图 9-28 螺旋运动

螺旋运动的周期仍为

$$T=\frac{2\pi m}{qB}$$

半径 $R=\frac{mv_{\perp}}{qB}=\frac{mv\sin\theta}{qB}$ (9-19)

螺距 $h=v_{/\!/}T=\frac{2\pi mv\cos\theta}{qB}$ (9-20)

第六节 磁场力应用举例

一、霍耳效应

图 9-29 中厚为 d、宽为 b 的导体置于磁场 $\boldsymbol{B}$ 中，沿垂直 $\boldsymbol{B}$ 的方向通电流后，导体上下两个侧面 A 与 A' 会分别聚集正负电荷，AA'间出现电势差，此现象称为霍耳效应。

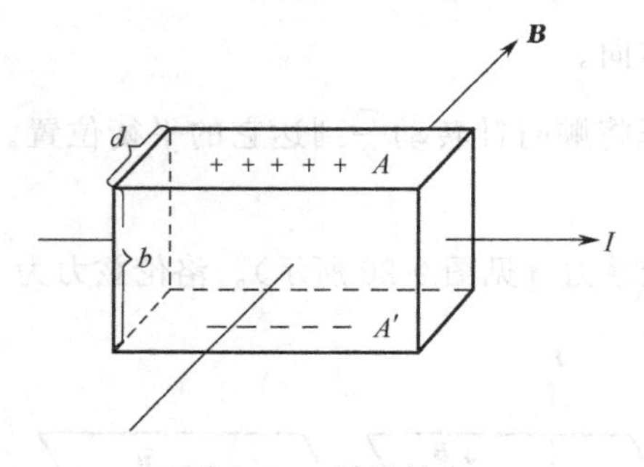

图 9-29 霍耳效应

AA'间电势差叫做霍耳电势差，记作 U_{H} 或 $U_{AA'}$。实验在 $\boldsymbol{B}$ 不太强的条件下进行。

$$U_{AA'}=K_{\mathrm{H}}\frac{IB}{d} \tag{9-21}$$

式 (9-21) 中 K_{H} 叫做材料的霍耳系数。可用洛伦兹力导得 K_{H} 与载流子的电量 q 及载流子的粒子数密度 n 的关系为

$$K_{\mathrm{H}}=\frac{1}{nq} \tag{9-22}$$

对金属而言，n 一般很大，约 $10^{22}\mathrm{m}^{-3}$，因此金属的 K_{H} 很小，霍耳效应不明显。半导体的 n 较小，约 $10^{15}\mathrm{m}^{-3}$，所以半导体的 K_{H} 较大，半导体有较明显的霍耳效应。霍耳效应有较大的实用意义，可以用一块霍耳片测量磁场中的 B 值，也可用以确定载流子的粒子数密度及载流子带电类型等。

二、速度选择器

带电粒子在电场中运动时受到电场力 $q\boldsymbol{E}$，在磁场中运动时受到磁场力（洛伦兹力）$q\boldsymbol{v}\times\boldsymbol{B}$。带电粒子在正交的电磁场中运动时，调节电磁场的 E 值与 B 值，可以只允许某种速率的粒子通过，其他速率的粒子都不能通过，此设备叫做带电粒子的速度选择器，图 9-30 是它的示意图。

靠得很近的电极 P_1P_2 形成的电场向右，磁场垂直纸面向外。带电粒子 q 受电场力与磁场力，电场力向右，磁场力向左。在两力大小相等时，粒子走直线通过电磁场；两力大小不相等时，粒子在电磁场中偏转不能通过。

$$qE = qvB$$

$$v = \frac{E}{B} \tag{9-23}$$

只有速度满足式（9-23）的带电粒子才能直线通过。

三、质谱仪

图 9-31 是质谱仪的示意图，离子源产生的离子经过加速电场 S_1S_2 射入速度选择器。经过速度选择器出来的离子有共同的速度，但质量不一定相同。速度相同，质量可能不同的带电粒子进入一个均匀磁场 B_2，粒子在 B_2 中做匀速圆周运动，半径为

$$R = \frac{mv}{qB_2} = \frac{mE}{qB_1B_2} \tag{9-24}$$

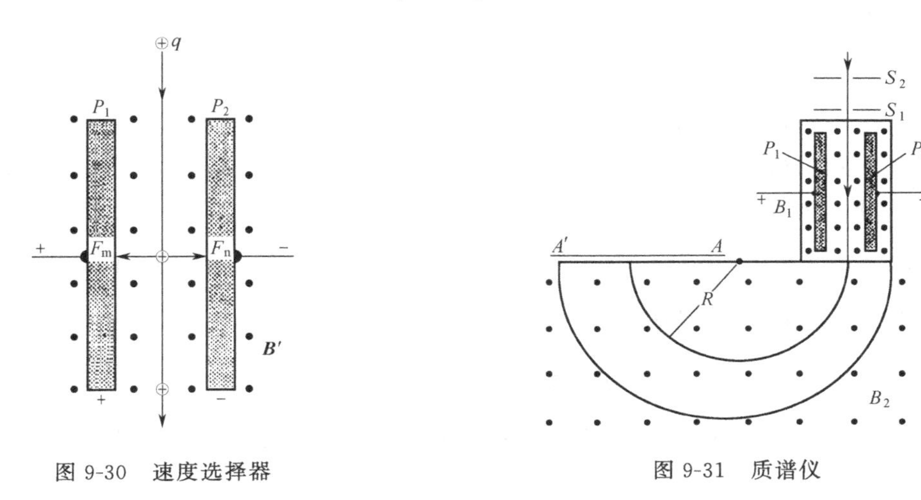

图 9-30　速度选择器　　　　图 9-31　质谱仪

式（9-24）中各离子束的 E, B_1, B_2 都相同，但是$\frac{q}{m}$不同造成在 B_2 中匀速圆周运动的半径不同。离子就按$\frac{q}{m}$的大小分成几束，形成不同的匀速圆周运动，落在感光底板 AA' 的不同位置上，排成一个“队”形成一个谱，这台设备（仪器）叫做质谱仪。式（9-24）可写成

$$\frac{q}{m} = \frac{E}{RB_1B_2} \tag{9-25}$$

质谱仪可用于测定带电粒子的电荷与质量之比（荷质比）。

例 9-14　图 9-32 所示，将一块半导体薄片放在 xy 平面内，沿 x 方向通入电流 I，沿 z 方向有一均匀磁场，若实验测得样片两侧的电势差 $V_A - V_{A'} > 0$，此半导体中载流子带正电还是带负电。

解：若 $q>0$，则 q 受的洛伦兹力 $\boldsymbol{F} = q\boldsymbol{v} \times \boldsymbol{B}$，$\boldsymbol{v}$ 与电流流向相同（即 $+x$ 方向），电荷受力向 $-y$ 方向，正电荷应向 A 面集中，$V_A > V'_{A'}$，是符合实验结果的，所以载流子带的为正电。若 $q<0$，则 q 受力为 $\boldsymbol{F} = -|q|\boldsymbol{v} \times \boldsymbol{B}$，$\boldsymbol{v}$ 与电流流向相反（$-x$ 方向），电荷受力也是向 $-y$ 方向，负电荷应向 A 面集中，$V_A < V_{A'}$，不符合实验结果，所以载流子带电不是负电荷。半导体中正电载流子为空穴，空穴导电的半导体为 P 型半导体，这块半导体是 P 型半导体。

例 9-15　图 9-33 为正交的匀强电场 E 与匀强磁场 B，一个自由电子 e 用与 $\boldsymbol{E}$ 成 θ 角，与 $\boldsymbol{B}$ 垂直的速度 $\boldsymbol{v}$ 运动。

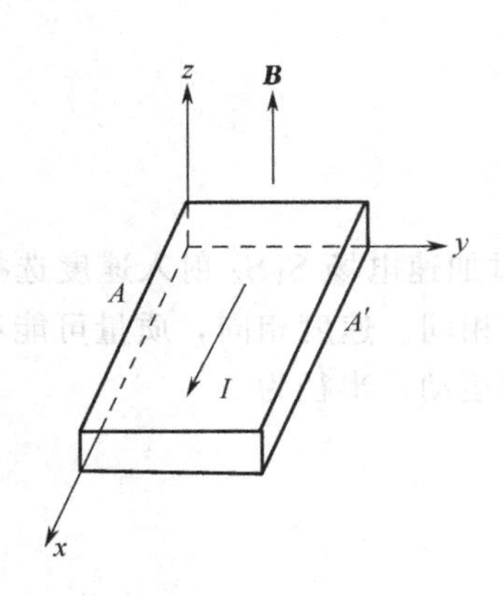

图 9-32　例 9-14

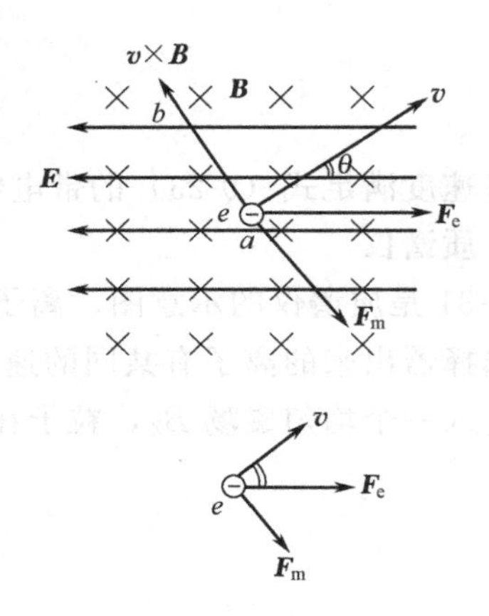

图 9-33　例 9-15

求① 电子受的电场力 $\boldsymbol{F}_e$；

② 电子受的磁场力 $\boldsymbol{F}_m$。

解：①$\boldsymbol{F}_e = e\boldsymbol{E}$，大小为 $F_e = eE$，方向与 $\boldsymbol{E}$ 方向相反。

② $\boldsymbol{F}_m = e\boldsymbol{v}\times\boldsymbol{B}$，大小为 $evB\sin\frac{\pi}{2} = evB$，$\boldsymbol{v}\times\boldsymbol{B}$ 的方向是 $a\to b$ 的方向，因 $e<0$，所以 $\boldsymbol{F} = e\boldsymbol{v}\times\boldsymbol{B}$ 的方向是 $b\to a$ 的方向。

第七节　磁 力 的 功

图 9-34 为均匀磁场中长为 L 的细棒中通有电流 I，棒受磁场力（安培力）

$$F = BIL$$

棒在安培力作用下产生位移 Δx，安培力对棒做功，此功为

$$A = F\Delta x = BIL\Delta x = BI\Delta S = I\Delta\Phi \tag{9-26}$$

式（9-26）虽然是在均匀磁场、直载流导线、导线与磁场垂直的特殊条件下得到的，但是式（9-26）有着普遍意义，适用于载流导体在磁场中运动时，磁力的功和载流回路在磁场中转动时磁力矩的功；也适用于非均匀磁场中，磁力对载流曲线做的功。

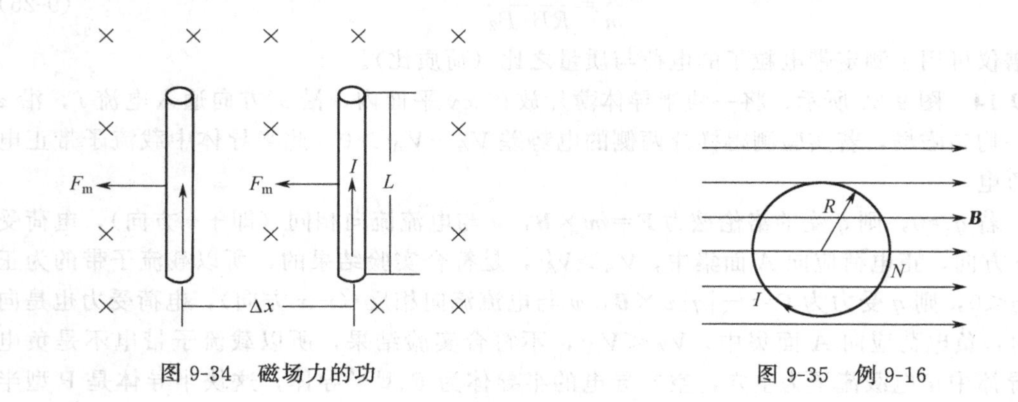

图 9-34　磁场力的功　　图 9-35　例 9-16

例 9-16　图 9-35 所示，纸面内有一均匀磁场，纸面内有一载流圆形线圈，磁场的磁感应强度为 B，线圈中电流 I，半径 R，匝数 N。按第五节的二所述，线圈将转过$\frac{\pi}{2}$，到 $\boldsymbol{p}_m$

与外场平行的平衡位置，求此过程中磁场力对线圈做的功。

解：由式（9-26），此功为

$$A=IN\Delta\Phi=\pi NIBR^2$$

第八节 磁 介 质

电场中的电介质由于电极化产生极化电荷，极化电荷的附加电场削弱了没有电介质时的原有电场。有电介质时的电场 $\boldsymbol{E}$ 是原电场 $\boldsymbol{E}_0$ 和附加电场 $\boldsymbol{E}'$ 的合电场，$\boldsymbol{E}=\boldsymbol{E}_0+\boldsymbol{E}'$，因 $\boldsymbol{E}'$ 与 $\boldsymbol{E}_0$ 方向相反，故 $E=E_0-E'=\dfrac{E_0}{\varepsilon_r}$，$\varepsilon_r$ 为电介质的相对介电常数。磁场中的磁介质会由于磁场的作用具有磁性，这叫做介质的磁化。介质磁化后，磁介质内也会产生附加磁场 $\boldsymbol{B}'$，磁介质内的磁场是原磁场与附加磁场的合成

$$\boldsymbol{B}=\boldsymbol{B}_0+\boldsymbol{B}' \tag{9-27}$$

不同的是 $\boldsymbol{B}'$ 可能削弱原磁场，也可能加强原磁场。电场中引入了一个辅助物理量电位移 $\boldsymbol{D}$，对均匀的各向同性电介质 $\boldsymbol{D}=\varepsilon\boldsymbol{E}$，$\boldsymbol{D}$ 是与电介质无关的物理量。磁场中也引入一个辅助物理量 $\boldsymbol{H}$，$\boldsymbol{H}$ 也是矢量，叫磁场强度，对均匀的各向同性磁介质 $\boldsymbol{H}=\dfrac{\boldsymbol{B}}{\mu}$。$\mu_r=\dfrac{\mu}{\mu_0}$ 叫做磁介质的相对磁导率，μ 叫做介质的磁导率。$\boldsymbol{B}$ 是与磁介质有关的物理量，$\boldsymbol{H}$ 可以是与磁介质无关的物理量。在真空中 $\boldsymbol{H}=\dfrac{\boldsymbol{B}}{\mu_0}$，在磁介质内 $\boldsymbol{H}=\dfrac{\boldsymbol{B}}{\mu}$。$\boldsymbol{H}$ 的单位是 $\boldsymbol{B}$ 的单位与 μ_0 的单位的组合，为 $\mathrm{T\cdot N^{-1}\cdot A^2=A\cdot m^{-1}}$。

按磁性分，物质可以分为三类。

（1）顺磁物质　顺磁物质中附加磁场 $\boldsymbol{B}'$ 与原磁场 $\boldsymbol{B}_0$ 同方向，磁介质中的磁场为 $B=B_0+B'$，B 大于 B_0，这类物质的相对磁导率 $\mu_r>1$。锰、铬、铂、氮、氧等均为顺磁物质。

（2）抗磁物质　抗磁物质中附加磁场 $\boldsymbol{B}'$ 与原磁场 $\boldsymbol{B}_0$ 反方向，磁介质中的磁场为 $B=B_0-B'$，B 小于 B_0，这类物质的相对磁导率 $\mu_r<1$。汞、铜、硫、氯、金、银、锌、铅等均为抗磁物质，抗磁物质也叫做逆磁质。

（3）铁磁质　抗磁物质的 μ_r 值与 1 相差不大，大多数顺磁物质的 μ_r 值与 1 也相差不大。但是铁、钴、镍、钆及其合金的 μ_r 值很大，并且具有一些特殊的性质。例如 μ_r 与 $\boldsymbol{H}$ 有关，磁化时有剩磁现象等，这类物质叫做铁磁质，这类物质表现的磁性叫做铁磁性。

铁磁质的特性与固体的结构状态有关，铁磁质的磁畴理论指出，在铁磁质内部有许多自发饱和磁化的小区域，叫做磁畴。图 9-36 是多晶铁磁质中磁畴的示意图，箭头为磁畴的磁场取向。

在无外磁场时，晶体中磁畴的磁矩方向排列是杂乱无章的，宏观上不表现出磁性。有磁场时，自发磁化方向与外场相接近的磁畴将在外场作用下扩大，自发磁化方向与外场相差较大的磁畴将在外场作用下缩小，若外场较强，与外场方向偏离较大的磁畴会消失，晶体中所有磁畴的自发取向按外磁场方向整齐排列一致，磁化达到饱和。图 9-37 为铁磁质在外场下磁畴并吞过程的示意。

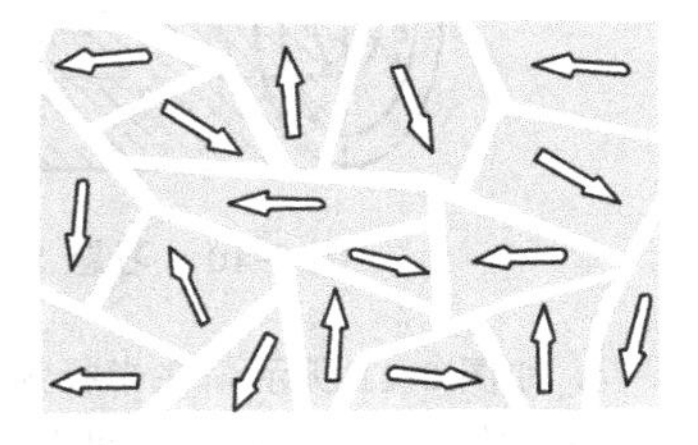

图 9-36　多晶铁磁质中的磁畴

真空中磁场的环流定理为 $\oint_l \boldsymbol{B}\cdot\mathrm{d}\boldsymbol{l}=\mu_0\sum I$，在磁介质中的磁场的环流定理为

$$\oint_l \boldsymbol{H} \cdot \mathrm{d}\boldsymbol{l} = \sum I \tag{9-28}$$

也能使用式（9-28）求少数有对称性的有介质的磁场强度。

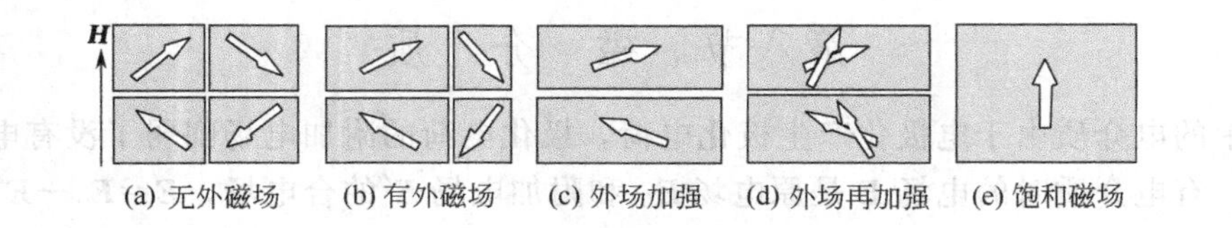

图 9-37　磁畴并吞、饱和磁化过程

习　　题

1. 如图 9-38 所示，在半径为 R 的木球上密绕着细导线，相邻的导线平行，以单层盖住半个球面，共 N 匝，设导线中通有电流 I，求球心 O 处的磁感应强度。

2. 横截面为矩形的螺绕环，尺寸如图 9-39 所示，设环上共绕 N 匝导线，并通有电流 I。

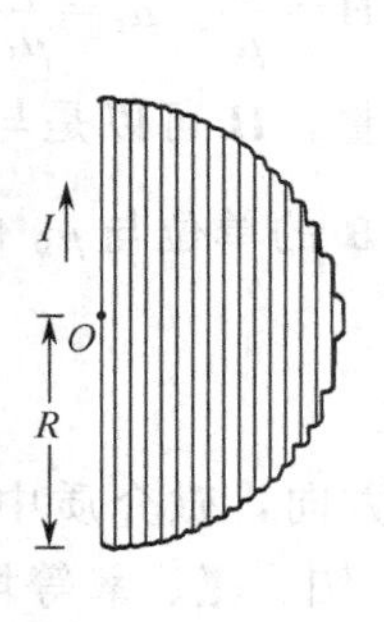

图 9-38　习题 1 图

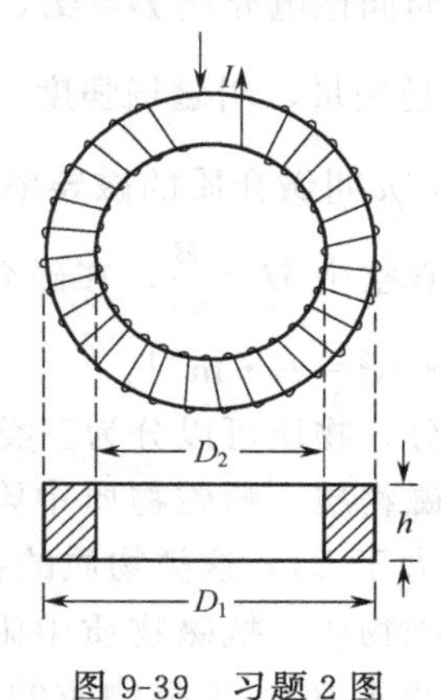

图 9-39　习题 2 图

① 求环内磁感应强度分布；

② 证明通过螺绕环截面（图中阴影区）的 B 的通量为

$$\Phi_{\mathrm{m}} = \frac{\mu_0 NIh}{2\pi} \ln \frac{D_1}{D_2}$$

3. 圆柱形长直同轴电缆，其尺寸如图 9-40 所示，电缆中通有等值反向电流 I，求电缆内外各部分的磁感应强度值的分布，以及沿导线长度方向单位长度上通过 S 平面的 B 通量。

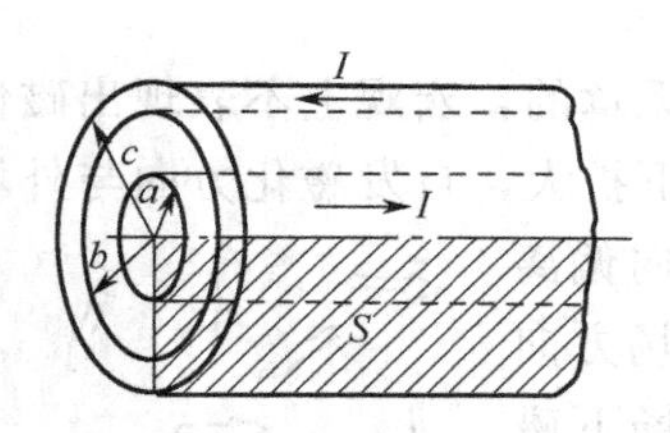

图 9-40　习题 3 图

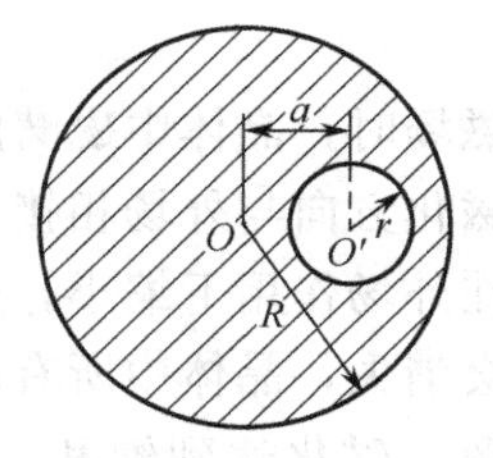

图 9-41　习题 4 图

4. 如图 9-41 所示，在半径为 $R=5\text{cm}$ 的长直圆柱导体内部，与轴线平行地挖去一块半径为 $r=1.5\text{cm}$ 的长圆柱体，两圆柱形轴线间距离为 $a=2.5\text{cm}$（横断面见图），当沿轴向通以电流 $I=5\text{A}$，并设电流均匀分布时：

求 ① 圆柱形导体轴线上的磁感应强度 B_O 的大小；

② 圆柱形空穴轴线上的磁感应强度 B_O'的大小。

5. 彼此相距 10cm 的三条平行长直导线载有方向相同大小相等的电流 10A，试求各导线每厘米所受作用力。

6. 在真空中，有两根互相平行的无限长直导线 L_1 和 L_2，相距 0.10m，通有方向相反的电流，$I_1=20A$，$I_2=10A$，如图 9-42 所示，A,B 两点与导线在同一平面内。这两点与导线 L_2 的距离均为 5.0cm。试求 A,B 两点处的磁感应强度，以及磁感应强度为零的点的位置。

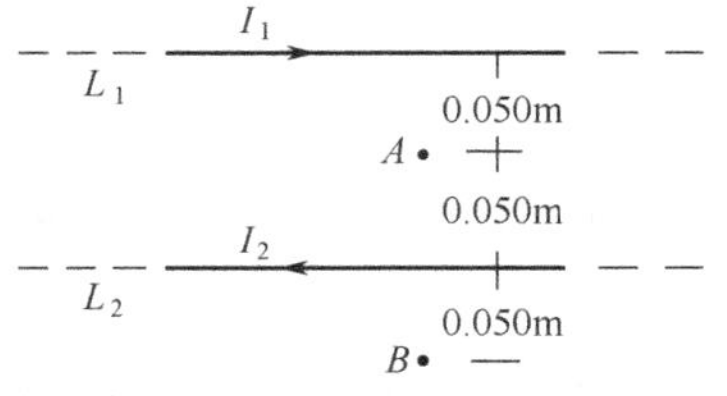

图 9-42　习题 6 图

7. AA'和 BB'为两个正交地放置的圆形线圈，其圆心相重合，AA'线圈半径为 20.0cm，共 10 匝，通有电流 10.0A；BB'线圈半径为 10.0cm，共 20 匝，通有电流 5.0A。求两线圈公共中心 O 点的磁感应强度。

8. 载有电流 $I=4A$ 的无限长直导线，中部弯成半径 $r=0.11m$ 的半圆环形，如图 9-43 所示。求环中心 O 的磁感应强度。

9. 一正方形线圈 $ABCD$，每边长度为 a，通有电流 I。求：

① 正方形中心 O 处磁感应强度的大小；

② 对角线 BD 上的 P 点处磁感应强度的大小，已知$\angle DAP=15°$；

③ 正方形轴线上与中心 O 相距为 x 的任一点处磁感应强度的大小。

10. 两圆线圈，半径均为 R，平行地共轴放置，两圆心 O_1,O_2 相距为 a，所载电流均为 I，且电流方向相同。以 O_1O_2 连线的中点 O 为原点，求轴线上坐标为 x 的任一点处磁感应强度的大小。

11. 如图 9-44 所示，一根无限长直导线，通有电流 I，中部一段弯成圆弧形。求图中 P 点磁感应强度的大小。

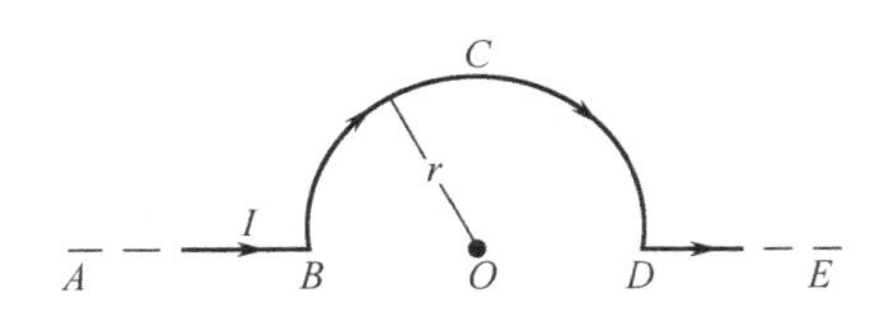

图 9-43　习题 8 图

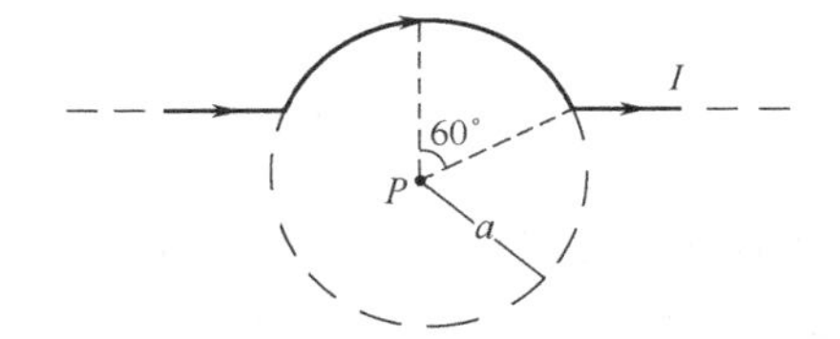

图 9-44　习题 11 图

第十章 电磁感应

第一节 电磁感应现象

图 10-1 中 ab 棒切割磁感应线时，ab 棒中有电动势，这就是动生电动势，实验发现

$$\varepsilon = Blv \tag{10-1}$$

a 点的电势比 b 点的电势高，电动势 ε 由 b 指向 a，即动生电动势的指向与 $\boldsymbol{v} \times \boldsymbol{B}$ 的方向一致。也可用右手定则来确定 ε 的指向，用右手定则时，伸开右手，撑开拇指，让磁通量穿过掌心，拇指指向速度方向，四指的指向即动生电动势方向。式（10-1）中，棒的速度 v、棒所在处匀强磁场 B 和棒体 ab 三者必须互相垂直，若有不垂直者，应正交分解，用其垂直分量。

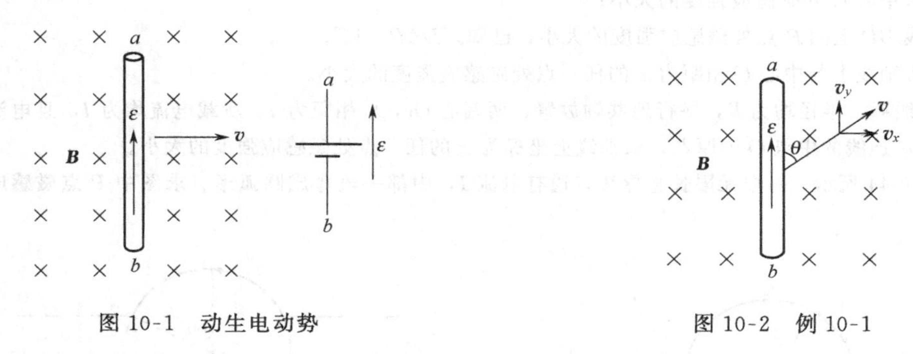

图 10-1 动生电动势　　图 10-2 例 10-1

例 10-1 求图 10-2 中棒 ab 中的动生电动势。

解： $\boldsymbol{v}$ 与 ab 不垂直，需正交分解：

$$v_x = v\sin\theta, \qquad v_y = v\cos\theta$$

v_y 不切割磁通，不产生电动势，v_x 切割磁通，产生电动势

$$\varepsilon = Blv_x = Blv\sin\theta$$

图 10-3 中，条形磁铁插入或拔出螺线管时，绕组 ab 中磁通量增加或减少，绕组中会有电动势和电流，这就是感生电动势和感应电流。当条形磁铁插入螺线管时，感生电流方向是 $a \to$ $\boxed{R}$ $\to b$，a 点电势比 b 点的电势高，感生电动势 ε 的指向是 $b \to a$，ε 是电源的电动势，螺线管相当于一只电池。

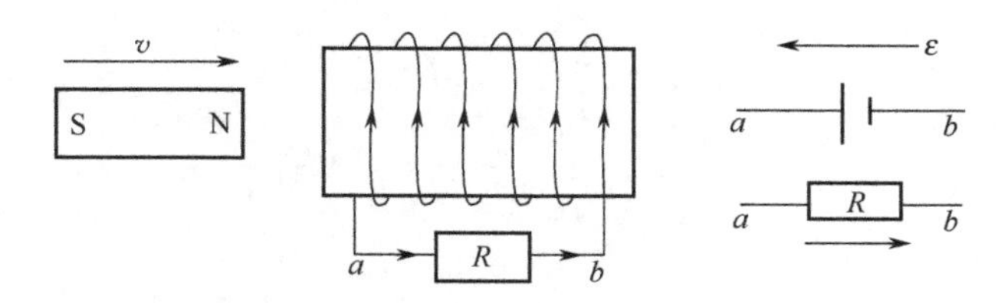

图 10-3 感生电动势

第二节　法拉第电磁感应定律、楞次定律

法拉第确定了回路中磁通变化产生的感应电动势与回路中磁通量对时间变化率间的定量关系

$$\varepsilon=-\frac{\mathrm{d}\Phi}{\mathrm{d}t} \tag{10-2}$$

若回路有 N 匝，式（10-2）变形为

$$\varepsilon=-N\frac{\mathrm{d}\Phi}{\mathrm{d}t}=-\frac{\mathrm{d}\psi}{\mathrm{d}t} \tag{10-3}$$

$\psi=N\Phi$，叫做回路中的磁通链，也叫做回路中的总磁通。式（10-2）和式（10-3）中的负号表示感应电动势的方向，它是楞次定律的数学表示（见图 10-4）。

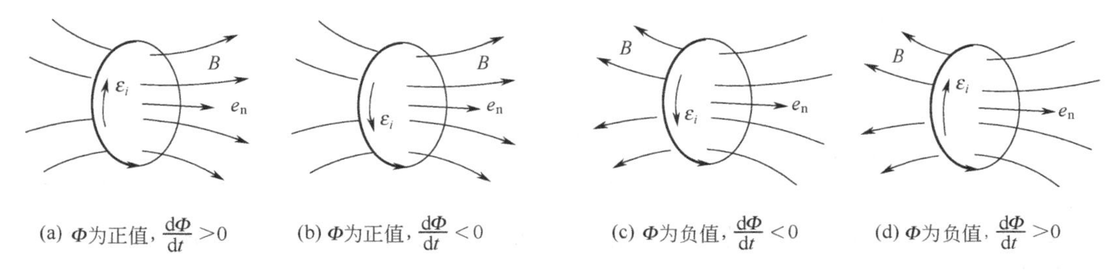

图 10-4　法拉第电磁感应定律中负号的意义

楞次确定了感应电动势和感应电流的方向，楞次定律指出：感应电流的方向总是使感应电流的磁场与引起感应电流的原有磁场的变化的方向相反。用这条定律时，第一步应确定讨论对象是哪一个回路及回路中原磁场是什么样的；第二步应看回路中原磁场发生了什么变化，回路中的磁通是少了，还是多了，少了哪一种，多了哪一种；第三步由感应电流的磁场反抗（或补偿、或抵消）原磁场的变化，从而确定感应电流的磁场；第四步，由感应电流的磁场确定出感应电流和感应电动势。

例 10-2　均匀磁场，磁感应强度 B，磁场方向垂直纸面向里，在垂直磁场的平面内有一个边长为 l 的正方形，若长度不变，正方形变为一个圆，求回路中感应电流的方向（见图 10-5）。

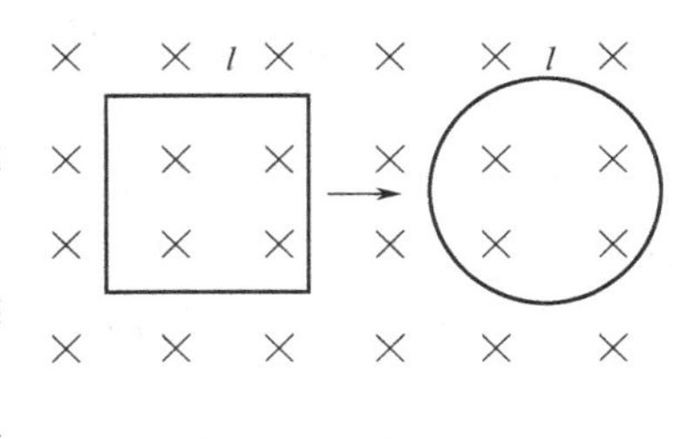

图 10-5　例 10-2

解： 正方形变形为边长不变的圆时，圆的面积比正方形面积大，磁通（BS）也因此增加了，试分四步确定感生电流的方向。

1	2	3	4
⊗	+⊗	+⊙	ε ⊙ I
原磁通⊗	回路中增加了磁通⊗	回路中感生磁场反抗 2 中变化，应增加⊙	由⊙确定感生电流为逆时针方向

例 10-3　长为 L 的细棒在匀强磁场中匀速转动，求棒中感应电动势（见图 10-6）。

解： OA 在磁场中切割磁力线，OA 中应有感应电动势，但不能直接用动生电动势公式（10-1），因为 OA 上各点线速度不同。可在 OA 上取 $\mathrm{d}r$，$\mathrm{d}r$ 的速度为 $r\omega$，对 $I\mathrm{d}r$ 可用式

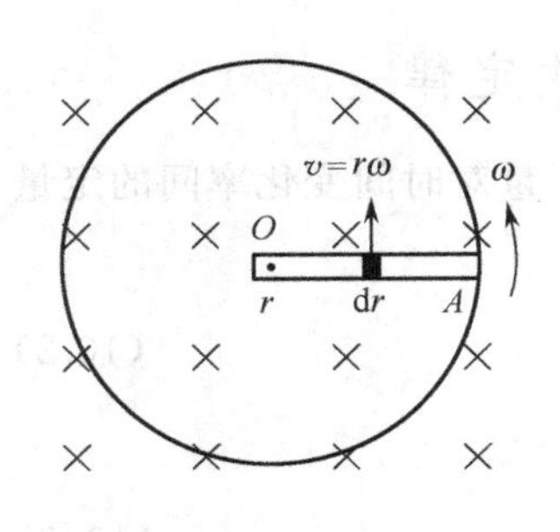

图 10-6 例 10-3

(10-1)，得 $d\varepsilon=Bvdr=Br\omega dr$，因各 dr 中电动势 $d\varepsilon$ 为串接，所以棒中电动势为 $\varepsilon=\int d\varepsilon$，代入积分，得

$$\varepsilon=\int_0^L Br\omega\,dr=\frac{1}{2}B\omega L^2$$

用右手法则能得出，感应电动势的指向是 $A\to O$，O 点电势比 A 点电势高。

例 10-4 图 10-7 中 L_1 与 L_2 为同轴两个线圈，L_1 与软导线 cd 连接，电池 ε_0 与另一段平行 cd 的导线 ef 连接，L_2 与一根长为 l 的金属棒 ab 连接，ab 在匀强磁场中运动，请在下表中填上“吸”、“斥”或“不作用”字样。

金属棒 ab 运动情况	导线 cd 与导线 ef 的相互作用
ab 匀速运动时	
ab 加速运动时	
ab 减速运动时	

解：① v 若为匀速，ab 中动生电动势 $\varepsilon_1=Blv$，v 为匀速时，ε_1 是恒定的，L_2 中电流是恒定的，L_2 和 L_1 中的磁通是不变的，L_1 中无感应电动势也无感应电流，cd 中无电流，cd 与 ef 间无相互作用。

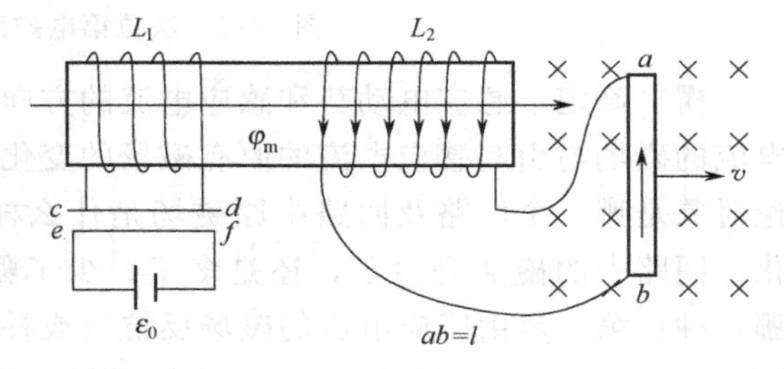

图 10-7 例 10-4

② v 为加速时，$\varepsilon_2=Blv$ 变大，L_2 中电流变大，L_2 和 L_1 中的磁通变多，增加的磁通的方向向右，L_1 中感生电流的反磁通必定向左，L_1 中的感生电流就沿 cd 向右，ef 中的电流也向右，此时 cd 中的感应电流与 ef 中的稳恒电流同方向，导线 cd 与 ef 相互吸引。

③ v 为减速时，cd 与 ef 相斥，分析方法同②。

第三节 动生和感生电动势

动生电动势可用洛伦兹力解释，产生动生电动势的非静电力就是洛伦兹力。感生电动势要用麦克斯韦的感生电场解释，产生感生电动势的非静电力就是感生电场力。

图 10-8 表示产生动生电动势的非静电力是洛伦兹力，ab 为金属棒，金属棒运动时，其中电子也随之运动，电子受到指向 b 端的洛伦兹力，电子向 b 端集中，ab 中有了电动势，电动势指向为 $b\to a$，ab 两端有了电势差，$U_a>U_b$。用右手定则判断动生电动势的方向，也得到同样的结果。

图 10-9 中金属环放在磁场中，磁场不变（B 不变），金属环所围面积 S 变时，环中有感应电动势和感应电流。金属环所围面积 S 不变，磁场变时（B 变），环中也有感应电动势和感应电流，感应电动势分别为

$$\varepsilon=-\frac{d\Phi}{dt}=-\frac{d(BS)}{dt}=-B\frac{dS}{dt}\tag{10-4}$$

和 $$\varepsilon=-\frac{\mathrm{d}\Phi}{\mathrm{d}t}=-\frac{\mathrm{d}(BS)}{\mathrm{d}t}=-S\frac{\mathrm{d}B}{\mathrm{d}t} \tag{10-5}$$

得到式（10-4）和式（10-5）时用到了 $\Phi=BS$，所以应用这两个式子时是有条件的，图 10-5 中已暗示出这个应用条件。

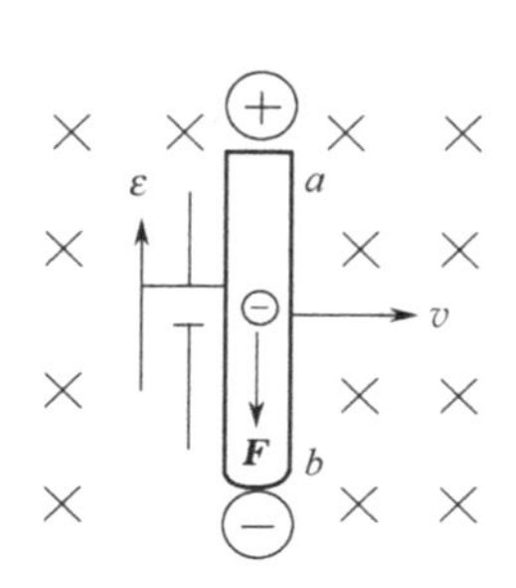

图 10-8　动生电动势

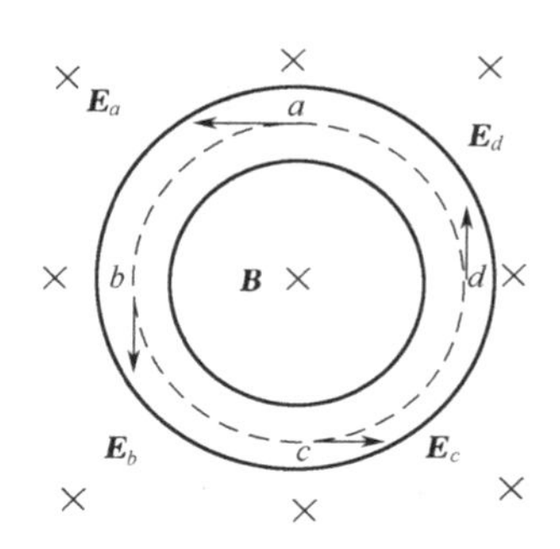

图 10-9　涡旋电场

麦克斯韦假设：变化的磁场在空间激发一种电场，称为感生电场，这种电场的电场线是闭合曲线，与磁力线相似，所以这种电场也叫做涡旋电场。涡旋电场由变磁场激发而成，变磁场在导体中、介质中和没有物质的真空中都能激发出这种电场。感生电场与静电场是不同的，感生电场是变化的磁场激发的，静电场是静电荷激发的；静电场的电场线是连续而不闭合的，无旋的，感生电场的电场线是连续且闭合的，有旋的；静电场是有源的，感生电场是无源的；静电场是保守的，有势的，感生电场是非保守的，无势的。若 E_i 为感生电场强度，则感生电场的高斯定理为

$$\oint_S \boldsymbol{E}_i \cdot \mathrm{d}\boldsymbol{S} = 0 \tag{10-6}$$

感生电场对场中的电荷 q 也有电场作用力（$q\boldsymbol{E}_i$），这一点与静电场对电荷有电场作用力（$q\boldsymbol{E}$）是相似的。回路中产生的感生电场对电荷的作用力是非静电力，感生电动势就是靠这种非静电力对回路中的载流子做功产生的，按电动势的定义，感生电动势为

$$\varepsilon_i=\oint_l \boldsymbol{E}_i \cdot \mathrm{d}\boldsymbol{l}$$

用上式可将法拉第电磁感应定律式（10-2）写成

$$\oint_l \boldsymbol{E}_i \cdot \mathrm{d}\boldsymbol{l}=-\frac{\mathrm{d}\Phi}{\mathrm{d}t} \tag{10-7}$$

式（10-7）也是感生电场的环流定理。图 10-9 中的磁场变弱时，$\frac{\mathrm{d}B}{\mathrm{d}t}<0$，环中感生电场电场线的涡旋方向为顺时针方向；磁场变强时，$\frac{\mathrm{d}B}{\mathrm{d}t}>0$，环中感生电场电场线涡旋方向为逆时针方向。图中 a, b, c, d 各点处的箭头方向就是在磁场增强时，这些点处的感生电场电场强度 $\boldsymbol{E}_i$ 的方向。

法拉第电磁感应定律中的负号是楞次定律的数学表示，ε_i 与 $\frac{\mathrm{d}\Phi}{\mathrm{d}t}$ 构成左旋系统。如图 10-4 所示。

例 10-5　真空中无限长直导线中通有电流 I，导线近旁有一个 π 形导线，其上有一可以自由滑动的直导线 ab，设电流 I 与 π 形导线和直导线共面，直导线用速度 v 沿着电流流向

运动，求回路 $abcd$ 中感生电动势（见图 10-10）。

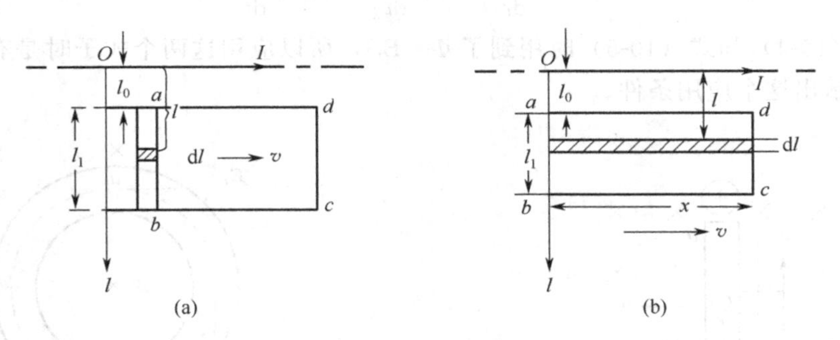

图 10-10　例 10-5

解： 解法一，用动生电动势公式求解。

在滑动导线上取导线元 dl，dl 切割磁力线，dl 中产生动生电动势 $\mathrm{d}\varepsilon = Bv\mathrm{d}l$，$B$ 为电流 I 激发的磁场在 dl 处的磁感应强度。

$$\mathrm{d}\varepsilon = \frac{\mu_0 I}{2\pi l} \cdot v \cdot \mathrm{d}l, \quad \text{方向 } b \rightarrow a$$

ab 上所有 dε 方向相同，而且所有 dε 是串联的，所以 ab 中动生电动势为

$$\varepsilon_{ab} = \int_{l_0}^{l_0+l_1} \mathrm{d}\varepsilon = \int_{l_0}^{l_0+l_1} \frac{\mu_0 I v}{2\pi l} \mathrm{d}l = \frac{\mu_0 I v}{2\pi} \ln \frac{l_0 + l_1}{l_0} \tag{10-8}$$

ε_{ab} 的方向用右手定则知为 $b \rightarrow a$，a 点电势比 b 点高。

解法二，用法拉第电磁感应定律求解。

在回路中取面积元 $\mathrm{d}S = x\mathrm{d}l$，d$S$ 中磁通量 dΦ 为

$$\mathrm{d}\Phi = B\mathrm{d}S = \frac{\mu_0 I}{2\pi l} \cdot x\mathrm{d}l$$

回路中磁通量为

$$\Phi = \int_S \mathrm{d}\Phi = \frac{\mu_0 I x}{2\pi} \ln \frac{l_0 + l_1}{l_0}$$

用法拉第电磁感应定律得

$$\varepsilon_{aba} = \frac{\mathrm{d}\Phi}{\mathrm{d}t} = \frac{\mu_0 I}{2\pi} \ln \frac{l_0 + l_1}{l_0} \frac{\mathrm{d}x}{\mathrm{d}t} = \frac{\mu_0 I v}{2\pi} \ln \frac{l_0 + l_1}{l_0} \tag{10-9}$$

式（10-9）与式（10-8）有相同结果。

例 10-6　真空中无限长载流直导线外有一固定的长方形平面导线框，若直导线中电流随时间变化的规律是 $i = I_0 \cos\omega t$，I_0 与 ω 均为恒量，求长方形回路中感生电动势（见图 10-11）。

解： 电流 i 激发的变磁场在回路中激起感应电动势，先求回路中的磁通量，仿例 10-5 的方法而得

$$\mathrm{d}\Phi = \frac{\mu_0 i}{2\pi x} l_2 \mathrm{d}x$$

$$\Phi = \int_a^{a+l_1} \mathrm{d}\Phi = \frac{\mu_0 i l_2}{2\pi} \ln \frac{a + l_1}{a}$$

$$\varepsilon_i = \frac{\mathrm{d}\Phi}{\mathrm{d}t} = \frac{\mathrm{d}\Phi}{\mathrm{d}i}\frac{\mathrm{d}i}{\mathrm{d}t} = \frac{\mu_0 l_2}{2\pi} \ln \frac{a + l_1}{a} \frac{\mathrm{d}i}{\mathrm{d}t} = -\frac{\mu_0 l_2 I_0 \omega}{2\pi} \ln \frac{a + l_1}{a} \sin\omega t$$

由楞次定律知感应电动势方向是随时间变的，在电流变化一次时间内，感应电动势的方向如

图 10-11(b) 所示。

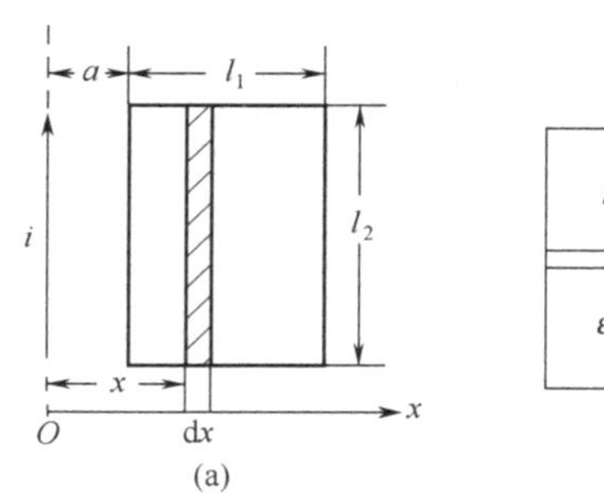

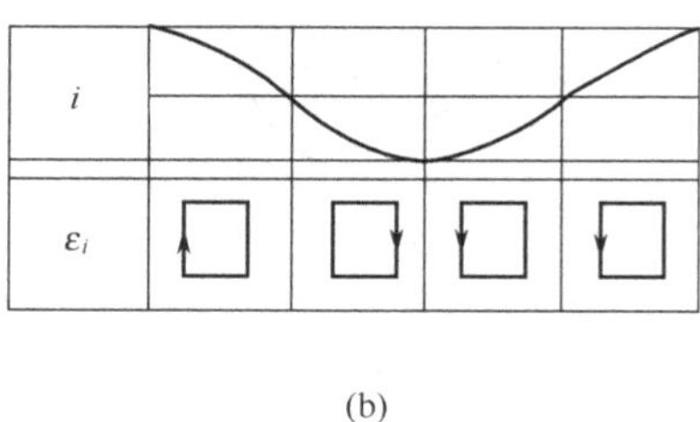

图 10-11　例 10-6

例 10-7　半径为 R，匝数线密度为 n，通有电流 $I=I_0\sin\omega t$，内部充满磁导率为 μ 的介质的长螺管，图 10-12 为管内的一个横截面，求管中任意点 P 处的感生电场场强。

解： 管中 $B=\mu nI=\mu nI_0\sin\omega t$，管中磁场是均匀可变的，过 P 点作半径为 r 的同心圆周长为 l，圆周回路 l 上感应电动势为

$$\varepsilon=\oint_l \boldsymbol{E}_i\cdot \mathrm{d}\boldsymbol{l}=-\frac{\mathrm{d}\Phi}{\mathrm{d}t}$$

$$=-S\frac{\mathrm{d}B}{\mathrm{d}t}$$

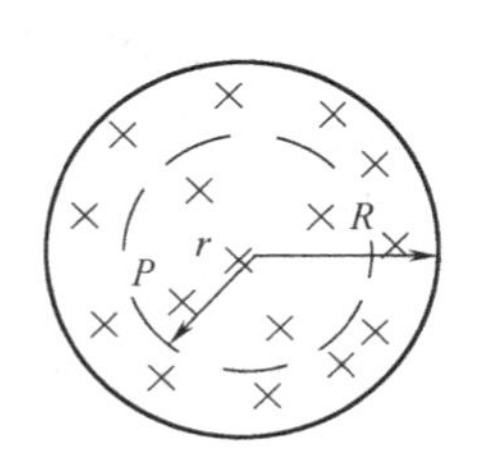

图 10-12　例 10-7

因圆周回路上各点 $\boldsymbol{E}_i$ 相同，且 $\boldsymbol{E}_i$ 与 d$\boldsymbol{l}$ 平行，故

$$\varepsilon_i=\oint_l \boldsymbol{E}_i\cdot \mathrm{d}\boldsymbol{l}=E_i\int_l \mathrm{d}l=2\pi rE_i$$

$$E_i=\frac{\varepsilon_i}{2\pi r}=-\frac{S}{2\pi r}\frac{\mathrm{d}B}{\mathrm{d}t}=-\frac{r}{2}\frac{\mathrm{d}B}{\mathrm{d}t}=-\frac{1}{2}\mu nI_0 r\omega\cos\omega t$$

得

$$E_i=-\frac{r}{2}\frac{\mathrm{d}B}{\mathrm{d}t} \tag{10-10}$$

式中，E_i 为螺线管中任意点的感生电场的电场强度，式中负号正是感生电场 $\boldsymbol{E}_i$ 与变磁场 $\frac{\mathrm{d}\boldsymbol{B}}{\mathrm{d}t}$ 组成左旋系统的必然结果。

例 10-8　上例中若在管内置一金属棒，磁场变化时管内激发的感生电场提供非静电力，棒中自由电子受感生电场对它的非静电力作用，棒中产生感应电动势，棒中感应电动势可用下法求得（见图 10-13）。

解： 在金属棒上取 dl，dl 上的感应电动势为

$$\mathrm{d}\varepsilon=\boldsymbol{E}_i\cdot \mathrm{d}\boldsymbol{l}=E_i\cdot \mathrm{d}l\cdot\cos\theta$$

而

$$\cos\theta=\frac{h}{r}$$

由电动势定义

$$\varepsilon=\int_A^B \boldsymbol{E}_i\cdot \mathrm{d}\boldsymbol{l}=\int_A^B E_i\cdot \mathrm{d}l\cdot\cos\theta$$

$$=\int_A^B -\frac{r}{2}\frac{\mathrm{d}B}{\mathrm{d}t}\cdot \mathrm{d}l\cdot\frac{h}{r}=-\frac{1}{2}h\frac{\mathrm{d}B}{\mathrm{d}t}\int_A^B \mathrm{d}l=-\frac{1}{2}hL\frac{\mathrm{d}B}{\mathrm{d}t}=-\frac{1}{2}hL\mu nI_0\omega\cos\omega t$$

若用法拉第电磁感应定律解此题能得到相同结果。

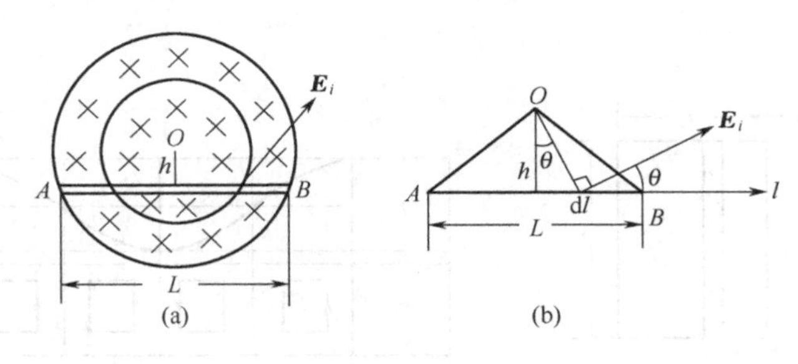

图 10-13　例 10-8

第四节　自感、互感

回路中的磁通量变化时，回路中就有感应电动势。无论是回路本身引起的磁通的改变还是其他原因引起的磁通改变都将产生感应电动势。图 10-14 中调节电阻 R 的值，改变线圈 L_1 中电流 i，将引起 L_1 中磁通改变，L_1 中就会产生感应电动势 ε_1。ε_1 是回路 L_1 中磁通变化在自回路 L_1 中产生的电动势，此感应电动势叫做自感电动势，此现象叫做自感现象。

图 10-15 中调节电阻 R，改变 L_1 中电流 i_1，将引起 L_2 中的磁通 Φ_2 变化，Φ_2 的变化就会在 L_2 中产生感应电动势 ε_2。ε_2 是回路 L_1 中电流 i_1 变化在 L_2 中产生的感应电动势，此感应电动势叫做互感电动势，此现象叫做互感现象。

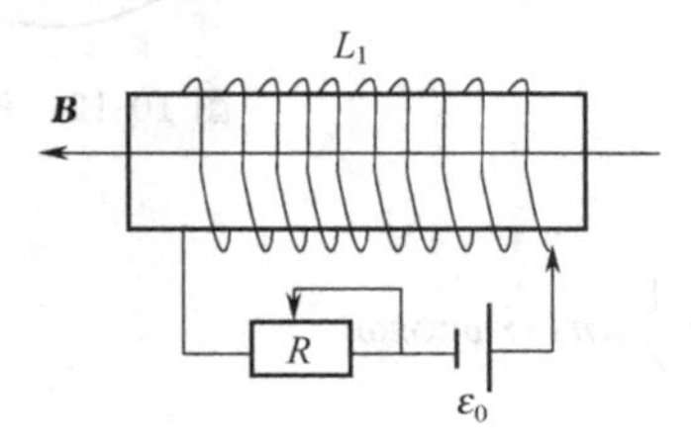

图 10-14　自感现象

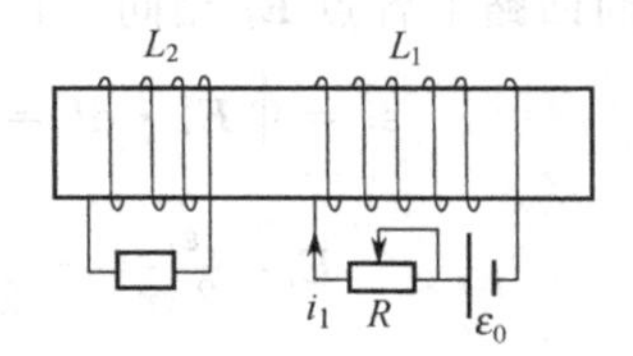

图 10-15　互感现象

自感现象和互感现象不限于图 10-14 和图 10-15 的情况，线路中电流的通断，线路中电流的起伏都能在电路中引起自感；电路之间互相影响引起互感现象更为常见。交流变压器是一种典型的互感实例。

一、自感

设在图 10-14 中线圈中通有电流 I，线圈中的磁感应强度 B 正比于电流 I，线圈中的磁通 Φ_m 正比于 B，线圈中的磁通链也正比于电流 I，写成等式

$$\psi=LI \tag{10-11}$$

L 为比例恒量，叫做回路的自感系数，简称为自感，自感系数 L 由回路形状尺寸和周围介质决定，自感系数的单位是 $\mathrm{Wb\cdot A^{-1}}$，叫做亨利，记作 H。自感电动势为

$$\varepsilon_L=-\frac{\mathrm{d}\psi}{\mathrm{d}t}=-L\frac{\mathrm{d}I}{\mathrm{d}t} \tag{10-12}$$

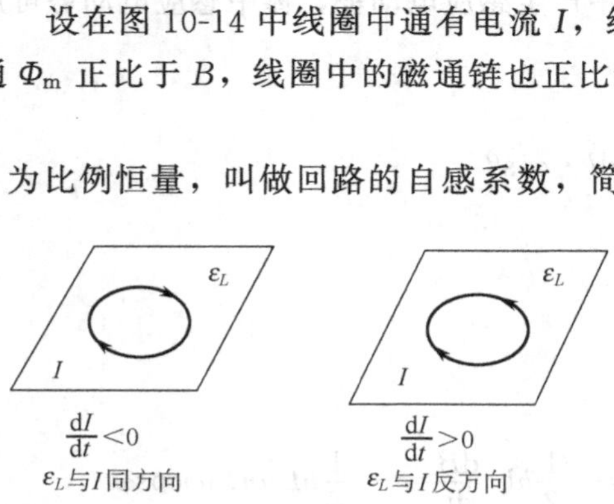

ε_L　I　$\frac{\mathrm{d}I}{\mathrm{d}t}<0$　ε_L与I同方向

ε_L　I　$\frac{\mathrm{d}I}{\mathrm{d}t}>0$　ε_L与I反方向

图 10-16　自感电动势方向

由楞次定律知回路中电流减小时，自感电动势与原电流同方向；回路中电流增大时，自感电动势与原电流方向相反（见图 10-16）。回路中电

流减少时，自感电动势来补充；回路中电流增大时，自感电动势来抵消。

例 10-9 细长螺线管的自感系数（见图 10-17）。

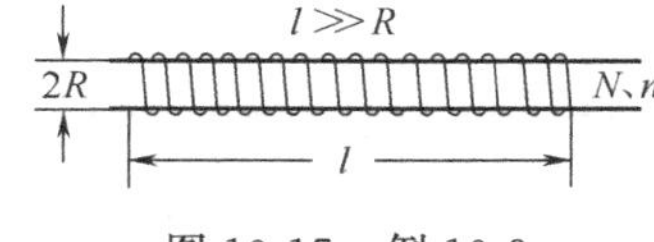

图 10-17 例 10-9

解： 设电流 I 流入线圈，得 $B=\mu nI$，$\Phi=BS=\mu nIS$，线圈中磁通链为 $\Psi=N\Phi$

$$\Psi=N\Phi=N\mu nIS$$

由式（10-11）得自感为

$$L=\frac{\Psi}{I}=N\cdot\mu nS=nl\cdot\mu nS=\mu n^2V \tag{10-13}$$

例 10-10 同轴电缆由两个共轴的长圆筒形导体组成，中间为半径为 R_1 的导体圆柱，外层为半径为 R_2 的薄导体圆柱面，两金属中充满电介质，电流 I 从内柱一端流入，从外筒一端流出。求此电缆每单位长的自感。

解： 图 10-18(a) 是一段电缆，图 10-18(b) 是它的剖面，用安培环流定理可求出在区间（R_1，R_2）中任意一点 P 的磁感应强度。

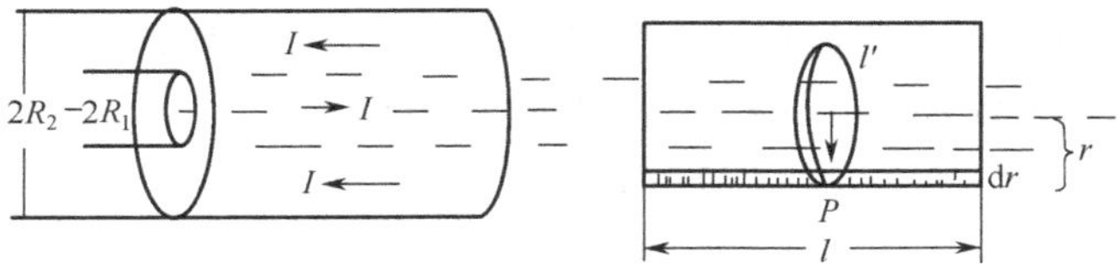

(a) (b)

图 10-18 例 10-10

$$\oint \boldsymbol{B}\cdot \mathrm{d}\boldsymbol{l}' = \mu\sum I$$

而

$$\int_{l'}\boldsymbol{B}\cdot \mathrm{d}\boldsymbol{l} = B\oint_{l'}\mathrm{d}l = 2\pi rB$$

$$\mu\sum I=\mu I$$

则

$$B=\frac{\mu I}{2\pi r}$$

在图 10-18（b）中过 P 点取长为 l，宽 $\mathrm{d}r$ 的面积元 $\mathrm{d}S=l\mathrm{d}r$，$\mathrm{d}S$ 中磁通为 $\mathrm{d}\Phi=B\mathrm{d}S$

$$\Phi=\int_{R_1}^{R_2}B\mathrm{d}S=\int_{R_1}^{R_2}\frac{\mu Il}{2\pi r}\mathrm{d}r=\frac{\mu Il}{2\pi}\ln\frac{R_2}{R_1}$$

$$L=\frac{\mu l}{2\pi}\ln\frac{R_2}{R_1}$$

则每单位长度的自感为

$$L=\frac{\mu}{2\pi}\ln\frac{R_2}{R_1}$$

由以上几个例题，可见求回路的自感系数的步骤如下。

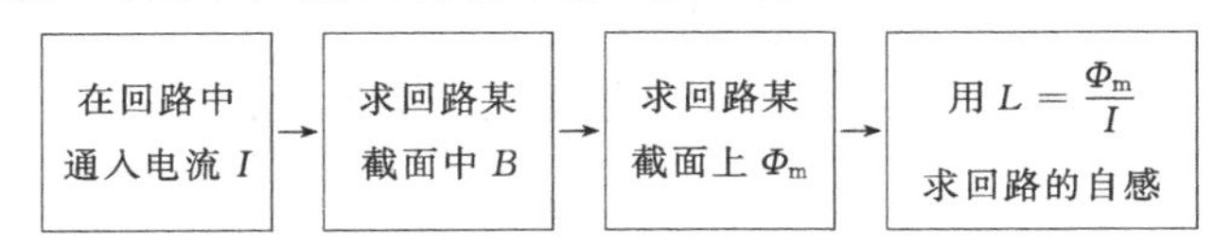

二、互感

图 10-19 中两个同轴线圈 L_1 与 L_2，设在 L_1 中通入电流 I_1，L_1 和 L_2 中都有磁通及磁

链，L_2 中由 L_1 产生的磁通为 Φ_2，磁链为 ψ_2，Φ_2 正比 I_1，写成等式为

$$\psi_2 = MI_1$$

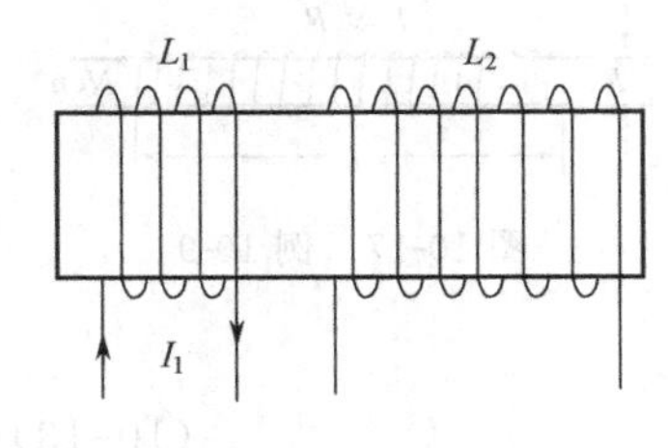

图 10-19　互感

式中比例系数 M 叫做回路 L_1 对于回路 L_2 的互感系数，简称互感，它与两个回路的形状、两个回路的相对位置及周围磁介质的磁导率有关。互感系数的单位与自感系数的单位相同，也是亨利（H），当回路 L_1 中的电流 I_1 发生变化时，回路 L_2 中将因此产生互感电动势 ε_2。

$$\varepsilon_2 = -\frac{d\psi_2}{dt} = -M\frac{dI_1}{dt} \tag{10-14}$$

同理，若 L_2 中通有变化电流 I_2，L_2 回路也要在 L_1 回路中激发互感电动势 ε_1。

$$\varepsilon_1 = -\frac{d\psi_1}{dt} = -M'\frac{dI_2}{dt} \tag{10-15}$$

实验与理论都证明

$$M' = M \tag{10-16}$$

以上单独讨论了一个回路电流变化在另一个回路中引起的互感现象，若两个回路分别通有变化的电流 I_1 与 I_2，则回路 L_1 和回路 L_2 中的磁通链分别为

$$\psi_1 = L_1 I_1 + MI_2$$
$$\psi_2 = L_2 I_2 + MI_1 \tag{10-17}$$

两个回路中的感生电动势分别为

$$\varepsilon_1 = -\frac{d\psi_1}{dt} = -\left(L_1\frac{dI_1}{dt} + M\frac{dI_2}{dt}\right) \tag{10-18}$$

$$\varepsilon_2 = -\frac{d\psi_2}{dt} = -\left(L_2\frac{dI_2}{dt} + M\frac{dI_1}{dt}\right) \tag{10-19}$$

式（10-18）与式（10-19）中第一项是自感电动势，第二项为互感电动势，两项和为回路中的感应电动势。

例 10-11　长为 l，匝数分别为 N_1、N_2 的密绕的长螺线管 L_1 与 L_2，中间介质磁导率 μ，两管套在一个筒上，求它们的互感（见图 10-20）。

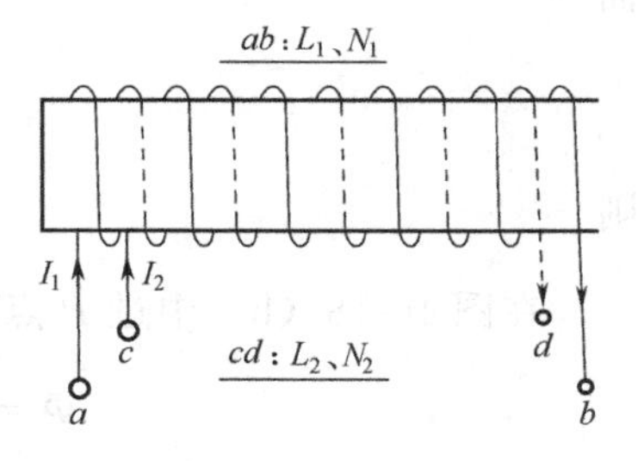

图 10-20　例 10-11

解：在 L_1 和 L_2 中通电 I_1 和 I_2，I_1 和 I_2 产生的 B 分别为

$$B_1 = \frac{\mu N_1 I_1}{l},\ B_2 = \frac{\mu N_2 I_2}{l}$$

管中合 B 为

$$B = B_1 + B_2 = \frac{\mu}{l}(N_1 I_1 + N_2 I_2)$$

管中通过横截面的磁通与磁通链分别为

$$\Phi = (B_1 + B_2)S$$

$$\psi_1 = N_1\Phi = \mu\frac{N_1^2 I_1}{l}S + \mu\frac{N_1 N_2 I_2}{l}S$$

$$\psi_2 = N_2\Phi = \mu\frac{N_2^2 I_2}{l}S + \mu\frac{N_1 N_2 I_1}{l}S$$

将上式 ψ_1 和 ψ_2 与式（10-17）比较，得

则 $$L_1=\mu\frac{N_1^2S}{l},\quad L_2=\mu\frac{N_2^2S}{l},\quad M=\mu\frac{N_1N_2}{l}S$$

可见

$$M=\sqrt{L_1L_2} \tag{10-20}$$

但是只有两个回路像例 10-11 图中那样密切结合才有这个结果，一般情况下应有

$$M=K\sqrt{L_1L_2} \tag{10-21}$$

式（10-21）表示两个回路互感时，互感与自感的普遍规律，K 叫做耦合系数，一般 $1\geqslant K\geqslant 0$，K 由两回路的相对位置决定，在例 10-11 中两线圈的 $K=1$。

自感与互感在电工与电子技术中也有很广泛的应用，变压器、互感器都是重要的例子。

第五节　磁场的能量

充电电容器具有电能，认为电能的携带者是充电电容器的话，电容器携带的电能写作

$$W_e=\frac{1}{2}\frac{Q^2}{C}=\frac{1}{2}CU^2=\frac{1}{2}QU \tag{10-22}$$

其实电能是存在电容器中的电场内的，电场的电能为

$$W_e=\frac{1}{2}\varepsilon E^2V \tag{10-23}$$

线圈通电后，线圈内有磁场，线圈具有磁能，若认为磁能的携带者是通电线圈的话，线圈的磁能可写作

$$W_m=\frac{1}{2}LI^2 \tag{10-24}$$

式中，L 为线圈的自感系数，I 为线圈中的电流（推导见例 10-12）。

现在用描述磁场性质的物理量来表示磁场能量以及磁场能量的体密度。为简单起见，我们计算一载流长直螺线管的磁场能量。这螺线管的自感系数为 $L=\mu\frac{N^2S}{l}$。当螺线管通有电流 I 时，磁感应强度为 $B=\mu\frac{NI}{l}$（管外的磁场为零），此时磁场能量为

$$W_m=\frac{1}{2}LI^2=\frac{1}{2}\mu\frac{N^2S}{l}\frac{B^2}{\left(\mu\frac{N}{l}\right)^2}=\frac{1}{2}\frac{B^2}{\mu}(Sl)=\frac{1}{2}\frac{B^2}{\mu}V$$

式中 V 表示长直螺线管的体积。因此**磁场能量体密度**为

$$w_m=\frac{W_m}{V}=\frac{1}{2}\frac{B^2}{\mu}=\frac{1}{2}BH=\frac{\mu}{2}H^2 \tag{10-25}$$

式（10-25）虽是从特殊的例子导出的，但可适用于一切磁场。在非匀强磁场中，可以把磁场划分为无数体积元 $\mathrm{d}V$，在每一体积元内，可以把 B 和 H 看作是匀强的。因此，式（10-25）就表示体积元内的磁能密度，则体积元 $\mathrm{d}V$ 中的磁能为

$$\mathrm{d}W_m=w_m\mathrm{d}V=\frac{1}{2}BH\mathrm{d}V \tag{10-26}$$

在有限体积 V 内的磁能为

$$W_m=\int\mathrm{d}W_m=\frac{1}{2}\int_V BH\,\mathrm{d}V \tag{10-27}$$

例 10-12　自感系数为 L 的回路，通有电流 I，求 L 中储存的磁能（见图 10-21）。

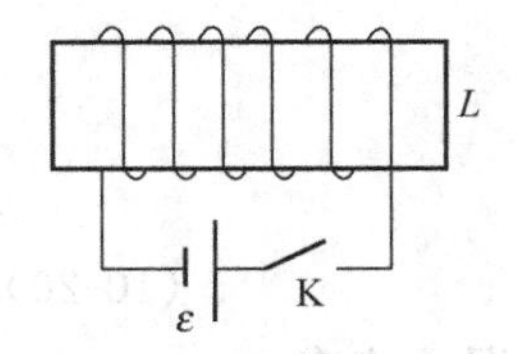

图 10-21 例 10-12

解：线圈与电源接通时，由于自感的存在，电路的电流由零达到稳定值需要一段时间，这就是一个暂态过程。在暂态过程中，电源既要向电路提供焦耳热能，又要反抗自感电动势做功，反抗自感电动势的这部分能量就转化为磁场能量。线圈中自感电动势为

$$\varepsilon_L = -L\frac{\mathrm{d}I}{\mathrm{d}t}$$

在 $\mathrm{d}t$ 时间内，电源反抗 ε_L 做的元功为

$$\mathrm{d}A = -\varepsilon_L I\,\mathrm{d}t = LI\,\mathrm{d}I$$

$$A = \int \mathrm{d}A = \int_0^I LI\,\mathrm{d}I = \frac{1}{2}LI^2$$

$$W_\mathrm{m} = \frac{1}{2}LI^2$$

这就是式（10-24）。

例 10-13 如图 10-22 所示，求 K 接通 b 后，回路中电流的增长与时间的关系。

解：用闭合电路欧姆定律得

$$\varepsilon + \varepsilon_L = IR$$

$$\varepsilon - L\frac{\mathrm{d}I}{\mathrm{d}t} = IR$$

$$L\frac{\mathrm{d}I}{\mathrm{d}t} + IR = \varepsilon$$

这就是电路（R-L 电路）在暂态过程中电流 I 与时间 t 的关系的微分方程，利用条件 $I(0)=0$，$I(\infty)=I_0=\frac{\varepsilon}{R}$，解微分方程得

$$I = I_0\left(1-\mathrm{e}^{-\frac{R}{L}t}\right)$$

上式反映 R-L 电路中电流增长的规律。式中 R/L 的量纲是 T^{-1}，设 $\tau=\frac{L}{R}$，τ 的量纲为 T，在 SI 单位中为秒（s），则上式可写作

$$I = I_0\left(1-\mathrm{e}^{-\frac{t}{\tau}}\right)$$

当 $t=\tau$ 时，$I=I_0(1-\mathrm{e}^{-1})\approx 0.63I_0$，实际上当 $t\to(3\sim5)\tau$ 时，$I\to I_0$。τ 叫做 R-L 电路的时间常量。τ 的意义是经过 τ 时间电路中电流已经增长到饱和电流的 63%左右。电流增长如图 10-23 所示。若 K 接通 a，电路中电流逐渐减少，也能得到一条电流减少的曲线。

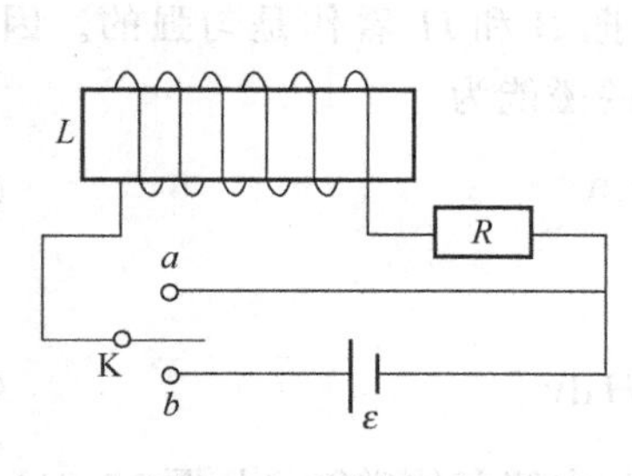

图 10-22 例 10-13

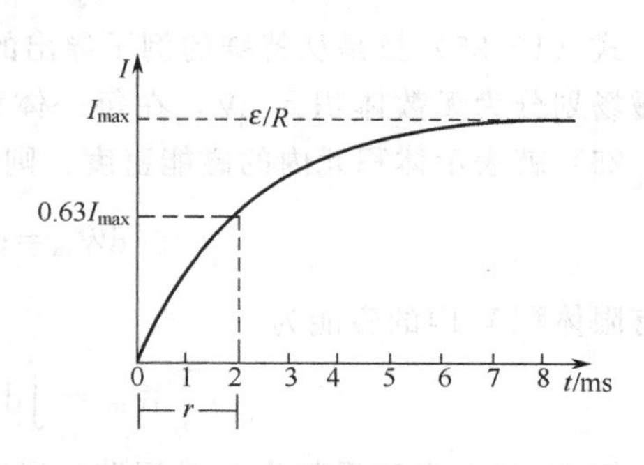

图 10-23 电流增长曲线

第六节　麦克斯韦方程组

麦克斯韦（James Cleerk Maxwell，1831—1879）是英国物理学家、数学家。麦克斯韦建立了麦克斯韦方程组，是电磁学发展上一个重大突破性理论。

麦克斯韦在研究电磁现象时提出两个重要假设，第一假设就是感生电场的假设，这个假设提出：变化的磁场能激发电场，这种电场叫感生电场。那么，变化的电场能否激发磁场呢？麦克斯韦的第二个假设是位移电流假设，麦克斯韦把 **D** 通量对时间的变化率看作是一种等效电流，并称为位移电流，记作 I_d。

$$I_d = \frac{\mathrm{d}\Phi_D}{\mathrm{d}t} = \frac{\mathrm{d}}{\mathrm{d}t}\int_S \boldsymbol{D} \cdot \mathrm{d}\boldsymbol{S} \tag{10-28}$$

因而位移电流密度为

$$\boldsymbol{j}_d = \frac{\mathrm{d}\boldsymbol{D}}{\mathrm{d}t} \tag{10-29}$$

在有电容器的电路中通有变化电流时，电容器内有变化的电场$\frac{\mathrm{d}D}{\mathrm{d}t}$，即电容器中有位移电流 I_d，导体中有传导电流 I_c，于是，回路中电流成为连续的全电流 I

$$I = I_c + I_d \tag{10-30}$$

得出全电路安培环流定理

$$\oint_l \boldsymbol{H} \cdot \mathrm{d}\boldsymbol{l} = \sum (I_c + I_d) \tag{10-31}$$

因为

$$I_c = \int_S \boldsymbol{j}_c \cdot \mathrm{d}\boldsymbol{S}$$

$$I_d = \frac{\mathrm{d}\Phi_D}{\mathrm{d}t} = \frac{\mathrm{d}}{\mathrm{d}t}\int_S \boldsymbol{D} \cdot \mathrm{d}\boldsymbol{S}$$

全电流安培环流定理也可写成

$$\oint_l \boldsymbol{H} \cdot \mathrm{d}\boldsymbol{l} = \int_S \left(\boldsymbol{j}_c + \frac{\partial \boldsymbol{D}}{\partial t}\right) \cdot \mathrm{d}\boldsymbol{S} \tag{10-32}$$

电磁场中的方程可列表 10-1。

表 10-1　电磁场基本方程（麦克斯韦方程组）

名　　称	方程形式	物理意义	备　　注
电学中高斯定理	$\oint_S \boldsymbol{D} \cdot \mathrm{d}\boldsymbol{S} = \Sigma q$	静电场是有源场	q 为 S 中自由电荷
磁学中高斯定理	$\oint_S \boldsymbol{B} \cdot \mathrm{d}\boldsymbol{S} = 0$	磁场是无源场	
全电流安培环流定理	$\oint_l \boldsymbol{H} \cdot \mathrm{d}\boldsymbol{l} = \Sigma(I_c + I_d)$	磁场是非保守无势场	引入位移电流假定
法拉第电磁感应定律	$\oint_l \boldsymbol{E} \cdot \mathrm{d}\boldsymbol{l} = -\frac{\mathrm{d}\Phi_l}{\mathrm{d}t}$	静电场是保守有势场	引入涡旋电场，假定 E 中含有电荷激发的电场和变磁场激发的涡旋电场。式中负号为楞次定律的数学表达

麦克斯韦两个假设是：**变化的磁场激发电场；变化的电场激发磁场。**其表达的意义，变化的电场与磁场可交替进行。

变电场 → 变磁场 → 变电场 → 变磁场 →……

图 10-24 就是传播的电磁波。

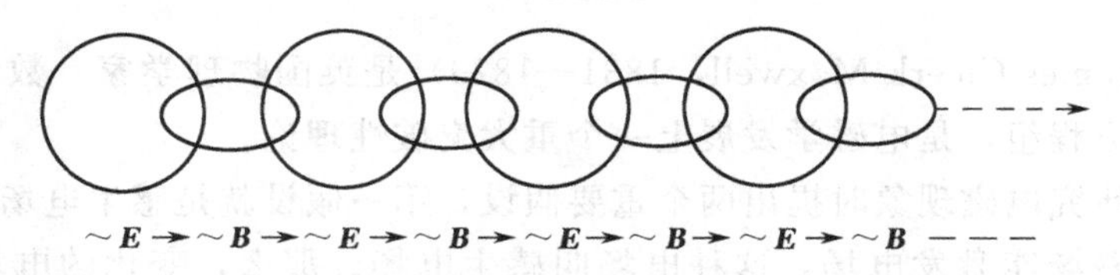

图 10-24 传播的电磁波

电磁波在现代科学技术、工程、国防、生活中已得到广泛应用，这就证实了麦克斯韦的两个假设。

表 10-1 中的四个方程就是麦克斯韦方程组的积分形式，通常把麦克斯韦方程组的积分形式更确切地写成

$$\left.\begin{aligned}
&\oiint_S \boldsymbol{D}\cdot \mathrm{d}\boldsymbol{S}=\iiint_V \rho \mathrm{d}V\\
&\oint_l \boldsymbol{E}\cdot \mathrm{d}\boldsymbol{l}=-\iint_S \frac{\partial \boldsymbol{B}}{\partial t}\cdot \mathrm{d}\boldsymbol{S}\\
&\oiint_S \boldsymbol{B}\cdot \mathrm{d}\boldsymbol{S}=0\\
&\oint_l \boldsymbol{H}\cdot \mathrm{d}\boldsymbol{l}=\iint_S\left(\boldsymbol{j}_c+\frac{\partial \boldsymbol{D}}{\partial t}\right)\cdot \mathrm{d}\boldsymbol{S}
\end{aligned}\right\} \tag{10-33}$$

习　　题

1. 如图 10-25 所示，均匀磁场 $\boldsymbol{B}$ 与导体回路法线 $\boldsymbol{n}$ 的夹角为 $\theta=\pi/3$，设磁场 $\boldsymbol{B}$ 随时间线性增加，即 $B=kt(k>0)$，金属杆 ab 长 l，且以速率 v 向右滑动，设 $t=0$ 时，$x=0$，求回路中任一时刻感应电动势的大小和方向。

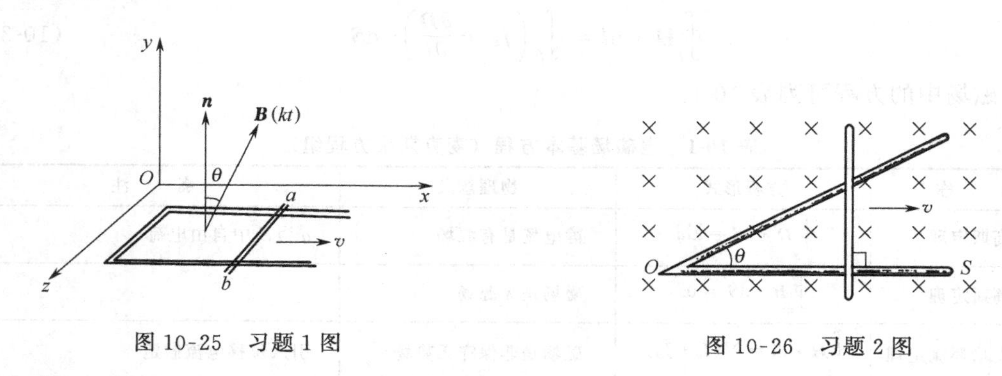

图 10-25 习题 1 图　　　　图 10-26 习题 2 图

2. 如图 10-26 所示，有一夹角为 θ 的 V 形金属导轨，导轨放在均匀磁场 B 中，B 垂直于导轨平面，有一金属滑杆垂直 OS 边放置，当 $t=0$ 时，滑杆由 O 点出发沿 S 方向以 v 作匀速滑动，试证明在任一时刻回路中的感应电动势为 $\varepsilon=-Bv^2t\tan\theta$。

3. 如图 10-27 所示，长 $L=0.9\text{m}$ 的金属棒，以 $v=2\text{m}\cdot\text{s}^{-1}$ 的速度，相对于通以电流 $I=40\text{A}$ 的导线平行运动，棒与电流相距 $d=0.1\text{m}$，求棒中的感应电动势。

4. 如图 10-28 所示，一长直导线通有交变电流 $I=10\sin(100\pi t)$，t 以秒计。旁边有矩形线圈 $ABCD$（与长直导线共面），其长 $l_1=0.2\text{m}$，宽 $l_2=0.1\text{m}$，AB 边与导线相距 $a=0.1\text{m}$，线圈共 1000 匝，线圈保

持不动，则线圈中的感应电动势如何？

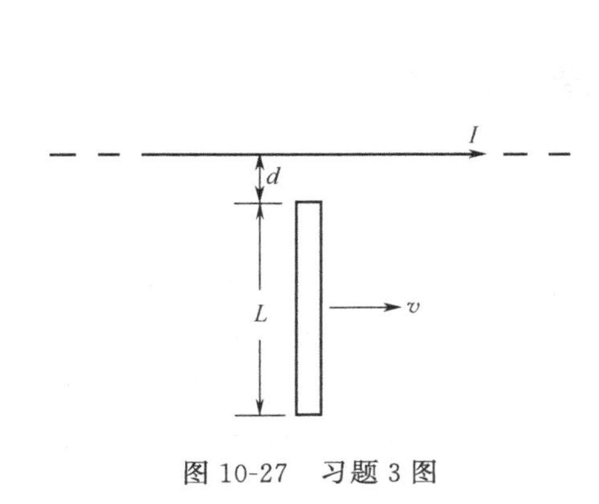

图 10-27　习题 3 图

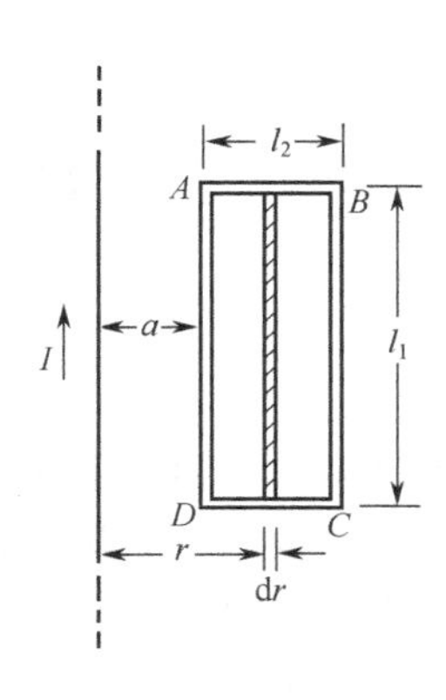

图 10-28　习题 4 图

5. 如图 10-29 所示，一截面为矩形的螺绕环，其高为 h，内半径为 a，外半径为 b，共有 N 匝，求它的自感系数。

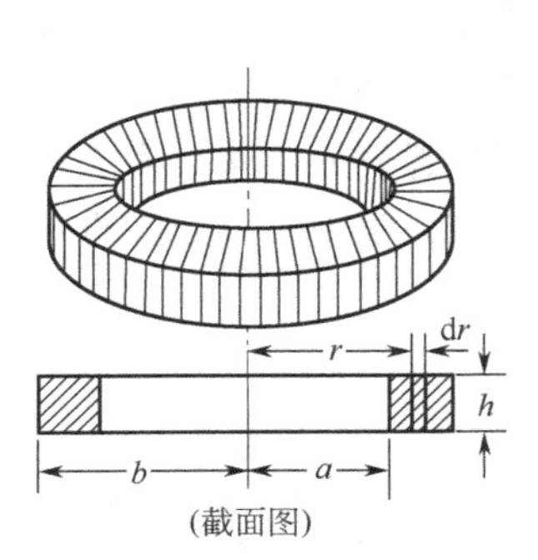

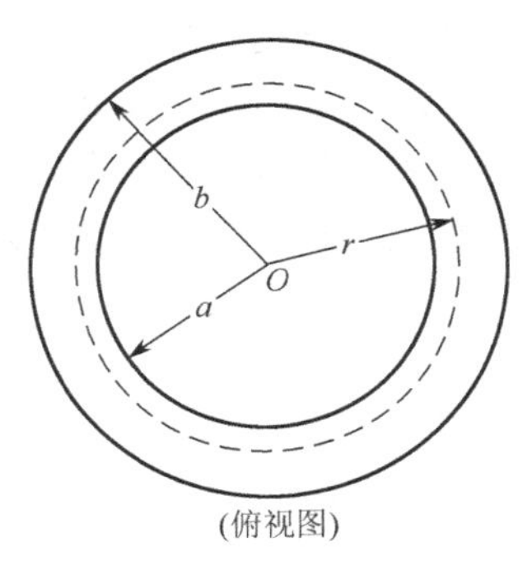

图 10-29　习题 5 图

6. 如图 10-30 所示，两个共轴圆线圈，半径分别为 R 和 r，匝数分别为 N_1 和 N_2，相距为 l，设 r 很小，以致大线圈载有电流时，在小线圈范围内激发的磁场可视为均匀磁场，试证互感 $M=\frac{\pi\mu_0 N_1 N_2 R^2 r^2}{2(R^2+l^2)^{3/2}}$。

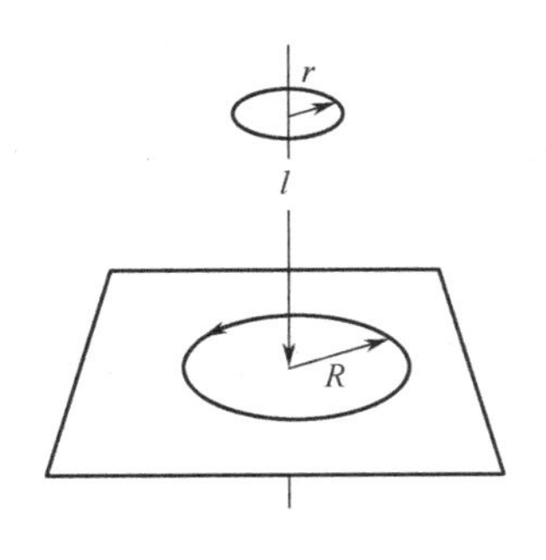

图 10-30　习题 6 图

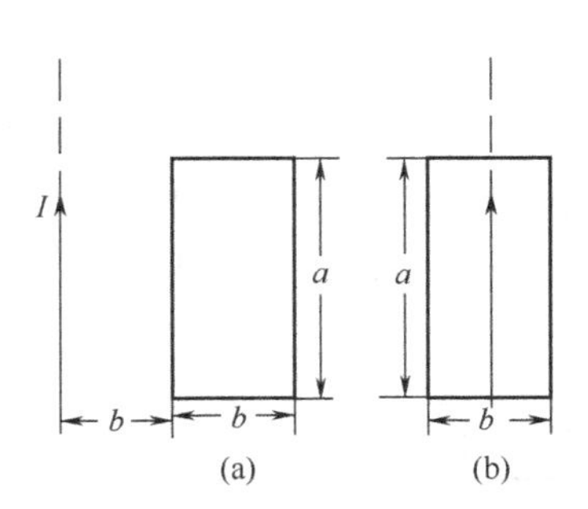

图 10-31　习题 7 图

7. 如图 10-31 所示，一矩形线圈长 $a=0.2\text{m}$，宽 $b=0.1\text{m}$，由 100 匝表面绝缘的导线绕成，放在一很长的直导线旁边并与之共面（长直导线是一个闭合回路的一部分，其他部分离线圈很远，影响可忽略），求如图 (a) 和图 (b) 所示两种情况下，线圈与长直导线之间的互感。

第十一章　简谐振动

第一节　弹　性　力

在力学中已多次谈到并用到弹性力。在振动中，弹性力与准弹性力是很重要的力，有必要在讨论振动前再强调一下弹簧的作用力。图 11-1 中 O 为弹簧的平衡位置，此时弹簧保持原始长度，P 为弹簧的任意位置，此时弹簧伸长为 x，x 叫做弹簧的位移。这里的位移的意义指弹簧偏离平衡位置多少。弹簧伸长到 P 位置时，弹簧中拉力 $\boldsymbol{F}$ 与弹簧的位移 $\boldsymbol{x}$ 成正比例，弹簧的比例系数 k 叫倔强系数，得到

$$\boldsymbol{F}=-k\boldsymbol{x} \tag{11-1}$$

式（11-1）叫做虎克定律，式中负号的意义仅仅表示 $\boldsymbol{F}$ 与 $\boldsymbol{x}$ 的方向关系，说明弹簧作用力 $\boldsymbol{F}$ 的方向自始至终与弹簧的位移 $\boldsymbol{x}$ 的方向相反。也就是说："弹簧伸长时，弹力为拉力，弹簧压缩时，弹力为推力"，如图 11-2 所示。在处理弹簧作用力时应注意两点。第一点：$\boldsymbol{x}$ 是弹簧从平衡位置到弹簧在任意位置时弹簧端点的有向线段，叫做弹簧的位移；第二点：弹簧力与其他力在一起作用时，不要把式（11-1）盲目地代入，应该按力学中受力分析的方法去处理。

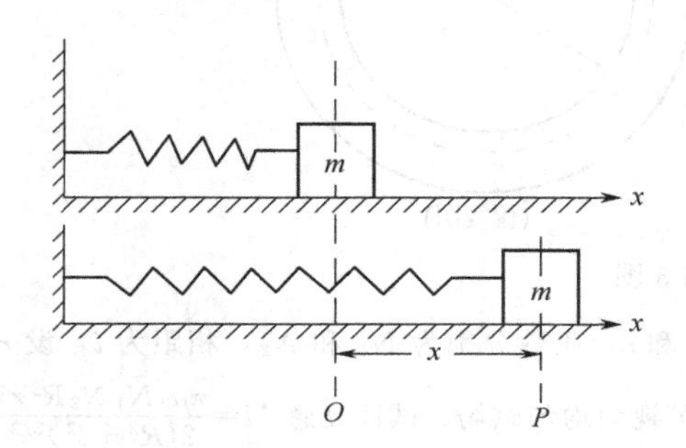

图 11-1　弹簧的作用力

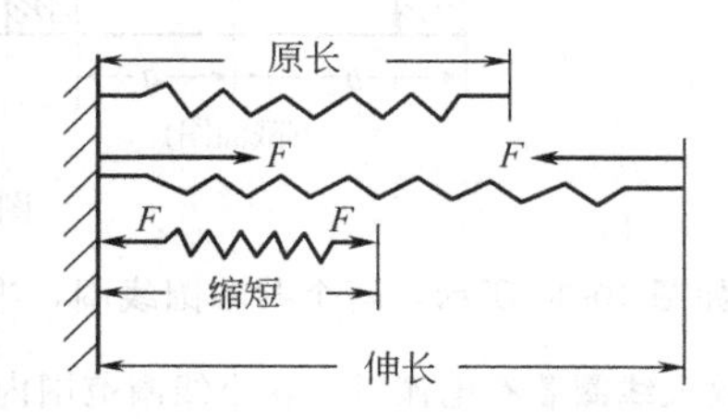

图 11-2　回复力示意图

例 11-1　质量为 m 的木块与水平面间的滑动摩擦系数为 μ，弹簧的倔强系数为 k，恒力 F 把木块从平衡位置 O 拉到位置 a，再拉到位置 b（见图 11-3）：

求 ① m 在 a 位时的加速度；② m 在 b 位时的加速度。

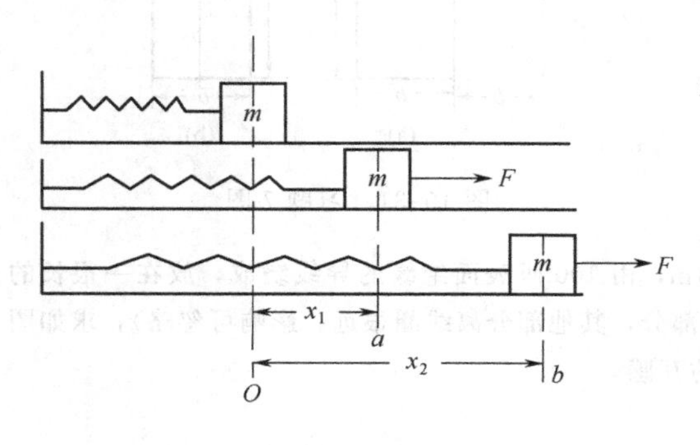

图 11-3　例 11-1

解：① m 在 a 位置时受到的水平方向合外力

应该是　$R=F-kx_1-\mu mg$

不应该是

$$R=F-(-kx_1)-(-\mu mg)$$

所以　$a=\dfrac{F-kx_1-\mu mg}{m}$

② m 在 b 位置时，m 受到的水平方向的合外力

应该是　　　　　　　　　$R=F-kx_2-\mu mg$

不应该是　　　　　　　$R=F-k(x_2-x_1)-\mu mg$

第二节　机 械 振 动

钟摆来回运动；木块在水面上下运动；运动员拍球，球在运动员手与地面间来回运动；停在树枝上的小鸟飞走了，树枝来回摇动；一个人在思考问题，在一个地方走过来走过去。这些现象中哪些是振动，哪些不是振动？振动的定义是什么呢？在力学中，振动的定义是：**质点在平衡位置附近来回运动，即机械振动。**分周期性和非周期性两种，本书只讨论周期性振动。

质点做机械振动要有两个必要条件，以单摆为例，第一必须要有回复力，回复力的作用是把质点拉回平衡位置，如图 11-4 中的 F；第二个必要条件是惯性，质点回到平衡位置时回复力为零，此时质点的惯性使质点冲过平衡位置。

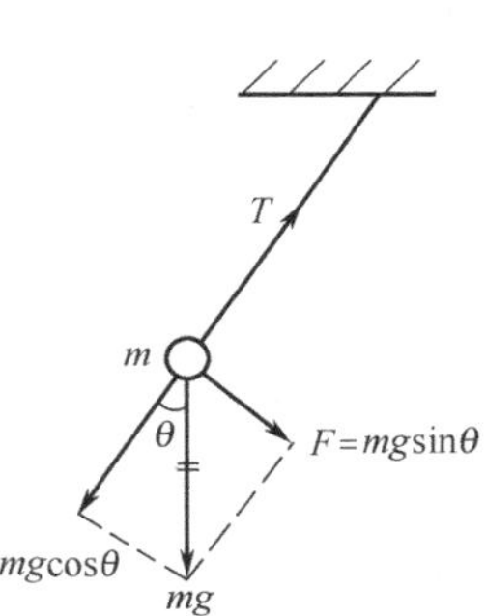

图 11-4　单摆的回复力

描述质点机械振动的物理量有：振幅 A、周期 T、频率 ν、位置 x 或 y、速度 v、加速度 a 等。还有圆频率、相位等物理量留待以后讨论。

A：质点振动的最大位移值，叫振幅，即 x_{max} 的绝对值，它是一个正值，在 SI 单位制中，其单位为米，符号 m。

T：质点完成一个全振动的时间叫周期，单位为秒，符号 s。

ν：单位时间内完成的振动次数叫频率，频率是周期的倒数，$\nu T=1$，ν 单位为秒$^{-1}$（s^{-1}）或赫兹（Hz）。

ω：$\omega=2\pi\nu$ 称圆频率。在不引起误解的情况下，也简称频率。

第三节　简 谐 振 动

简谐振动是机械振动中最简单的、最基本的、最重要的振动。从动力学的角度来定义简谐振动，简谐振动的定义是：**质点受的回复力与位移正比反向的振动为简谐振动。**

例 11-2　一根倔强系数为 k 的轻弹簧，与一个质量为 m 的小木块或小球构成的系统叫做弹簧振子，水平弹簧振子或竖直弹簧振子的振动都是简谐振动。① 水平弹簧振子；②竖直弹簧振子。求振动方程和振动周期。

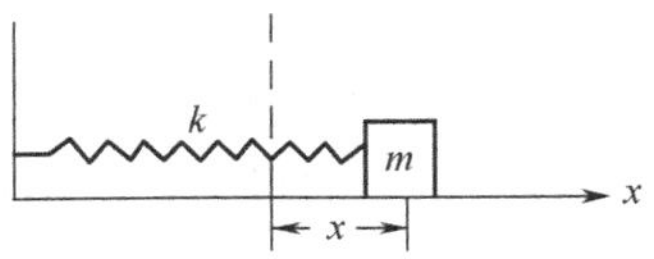

图 11-5　例 11-2

解：① 图 11-5 为水平振子

$$F=-kx=ma=m\frac{d^2x}{dt^2}$$

注意这里 kx 前面的负号意义表示质点 m 的位移 x 与质点的加速度 a 的方向始终相反。m 在平衡位置右边时，$x>0$，加速度向左，$a<0$；m 在平衡位置左边时，$x<0$，但是加速度向右，$a>0$。

上式可改成

$$\frac{d^2x}{dt^2}+\frac{k}{m}x=0 \tag{11-2}$$

或

$$\frac{d^2x}{dt^2}=-\left(\frac{k}{m}\right)x=-\omega^2x$$

$\omega^2=\frac{k}{m}$ 代表一个正的恒量。式（11-2）的解为

$$x=A\cos(\omega t+\varphi_0) \tag{11-3}$$

A,ω,φ_0 是与系统情况及初始条件有关的恒量，设 $t=0$ 时，$x=x_0$，$v=v_0$，这叫做初始条件，将式（11-3）代入式（11-2）可求得 A,ω,φ_0。

对式（11-3）求一阶导数，$v=\dfrac{dx}{dt}$

从而
$$v=-A\omega\sin(\omega t+\varphi_0) \tag{11-4}$$

将初始条件代入式（11-3）和式（11-4）得

$$\begin{cases}x_0=A\cos\varphi_0\\ v_0=-A\omega\sin\varphi_0\end{cases} \tag{11-5}$$

解上式，得

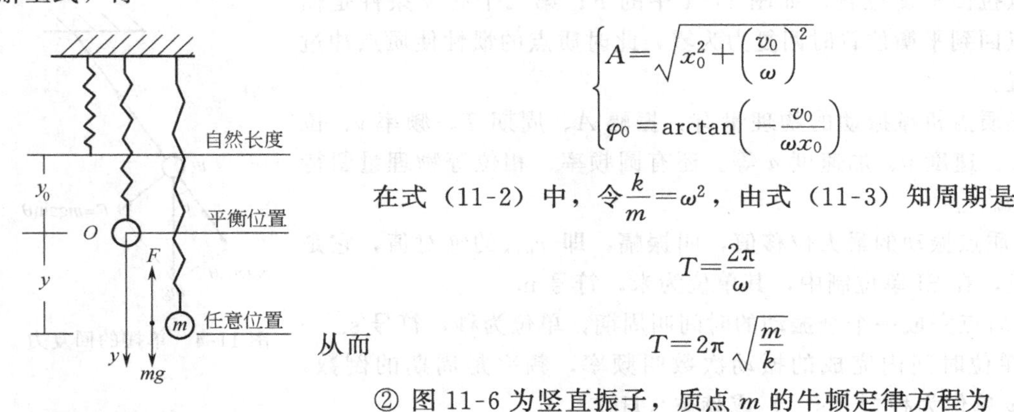

图 11-6 例 11-2

$$\begin{cases}A=\sqrt{x_0^2+\left(\dfrac{v_0}{\omega}\right)^2}\\ \varphi_0=\arctan\left(-\dfrac{v_0}{\omega x_0}\right)\end{cases} \tag{11-6}$$

在式（11-2）中，令 $\dfrac{k}{m}=\omega^2$，由式（11-3）知周期是

$$T=\frac{2\pi}{\omega}$$

从而
$$T=2\pi\sqrt{\frac{m}{k}} \tag{11-7}$$

② 图 11-6 为竖直振子，质点 m 的牛顿定律方程为

$$mg-F=ma$$

$$mg-k(y+y_0)=ma$$

$$-ky=ma$$

$a=\dfrac{d^2y}{dt^2}$，同样得到

$$\frac{d^2y}{dt^2}+\frac{k}{m}y=0 \tag{11-8}$$

式（11-8）与式（11-2）完全相同，结果当然也相同。

例 11-3 一块木块底面积为 S，高为 $(a+b)$，放在水中，平衡时 b 为水中部分，a 为水上部分，木块质量为 m，用手轻压木块，木块在水面上下作振动，若不计水的阻力，求木块振动的周期。

解：如图 11-7 木块可看成刚体，木块内部各点运动规律相同。为方便，就讨论 c 点的运动。木块平衡时，c 点恰好处于液面位置。木块处于任意位置时，c 点的位移为 y，木块受到两个力，重力 $mg=(a+b)\rho_1gS$ 和浮力 $F=(b+y)\rho_2gS$，木块在任意位置时受到的合外力 R 为

$$R=mg-F=-yS\rho_2g$$

代入牛顿第二定律

$$-yS\rho_2g=ma=m\frac{d^2y}{dt^2}$$

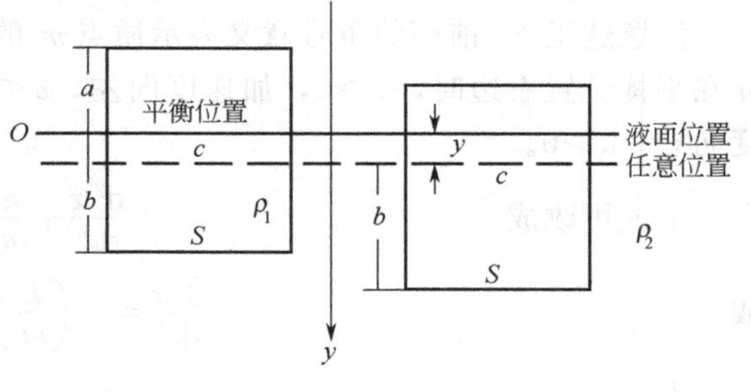

图 11-7 例 11-3

$$\frac{\mathrm{d}^2 y}{\mathrm{d}t^2}+\omega^2 y=0 \tag{11-9}$$

式中 $\omega^2=\frac{S\rho_2 g}{m}=\frac{g}{b}$，周期为

$$T=2\pi\sqrt{\frac{b}{g}} \tag{11-10}$$

例 11-4 不能伸长的轻质细绳下吊一个体积小的球，不计空气阻力，摆角 $\theta<5°$时，这个装置叫做单摆。求单摆的振动周期。

解： 单摆的回复力不是绳中张力 T 与小球重力的合力，而是重力的一个分力，如图 11-8 所示。

$F_n=T-mg\cos\theta$　　是单摆的向心力

$F=mg\sin\theta$　　是单摆的回复力

若 $\theta<5°$，$\sin\theta\approx\theta$，S 为弧长，l 为摆长，$\theta=\frac{S}{l}$，弧长 $S\approx$弦长 x，则回复力近似为

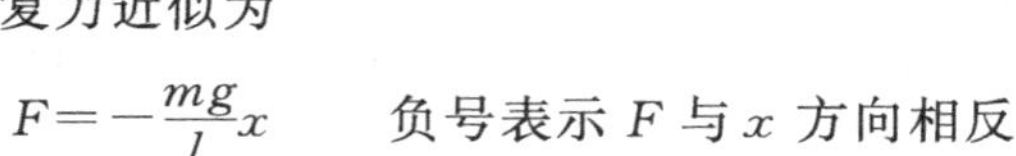

$F=-\frac{mg}{l}x$　　负号表示 F 与 x 方向相反

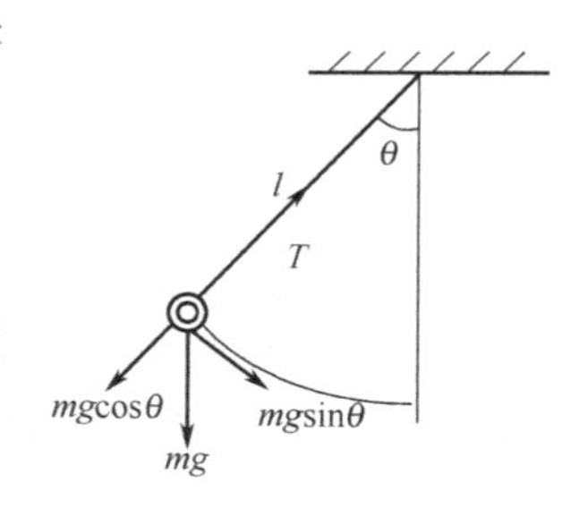

图 11-8　例 11-4

由牛顿第二定律

$$F=-mg\,\frac{x}{l}=m\,\frac{\mathrm{d}^2 x}{\mathrm{d}t}$$

$$\frac{\mathrm{d}^2 x}{\mathrm{d}t^2}+\omega^2 x=0 \tag{11-11}$$

式中 $\omega^2=\frac{g}{l}$，周期为

$$T=2\pi\sqrt{\frac{l}{g}} \tag{11-12}$$

在单摆振动中，我们用近似关系，得到 $F=-\frac{mg}{l}x$，与弹性力相似，叫做准弹性力。从上述几则例题中可看出，证明一个机械振动是否是简谐振动和求周期的步骤如下。

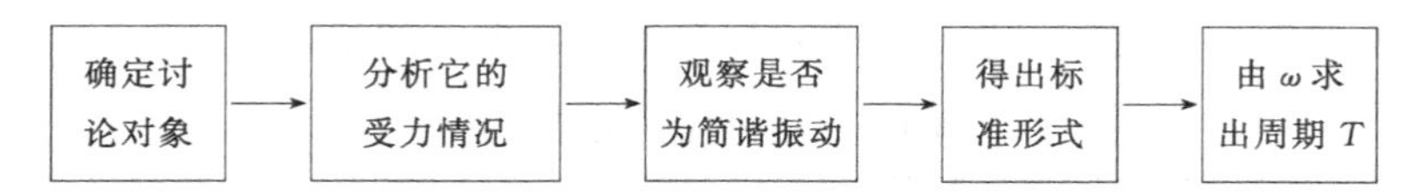

式（11-2）、式（11-8）、式（11-9）、式（11-11）都是简谐振动的标准微分方程，因而简谐振动的另一个动力学定义就是：运动方程如式（11-11）的运动是简谐振动。

利用数学中的傅里叶级数法，可以把一个非简谐周期振动分解成频率为 $\omega, 2\omega, \cdots, n\omega$ 的多个简谐振动。任何一个非简谐的周期函数可以用傅里叶方法展开成许多简谐振动的合成。我们说简谐振动是最简单的、最基本的、最重要的振动就是在这个角度上说的。

第四节　简谐振动的旋转矢量法

描述简谐振动的每个物理量中都有角度（$\omega t+\varphi_0$）及 φ_0，它们的意义是什么？这是一个非常重要的、难懂的概念。在弹簧振子中，在水面上浮动的木块中，在单摆中都直接看不到它们，而它们确实又存在，例如式（11-3）、式（11-4）、式（11-14）、式（11-15）中都有

$(\omega t+\varphi_0)$。$(\omega t+\varphi_0)$ 叫做简谐振动的相位。它能代表 t 时刻简谐振动的质点的一切运动状态，包括位移 x、速度 v、加速度 a、回复力 F、动能 E_k、势能 E_p 等。φ_0 是 $t=0$ 时的相位，叫做初相位。要说明这个"角度"需要介绍研究简谐振动的一种方法——简谐振动的旋转矢量法。

图 11-9 中，矢量 $\boldsymbol{A}$ 绕 O 点，逆时针方向以匀角速度 ω 旋转，其端点 P 绕 O 点沿逆时针方向作匀速圆周运动，P 点在直径 Ox 轴上的投影点 M 沿 Ox 轴来回运动，在任意 t 时刻 M 点的位移为 $\boldsymbol{x}$，若计时从 a 点开始，此时 $\boldsymbol{A}$ 与起始线 Ox 的夹角为 φ_0，M 点在任意时刻 t 的位移为

$$x=A\cos(\omega t+\varphi_0) \tag{11-13}$$

式 (11-13) 指出 M 点虽不是真实的物点，但是 M 点的运动规律和简谐振动的规律是完全相同的。

矢量 $\boldsymbol{A}$ 的运动是匀速转动，P 点的运动是匀速圆周运动，这两种运动都是比较容易的。简谐振动是变加速直线运动，当我们找到它们的联系后，就可以用较容易的运动去研究较难的运动，就达到化难为易的目的。$\boldsymbol{A}$ 叫做简谐振动的旋转矢量，P 点运动的圆叫做简谐振动的参考圆。用 $\boldsymbol{A}$ 研究简谐振动的方法叫旋转矢量法，用匀速圆周运动研究简谐振动的方法叫参考圆法。

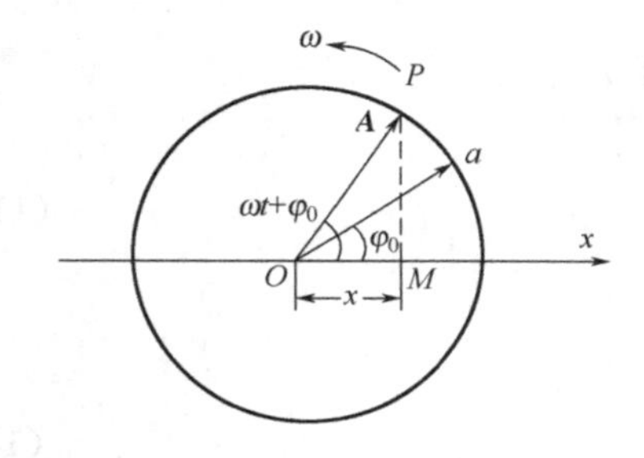

图 11-9　旋转矢量法

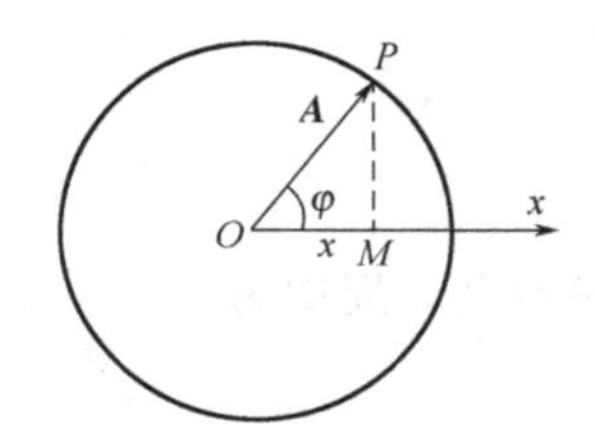

图 11-10　旋转矢量法

用旋转矢量法分析位移、速度与位相的关系。如图 11-10 所示，当矢量 $\boldsymbol{A}$ 旋转至某个象限时，可以看出 M 点的位移的正负、速度的正负，见表 11-1。反过来，如果知道某振子的初始位置、初始速度，用旋转矢量法，也可以判断出该振子的初相位。

表 11-1　初相位的物理意义

x_0	+	+	−	−
v_0	+	−	−	+
φ_0	第四象限	第一象限	第二象限	第三象限

第五节　振动曲线

简谐振动微分方程的解是简谐振动的运动学定义。**即质点位置与时间为正弦或余弦关系的振动为简谐振动。**

$x=A\cos(\omega t+\varphi_0)$ 的图叫做简谐振动的图线，质点沿着 x 轴作简谐振动时，振动曲线如图 11-11 所示，图中 o,a,b,c,d,e,f 点都是质点的实际位置，带"′"或带"″"的诸位置表示

的是某时、某点偏离平衡位置多少。

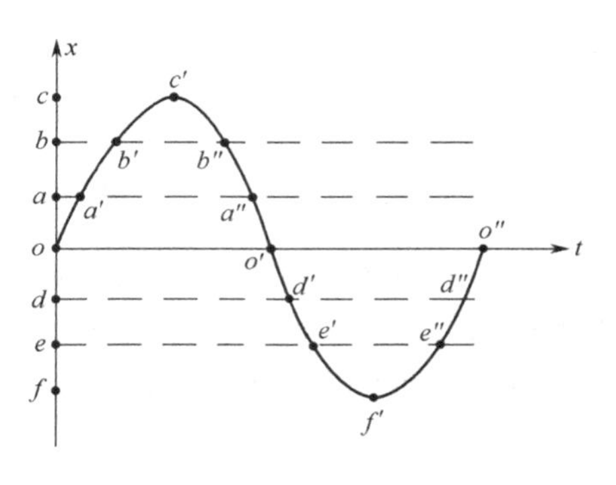

图 11-11 振动曲线

例 11-5 一个简谐振动的频率 $\omega=10\pi(s^{-1})$，初始条件为 $x\big|_{t=0}=+\sqrt{2}m, v\big|_{t=0}=-10\pi\sqrt{2}m/s$。如图 11-12 所示。求此简谐振动振动方程，并作出振动曲线。

解： 虽然可以套用式（11-6）求 A 与 φ_0，建议还是自己去解决较好。

设 $$x=A\cos(\omega t+\varphi_0)$$

则 $$v=-A\omega\sin(\omega t+\varphi_0)$$

代入初始条件

$$\begin{cases}x_0=A\cos\varphi_0=+\sqrt{2}\ \text{m}\\ v_0=-A\omega\sin\varphi_0=-10\pi\sqrt{2}\ \text{m/s}\end{cases}$$

联立解得 $$A=2\text{m},\quad \tan\varphi_0=1$$

φ_0 具体在哪个象限，可借助于旋转矢量法判断。如图 11-13，谐振子处于矢量 $\overrightarrow{OP}$ 所对应的 M 点，则 $\varphi_0=\dfrac{\pi}{4}$。

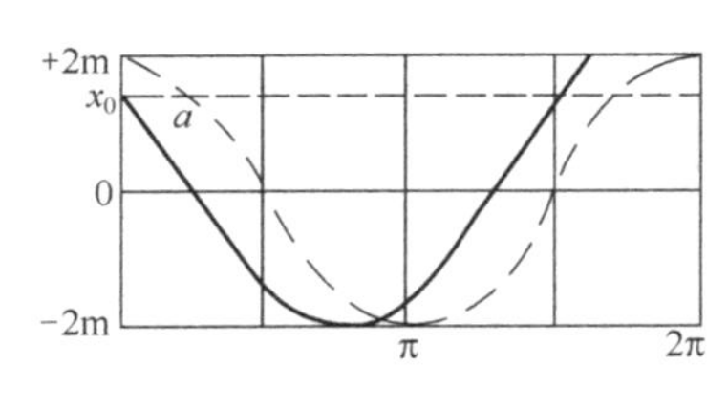

图 11-12 例 11-5

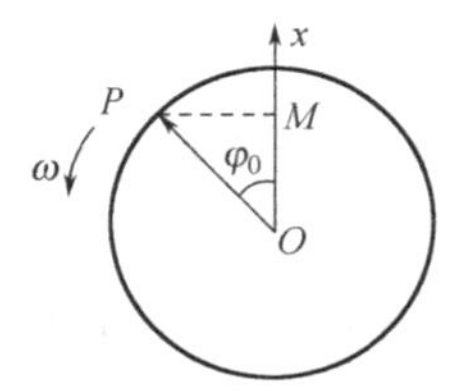

图 11-13 旋转矢量法

简谐振动的回复力 $F=-kx$ 中，回复力系数 k 并不一定是弹簧的倔强系数，在以上例题中已明显表达出在具体的简谐振动中，回复力的系数是不同的，不要认定回复系数就是倔强系数。

第六节 简谐振动的能量

简谐振动质点的动能为

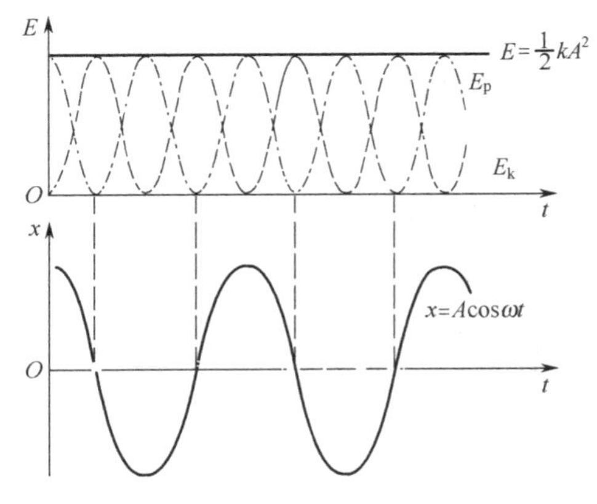

图 11-14 简谐振动的能量

$$E_k=\frac{1}{2}mv^2=\frac{1}{2}m[-A\omega\sin(\omega t+\varphi_0)]^2$$

$$=\frac{1}{2}(m\omega^2)A^2\sin^2(\omega t+\varphi_0)$$

$$=\frac{1}{2}kA^2\sin^2(\omega t+\varphi_0) \qquad (11\text{-}14)$$

简谐振动的势能以弹簧振子为例，为

$$E_p=\frac{1}{2}kx^2=\frac{1}{2}kA^2\cos^2(\omega t+\varphi_0) \qquad (11\text{-}15)$$

简谐振动的机械能为

$$E=E_k+E_p=\frac{1}{2}kA^2 \qquad (11\text{-}16)$$

E_k, E_p, E 的图线在图 11-14 中，$x(t)$的周期 $T=\frac{2\pi}{\omega}$，$\nu=\frac{\omega}{2\pi}$。图 11-14 还指出谐振子的动能 E_k 与势能 E_p 可以转换，但是总机械能始终保持不变。

第七节　简谐振动的合成

常见的简谐振动的合成有同振动方向同频率的振动的合成，同振动方向互相垂直的同频率的振动的合成，这是两种重要的合振动。

若质点同时参加两个同频率的简谐振动，振动方向又相同，例如都沿 Ox 轴振动，一个振动为 x_1，另一个振动为 x_2，这个质点的合振动就是 $x=x_1+x_2$。

$$x_1=A_1\cos(\omega t+\varphi_1),\quad x_2=A_2\cos(\omega t+\varphi_2)$$

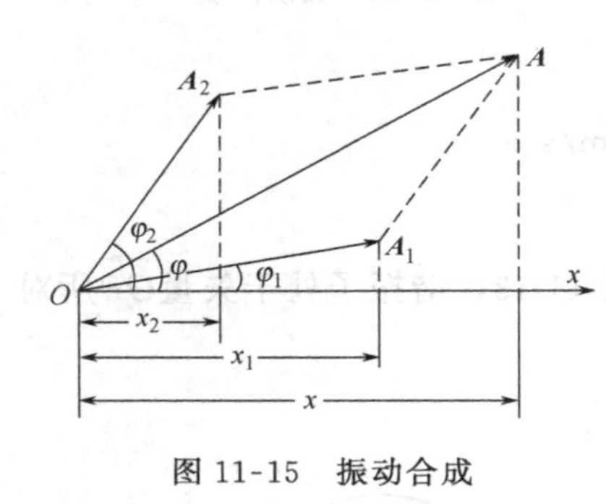

图 11-15　振动合成

用旋转矢量法，可得到结果，作 x_1 和 x_2 的旋转矢量 $\mathbf{A}_1$ 和 $\mathbf{A}_2$，因为两个简谐振动的频率相同，旋转矢量 $\mathbf{A}_1$ 与 $\mathbf{A}_2$ 有相同的角速度，它们的夹角也恒定不变（见图 11-15），用平行四边形法求合矢量 $\mathbf{A}=\mathbf{A}_1+\mathbf{A}_2$，用余弦定理得

$$A=\sqrt{A_1^2+A_2^2+2A_1A_2\cos(\varphi_2-\varphi_1)} \tag{11-17}$$

作 A 到 Ox 轴的垂直线，经过数学运算也能得到

$$\tan\varphi=\frac{A_1\sin\varphi_1+A_2\sin\varphi_2}{A_1\cos\varphi_1+A_2\cos\varphi_2} \tag{11-18}$$

因此两个同频率同振动方向的简谐振动的合成仍是简谐振动。

$$x=A\cos(\omega t+\varphi) \tag{11-19}$$

式（11-19）中振幅 A 与初相位由式（11-17）、式（11-18）决定。

在式（11-18）中 φ_1 是 x_1 的初相位，φ_2 是 x_2 的初相位，若 $\varphi_2-\varphi_1$ 满足一定的条件，式（11-19）中振幅 A 可有极大值 A_{max} 和极小值 A_{min}。

$$\text{当 }\Delta\varphi=\varphi_2-\varphi_1=\begin{cases}2n\pi\\(2n+1)\pi\end{cases}\text{时，}A=\begin{cases}A_1+A_2,\max\\|A_1-A_2|,\min\end{cases}$$

$$n=0,\pm1,\pm2,\cdots \tag{11-20}$$

若两个同方向简谐振动的频率相差很小，两个振动合成时，其振幅就会出现周期性忽强忽弱的现象，如图 11-16 所示，这种合振动叫做拍振动。

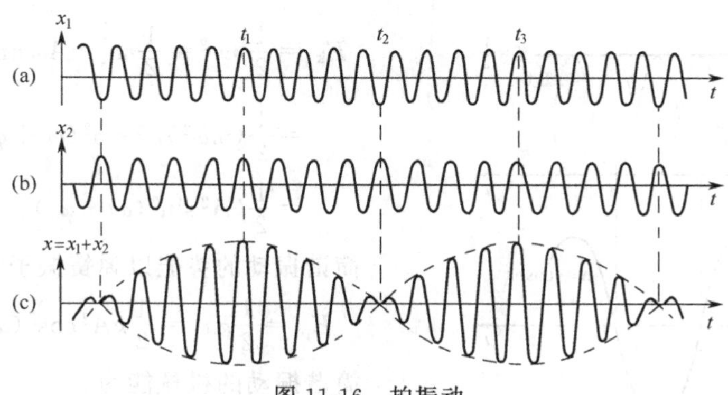

图 11-16　拍振动

两个互相垂直的简谐振动比同方向的简谐振动的合成要复杂，现以两个同频率，互相垂

直的简谐振动的合成来定性的讨论，设一个振动为 x，另一个振动为 y。

写出 x 和 y 的初相位 φ_x 和 φ_y，由图 11-17 (b)知 $\Delta\varphi=\varphi_x-\varphi_y=(2n+1)\pi$，$n=0,1,2,3,\cdots$时，合振动仍为简谐振动，但是振动方向要转向，若不符合这个条件，合成的结果就不再是简谐振动，如图 11-17 (a) 中举的几个例子。更复杂的情况在此不作论述。

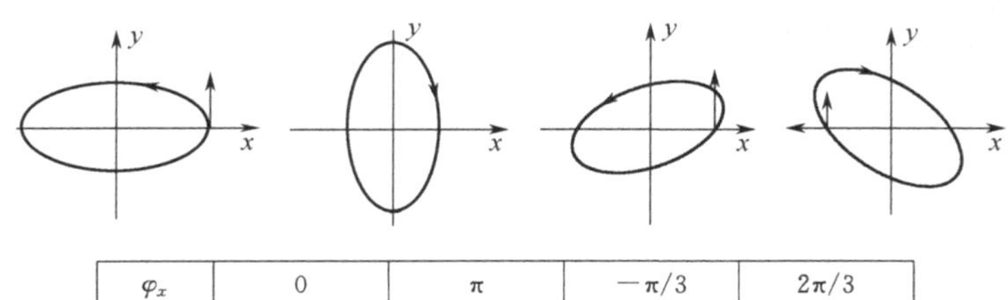

φ_x	0	π	$-\pi/3$	$2\pi/3$
φ_y	$-\pi/2$	$-\pi/2$	$-\pi/2$	$-\pi/2$
$\Delta\varphi$	$\pi/2$	$-3\pi/2$	$+\pi/6$	$7\pi/6$

(a) 互垂直的合振动（不再是简谐振动）

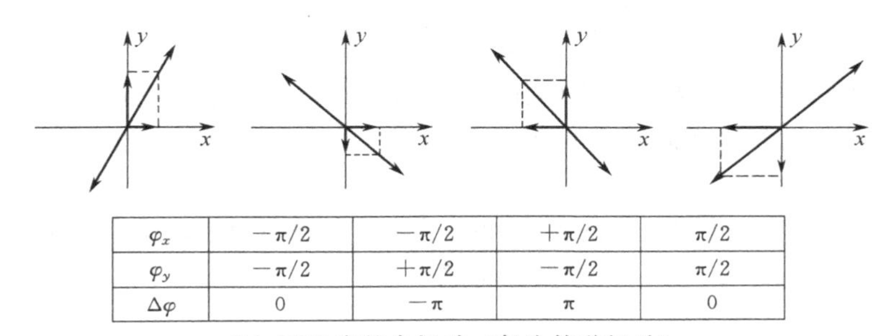

φ_x	$-\pi/2$	$-\pi/2$	$+\pi/2$	$\pi/2$
φ_y	$-\pi/2$	$+\pi/2$	$-\pi/2$	$\pi/2$
$\Delta\varphi$	0	$-\pi$	π	0

(b) 互垂直的合振动（仍为简谐振动）

图 11-17 互垂直的合振动

第八节 自由振动、阻尼振动、共振

简谐振动只受弹性回复力作用，没有阻力作用于谐振子，谐振子的振幅不变，机械能守恒，简谐振动是一种自由振动，也叫等幅振动。

若振子除受弹性回复力外还受阻力作用，振幅不能保持不变，机械能也不守恒，这种振动为阻尼振动。力学中有，电磁学中也有，这也是一种重要的振动。设阻力与质点的速度成正比例，阻尼振动的牛顿方程为

$$-kx-rv=m\frac{\mathrm{d}v}{\mathrm{d}t}$$

有

$$\frac{\mathrm{d}^2x}{\mathrm{d}t^2}+2\beta\frac{\mathrm{d}x}{\mathrm{d}t}+\omega_0^2x=0 \tag{11-21}$$

式中，$\beta=\frac{r}{2m}$，叫阻尼因子，$\omega_0^2=\frac{k}{m}$，ω_0 为自由振动的频率，式 (11-21) 为阻尼振动方程式，是典型的二阶常系数齐次常微分方程，在 $\omega_0>\beta$ 时，式 (11-21) 的解为

$$x=A\mathrm{e}^{-\beta t}\cos(\omega t+\varphi_0) \tag{11-22}$$

式中，$\cos(\omega t+\varphi_0)$ 还是周期函数，但被前面的因子 $\mathrm{e}^{-\beta t}$ 调制了振幅，振动曲线如图 11-18 所示，振幅随时间减小。根据阻尼情况不同，阻尼振动还分阻尼振动（如图 11-18)、临界阻尼和过阻尼（如图 11-19)。

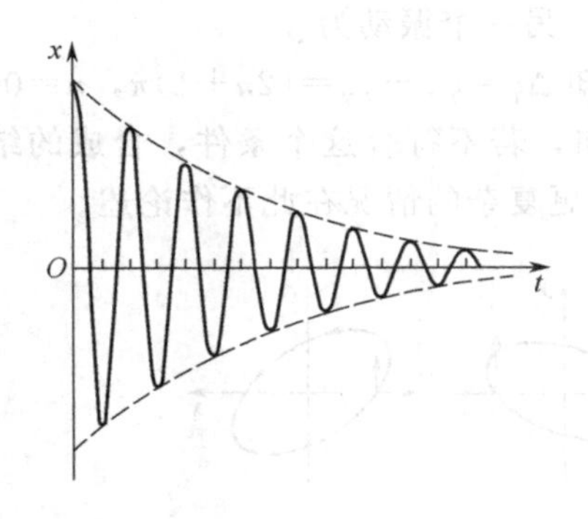

图 11-18 阻尼振动

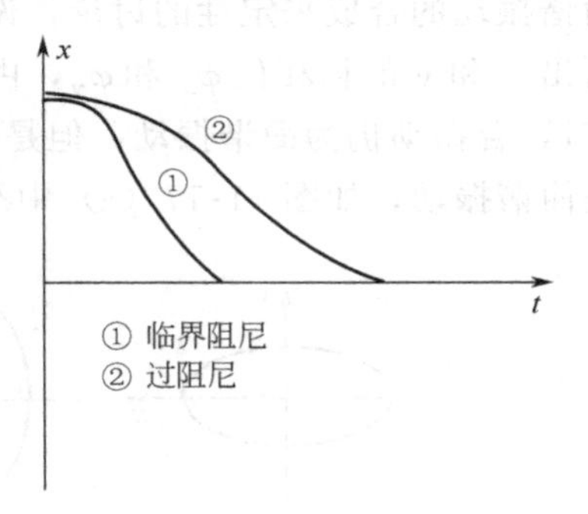

图 11-19 临界阻尼和过阻尼

谐振子在周期性外力作用下的运动为受迫振动，其牛顿运动方程为

$$-kx-rv+F_0\cos\Omega t=m\frac{\mathrm{d}^2x}{\mathrm{d}t^2}$$

可化成

$$\frac{\mathrm{d}^2x}{\mathrm{d}t^2}+2\beta\frac{\mathrm{d}x}{\mathrm{d}t}+\omega_0^2x=\frac{F_0}{m}\cos\Omega t \tag{11-23}$$

式(11-23) 是有阻尼、有周期性外力的振子的振动方程，它包含着无强迫力但有阻尼的情况式(11-21)，它也包含着无阻尼自由振动的情况式(11-11)，这个微分方程式在数学中也是典型的。

质点在强迫振动时，若强迫力的频率和振子的固有频率相近，质点的振幅可达最大，发生共振。若 $\beta\to0$，当 $\Omega\to\omega_0$ 时，共振振幅将趋于∞。

习　题

1. 一个沿 x 轴作简谐振动的弹簧振子，振幅为 A，周期为 T，其振动方程用余弦函数表示，如果 $t=0$ 时，质点的状态分别为

① $x_0=-A$；　　② 过平衡位置向正向运动；

③ 过 $x=\frac{A}{2}$ 处向负向运动；　　④ 过 $x=-\frac{A}{\sqrt{2}}$ 处向正向运动。

试求出相应的初周相之值，并写出振动方程。

2. 一轻弹簧的倔强系数为 k，其下悬有一质量为 m 的盘子，现有一质量为 M 的物体从离盘 h 高度处自由下落到盘中并与盘子粘在一起，盘子开始振动。

① 此时的振动周期与空盘子作振动时的周期有何不同？

② 此时的振动振幅多大？

③ 取平衡位置为原点，位移以向下为正，并以弹簧开始振动时作为计时起点。求初周相，并写出物体与盘子的振动方程（用余弦函数或正弦函数形式均可）。

3. 手持一块平板，平板上放一质量为 0.50kg 的砝码，如手持这块平板沿水平方向作简谐振动，频率为 2Hz，振幅为 0.02m，砝码并不打滑。问

① 此时砝码与平板之间的静摩擦力多大？

② 设砝码与平板间的静摩擦系数为 0.6，问在砝码不致滑动时振幅可加大到多大？

③ 如果振动频率增加 20Hz，则振幅多大时砝码就要滑动？

4. 一个质量为 0.20kg 的质点作简谐振动，其运动方程为

$$x=0.60\sin\left(5t-\frac{\pi}{2}\right)$$

式中，x 以米计，t 以秒计。求

① 这振动的振幅和周期；

② 这质点的初始位置和初始速度；

③ 质点在最大位移正向 1m 处且向 x 轴正向运动时，它所受的力、速度和加速度；

④ 在 $t=\pi s$ 和 $t=\frac{4}{3}\pi s$ 两时刻质点的位移、速度和加速度；

⑤ 质点在哪些位置上振动动能与势能相等？

5. 已知两个同方向简谐振动的运动方程分别为 $x_1=0.05\cos\left(10t+\frac{3}{5}\pi\right)$，$x_2=0.06\cos\left(10t+\frac{1}{5}\pi\right)$，式中 x 以米计，t 以秒计。

① 求它们合成振动的振幅和初周相；

② 另有一同方向简谐振动 $x_3=0.07\cos(10t+\varphi)$，式中 x 也以米计，t 也以秒计，问 φ 为何值时，x_1+x_3 的振幅为最大？φ 为何值时，x_2+x_3 的振幅为最小？

用旋转矢量图示法表示 ①、② 两小题的结果。

6. 有两个同方向、同频率的简谐振动，其合成振动的振幅为 0.20m，周相与第一振动的周相差为 $\frac{\pi}{6}$，已知第一振动的振幅为 0.173m。求第二振动的振幅以及第一、第二两振动之间的周相差。

7. 质量为 0.4kg 的质点同时参与互相垂直的两个振动：

$$x=0.08\cos\left(\frac{\pi}{3}t+\frac{\pi}{6}\right),\qquad y=0.06\cos\left(\frac{\pi}{3}t-\frac{\pi}{5}\right)$$

式中，x,y 以米计，t 以秒计。

① 在 xOy 平面内，每隔 $\frac{T}{12}$（T 为振动周期）绘出质点的位置，并画出合成振动的轨迹；

② 求运动轨道方程；

③ 质点在任一位置所受的力。

8. 一物体沿 x 轴作简谐振动，振幅为 0.12m，周期为 2s，$t=0$ 时位移为 0.06m，且向 x 轴正方向运动。

求 ① 初周相；

② $t=0.5s$ 时，物体的位置、速度和加速度；

③ 在 $x=-0.06m$ 处，且向 x 轴负方向运动时，物体的速度和加速度以及从这一位置回到平衡位置所需的时间。

9. 边长 $l=0.25m$、密度 $\rho=800kg/m^3$ 的木块浮在大水槽的表面上，现把木块完全压入水中，然后放手，如不计水对木块的阻力，木块在水面平衡时，木块在水下部分为 b。问木块将如何运动？写出木块的运动方程（水的密度为 $1000kg/m^3$）。

第十二章　平面简谐波

机械振动与机械波有着密切的联系，它们之间有相同之处，又有差异。学习机械波时要比较这两者的异同。

第一节　机械波、平面简谐波

拿着一根绳子，拎着一头抖动一下时，绳中会产生一个波动。讲话和唱歌时，声带的振动带动了附近空气的振动，一带二，二带三……依次传下去，声波就传向远处。以上说明：第一，要有一个振动的源，例如手、声带就是源，它激发一个振动。第二，要有有质量的弹性介质来传播源的振动，例中的绳、空气就是传播源的振动的介质。机械波的定义是：**机械振动在弹性媒介质中的传播。**

简谐振动在弹性媒介质中的传播就是简谐波。波的传播过程中有振动这个动作的传播，有能量的传播，但是不是质量的传播。你和你的朋友站在铁轨的两端，你用石块敲敲铁轨，敲击的声音会沿着铁轨和空气传到你的朋友那里，振动通过铁轨和空气传过去了，能量也通过铁轨和空气传过去了，但是没有什么物质传到你的朋友那一边。波在传播过程中，传播经过的线上所有的质点都在各自平衡位置附近来回运动，只是它们的相位可能不相同，也可能相同。波也有周期、频率、速度、振幅、相位，还有波长、波数，下面是对这些物理量的定义。

波长（λ）：波的传播线上相位相同的最邻近的点间距离叫做波长，可见在一个波长中各点振动相位不相同，只有相差波长整数倍的点的振动相位才相同。

周期（T）：波向前传播一个波长的时间叫做波的周期，在数值上与波上每个质点的振动周期相同。

波速（u）：波向前传播的速度。波速等于波长与周期之比。

$$u=\frac{\lambda}{T}$$

波数（k）：波动学中常用到 $2\pi/\lambda$ 这个量，记作 k，$k=\frac{2\pi}{\lambda}$，叫做波数。

第二节　波 动 方 程

波在介质中传播时，波到达的地方的点都在振动，有的点的相位相同，有的点的相位不相同。如果在各向均匀的介质中某点 O 处产生一个简谐振动，这个振动就沿各个方向用同一速度向四面八方传播，如图 12-1 所示。波的传播方向叫做波线或波射线，如图 12-1 中箭头所示。与直线垂直的圆球面上各点的振动相位都相同，每个球面上的点都是同相位点，这个由同相位点组成的面叫做波面。图 12-1 中的波面是球面，对应的波叫球面波。如果图 12-1中的波传到很远很远的地方，球面上的一部分就接近平面，这时的波射线也成为平行线，如图 12-2 所示，这样的波叫做平面波。

波传播时，传在最前面的那一个波面叫做波前，在任意时刻有许多波面，但是在任意时刻只有一个波前。

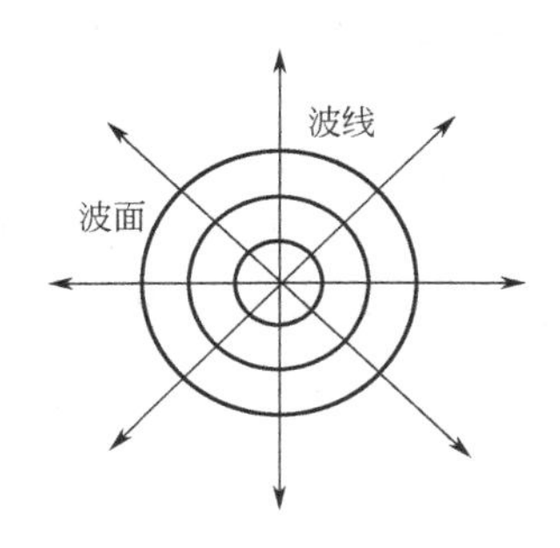

图 12-1 波线与波面

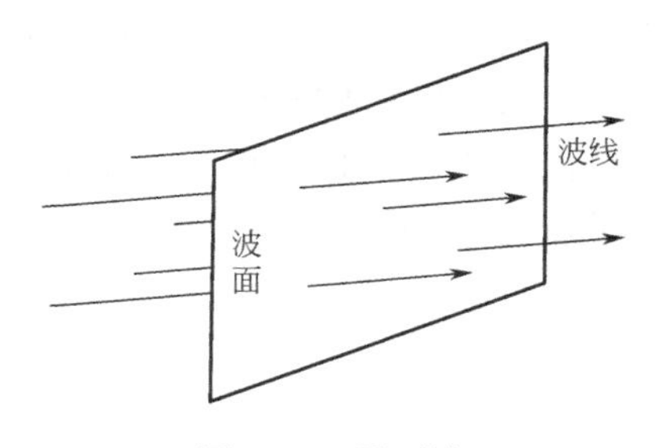

图 12-2 平面波

设有一平面简谐波，在无吸收、无阻尼、各向均匀、无限大的媒介质中，沿 x 轴的正方向传播，我们来讨论波动方程，并从建立方程过程中讨论方程的物理意义。图 12-3 中 Ox 是向 x 正方向传播的平面简谐波的一条波线，Ox 轴上有无限多个质点，波经过时，它们在各自平衡位置附近作简谐振动。振动方向与波传播方向相同的叫纵波，如声波。振动方向与波传播方向垂直的叫横波。在图 12-3 中 x 代表波线上作简谐振动的质点的平衡位置。y 代表这些质点做简谐振动时相对各自平衡位置的位移，P 是波线上的任意点，只要能找出任意点的振动方程就掌握了所有质点的振动，也就掌握了这个波动。

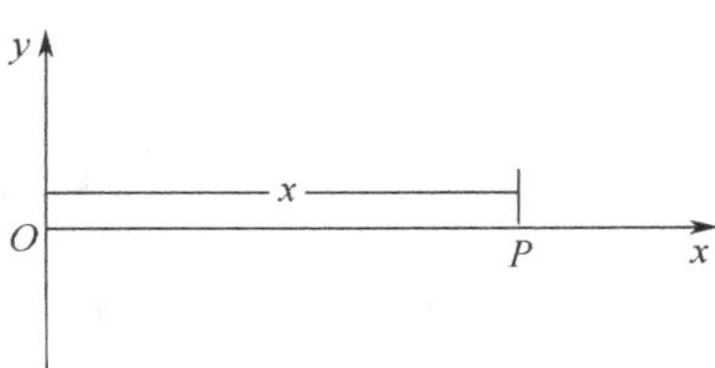

图 12-3 平面波波动方程的推导

设波源 O 的振动方程为

$$y_0=A\cos(\omega t+\varphi_0) \tag{12-1}$$

P 点的振幅 A 不变，波在介质中传播频率 ω 也不变，φ_0 是波源的初相与后面各点无关，P 点的振动与波源的振动区别在哪里呢？如果波源是早晨 8 点开始振动的，P 点的振动必定是 8 点以后开始的，P 点的振动比波源的振动要推迟 Δt 时间间隔，$\Delta t=\dfrac{x}{u}$，P 点 t 时刻的振动应和波源（$t-\Delta t$）时刻的振动相同，P 点的简谐振动方程应为

$$y=A\cos[\omega(t-\Delta t)+\varphi_0]$$

$$y=A\cos\left[\omega\left(t-\frac{x}{u}\right)+\varphi_0\right] \tag{12-2}$$

式（12-2）代表波线上所有质点的振动，就是平面简谐波的波动方程式，是一个二元函数 $y=f(x,t)$。

现在来讨论式（12-2）的物理意义。

第一，设式（12-2）中 x 不变，即固定一个点，设此点为 $x=x_0$。

$$y=A\cos\left[\omega\left(t-\frac{x_0}{u}\right)+\varphi_0\right] \tag{12-3}$$

式（12-3）为一元函数 $y=f(t)$，式（12-3）的意义是 $x=x_0$ 处点的简谐振动方程式。

第二，设式（12-2）中 t 固定，即固定一个时刻，设此时刻为 $t=t_0$。

$$y=A\cos\left[\omega\left(t_0-\frac{x}{u}\right)+\varphi_0\right] \tag{12-4}$$

式（12-4）是一元函数 $y=f(x)$，式（12-4）的意义是 $t=t_0$ 时刻波线上各点相对各自平衡位置的位移，$y=f(x)$ 即是此时刻的波形。

图 12-4 是式（12-4）的示意，图 12-4 中的曲线也叫做某时刻的波形，动的波在纸上是画不出来的。图 12-4 中箭头表示此时此刻波线上各点的位置（注意没有全部画出来）。把图 12-4 中的实线波形沿波速 u 的方向向右稍许平移一点点，得到一条下一时刻的虚线波形，就能看出 a 点速度向下（↓），b 点速度向上（↑），e 点速度向下（↓），因为这些点只能沿着与 y 轴平行的线以 x 轴为平衡位置上下振动。这里举的横波的例子，对纵波也是一样。

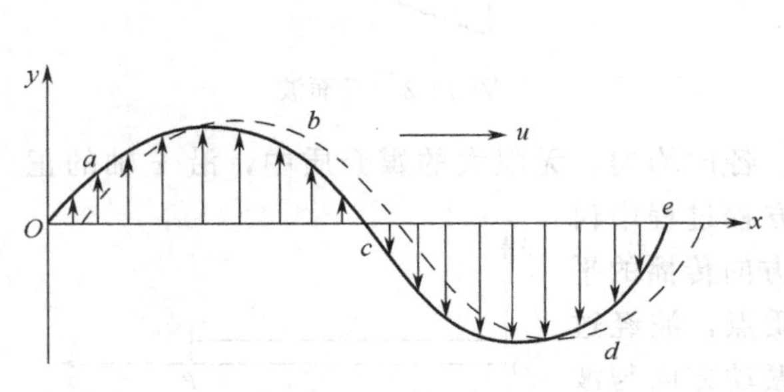

图 12-4 某时刻的波形

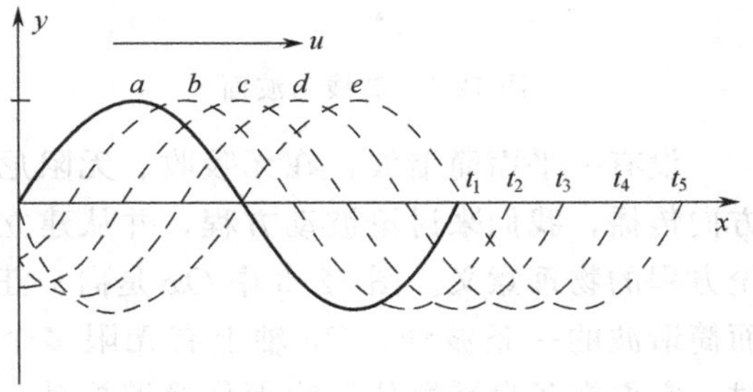

图 12-5 行波

第三，若 x 与 t 都不固定，那就是图 12-4 中的实线波形 a→虚线波形 b→…依次变下去，就是一个行波。图 12-5 表示简谐波从左向右传播。

将行波方程分别对 x 和 t 求二阶偏导数，得

$$\frac{\partial^2 y}{\partial x^2}=\frac{1}{u^2}\frac{\partial^2 y}{\partial t^2}$$

在三维情况，将表示位移的 y 换成 ξ

$$\frac{\partial^2 \xi}{\partial x^2}+\frac{\partial^2 \xi}{\partial y^2}+\frac{\partial^2 \xi}{\partial z^2}=\frac{1}{u^2}\frac{\partial^2 \xi}{\partial t^2} \tag{12-5}$$

式（12-5）是波动方程式，一般称 ξ 为波函数，式（12-4）是平面简谐波的常用标准形式，平面简谐波波动方程的标准形式还有如下形式（下面各式中取 $\varphi_0=0$）。

$$\begin{aligned} y&=A\cos\omega\left(t-\frac{x}{u}\right)\\ y&=A\cos2\pi\left(\frac{t}{T}-\frac{x}{\lambda}\right)\\ y&=A\cos2\pi\left(\nu t-\frac{x}{\lambda}\right)\\ y&=A\cos\frac{2\pi}{\lambda}(x-ut)\end{aligned} \tag{12-6}$$

例 12-1 平面简谐波波动方程式为：$y=2\cos\pi(x-4t)$。

求① $x=1\text{m}$ 处质点的速度；② $x=1\text{m}$ 处质点的加速度；

③ 平面简谐波的速度；④ $x=6\text{m}$ 处质点振幅；

⑤ $x=10\text{m}$ 处质点的振动频率；⑥ 平面简谐波的波长。

解： ① $v=\frac{\text{d}y}{\text{d}t}=8\pi\sin\pi(1-4t)$；

② $a=\frac{\text{d}v}{\text{d}t}=\frac{\text{d}^2 y}{\text{d}t^2}=-32\pi^2\cos\pi(1-4t)$；

③ 与式（12-6）中第 4 个公式比较，$u=4\text{m/s}$；

④ 行波振幅不变，所有振动点的振幅相同，$A=2\text{m}$；

⑤ 行波频率不变，所有振动点的频率相同与式（12-6）中第 3 个公式比较，$\nu=2\text{Hz}$；

⑥ 与式（12-6）比较，$\lambda=2\text{m}$。

例 12-2 横波在弦上向右传播，波动方程为：$y=0.02\cos\pi(5x-200t)$(SI)。

求① A,λ,ν,T,u；

② 画出 $t_1=0\text{s}$，$t_2=0.0025\text{s}$，$t_3=0.005\text{s}$ 时刻的波形。

解： ① 与标准形式相比得

$$A=0.02\text{m},\ \nu=100\text{Hz},\ T=0.01\text{s},\ u=40\text{m/s},\ \lambda=0.4\text{m}$$

② 先画出 $t_1=0$ 时波形，然后平行移动，即得 t_2 和 t_3 时波形。见图 12-6 所示。

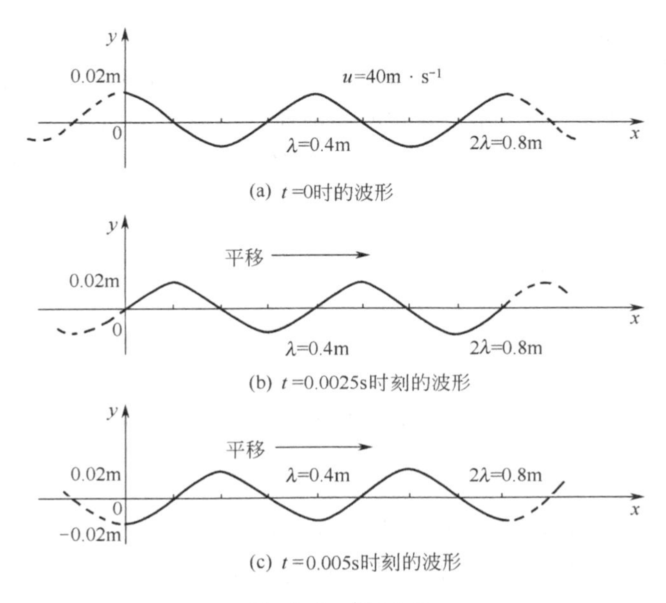

图 12-6 例 12-2

第三节 波的能量

简谐振动沿波线传播到媒质中某处时，该处质点开始作简谐振动，该处质点有速度，因而有动能，该处有形变，因而有势能。波在传播过程中，能量也随波传播，这是波动的一项重要特性。

可以证明波线上任意体积元 ΔV 的动能 E_k 和势能 E_p 为

$$E_k=\frac{1}{2}\rho\Delta V\cdot A^2\omega^2\sin^2\omega\left(t-\frac{x}{u}\right) \tag{12-7}$$

$$E_p=\frac{1}{2}\rho\Delta V\cdot A^2\omega^2\sin^2\omega\left(t-\frac{x}{u}\right) \tag{12-8}$$

任意质量元的机械能为

$$E=E_k+E_p=\rho\Delta V\cdot A^2\omega^2\sin^2\omega\left(t-\frac{x}{u}\right) \tag{12-9}$$

从式（12-7）、式（12-8）看出，波传到处质量元的动能与势能是同步变化的，即动能减少的同时势能也减少，动能增加的同时势能也增加，而且机械能也随之同步变化。可见在波传到处的振动质量元的机械能是不守恒的，这是因为一个质点把振动传给次一个质点时，次一个质点也要把从前面一个质点传来的机械能传给再下面一个质点，下一个质点也这样依次把动作与能量再传下去，可见波传播过程中是伴有能量流的。

媒质中单位体积具有的机械能叫做波的能量密度，记作 w

$$w=\frac{E}{\Delta V}=\rho A^2\omega^2\sin^2\omega\left(t-\frac{x}{u}\right) \tag{12-10}$$

由式（12-10）可知，体积元中媒质的总能量是时间（t）和空间（x）的函数，这说明不同处的体积元中媒质在不同时刻具有不同的能量，即任一体积元都在不停地接受和放出能量，沿波线形成能量流。

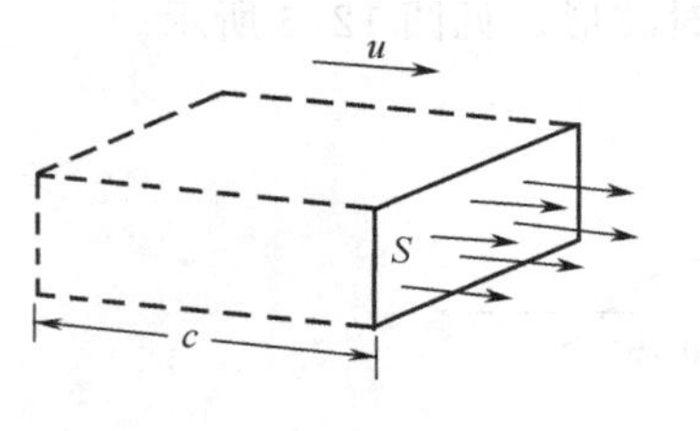

图 12-7 波的能流

能量流用能流 P 和能流密度 I 来描述。如图 12-7 所示，单位时间内通过媒质中某面积 S 的能量称为通过该面积的能流，记作 P。若波速为 u，波的能量密度为 w，则

$$P=wuS=uS\rho A^2\omega^2\sin^2\left(t-\frac{x}{u}\right)$$

P 显然是周期变化的，通常取一个周期的平均值，记作

$$\overline{P}=\overline{w}uS=\frac{1}{2}uS\rho A^2\omega^2 \tag{12-11}$$

$\overline{P}$ 叫波的平均能流。

通过垂直于波动传播方向的单位面积的平均能流，称为能流密度，记作 I

$$I=\overline{w}u=\frac{1}{2}\rho uA^2\omega^2 \tag{12-12}$$

I 表示波的强弱，所以也称为波的强度。声学中的声强就是式（12-12）的具体应用。

在学习波的能流和能流密度时，应与电流中的电流和电流密度作一类比，以加深对概念的理解。能流也是电磁场中的重要概念。能流和能流密度首先是乌莫夫在 1874 年引入的，后来坡印廷把它用于电磁场的能量传播，建立了乌莫夫-坡印廷矢量 $\boldsymbol{S}=\overline{w}\boldsymbol{c}$，$\boldsymbol{c}$ 是电磁波的速度，$\overline{w}$ 是电磁波的平均能量密度。

第四节　波的叠加、波的干涉

一列波传到某点，某点就开始振动，两列波传到某点，即两列波在某点相遇，某点就同时参与两个振动，这就是这个点的振动的合成问题，所以说波的叠加问题归根结底是振动的合成问题。光的干涉和光的衍射现象与同频率同方向的振动的合成密切相关；光的偏振现象与同频率相互垂直的振动的合成密切相关。波叠加时保持波原有的特性，叫做波的叠加原理，也叫做波的独立性原理。

波的干涉是波叠加中最简单最重要的特殊情况，若两个波源的频率相同，振动方向相同，初周相相同或初相差恒定，这两个波在空间叠加时，在某些点处，振动会始终加强，而在另一些点处，振动会始终减弱或完全抵消，这种现象称为波的干涉现象。能产生干涉现象的波称为相干波，相应的波源称为相干波源。

当两列初周相相同的波干涉时，振动加强和减弱的点的分布，由两波源到叠加点的波程

差决定。

$$\Delta r=\begin{cases}\pm 2k\dfrac{\lambda}{2}, & \text{振动加强}\\ \pm(2k+1)\dfrac{\lambda}{2}, & \text{振动减弱}\end{cases} \tag{12-13}$$

在图 12-8 中，S_1 与 S_2 为相干波源，振动方向垂直纸面；λ 为波长；P 为干涉场中任意点；r_1 和 r_2 是两波源到 P 点的波程。设波源 S_1 和 S_2 的振动方程分别为

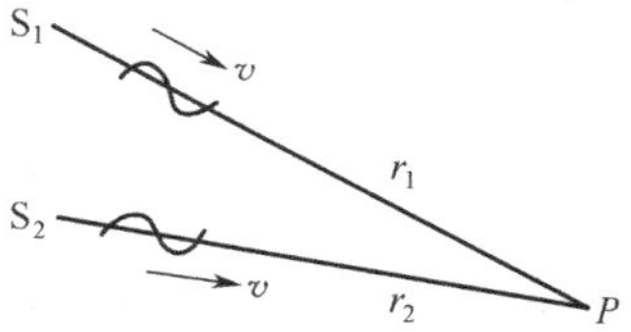

$$y_{10}=A_1\cos(\omega t+\varphi_1)$$

$$y_{20}=A_2\cos(\omega t+\varphi_2)$$

图 12-8　波的干涉

则 P 点的两个分振动的振动方程为

$$y_1=A_1\cos\left[\omega\left(t-\frac{r_1}{v}\right)+\varphi_1\right],\quad y_2=A_2\cos\left[\omega\left(t-\frac{r_2}{v}\right)+\varphi_2\right]$$

按振动的合成规律，P 点的合振幅为

$$A=\sqrt{A_1^2+A_2^2+2A_1A_2\cos\left[\left(\varphi_2-\frac{\omega r_2}{v}\right)-\left(\varphi_1-\frac{\omega r_1}{v}\right)\right]}$$

$$=\sqrt{A_1^2+A_2^2+2A_1A_2\cos\left[\frac{2\pi}{\lambda}(r_1-r_2)+(\varphi_2-\varphi_1)\right]}$$

若两波源同初相，则合振幅为

$$A=\sqrt{A_1^2+A_2^2+2A_1A_2\cos\frac{2\pi}{\lambda}\Delta r}$$

由此得到

$$\Delta r=\begin{cases}\pm 2k\dfrac{\lambda}{2},\\ \pm(2k+1)\dfrac{\lambda}{2},\end{cases}\text{时有}\quad A=\begin{cases}\sqrt{A_1^2+A_2^2+2A_1A_2}=A_1+A_2 & \text{（极大，振动加强）}\\ \sqrt{A_1^2+A_2^2-2A_1A_2}=|A_1-A_2| & \text{（极小，振动减弱）}\end{cases}$$

（1）式（12-13）的图解　见图 12-9。可以解释发生干涉时，某点的合振动是加强还是

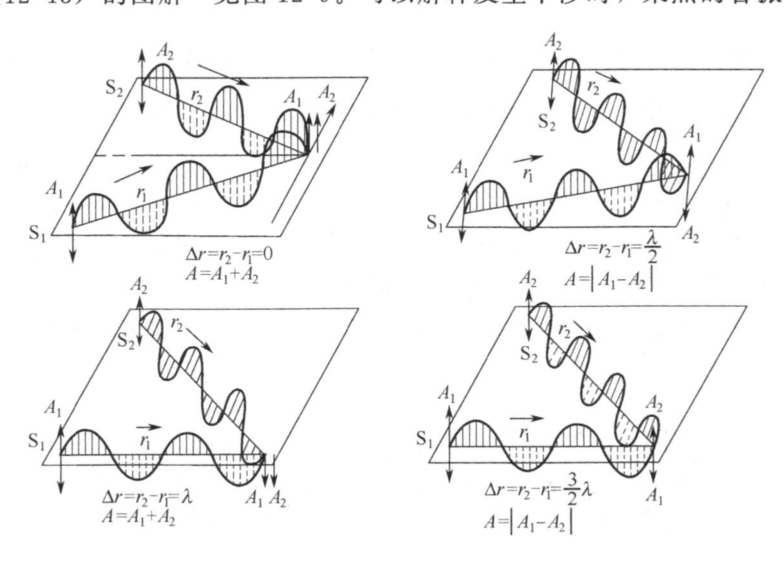

图 12-9　式（12-13）的图解

减弱由两波波程差 Δr 与$\frac{\lambda}{2}$的比值来决定。由图 12-9 可见，若波程差为$\frac{\lambda}{2}$的偶数倍，该点两个振动同相，合振幅等于分振幅相加；若波程差为$\frac{\lambda}{2}$的奇数倍，该点两个振动反相，合振幅等于分振幅相减，振动减弱乃至完全抵消。

（2）波程差和周相差　由以上讨论可知，波在传播时，沿波线各点周相逐渐变小，每传播一个波长，周相减少 2π，还原一次。所以波线上两点的周相差 $\Delta\varphi$ 与两点的波程差 Δr 的关系为

$$\Delta\varphi=-\frac{2\pi}{\lambda}\Delta r \tag{12-14}$$

式中负号表示沿着波线方向，周相逐次减少（推迟之意）。式（12-14）在波的干涉中常用到，用时应注意必须两波波长相同，图 12-9 中的波长也是相同的。

第五节　驻　　波

频率、波速、振幅、振动方向均相同的两个平面简谐波沿一条直线向相反方向传播时，两波按叠加原理叠加后，波线上点的振幅随点的位置而变化，形成驻波。

设两列波的波动方程为

$$y_1=A\cos\omega\left(t-\frac{x}{v}\right)=A\cos2\pi\left(\frac{t}{T}-\frac{x}{\lambda}\right)$$

$$y_2=A\cos\omega\left(t+\frac{x}{v}\right)=A\cos2\pi\left(\frac{t}{T}+\frac{x}{\lambda}\right)$$

合成波的波动方程为

$$y=y_1+y_2=2A\cos2\pi\frac{x}{\lambda}\cos2\pi\frac{t}{T}$$

式中，因子 $2A\cos2\pi\frac{x}{\lambda}$与时间无关，此因子的绝对值表示合振动的振幅，即

$$A_{合}=\left|2A\cos2\pi\frac{x}{\lambda}\right|$$

合成波的波线上有些点始终静止，如图 12-10 中 A,C,E,G 诸点，这些点叫波节；另外一些点始终有最大振幅，如图中 B,D,F 诸点，这些点叫波腹。由图 12-10 可知 $AC=\frac{\lambda}{2}$，AC 间所有质点的振动周相相同，但各点的振幅不同；CE 间所有质点的振动周相相同，各点的振动振幅不同，但 CE 与 AC 段周相相反。这正是驻波与行波的差异之一。行波在传播时，各点的振幅相同，但周相沿波线逐渐减少。图 12-11 表明，驻波上质点振动得很快，由于眼睛的视觉暂留作用，眼睛只能见到振动的包线的模糊形状，或者说图 12-11 只表示振动质点位移的上下限，相当于驻波在一段时间内多次曝光下拍摄的照片。弹琴会看到琴弦中出现这个现象。

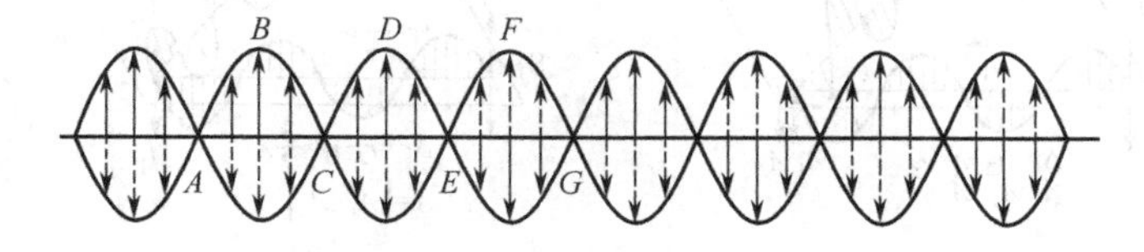

图 12-10　驻波

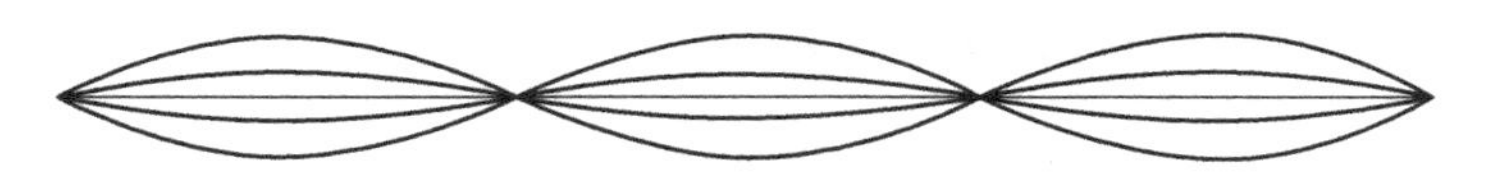

图 12-11　驻波的包线

在行波中动能与势能同相等值，随时间而变；在驻波中势能与动能不同相，势能与动能之间反复变换。显然，在驻波中能量不沿波线传播，因为能量不能流过节点，所以在驻波中，能量保持“常驻状态”。驻波并不像行波那样有“跑动”的意义，把驻波也称为波的缘由是因为可以把驻波看成沿相反方向的两个行波的相加（$y=y_1+y_2$），使得驻波上的点都参与两个简谐振动。

振动与波动有密切联系，也有差异，有些概念容易混淆，表 12-1 是振动与波动的比较。

表 12-1　振动与波动的比较

	定义	运动的质点	能量	速度	周期	频率	方程
振动	质点在平衡位置附近来回运动	一个质点振动	能量守恒，不向外传播	振动速度为$\frac{\mathrm{d}y}{\mathrm{d}t}$	振动一次的时间	单位时间内的振动次数	$y=f(t)$ 一元函数
波动	振动在弹性介质中的传播	无限个点振动	确定体积元内能量不守恒，有能流(行波)	质元振动速度 $\frac{\partial y}{\partial t}$，波速为 u	传播一个波长的时间	单位时间内传播的完整波数	$y=f(x,t)$ 二元函数

本章中很多习题是由振动方程求波动方程和从波动方程求振动方程。振动与波动的互化关系为

$$\underset{y=A\cos(\omega t+\varphi_0)}{\text{振动方程}} \Longleftrightarrow \underset{y=A\cos\left[\omega\left(t-\frac{x}{u}\right)+\varphi_0\right]}{\text{波动方程}}$$

例 12-3　已知平面余弦波波源的振动周期为 $T=\frac{1}{2}\mathrm{s}$，所激起波的波长 $\lambda=10\mathrm{m}$，振幅 $A=0.1\mathrm{m}$，并知 $t=0$ 时，波源的位移恰为正方向的最大值，若取波源处为坐标原点，波沿 x 轴的正方向传播。求

① 波动方程；

② 沿波传播方向距离波源为$\frac{\lambda}{2}$处的振动方程；

③ 在 $t=\frac{T}{4}$时，波线上离波源为$\frac{\lambda}{4}$，$\frac{\lambda}{2}$，$\frac{3}{4}\lambda$ 和 λ 的各点离开各自平衡位置的位移，画出波形图；

④ 在 $t=\frac{T}{2}$时，波线上离波源为$\frac{\lambda}{4}$，$\frac{\lambda}{2}$，$\frac{3}{4}\lambda$ 和 λ 的各点离开各自平衡位置的位移，画出波形图；

⑤ 在 $t=\frac{T}{4}$和 $t=\frac{T}{2}$时，距离波源$\frac{\lambda}{4}$处质点振动速度。

解： ① 已知 $T=0.5\mathrm{s}$，$\lambda=10\mathrm{m}$，$A=0.1\mathrm{m}$，$\varphi_0=0$，所以波动方程式为

$$y=A\cos 2\pi\left(\frac{t}{T}-\frac{x}{\lambda}\right)=0.1\cos 2\pi(2t-0.1x),\quad x\geqslant 0$$

② 已知 $x=\frac{\lambda}{2}=5\text{m}$，该点的振动方程为

$$y=0.1\cos(4\pi t-\pi)$$

③ $t=\frac{T}{4}$时，算得各点的位移为

x/m	0	$\frac{\lambda}{4}$	$\frac{\lambda}{2}$	$\frac{3\lambda}{4}$	λ
y/m	0	0.1	0	−0.1	0

④ $t=\frac{T}{2}$时，算得各点的位移为

x/m	0	$\frac{\lambda}{4}$	$\frac{\lambda}{2}$	$\frac{3\lambda}{4}$	λ
y/m	−0.1	0	0.1	0	−0.1

波形图见图 12-12。

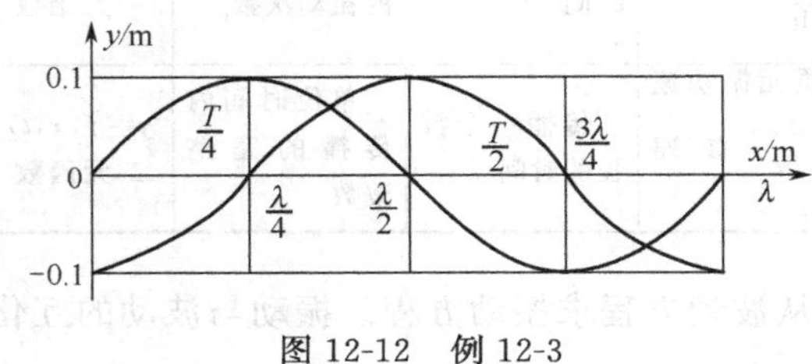

图 12-12　例 12-3

⑤ 已知 $x=\frac{\lambda}{4}$，所以

$$y=0.1\cos\left(4\pi t-\frac{\pi}{2}\right)$$

$$v=\frac{\mathrm{d}y}{\mathrm{d}t}=-0.4\pi\sin\left(4\pi t-\frac{\pi}{2}\right)$$

$$v\Big|_{t=\frac{T}{4}}=0$$

$$v\Big|_{t=\frac{T}{2}}=-0.4\pi\text{m/s}$$

式中负号表示速度方向向下。

例 12-4　图 12-13 中示出一沿正 x 方向传播的平面简谐波在 $t=\frac{T}{6}$时的波形（T 为周期）。求原点的初周相。

解：解法一，用波动方程求解，设波动方程为

$$y=A\cos\left[\omega\left(t-\frac{x}{v}\right)+\varphi_0\right]$$

$$y\Big|_{\substack{x=5\text{m}\\ t=\frac{T}{6}}}=A\cos\left[\omega\left(\frac{T}{6}-\frac{5}{v}\right)+\varphi_0\right]=0$$

$$\frac{\mathrm{d}y}{\mathrm{d}t}\Big|_{\substack{x=5\text{m}\\ t=\frac{T}{6}}}=-A\omega\sin\left[\omega\left(\frac{T}{6}-\frac{5}{v}\right)+\varphi_0\right]>0$$

所以

$$\sin\left[\omega\left(\frac{T}{6}-\frac{5}{v}\right)+\varphi_0\right]<0$$

$$\left[\omega\left(\frac{T}{6}-\frac{5}{v}\right)+\varphi_0\right]=\frac{3}{2}\pi$$

$$\omega T=2\pi,\ \frac{\omega}{v}=\frac{2\pi}{\lambda}=\frac{2\pi}{12}=\frac{\pi}{6}$$

得到

$$\varphi_0=\frac{3}{2}\pi-\left[\frac{\omega T}{6}-5\frac{\omega}{v}\right]=\frac{3}{2}\pi+\frac{\pi}{2}=2\pi \quad (或 0)$$

解法二，图解法。波经过$\frac{T}{6}$，走了$\frac{\lambda}{6}=\frac{12}{6}=2\text{m}$，即$\frac{\lambda}{6}$以前波的峰还在原点，所以原点的初周相为 0 或 2π。

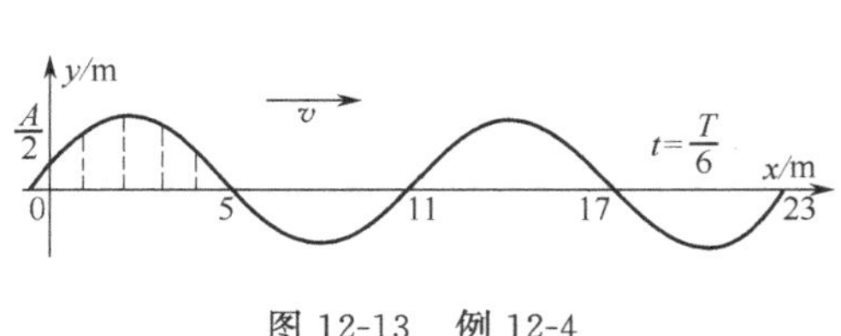

图 12-13　例 12-4

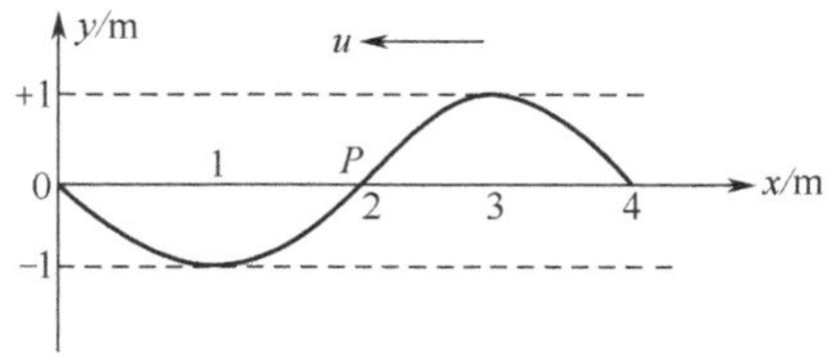

图 12-14　例 12-5

例 12-5　图 12-14 中所示为一平面简谐波在 $t=0.5\text{s}$ 时的波形，此时 P 点的振动速度为 $v_{\text{p}}=+4\pi\text{m/s}$。求波动方程式。

解：平衡位置处，振动速度最大；$v_{\max}=A\omega$，即

$$A\omega=4\pi$$

得到

$$\omega=4\pi\ \text{rad/s},\qquad T=\frac{1}{2}\ \text{s},\qquad u=\frac{\lambda}{T}=\frac{4}{1/2}=8\ \text{m/s}$$

振动方程式为

$$y=\cos\left[4\pi\left(t+\frac{x}{8}\right)+\varphi_0\right]=\cos\left[\left(4\pi t+\frac{\pi}{2}x\right)+\varphi_0\right]$$

已知 $T=0.5\text{s}$，此波形为 $t=0.5\text{s}$ 时波形，所以也是 $t=0$ 时的波形，因此得到原点的初周相为 $\varphi_0=+\frac{\pi}{2}$。波动方程式为

$$y=\cos\left(4\pi t+\frac{\pi}{2}x+\frac{\pi}{2}\right)$$

例 12-6　作平面简谐波在 1s，1.1s，1.25s 和 1.5s 时刻的波形图，波动方程为 $y=0.05\cos(10\pi t-4\pi x)$，单位为 SI 单位。

解：此波的振幅 $A=0.05\text{m}$，周期 $T=0.2\text{s}$，波长 $\lambda=0.5\text{m}$，波速 $u=2.5\text{m/s}$。

① 作一方框，标上高（振幅 A）和长（波长 λ），作一根余弦线（虚线），如图 12-15（a）所示。

② 计算原点处的质点在 1s 时的位移和速度

$$y\bigg|_{\substack{x=0\\t=1\text{s}}}=0.05\text{m},\qquad \frac{\text{d}y}{\text{d}t}\bigg|_{\substack{x=0\\t=1\text{s}}}=0$$

得知该虚线即 $t=1\text{s}$ 时波形。

③ 计算其他时刻波形的移动距离

时间间隔	1～1.1s，$\Delta t=0.1\text{s}$	1.1～1.25s，$\Delta t=0.15\text{s}$	1.25～1.5s，$\Delta t=0.25\text{s}$
波形移动距离/m	0.25	0.375	0.625

按移动距离将图 12-15（a）中的虚线顺序向右移动 0.25m、0.375m 和 0.625m，得到图 12-15（b）。

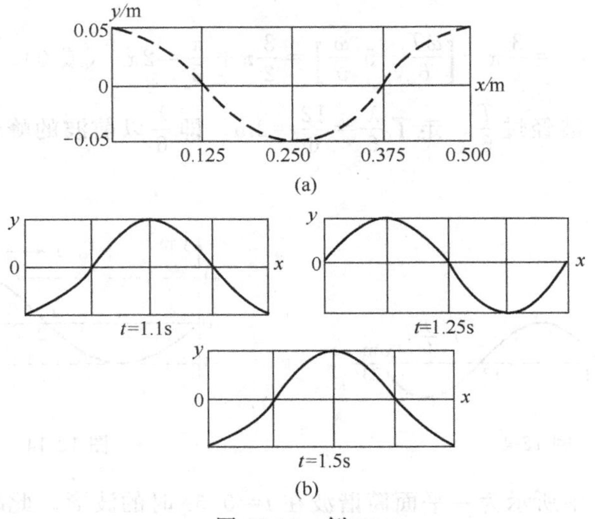

图 12-15　例 12-6

例 12-7　S_1 和 S_2 是两个相干波源，彼此相距$\frac{\lambda}{4}$，S_1 比 S_2 超前$\frac{\pi}{2}$周相，设两波在 S_1S_2 连线方向上的强度相同，且不随距离变化。①求 S_1S_2 连线上在 S_1 外侧各点的合振幅；②求 S_2 外侧各点的合振幅。

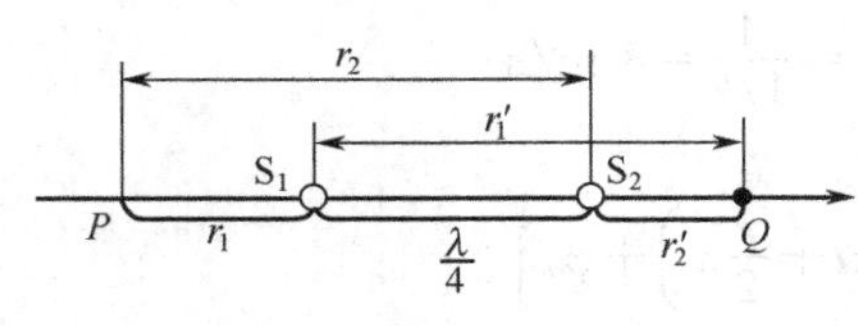

图 12-16　例 12-7

解：如图 12-16 所示，设 S_1 外侧任意点 P 与 S_1，S_2 的距离为 r_1, r_2，S_2 外侧任意点 Q 与 S_1, S_2 的距离为 r_1', r_2'，S_1, S_2 的初周相为 $\varphi_{10}, \varphi_{20}$。$P$ 点的振动周相差为

$$\Delta\varphi_P = \varphi_{1P} - \varphi_{2P} = \left(\varphi_{10} - \frac{2\pi}{\lambda}r_1\right) - \left(\varphi_{20} - \frac{2\pi}{\lambda}r_2\right)$$

$$= (\varphi_{10} - \varphi_{20}) + \frac{2\pi}{\lambda}(r_2 - r_1) = \frac{\pi}{2} + \frac{2\pi}{\lambda}\frac{\lambda}{4} = \pi \quad (反相)$$

P 点的合振幅为

$$A_P = |A_1 - A_2| = 0$$

可见 S_1 外侧各点的振动完全抵消，Q 点的振动周相差为

$$\Delta\varphi_Q = \varphi_{1Q} - \varphi_{2Q} = \left(\varphi_{10} - \frac{2\pi}{\lambda}r_1'\right) - \left(\varphi_{20} - \frac{2\pi}{\lambda}r_2'\right)$$

$$= (\varphi_{10} - \varphi_{20}) - \frac{2\pi}{\lambda}(r_1' - r_2') = \frac{\pi}{2} - \frac{2\pi}{\lambda}\frac{\lambda}{4} = 0 \quad (同相)$$

Q 点的合振幅为

$$A_Q = A_1 + A_2 = 2A_1$$

可见 S_2 外侧各点的振动全部加强。

习　　题

1. 已知波源在原点（$x=0$）的平面简谐波的方程为

$$y = A\cos(Bt - cx)$$

式中 A,B,C 为正值恒量。试求：

① 波的振幅、波速、频率、周长和波长；

② 写出传播方向上距离波源 l 处一点的振动方程；

③ 试求任何时刻，在波传播方向上相距为 d 的两点的周相差。

2. 一波源作简谐振动，周期为 $\frac{1}{100}$s，经平衡位置向正方向运动时，作为计时起点，设此振动以 $c=400\text{m/s}$ 的速度沿直线传播。求

① 这波动沿某一波线的方程；

② 距波源为 16m 处和 20m 处质点的振动方程和初周相；

③ 距波源为 15m 和 16m 的两质点的周相差是多少？

3. 已知某平面简谐波的波源的振动方程为

$$y=0.06\sin\frac{\pi}{2}t$$

式中 y 以米计，t 以秒计。设波速为 2m/s。试求离波源 5m 处质点的振动方程，这点的周相所表示的运动状态相当波源在哪一时刻的运动状态？

4. 如图 12-17 所示，A 和 B 是两个同周相的波源，相距 $d=0.10\text{m}$，同时以 30Hz 的频率发出波动，波速为 0.50m/s。P 点位于与 AB 成 30°角、与 A 相距 4m 处。求两波通过 P 点的周相差。

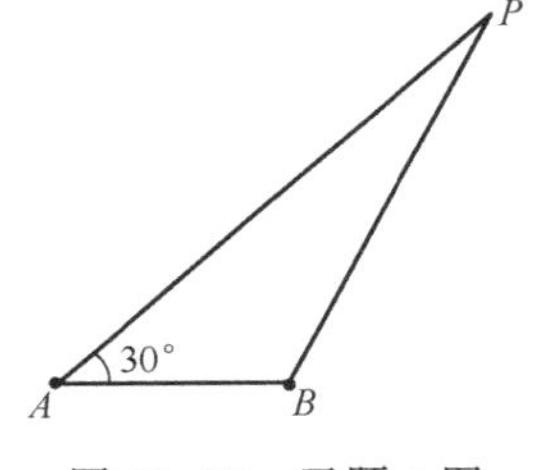

图 12-17　习题 4 图

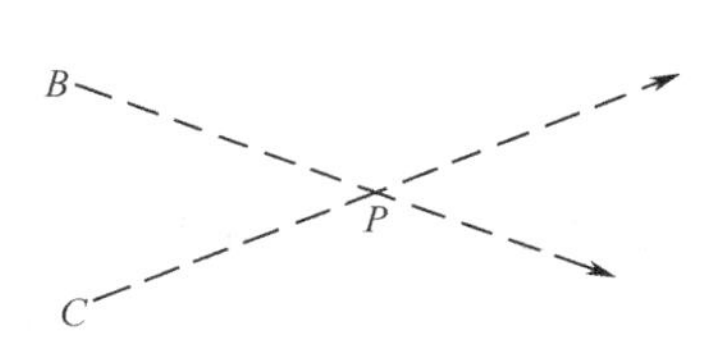

图 12-18　习题 5 图

5. 如图 12-18 所示，设平面横波 1 沿 BP 方向传播，它在 B 点的振动方程为 $y_1=0.2\times10^{-2}\cos2\pi t$，平面横波 2 沿 CP 方向传播，它在 C 点的振动方程为 $y_2=0.2\times10^{-2}\cos(2\pi t+\pi)$，两式中 y 以米计，t 以秒计，P 与 B 相距 0.40m，与 C 相距 0.50m，波速为 0.20m/s。求

① 两波传到 P 处时的周相差；

② 在 P 处合振动的振幅；

③ 如果在 P 处相遇的两横波的振动方向是相互垂直的，则合振动的振幅将为多大？

6. 两个波在一根很长的细绳上传播，设它们的波动方程分别为

$$y_1=0.06\cos\pi(x-4t),\quad y_2=0.06\cos\pi(x+4t)$$

式中 x,y 以米计，t 以秒计。

① 求各波的频率、波长、波速和传播方向；

② 试证这细绳实际上是作驻波式振动，求节点的位置和波腹的位置；

③ 波腹处的振幅为多大？在 $x=1.2\text{m}$ 处振幅为多大？

第十三章　光的干涉

第一节　电磁波、光矢量

麦克斯韦创立了完整的电磁场理论。根据电磁场理论可以说明电磁波的辐射和传播的规律。变化的磁场要激发变化的电场（感生电场假定），变化的电场要激发变化的磁场（位移电流假设）。若空间某处有变化的电场$\boldsymbol{E}(\boldsymbol{r},t)$，则在其邻近激发变化的磁场$\boldsymbol{H}(\boldsymbol{r},t)$；这变化的磁场$\boldsymbol{H}(\boldsymbol{r},t)$又在其邻近激发变化的电场$\boldsymbol{E}(\boldsymbol{r},t)$，且$\boldsymbol{E}$与$\boldsymbol{H}$互相垂直。如此依次激发下去，变化的电场与变化的磁场交替产生，由近及远在空间传播，交变电磁场在空间的传播为电磁波。图 13-1 是这一过程的示意。

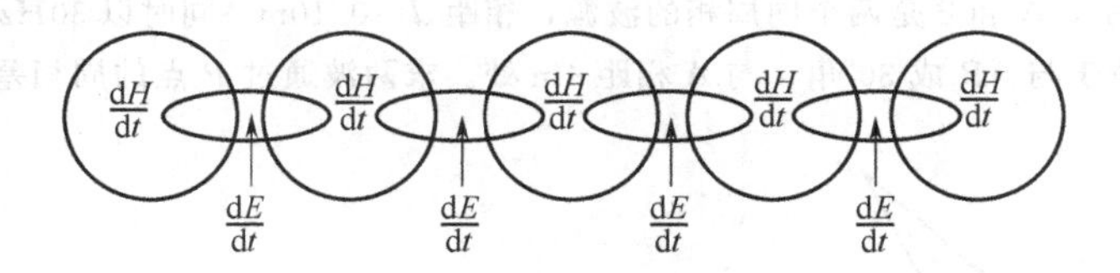

图 13-1　交变电磁场的传播

若$\boldsymbol{E}$波和$\boldsymbol{H}$波的波动方程为

$$E=E_0\cos\omega\left(t-\frac{r}{v}\right),\quad H=H_0\cos\omega\left(t-\frac{r}{v}\right)$$

则可用图 13-2 来表示它们的传播情况。

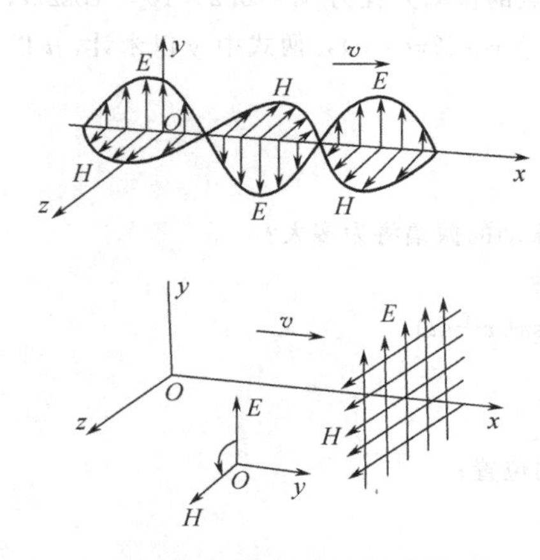

图 13-2　电磁横波的传播

光是一种电磁波，波长在 400～760nm 范围是可见光。电磁波有$\boldsymbol{E}$波与$\boldsymbol{H}$波，在电磁波中振动的量是$\boldsymbol{E}$矢量和$\boldsymbol{H}$矢量，在光波中振动的量也是$\boldsymbol{E}$矢量和$\boldsymbol{H}$矢量。机械波到达处有机械振动，振动的量是位移$\boldsymbol{y}(\boldsymbol{r},t)$；光波到达处有变化的电场和变化的磁场，振动的量是场强$\boldsymbol{E}(\boldsymbol{r},t)$和$\boldsymbol{H}(\boldsymbol{r},t)$。在光波中，与胶片发生感光作用，与人眼发生生理作用的是光波中的$\boldsymbol{E}$波，因此通常讨论的光波是$\boldsymbol{E}$波。光波中的$\boldsymbol{E}$矢量称为光矢量，光波中电场强度$\boldsymbol{E}$的振动称为光振动。实际上$\boldsymbol{E}$振动总伴有$\boldsymbol{H}$振动，只是我们不提罢了。

发光的物体称为光源。光源发光需要能量去激发，激发的方式决定光源的类型。普通光源有热光源和气体放电光源，用热能激发的称为热光源，如白炽灯；而日光灯、霓虹灯，道路照明用高压汞灯和高压钠灯都是气体放电光源。不同光源的激发方式不同，发光（辐射）机理也不同，原子发光与分子发光机理也不同。

原子发光是原子内部电子的运动状态发生变化所致，分子发光是分子内部状态发生变化所致。原子和分子受激发后，由正常状态跃迁到激发状态，在受激发的原子和分子从激发状态返回正常状态的过程中，将向外辐射电磁波。例如氢原子发光，氢原子受激，由基态到激发态，当氢原子中的受激电子返回到基态时，氢原子的能量减少，减少了的能量以电磁波的形式向外辐射光能，图 13-3 是氢原子发光机理的示意。

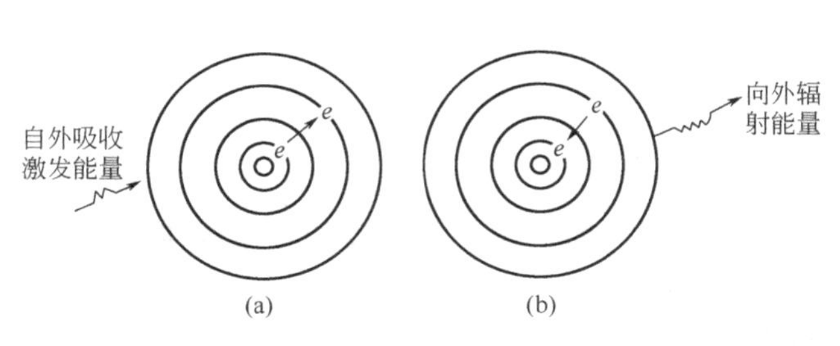

图 13-3　氢原子发光机理示意

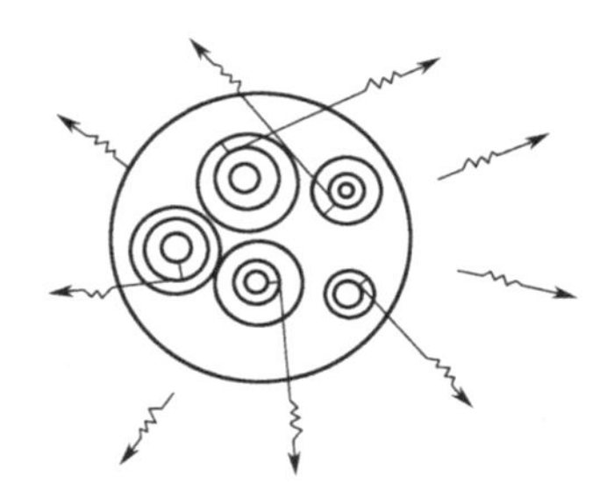

图 13-4　原子发光机理示意

因光源中各个原子和分子的激发方向、激发程度是参差不齐、杂乱无章的，所以它辐射的电磁波在振动方向、振动初周相、振动频率（频率与能量有关）也是各不相同的。图13-4是原子发光机理的示意。光源中原子退激时，向各个方向发射各种初周相和振动方向杂乱的电磁波，图中只示出发光体的一个局部，图中示出的几个波列的振动方向也不一定相同，即不一定在纸面内。

由此可见，光源发出的光是许多振动方向不同、初周相不同、间歇地辐射的电磁波波列，即普遍光源发出的光波是由光源中各原子或分子发出的波列组成的，这些波列之间没有固定的周相联系。即使两个独立光源发出的光波的频率相同、振动方向相同，但是它们的初相差也没有恒定不变的特性。

光源中大量原子或分子发出的光具有各种不同的频率，由各种频率组合成的光称为复色光，例如白炽灯、太阳等发出的光。只具有某一种单一频率的光称为单色光，复色光经过滤光片作用可以成为单色光，但这种单色光的单色性不好。波长有一定的宽度范围，在$\lambda-\Delta\lambda$到$\lambda+\Delta\lambda$之间，例如实验室中用的钠光光源，虽然钠光中含有两个频率的光波，但这两个频率较接近，钠光可作为单色光，但仍有一定的波长范围。

第二节　光 的 干 涉

两个光波叠加后，在某些地方始终加强，在另一些地方始终减弱的现象叫光的干涉现象。

光源中的原子、分子受激和退激是完全无序（杂乱无章）的，辐射出来的各个电磁波波列的频率与振动方向不同，它们的初相间也无固定的联系；即使各个电磁波波列的频率与振动方向相同，各电磁波波列间的初周相也无固定联系。因此，两个独立的光源发出的光波是不相干的。相干光波的必要条件是两个光波波源的频率相同，振动方向相同，初周相相同或初周相差恒定。因此，只有将光源中某个电子的某次退激发出的光波分成两束，使这两束光波经不同路程再会聚，这两束光才能干涉。

获得相干光的方法很多，最著名的方法是杨氏双缝法。

图 13-5（a）为杨氏双缝实验简图，单色平行光 L 垂直射到单狭缝 S 上，在双狭缝 S_1 与 S_2 处波阵面被分割，从 S_1 与 S_2 发出的光是同一波阵面分出的两束相干光，S_1 与 S_2 的光波在光屏 E 上干涉形成一系列稳定的明暗相间的条纹。

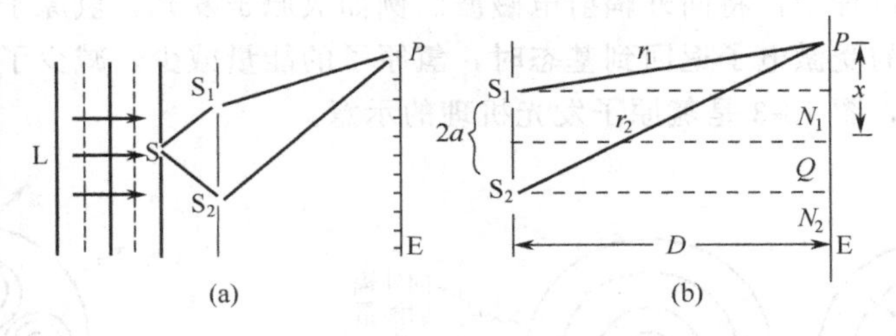

图 13-5　杨氏双缝法

图 13-5（b）为杨氏双缝法计算图，由图可导得光屏 E 上明暗条纹的分布规律，明条纹位置为

$$x=\pm 2k\frac{D}{2a}\frac{\lambda}{2},\quad k=0,1,2,\cdots \tag{13-1}$$

暗条纹位置为

$$x=\pm(2k+1)\frac{D}{2a}\frac{\lambda}{2},\quad k=0,1,2,\cdots \tag{13-2}$$

从 S_1 和 S_2 发出的光到达 P 点处的几何路程差（波程差）为

$$\delta=r_2-r_1$$

P 点的两个光振动的周相差为

$$\Delta\varphi=2\pi\frac{\delta}{\lambda}$$

按干涉条件，得到

$$\Delta\varphi=\pm\begin{cases}2k\pi, & k=0,1,2,\cdots \quad \text{(明条纹)}\\(2k+1)\pi, & \quad \text{(暗条纹)}\end{cases}$$

即

$$\delta=\pm\begin{cases}k\lambda, & \quad \text{(明条纹)}\\(2k+1)\dfrac{\lambda}{2}, & k=0,1,2,\cdots \quad \text{(暗条纹)}\end{cases}$$

按图 13-5（b）所示几何关系，有

$$r_2^2=D^2+(x+a)^2,\quad r_1^2=D^2+(x-a)^2$$

得到

$$r_2^2-r_1^2=4ax$$

即

$$r_2^2-r_1^2=(r_2-r_1)(r_2+r_1)=\delta(r_2+r_1)=4ax$$

因 $D\gg 2a$，故 $r_2+r_1\approx 2D$，得

$$\delta=\frac{4ax}{2D}=\frac{2ax}{D} \tag{13-3a}$$

将干涉条件代入式（13-3a），即得干涉条纹的分布条件式（13-1）和式（13-2）。

杨氏双缝干涉花样是等距离平行线，明条纹与明条纹间或暗条纹与暗条纹间的距离为

$$\Delta x=\frac{D\lambda}{2a} \tag{13-3b}$$

在波的叠加一节中，曾解释用$\frac{\lambda}{2}$量度两波波程差就能获知叠加点的合振动是加强还是减弱的道理，光在介质中传播时的速度（v）比在真空中传播时的速度（c）要小，在介质中传

播时光的波长（λ'）比在真空中传播时的波长（λ）小，它们间的关系是

$$v=\frac{c}{n},\quad \lambda'=\frac{\lambda}{n}$$

光在介质中经过的几何路程为 r，相当于在真空中经过 nr 距离。图 13-6 所示的两束光线经过两种不同的介质时，就不便再用$\frac{\lambda}{2}$去量度波程差，也不能用它决定叠加点的合振动。将光在介质中经过的路程 r，折算成真空中的 nr，nr 就叫光程。引入光程概念后，就仍然可以直接用$\frac{\lambda}{2}$去量度光程差，并仍然可用波的叠加一节中的 $A=\sqrt{A_1^2+A_2^2+2A_1A_2\cos\Delta\varphi}$式决定叠加点的合振动。图 13-6 中，一束光 S_1P 从 S_1 射出，在折射率 n_1 的介质中传播，另一束光 S_2P 从 S_2 射出，在折射率 n_2 的介质中传播，叠加点的合振动由两束光的光程差 $\delta=\Delta(nr)$决定，即

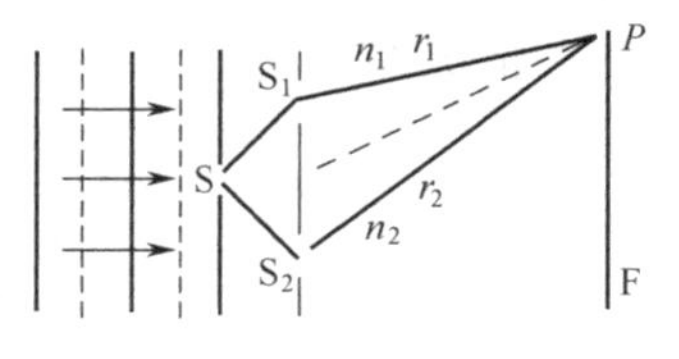

图 13-6　光程

$$\delta=n_2r_2-n_1r_1=\pm\begin{cases}k\lambda, & \\ (2k+1)\dfrac{\lambda}{2}, & k=0,1,2,\cdots\end{cases}\quad\begin{matrix}\text{(明条纹)}\\ \text{(暗条纹)}\end{matrix}$$

上式的意义为：引入光程（nr）概念可以把光在不同媒质中的传播问题折算成光在真空中的传播问题。两束相干光在不同介质中传播时，叠加点处的合振动由两束光经过的不同的光程差（δ）所引起的周相差（$\Delta\varphi$）决定。**在干涉中，光经过不同的介质，需要用光程差来分析干涉条件的分布。**

如图 13-7 所示，利用透明薄膜的上下表面对入射光依次反射，将入射光的振幅分解成若干部分，这若干部分光波是相干的。这种获得相干光的方法叫分振幅法。从图 13-7 可见，薄膜上反射光①与②的光程差和透射光①′与②′的光程差可如下计算

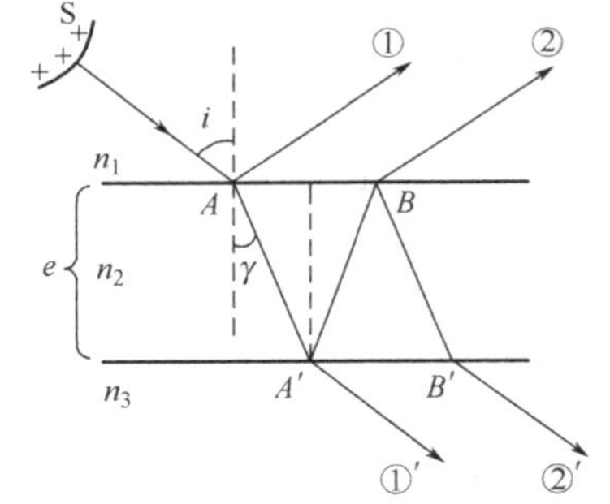

图 13-7　薄膜干涉光路（一）

$$\delta=2e\sqrt{n_2^2-n_1^2\sin^2 i}\left(+\frac{\lambda}{2}\right)\tag{13-4}$$

式中，n_1，n_2 为介质的折射率；i 为入射角。

一、半波损失

由实验可知，光波从光疏媒质（折射率小的媒质）射向光密媒质（折射率大的媒质），在两种媒质的界面上光波从光密媒质向光疏媒质反射时，光的周相会突然改变 π 弧度，相当于光程差$\frac{\lambda}{2}$。反射时光波周相突然改变 π 弧度的现象称为半波损失。在讨论光的干涉现象时，如遇有光的反射，要注意是否有半波损失，若有半波损失，应在光程中加或减去$\frac{\lambda}{2}$。图 13-7 中若 $n_1<n_2>n_3$，则光在 A 处反射时有半波损失，在 A'处反射时无半波损失，式（13-4）应为

$$\delta=2e\sqrt{n_2^2-n_1^2\sin^2 i}+\frac{\lambda}{2}\tag{13-5}$$

二、薄膜干涉条纹分布

由式（13-4）得到干涉条纹的分布条件为

$$\delta=2e\sqrt{n_2^2-n_1^2\sin^2 i}\left(+\frac{\lambda}{2}\right)=\begin{cases}k\lambda, & k=1,2,3,\cdots\text{(明条纹)}\\ (2k+1)\dfrac{\lambda}{2}, & k=0,1,2,\cdots\text{(暗条纹)}\end{cases}\tag{13-6}$$

式（13-5）和式（13-6）中也可用$-\frac{\lambda}{2}$代替$+\frac{\lambda}{2}$，两种表达方式是一样的，因为半波损失的意义只是周相突然改变π，表示振动突然反相，认为相当于光程相差$+\frac{\lambda}{2}$或$-\frac{\lambda}{2}$均可。但是对同一条条纹，两种表达式得出的k值不同。式（13-5）可用图 13-7 得出，对于图 13-8 所示各种情况都适用。

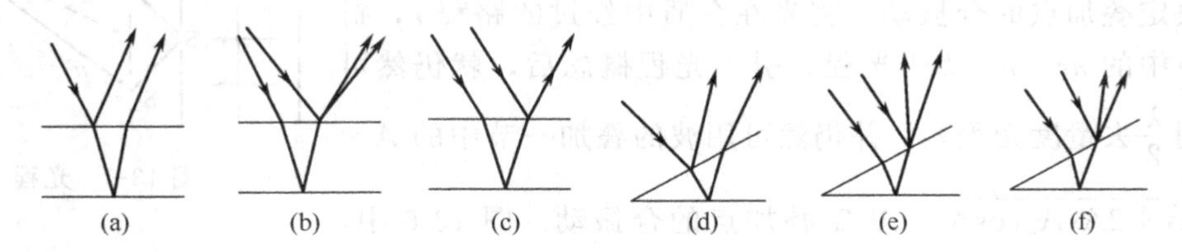

图 13-8　薄膜干涉光路（二）

观察薄膜干涉现象时，薄膜的厚度要薄，超过一定的厚度，就观察不到条纹。

薄膜干涉中影响光程差的是薄膜的厚度e和入射光的入射角i，即δ是e和i的函数$\delta=\delta(e,i)$，改变e或i都能得到不同的干涉级。

若固定e不变（平行薄膜），光程差是i的函数$\delta=\delta(i)$。改变i能得到不同级的条纹。这些条纹中的任何一条对应于同一个入射角i，所以这种干涉条纹称为等倾条纹，即每一条等倾条纹对应的入射角相等。若固定i不变（平行光以等入射角入射），光程差是e的函数$\delta=\delta(e)$。改变e，也能得到不同级的条纹。这些条纹中的任何一条对应于薄膜的同一厚度，所以这种干涉条纹称为等厚条纹，即每一条等厚条纹对应的薄膜的厚度e相等。

如图 13-9 所示，两块平玻璃的一端紧密接触，另一端夹一根头发丝或薄纸片，在玻璃片之间形成一空气劈尖。发生干涉时薄膜要薄，图 13-9（a）中的纸片NQ画得很大，这是为了便于说明问题和便于作图，在干涉和衍射中，这种情况是常有的，必须注意。

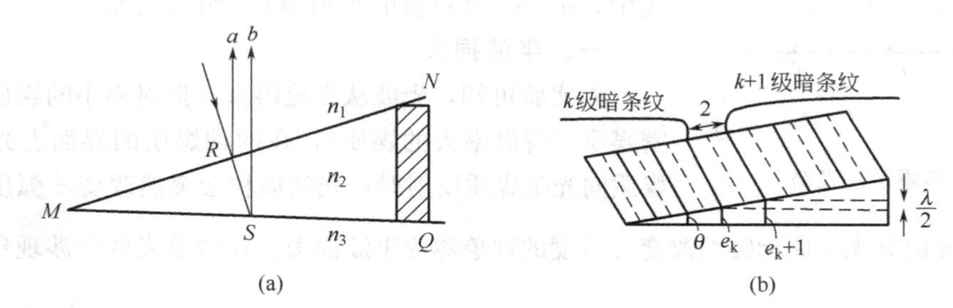

图 13-9　劈尖的计算

当平行单色光垂直（$i=0$）入射到玻璃片上，在媒质分界面上有两种反射光：a、b。因为空气膜比玻璃薄，所以只考虑a和b的干涉分布。由已知条件$i=0$、$n_2=1$，在R处无半波损失，在S处有半波损失，所以a光与b光的光程差为

$$\delta=2e+\frac{\lambda}{2}$$

式中e是R处或S处薄膜的厚度。因空气薄膜很薄，R处的厚度、S处的厚度和$\overline{RS}$均可认为相等。明条纹与暗条纹的分布条件为

$$\delta=2e+\frac{\lambda}{2}=\begin{cases}k\lambda, & k=1,2,3,\cdots(\text{明条纹})\\(2k+1)\dfrac{\lambda}{2}, & k=0,1,2,\cdots(\text{暗条纹})\end{cases} \tag{13-7}$$

由图 13-9（b）可知，相邻明条纹（或暗条纹）间的距离 l，劈尖夹角 θ，波长 λ 间的关系为

$$\sin\theta=\frac{\lambda}{2l} \tag{13-8}$$

明条纹（或暗条纹）沿斜面每移动一级（$k\to k+1$），条纹与水平底边的距离升高$\frac{\lambda}{2}$，这是因为光线 a 和 b 经过$\frac{\lambda}{2}$厚度时恰是一个来回，即光程差改变一个波长，条纹移动一级。式（13-7）是计算各种空气劈尖的基本关系式，具体情况，具体分析。

如图 13-10（a）所示，在一块平玻璃 B 上，放一块曲率半径 R 很大的平凸透镜 A，在 AB 之间形成一空气层。用平行光垂直地射向平凸透镜时，入射光线在空气层的上下两面的反射光相干形成等厚条纹，这种等厚条纹是以两块玻璃触点为 O 的同心圆环，这些同心圆环称为牛顿环。

图 13-10（b）、（c）上面两个图表示一个劈尖绕轴转一圈，就形成一个能看到牛顿环的设备。可见牛顿环也是一种等厚干涉条纹。

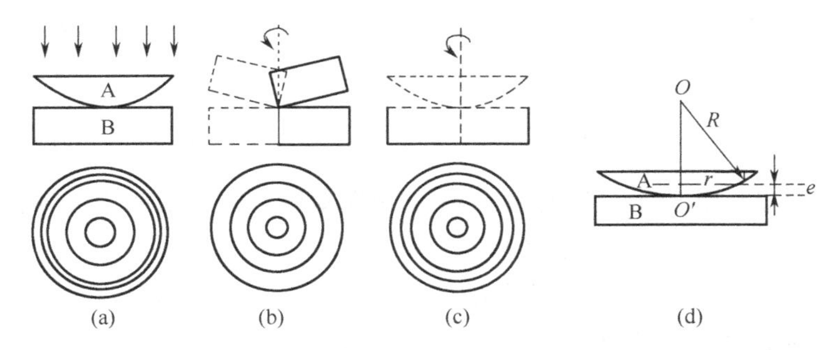

图 13-10　牛顿环

牛顿环的明暗分布条件为

$$\delta=2e+\frac{\lambda}{2}=\begin{cases}k\lambda, & k=1,2,3,\cdots(\text{明环})\\(2k+1)\dfrac{\lambda}{2}, & k=0,1,2,\cdots(\text{暗环})\end{cases} \tag{13-9}$$

环的半径 r 与 e 有关，由图 13-10（d），得

$$r^2=R^2-(R-e)^2=2Re-e^2$$

因 $R\gg e$，即 $e^2\ll 2Re$，得到 e 与 r 的近似关系

$$e=\frac{r^2}{2R} \tag{13-10}$$

上式是解决各类牛顿环的问题的基本关系式，它的导出过程尤为重要。应掌握式（13-10）的来历及其用法，并应理解牛顿环是一种等厚条纹，它与等倾条纹虽然形式上有相似处，都是同心圆环，但成因不同，由式（13-9）及式（13-10）可得

$$r=\begin{cases}\sqrt{\dfrac{(2k-1)R\lambda}{2}}, & k=1,2,3,\cdots(\text{明环})\\\sqrt{kR\lambda}, & k=0,1,2,\cdots(\text{暗环})\end{cases} \tag{13-11}$$

以上讨论的劈尖和牛顿环均为反射光相干现象，在透射光中也可作相同讨论。但是，对同一薄膜，透射光相干与反射光相干的条纹是相反的。由式（13-7）可知 $e=0$ 处，$\delta=\frac{\lambda}{2}$，即两块玻璃反射光相干减弱，从正面看接触处是暗条纹。由式（13-9）可知 $e=0$ 处，$\delta=\frac{\lambda}{2}$，即牛顿环中心处反射光相干减弱，从正面看牛顿环中心是暗点，从反面看却是亮点。应注意劈尖的棱处和牛顿环的中心并不都是暗的，这要看两束相干光是否有半波损失。如图 13-11 中的牛顿环的中心就是亮点，图中数值 1.4,1.5,1.6 分别是平凸镜、夹层、平板玻璃的折射率。入射光在 A 点反射有半波损失，入射光在 B 点反射也有半波损失，而光 a 与 b 之间的光程差为

$$\delta=2ne \tag{13-12}$$

式中无附加项$\frac{\lambda}{2}$，夹层的折射率 $n=1.5$，在中心处 $e=0$，$\delta=0$，所以反射光相干结果，中心是亮点。

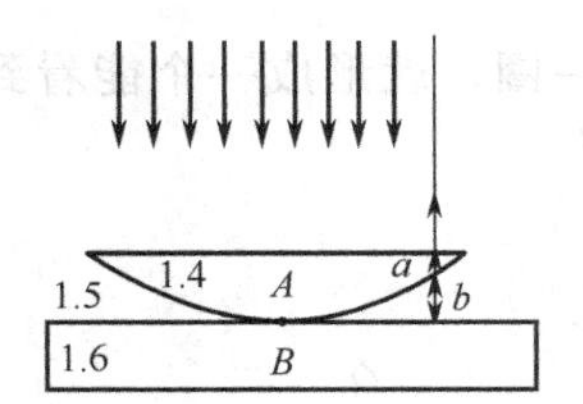

图 13-11　牛顿环中的半波损失

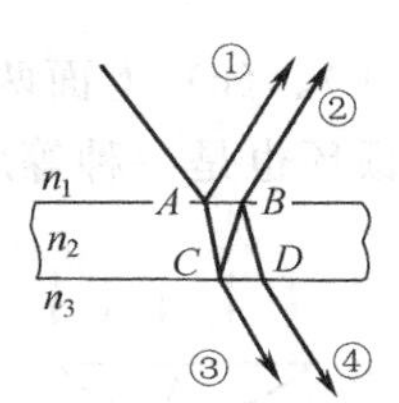

图 13-12　例 13-1

例 13-1　如图 13-12 所示，折射率为 n_2 的透明薄膜放在折射率为 n_1 的媒质与折射率为 n_3 的媒质中间。填写表 13-1 中的有关项目。

解：①光在 A 点有一次反射；②光在 C 点有一次反射；③光无反射；④光在 C 点和 B 点有两次反射，应该考虑光在这些地方反射时，有否半波损失。

表 13-1　反射时的半波损失（表中 $\delta_0=2e\sqrt{n_2^2-n_1^2\sin^2 i}$）

折射率关系	①光在 A 点反射	②光在 C 点反射	④光在 C,B 点反射	①光与②光的光程差	③光与④光的光程差
$n_1>n_2>n_3$	无	无	有一次	$\delta=\delta_0$	$\delta=\delta_0+\frac{\lambda}{2}$
$n_1<n_2<n_3$	有	有	有一次	$\delta=\delta_0$	$\delta=\delta_0+\frac{\lambda}{2}$
$n_1>n_2<n_3$	无	有	有两次	$\delta=\delta_0+\frac{\lambda}{2}$	$\delta=\delta_0$
$n_1<n_2>n_3$	有	无	无	$\delta=\delta_0+\frac{\lambda}{2}$	$\delta=\delta_0$

杨氏双缝干涉实验是早期证实光能产生干涉现象的实验。杨氏双缝实验、菲涅耳双棱镜实验和洛埃镜实验为光的波动性提供了有力的证据。有关这三个实验的计算都是围绕着两光源到光屏上的叠加点的光程差 $\delta=n_2r_2-n_1r_1$，并考虑半波损失进行的。

例 13-2　在杨氏双缝实验中，若作以下的各项调节，屏幕上的干涉条纹如何变化？

① 逐渐减小两缝的间距 $2a$，其他不变；

② 逐渐减小双缝与屏幕的距离 D，其他不变；

③ 遮住一条缝，并在两缝的中垂线上放一块平面镜。

解：见图 13-13。

调节方法	变化情况	原因
减小 $2a$	条纹变稀	$\Delta x=\dfrac{D\lambda}{2a}$变大
减小 D	条纹变密	$\Delta x=\dfrac{D\lambda}{2a}$变小
遮住一缝放置平面镜	干涉条纹与杨氏双缝相似，只是明暗全部相反，且干涉区域变小，只在平面镜上方的有限区域中有干涉条纹	S_1 在平面镜中的虚像可作虚光源，代替 S_2，计算与杨氏双缝相同，但是光程差为 $\delta=r_2-r_1+\dfrac{\lambda}{2}$，因 S_1 发出的光在平面镜上反射时有半波损失

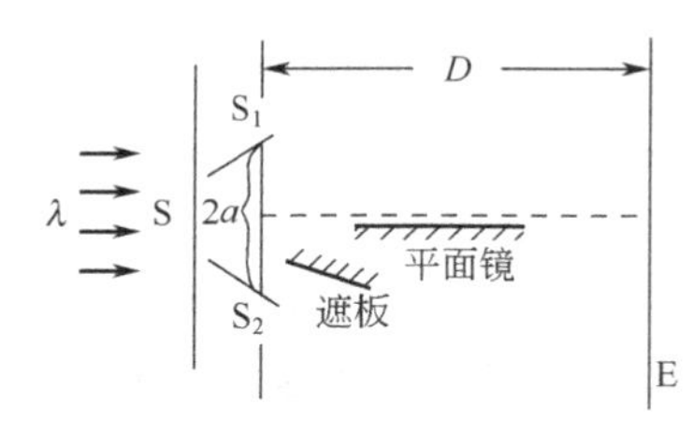

图 13-13　例 13-2

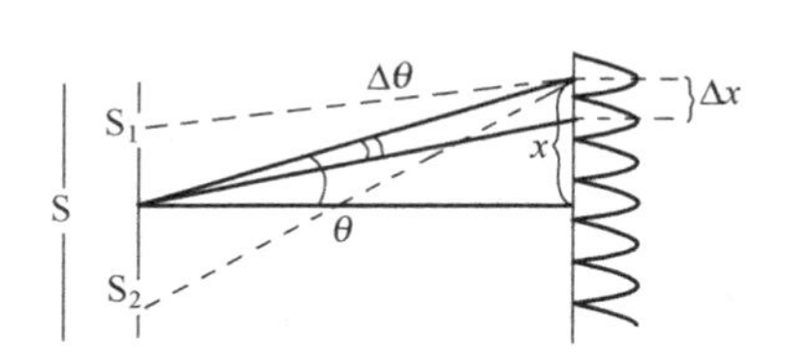

图 13-14　例 13-3

例 13-3　图 13-14 双缝干涉装置对于钠黄光（$\lambda=589.3\text{nm}$）产生角间距为 0.20°的干涉条纹。若将整个干涉装置浸没在水$\left(n=\dfrac{4}{3}\right)$中，干涉条纹的角距离为多大？

解： 双缝干涉明暗条纹分布条件为

$$\delta=\frac{2ax}{D}=\begin{cases}k\lambda, & k=0,1,2,\cdots(\text{明条纹})\\(2k+1)\dfrac{\lambda}{2}, & k=0,1,2,\cdots(\text{暗条纹})\end{cases}$$

放到水中后，波长改变为

$$\lambda'=\frac{\lambda}{n}$$

则干涉条纹分布条件为

$$\delta=\frac{2ax}{D}=\begin{cases}k\lambda/n, & k=0,1,2,\cdots(\text{明条纹})\\(2k+1)\dfrac{\lambda}{2n}, & k=0,1,2,\cdots(\text{暗条纹})\end{cases}\tag{ⓐ}$$

若仍用真空中波长 λ，需将几何路程改为光程，即

$$\delta=\frac{2ax}{D}n=\begin{cases}k\lambda, & k=0,1,2,\cdots(\text{明条纹})\\(2k+1)\dfrac{\lambda}{2}, & k=0,1,2,\cdots(\text{暗条纹})\end{cases}\tag{ⓑ}$$

显然式ⓐ与式ⓑ是相同的。

图中 x 为某级干涉条纹的位置；θ 为某级干涉条纹的角位置

$$\theta=\frac{x}{D}$$

Δx 为条纹间距；$\Delta\theta$ 为角间距或干涉条纹的角宽度

$$\Delta\theta=\frac{\Delta x}{D}=\frac{1}{D}\frac{\lambda D}{2a}=\frac{\lambda}{2a}$$

从题意可知

$$\Delta\theta=\frac{\lambda}{2a}=0.20°$$

将干涉装置浸没水中后，干涉条纹的角宽度为

$$\Delta\theta'=\frac{\lambda'}{2a}=\frac{\lambda}{2an}=\frac{\Delta\theta}{n}=\frac{0.20°}{\frac{4}{3}}=0.15°$$

例 13-4 如图 13-15 所示，用两块相同厚度的很薄的透明膜遮住双缝，屏幕上的干涉条纹移过五条，若两块薄膜的折射率分别为 $n_1=1.4$ 和 $n_2=1.7$，所用光源的波长为 4800Å。求薄膜的厚度。

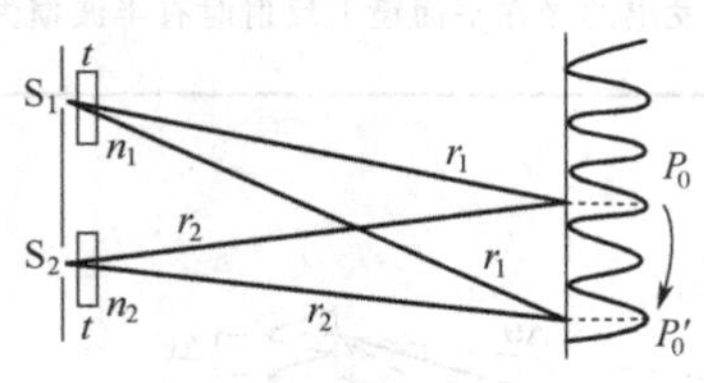

图 13-15 例 13-4

解： ① 设 P_0 为原来的中央明条纹位置，P_0' 为光路中插入介质后中央明条纹位置，按零光程计算，有

$$\delta(P_0')=[(r_2-t)+n_2t]-[(r_1-t)+n_1t]=0$$

即

$$r_2-r_1=(n_1-n_2)t$$

若 $n_2>n_1$，则 $r_2<r_1$，即两条缝的上面缝处薄膜的折射率小于下面缝处薄膜的折射率时，干涉条纹向下移动。由此可见，在这类问题中，干涉条纹向折射率大的薄膜方向移动。

② 此时原中央明条纹处已是第五条明纹，S_1 与 S_2 到原中央明条纹处的光程差为

$$\begin{aligned}\delta&=[(r_2-t)+n_2t]-[(r_1-t)+n_1t]=(n_2-1)t-(n_1-1)t\\&=(n_2-n_1)t\end{aligned}$$

由干涉条纹分布条件，可知第五条明条纹处的光程差为

$$2k\,\frac{\lambda}{2}=k\lambda=5\lambda$$

即

$$(n_2-n_1)t=5\lambda$$

所以

$$t=\frac{5\lambda}{n_2-n_1}=8\mu\text{m}$$

例 13-5 平面单色光垂直投射到厚度均匀的薄油膜上，油膜覆盖在玻璃板上，入射光光源的波长可以连续变化，实验发现在波长 $\lambda_1=500\text{nm}$ 和 $\lambda_2=700\text{nm}$ 时，反射光束完全相干相消，已知油的折射率 $n_1=1.30$，玻璃的折射率 $n_2=1.50$。求此油层的厚度。

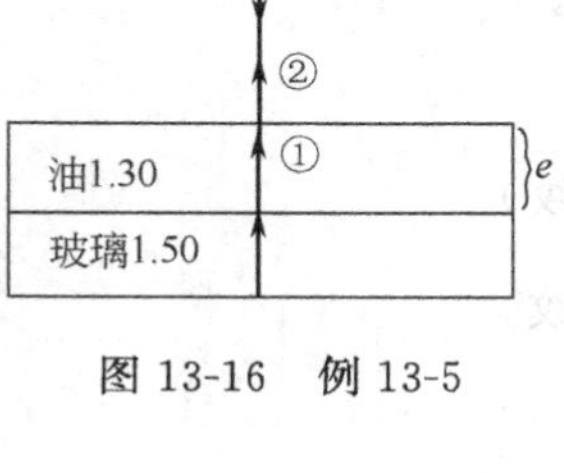

图 13-16 例 13-5

解： 如图 13-16 所示，①光在油膜上表面反射有半波损失；②光在油膜下表面反射也有半波损失，所以①光与②光的光程差中没有附加光程差 $\frac{\lambda}{2}$，即

$$\delta=2n_1e$$

式中 e 为油膜厚度，按相干相消条件，有

$$\begin{cases}\delta_1=2n_1e=(2k_1+1)\dfrac{\lambda_1}{2}\\\delta_2=2n_1e=(2k_2+1)\dfrac{\lambda_2}{2}\end{cases}\qquad ⓐ$$

即

$$k_1\lambda_1+\frac{\lambda_1}{2}=k_2\lambda_2+\frac{\lambda_2}{2} \tag{ⓑ}$$

因为光源的波长连续可调，k_1 和 k_2 为整数，由式ⓑ知 $\lambda_2>\lambda_1$ 时，有 $k_2<k_1$，所以

$$k_2=k_1-1 \tag{ⓒ}$$

将式ⓒ代入式ⓑ，得到 $k_1=3$

再由式ⓐ可解得

$$e=\frac{k_1\lambda_1+\frac{1}{2}\lambda_1}{2n_1}=673.1\ \text{nm}$$

通过本例可知在干涉问题中确定 k 值也是一项基本技能。

例 13-6 如图 13-17 所示，在平面玻璃片上滴一滴油，当油滴展开成圆形油膜时，用波长为 $\lambda=600\text{nm}$ 的单色光垂直入射，从反射光中观察油膜形成的干涉条纹。已知玻璃的折射率 $n_1=1.50$，油的折射率 $n_2=1.20$。

① 当油膜中心最高点与玻璃片的上表面相距 $h=1200\text{nm}$ 时，看到的条纹情况如何？有多少条明条纹？明条纹所在处的油膜厚度为多大？中心点是明还是暗；

② 当油膜继续扩展时，干涉条纹怎样变化？

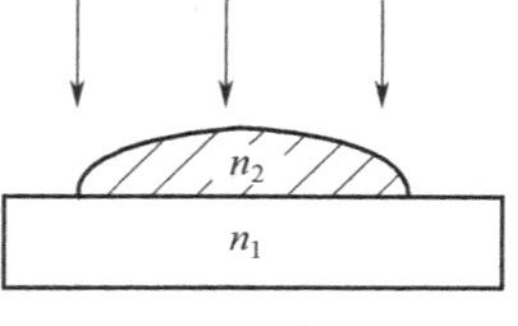

图 13-17 例 13-6

解： ① 入射光在油膜的上下表面处反射时都有半波损失，因此反射相干光的光程差中没有附加光程差 $\frac{\lambda}{2}$，即

$$\delta=2n_2e$$

式中，e 为油膜厚度。按干涉明条纹条件，有

$$\delta=2n_2e=k\lambda,\quad k=0,1,2,\cdots$$

或

$$e=\frac{k\lambda}{2n_2},\quad k=0,1,2,\cdots \tag{13-13}$$

干涉条纹的干涉级 k 和所对应明条纹所在处的油膜厚度为

$k=0$，$e_0=0$（油膜边缘处）； $k=1$，$e_1=250\text{nm}$；

$k=2$，$e_2=500\text{nm}$； $k=3$，$e_3=750\text{nm}$；

$k=4$，$e_4=1000$； $k=5$，$e_5=1250\text{nm}$。

可见，看到的干涉条纹是同心圆环形明暗条纹，干涉级自外向内逐渐增大，干涉条纹处的油膜厚度（e）与干涉级（k）成正比，也自外向内逐步增大。当 $e=h=1200\text{nm}$ 时，可以看到五条明环（$k=0,1,2,3,4$）。中心处的亮度介于明暗之间。

② 油膜继续扩展时，油膜的半径扩大，油膜的厚度减小，圆环形干涉条纹的干涉级减少，圆环的间距变大。中心点由半明半暗向暗变化，然后按暗→半明半暗→明→半明半暗→暗……依次变化，待油膜呈现一片明亮为止。

讨论：本题求得式（13-13）时，假设油滴的折射率小于玻璃的折射率，所以得到 $\delta=2n_2e$。若滴在玻璃板上的是另一种液体，这种液体的折射率大于玻璃的折射率，即 $n_2>n_1$，则反射相干光的光程差应为

$$\delta=2n_2e+\frac{\lambda}{2}$$

此时，油膜边缘处不是明条纹，而应是暗条纹。干涉明条纹的分布条件变为

$$\delta=2n_2e+\frac{\lambda}{2}=k\lambda,\quad k=1,2,3,\cdots$$

或

$$e=\frac{\left(k-\frac{1}{2}\right)\lambda}{2n_2},\quad k=1,2,3,\cdots \tag{13-14}$$

此时 k 不能为 0。但是若用 $\delta=2n_2e-\frac{\lambda}{2}$，得到

$$e=\frac{\left(k+\frac{1}{2}\right)\lambda}{2n_2},\quad k=0,1,2,3,\cdots \tag{13-15}$$

此时 k 可以为 0，在引入半波损失时，已经强调过半波损失引起的附加光程差用 $+\frac{\lambda}{2}$ 和 $-\frac{\lambda}{2}$ 均可，只是得到的 k 值不同。

式（13-13）可以用来从观察到的条纹的数目估计薄膜中心的厚度。

例 13-7 如图 13-18 所示，一块方形水晶夹有与水晶块表面平行的凸形空气薄层，用单色平行光垂直照射时，观察到的反射光的干涉图样如图上方那样，若 $\lambda=589\text{nm}$。问干涉条纹的情况如何？空气层的厚度最大不超过多少？

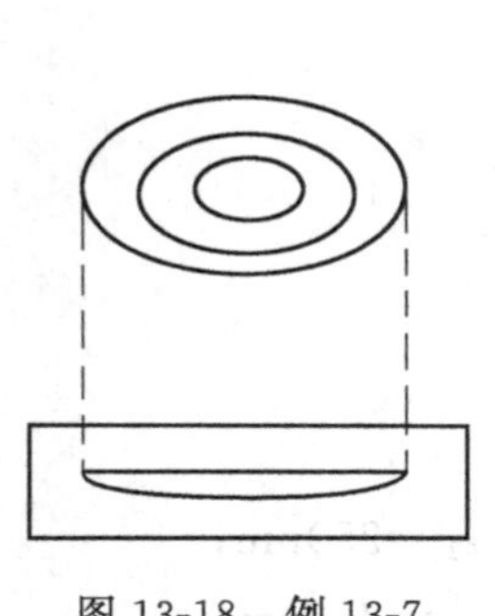

图 13-18 例 13-7

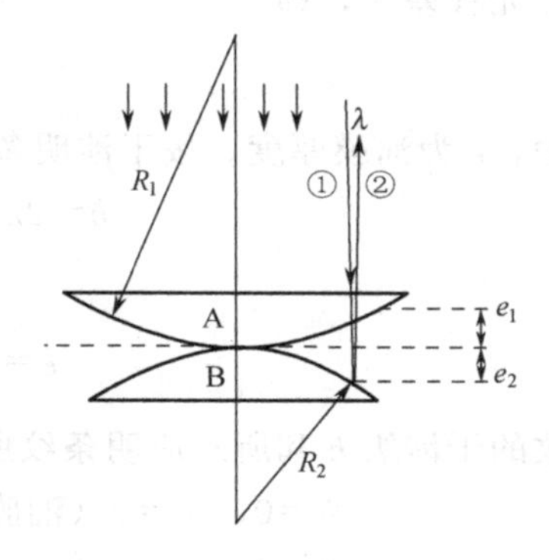

图 13-19 例 13-8

解： 因入射光在空气层上表面反射时无半波损失，而在下表面反射时有半波损失，所以光程差中应该有由于半波损失而引起的附加光程差 $\frac{\lambda}{2}$，即

$$\delta=2e+\frac{\lambda}{2}$$

按干涉条件，如空气层的边缘处 $e=0$，为暗条纹，此暗条纹在空气层的边缘处。本题用暗条纹分布条件讨论空气层的厚度较合适。

$$\delta=2e+\frac{\lambda}{2}=(2k+1)\frac{\lambda}{2},\quad k=0,1,2,\cdots$$

即

$$e=\frac{k\lambda}{2},\quad k=0,1,2,\cdots$$

所以空气层中心厚度不会超过$\frac{3\lambda}{2}$=883.5nm。

例 13-8 如图 13-19 所示，两块平凸透镜 A 与 B 的凸面接触，中间夹有一层空气薄膜，用平行光垂直照射时，形成环状明条纹与暗条纹，若两块凸透镜的曲率半径分别为 R_1 和 R_2，波长为 λ。求干涉图样中明环和暗环的半径。

解： 设环状干涉条纹的半径为 r，由式（13-11）得

$$e_1=\frac{r^2}{2R_1},\quad e_2=\frac{r^2}{2R_2}$$

空气薄膜在半径为 r 的环处的厚度为

$$e=e_1+e_2=\frac{r^2}{2}\left(\frac{1}{R_1}+\frac{1}{R_2}\right)$$

入射光在空气层上反射的反射相干光的光程差为

$$\delta=2e+\frac{\lambda}{2}=r^2\left(\frac{1}{R_1}+\frac{1}{R_2}\right)+\frac{\lambda}{2}$$

按干涉条纹的分布条件

$$\delta=r^2\left(\frac{1}{R_1}+\frac{1}{R_2}\right)+\frac{\lambda}{2}=\begin{cases}k\lambda, & k=1,2,3,\cdots(\text{明环})\\(2k+1)\frac{\lambda}{2}, & k=0,1,2,\cdots(\text{暗环})\end{cases}$$

得

$$r=\begin{cases}\sqrt{\frac{(2k-1)\ R\lambda}{2}}, & k=1,2,3,\cdots(\text{明环})\\\sqrt{kR\lambda}, & k=0,1,2,\cdots(\text{暗环})\end{cases}$$

式中，$R=\left(\frac{1}{R_1}+\frac{1}{R_2}\right)^{-1}$。

例 13-9 在劈尖干涉实验中，若一块玻璃作如图 13-20 所示的运动，劈尖上的等厚条纹有何变化？

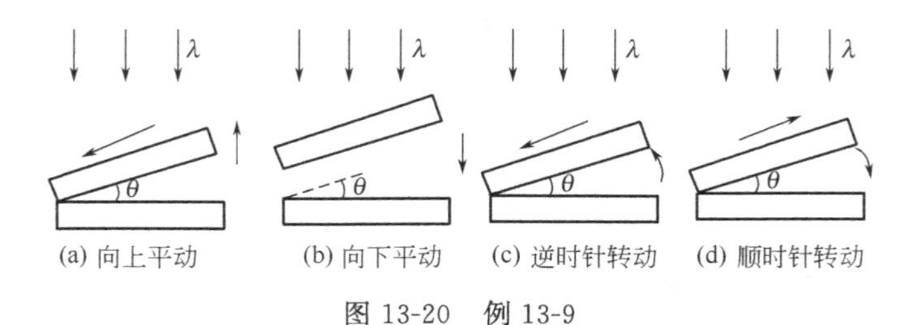

图 13-20 例 13-9

解： 由式（13-9）有

$$\sin\theta=\frac{\lambda}{2l}$$

式中，θ 为劈尖顶角；λ 为垂直照射的单色光波长；l 为相邻等厚条纹的间距。

① 如图 13-20(a) 所示，当上面一块玻璃向上平动时，θ 不变，λ 不变，l 也不变，即条纹的密度不变。但是，每级条纹对应的厚度 e 变大，每级条纹为保持等厚度，要作相应的移动。当上面一块玻璃每移动$\frac{\lambda}{2}$距离时，反射相干光的光程差就改变一个波长，条纹移过一条（即移动一个 l）。因此，当上面一块玻璃向上平动时，条纹密度不变，但逐渐

向劈尖棱边移动。

② 如图 13-20(b) 所示，这种情况与①相似，只是条纹移动方向与①相反，条纹向劈尖的厚处移动。

③ 如图 13-20(c) 所示，当上面一块玻璃绕棱边逆时针转动时，θ 变大，λ 不变，故 l 变小，条纹变密。同时，每级条纹对应的厚度 e 因 θ 变大而变大，为保持等厚，各级条纹要向棱边移动。

④ 如图 13-20(d) 所示，这种情况与③相反，当上面一块玻璃绕棱边顺时针转动时，θ 变小，条纹变疏且向劈尖厚处移动。

例 13-10 图 13-21 (a) 是检验精密加工工件表面粗糙度的干涉装置。装置下方是待测工件，上方是标准的平板玻璃，用钠黄光垂直照向平板玻璃，观察到图上方所示的干涉条纹，已知 a,b 和 λ。求工件上凹痕或凸痕的高度。

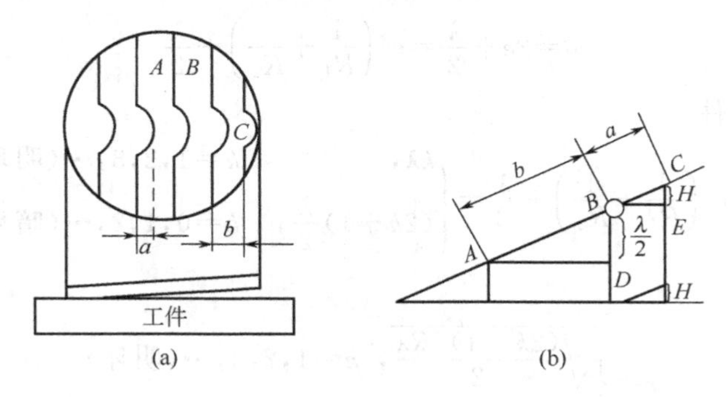

图 13-21 例 13-10

解： 因等厚干涉，各级条纹上各点处对应的薄膜厚度都相等，所以图上方所示干涉条纹显然是由于工件上有一条沿条纹垂直方向走向的凸痕所致。凸痕高度 H 可根据图 13-21(b) 求出，由图可见，由于工件凸起，厚度变小，条纹向劈厚处移动，在本例中，B 处条纹移到 C 处。因 $\triangle ABD \backsim \triangle BCE$，由比例关系得到

$$\frac{H}{\frac{\lambda}{2}}=\frac{a}{b}$$

所以

$$H=\frac{a}{b}\frac{\lambda}{2}$$

例 13-11 空气中有一块由透明介质制成的薄形劈尖，劈尖末端高为 h，介质的折射率为 n，用波长为 λ 的单色平行光垂直照射。

① 求介质上形成的干涉条纹数目；

② 若入射光以 θ 角射到介质表面，介质上形成的干涉条纹数目为多少？

③ 若 $\theta=30°$，$\lambda=700\text{nm}$，$h=0.005\text{cm}$，$n=1.5$，求干涉条纹数目。

解： ① 因为在介质上表面反射光有半波损失，在介质下表面无半波损失，所以反射相干光的光程差中有附加光程差 $\frac{\lambda}{2}$，干涉条纹分布条件为

$$\delta=2en+\frac{\lambda}{2}=\begin{cases}k\lambda, & k=1,2,\cdots(\text{明条纹})\\(2k+1)\frac{\lambda}{2}, & k=0,1,2,\cdots(\text{暗条纹})\end{cases}$$

相邻条纹间的厚度差 $e_{k+1}-e_k$ 与 n 和 λ 的关系为

$$2n(e_{k+1}-e_k)=\lambda$$

即

$$\Delta e=e_{k+1}-e_k=\frac{\lambda}{2n}$$

则介质上的干涉条纹暗纹数目为

$$N=\frac{h}{\Delta e}+1=\frac{2nh}{\lambda}+1$$

② 若入射光以 θ 角斜入射，则有

$$\delta=2e\sqrt{n^2-\sin^2\theta}+\frac{\lambda}{2},\qquad \Delta e=\frac{\lambda}{2\sqrt{n^2-\sin^2\theta}}$$

介质上的干涉条纹暗纹数目为

$$N=\frac{2h\sqrt{n^2-\sin^2\theta}}{\lambda}+1$$

③ 将 $\theta=30°$，$\lambda=700\text{nm}$，$h=0.005\text{cm}$，$n=1.5$ 代入上式，得到

$$N=\frac{2\times0.005\times10^{-2}\times\sqrt{1.5^2-\sin^2 30°}}{700\times10^{-9}}+1=203\ (\text{条})$$

第三节　干　涉　仪

一、干涉条纹的移动

在各种干涉装置中，干涉条纹的位置受光源的位置、干涉装置的结构、光路经过的媒质影响。在图 13-5 所示的双缝干涉装置中，若单狭缝 S 有向上（或下）方向的位移 ΔS，干涉条纹就要向相反方向作相应的移动；若双缝间的距离（$2a$）变大（或变小），按式（13-3b），条纹的间距 $\Delta x=\frac{D\lambda}{2a}$要变小（或变大），即条纹要变密（或变疏）；若将杨氏双缝整个装置放到水中，由于介质改变了，λ 要变短，条纹的间距 Δx 要变小，即条纹要变密。干涉点是相干相长（加强）还是相干相消，由相干光到这点的光程差决定。所以，任何原因引起的光程差改变都会引起干涉条纹的移动，光程每次改变一个波长时，干涉条纹都要移过一条。

二、干涉仪

由上面的讨论可知，只要光程差有微小的变化，即使变化的数量级只有 10^2nm，干涉条纹也有可鉴别的移动。根据这原理，可利用光的干涉进行精密测量，例如测量长度、长度的微小变化、光波的波长、谱线的精细结构、媒质的折射率、折射率的微小变化、工件表面的粗糙度、角度和角度的微小变化等。利用光的干涉现象进行精密测量的光学仪器统称为干涉仪。迈克耳逊干涉仪是一种重要的干涉仪。

迈克耳逊干涉仪的光路图如图 13-22 所示。图中 M_1 和 M_2 为平面镜，G_1 和 G_2 为两块完全相同的平玻璃片，G_1 的一面镀有半透明的薄银层，M_1 可沿它的垂直方向移动，M_2 与 M_1 垂直，M_2 上有螺栓，可调节 M_2 与 M_1 间的夹角，G_1,G_2 与 M_1 成 45°。M_2 经 G_1 形成的虚像为 M_2'，若 M_1 与 M_2 垂直，M_1 与 M_2' 就平行，M_1 与 M_2' 组成的“平行薄膜”产生等倾条纹，如图 13-23（b）所示；若 M_1 与 M_2 不垂直，M_1 与 M_2' 就不平行，M_1 与 M_2' 组成

的“劈尖薄膜”产生等厚条纹，如图 13-23（a）所示。当 M_1 平移 $\frac{\lambda}{2}$ 时，①光与②光的光程差改变一个波长，干涉视场中的条纹就移动一条，若 M_1 平移 Δd 时，视场中的明条纹（或暗条纹）移动 n 条，则有

$$\Delta d=n\frac{\lambda}{2} \tag{13-16}$$

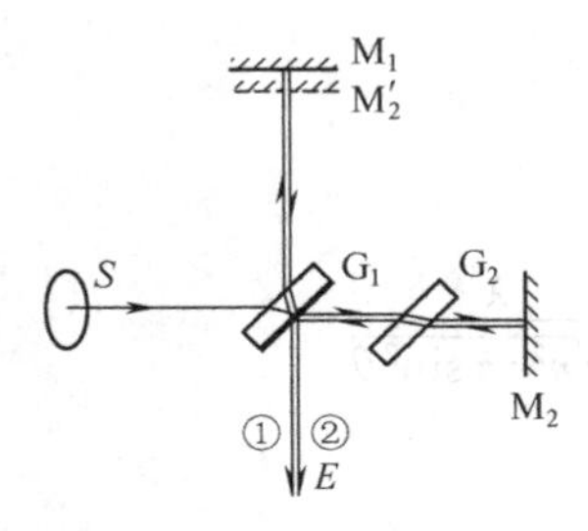

图 13-22　迈克耳逊干涉仪光路图

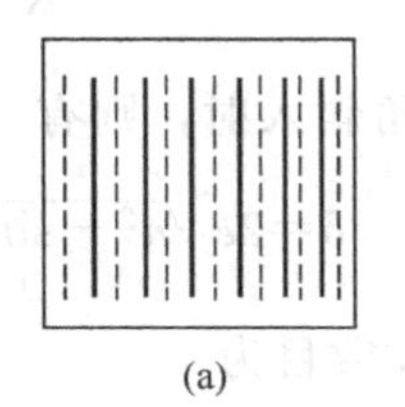
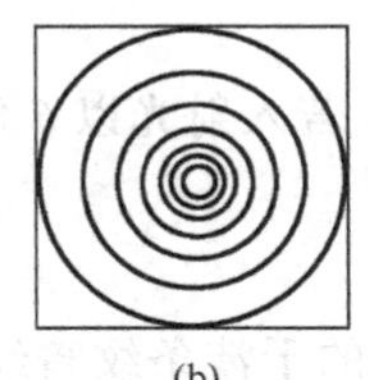

图 13-23　迈克耳逊干涉仪中的等倾和等厚条纹

例 13-12　迈克耳逊干涉仪的一条光路中插入一块折射率 $n=1.40$ 的透明薄膜，数得有七条条纹移动，已知所用光源 λ＝589nm，求薄膜厚度。

解： 设薄膜厚度为 t，未插入薄膜时迈克耳逊干涉仪中两束相干光的光程差为 Δ，明条纹的条件为

$$\Delta=k\lambda$$

由于插入介质薄膜，光程差 Δ 和条纹的干涉级 k 都发生变化，若用 $\delta(\Delta)$ 和 $\delta(k)$ 分别表示它们的改变量，则有

$$\delta(\Delta)=\delta(k\lambda)=\delta(k)\lambda$$

干涉仪一条光路中插入介质后，光程差改变为

$$\delta(\Delta)=2nt-2t=2(n-1)t$$

干涉条纹的干涉级改变为

$$\delta(k)=7$$

所以

$$2(n-1)t=7\lambda$$

即

$$t=\frac{7\lambda}{2(n-1)}=\frac{7\times589}{2\times0.4}\ \text{nm}=5.154\times10^{-3}\ \text{mm}$$

三、增透膜

根据薄膜干涉原理，在现代光学仪器的镜头上常镀一层均匀透明薄膜以增加透光量，这种使透射光增强的薄膜称为增透膜。

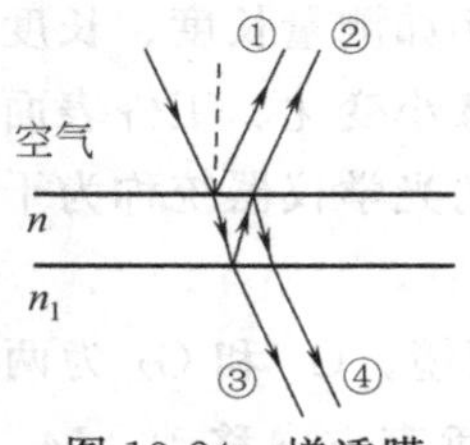

图 13-24　增透膜

如图 13-24 所示，折射率为 n_1 的光学镜头上镀一层厚为 d、折射率为 $n(n<n_1)$ 的透明薄膜，波长为 λ 的单色光入射到薄膜上，在薄膜上下表面反射，形成反射相干光①、②和透射相干光③、④。若要透射加强，③与④的光程差应等于半波长的偶数倍，即

$$\delta=2nd+\frac{\lambda}{2}=2k\frac{\lambda}{2}$$

若要求最小厚度，取 $k=1$，得

$$2nd=\frac{\lambda}{2}$$

即

$$d_{\min}=\frac{\lambda}{4n}$$

从反射减弱也能得到相同结果，反射相干光①与②的光程差应等于半波长的奇数倍，即

$$\delta=2nd=(2k+1)\frac{\lambda}{2}$$

若要求最小厚度，取 $k=0$，得

$$2nd=\frac{\lambda}{2}$$

即

$$d_{\min}=\frac{\lambda}{4n} \tag{13-17}$$

结果相同。

增透膜干涉观察到的不是明暗条纹，而是明视场或暗视场，即透射光相干或者全部加强，或者全部减弱。用这种方法可以在材料表面镀一层物质，使对某种波长的光反射加强，材料表面就会显示这种波长对应的颜色。如果在灯的反射器上镀上一层对红外增透的膜，大部分红外光可以透出，使灯泡环境温度降低。

四、相干长度

相干光必须是从同一电子的同一次跳变发出的同一个光波列分成两束，然后让它们会聚才能相干。因为发光的是间歇的波列，每个波列有一定的长度，如果分光后，两束光经过的光程差太长，致使同一波列分光后有可能不再相遇，干涉就不能发生。两光束能否产生干涉，由其最大光程差 $\delta_{\max}$决定，$\delta_{\max}$即最大波列的长度 L，L 称为单色光波的相干长度，用以描述单色光源相干性的好坏。

习　　题

1. 在杨氏双缝装置中，用一很薄的云母片（$n=1.58$）覆盖其中的一条狭缝，这时屏幕上的第七级明条纹恰好移到屏幕中央原零级明条纹的位置，如果入射光的波长为 550nm，则云母片的厚度应为多少？

2. 在棱镜（$n_1=1.52$）表面涂一层增透膜（$n_2=1.30$），为使此增透膜适用于 550nm 波长的光，膜的厚度应取何值？

3. 有一劈尖，折射率 $n=1.4$，尖角 $\theta=10^{-4}$ rad，在某一单色光的垂直照射下，可测得两相邻明条纹之间的距离为 0.25cm。试求：

① 此单色光在空气中的波长；

② 如果劈尖长为 3.5cm，那么总共可出现多少条明条纹？

4. ① 若用波长不同的光观察牛顿环，$\lambda_1=600$nm，$\lambda_2=450$nm，观察到用 λ_1 时的第 k 个暗环与用 λ_2 时的第 $k+1$ 个暗环重合，已知透镜的曲率半径为 190cm。求用 λ_1 时第 k 个暗环的半径。

② 在牛顿环中用波长为 500nm 的第五个明环与用波长为 λ_2 时的第六个明环重合，求波长 λ_2。

5. 在图 13-25 所示的装置中，平面玻璃板是由两部分组成的（冕牌玻璃 $n=1.50$，火石玻璃 $n=1.75$），透镜是冕牌玻璃制成，两透镜与玻璃板之间的空间充满着二硫化碳（$n=1.62$）。试问由此而制成的牛顿环的图样是怎样的？为什么？

6. 为了测量金属丝的直径，我们把它夹在两块平玻璃板之间构成一个空气劈（如图 13-26 所示）。现在用单色光垂直照射，在膜上就出现干涉条纹，测出条纹间距就可以算出金属丝的直径。已知单色光波长 $\lambda=589.3$nm，金属丝与劈尖间距离 $L=28.88$mm，测得 30 条明纹极大间距离为 4.29mm，求金属丝的直径。（注意：30 条明纹极大间有 29 条条纹）

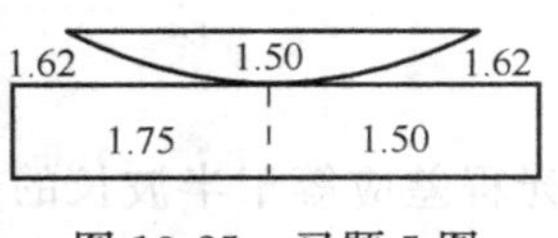

图 13-25　习题 5 图

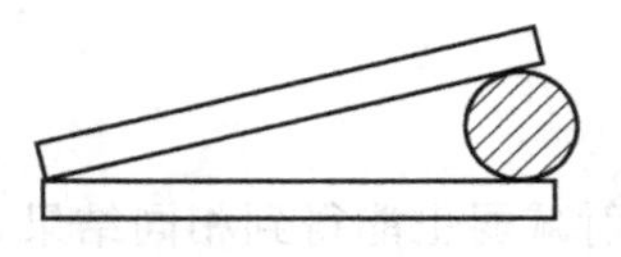
图 13-26　习题 6 图

7. 在上一题中，如果将金属丝移向劈棱，那么在劈棱和金属丝间的条纹总数有什么变化？条纹的宽度有什么变化？

8. 在照相机的镜头上镀有一层介质膜（如图 13-27 所示），已知膜的折射率为 1.38，玻璃的折射率为 1.5。要使波长为 550nm 的黄绿光在膜上反射最小，假定光线垂直入射，求膜的最小厚度。

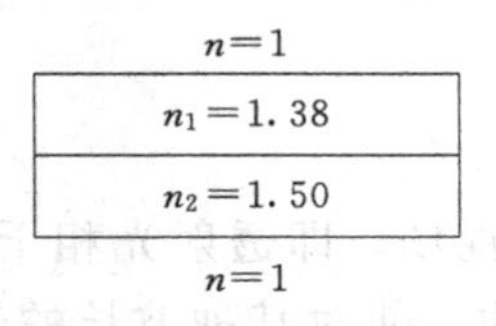

图 13-27　习题 8 图

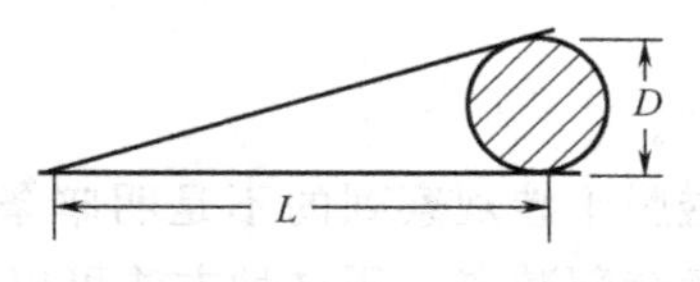

图 13-28　习题 9 图

9. 如图 13-28 所示，两平面玻璃板在一端相接触，在与此端相距 20cm 处夹一根直径为 0.05mm 的细铜丝，构成空气劈，若用波长为 589nm 的黄光垂直照射，相邻两暗纹间距为多少？

第十四章　光的衍射

第一节　惠更斯-菲涅耳原理

光波遇到障碍物时，光线会偏离原来方向而绕过障碍物前进，这种光波绕过障碍物弯曲的现象叫光的衍射或绕射。

衍射可分为菲涅耳衍射和夫琅和费衍射两种。光源和观察点均距障碍物为无限远或入射光和观察光均为平行光的衍射现象称为夫琅和费衍射，夫琅和费衍射问题的数学处理较容易。光源和观察点距障碍物为有限远，或入射光和观察光均为非平行光的衍射现象称为菲涅耳衍射，我们只讨论夫琅和费衍射。

一、惠更斯原理

惠更斯于1690年指出：媒质中波动传到的各点，都可以看作是发射子波的波源，在其后的任一时刻，这些子波的包迹决定新的波阵面。这就是惠更斯原理。光的折射和反射现象都可用惠更斯原理解释。但是，惠更斯原理没有指明各个子波在传播中对某一点的振动有多少贡献。

二、惠更斯-菲涅耳原理

菲涅耳根据波的叠加和波的干涉原理，充实了惠更斯原理，建立了惠更斯-菲涅耳原理，为衍射理论奠定了基础。惠更斯-菲涅耳原理指出：从同一波阵面上各点所发出的子波，经传播而在空间某点相遇时，也可相互叠加而产生干涉现象。

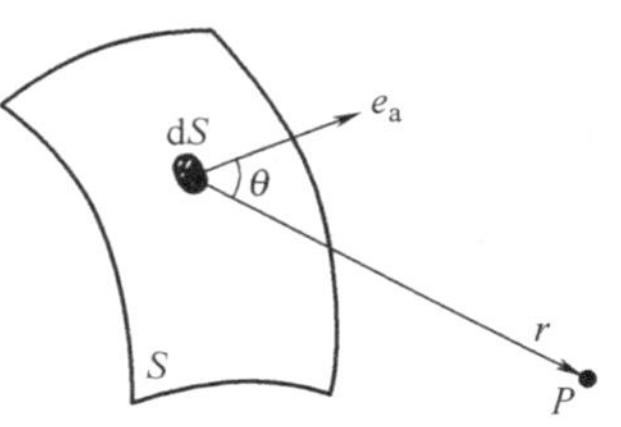

图 14-1　惠更斯-菲涅耳原理

如图14-1所示，若波在某时刻的波阵面 S 为已知，S 上的面积元 dS 发出的子波在前方给定点 P 的振幅为 dA，某一时刻波阵面 S 上发出的所有子波在前方给定点 P 的合振幅，与 r,dS,θ 都有关系，此合振动就是 P 点的光振动。由此可见，用惠更斯-菲涅耳原理求解衍射问题，实际上是积分学问题。一般情况下，用菲涅耳半波带法求解衍射问题，可以避免复杂的计算。

第二节　夫琅和费单缝衍射

如图14-2所示，单色平行光射向单缝，经透镜聚焦在屏幕上呈现衍射花样。由图可见，衍射花样亮度分布是不均匀的。

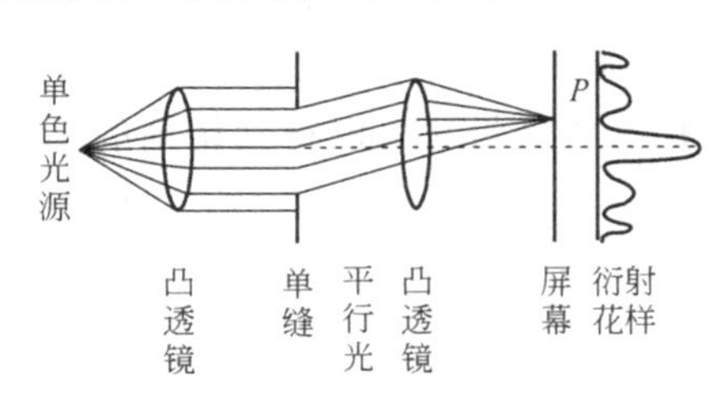

图 14-2　夫琅和费单缝衍射

用半波带法对单缝衍射进行计算，可得到单缝衍射公式。因为透镜对各光线不造成附加光程差，所以 AP 与 BP 的光程差［图14-3(a)］为 $\delta=a\sin\varphi$。

如图14-3所示，屏幕上 P 点的位置不同，单缝衍射出光束的最大光程差 $\delta=a\sin\varphi$ 也不同，即不同的 P 点有不同的最大光程差。

若 P 点处对应的光程差恰好是$\frac{\lambda}{2}$的偶数倍，即如图 14-3（b）所示，$\delta=a\sin\varphi=4\times\frac{\lambda}{2}$，此时单缝被分成四条光带 AA_1，A_1A_2，A_2A_3 和 A_3B，相邻光带中对应点（如 A 和 A_1）到 P 点的光程差均为$\frac{\lambda}{2}$。由干涉条件可知，相邻光带中对应点的光在 P 点相干相消，所以相邻的光带到 P 点的光相干相消。因为光带是偶数，故所有的光带发出的光线在 P 点相互抵消。因此 P 点处是暗的，即

$$\delta=a\sin\varphi=2k\frac{\lambda}{2}=k\lambda,\quad k=1,2,\cdots$$

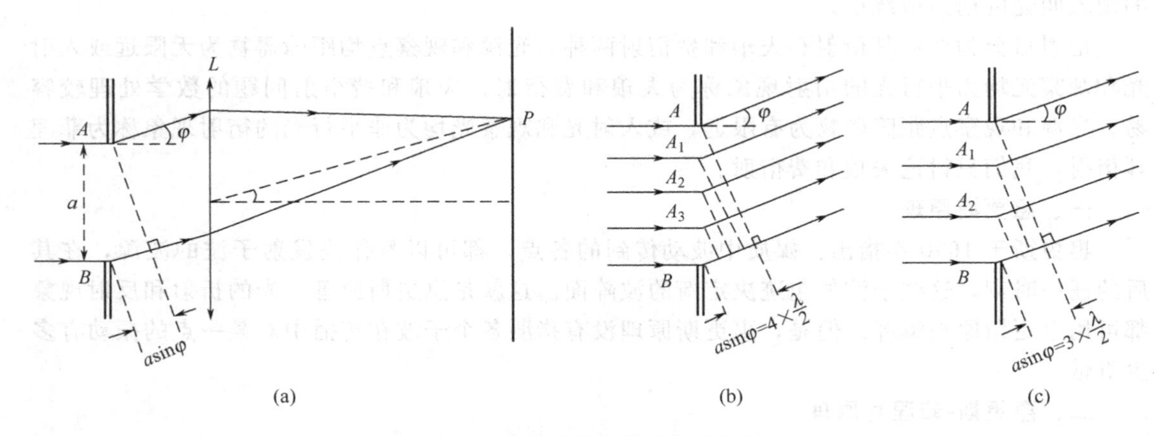

图 14-3　半波带法用于单缝衍射

若 P 点处对应的光程差恰好是$\frac{\lambda}{2}$的奇数倍，即如图 14-3（c）所示，$\delta=a\sin\varphi=3\frac{\lambda}{2}$，此时单缝被分成三条光带 AA_1，A_1A_2 和 A_2B。因为光带是奇数，故所有光带发出的光线在 P 点相互抵消后，还剩下一个光带，因此 P 点处是亮的，即

$$\delta=a\sin\varphi=\pm\begin{cases}(2k+1)\frac{\lambda}{2}, & k=1,2,\cdots \quad (\text{明条纹})\\ k\lambda, & \quad (\text{暗条纹})\end{cases} \tag{14-1}$$

姑且称这种“亮”是“剩余亮”，它不同于干涉中讲过的“加强亮”，请注意区别。

单缝分成的光带叫半波带，因相邻的光带到 P 点的光程差都是$\frac{\lambda}{2}$，所以这些光带称为半波带，这种分析方法称为菲涅耳半波带法。

单缝衍射的亮度分布是不均匀的，如图 14-4 所示，中央位置最亮，最宽，称为中央明条纹，中央条纹两侧有若干亮度迅速减小的明条纹，称为次极大。各级次极大明条纹的亮度随级数的增大而逐渐减小，是由于角 φ 越大，分成的波带越多，未被抵消的波带的面积占单缝面积的比例越小。用菲涅耳半波带法讨论单缝衍射，得到的衍射花样的亮度分布是近似的，如图 14-4（a）所示。从惠更斯-菲涅耳原理出发，采用振幅矢量法可以得到精确的亮度分布，如图 14-4（b）所示。

某级明条纹邻近的两暗条纹至单缝张开的角度称为该级明条纹的角宽度或角距离。由图 14-4 或式（14-1）可知，暗条纹出现在下列位置

$$\sin\varphi=\pm\frac{\lambda}{a},\ \pm\frac{2\lambda}{a},\ \pm\frac{3\lambda}{a}$$

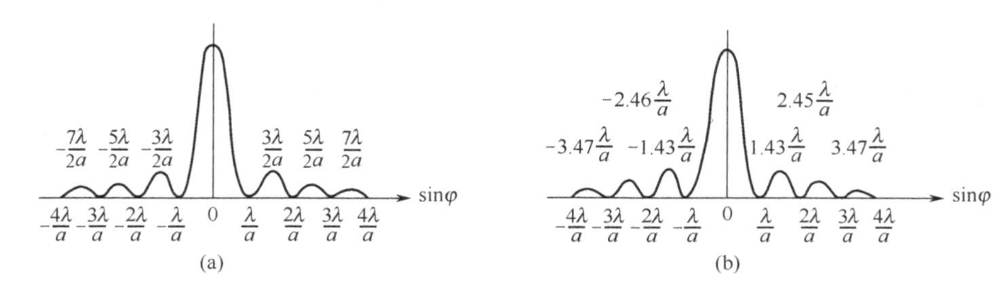

图 14-4　单缝衍射花样的亮度分布

因此，任意一条暗条纹的角位置和明条纹的角宽度分别为

$$\theta = \pm \arcsin\left(k\frac{\lambda}{a}\right)$$

和

$$\Delta\theta_k = \arcsin\frac{(k+1)\lambda}{a} - \arcsin\frac{k\lambda}{a} \tag{14-2}$$

零级明条纹即中央明条纹在 $\theta = \pm\arcsin\frac{\lambda}{a}$ 之间，因此零级明条纹的角宽度为

$$\theta_0 = 2\arcsin\frac{\lambda}{a} \tag{14-3}$$

当角度很小时，$\theta_0 \doteq 2\frac{\lambda}{a}$，则零级明条纹的线宽度为

$$\Delta x = f\theta_0 = \frac{2\lambda f}{a} \tag{14-4}$$

式中，f 为透镜焦距。

由式（14-1）可知，对固定缝宽的单缝来讲，$\sin\varphi$ 与波长 λ 成正比例，不同波长的单色光在屏幕上的衍射条纹不会重叠，若用白光入射，白光中各种波长的光除在中央形成白色明条纹外，在两侧按波长排列成彩色衍射条纹，紫色在内、红色在外，这种由衍射产生的彩色条纹称为衍射光谱。

由式（14-1）可知，对给定波长 λ 的单色光来讲，a 越小，各级明条纹对应的 φ 角越大，即衍射越显著；a 越大，各级明条纹对应的 φ 角越小，各级明条纹向中央靠拢，条纹逐渐分不清，衍射效应越不显著。若 $a \gg \lambda$，各级衍射条纹全部挤入中央区内，形成单一的中央亮区，即入射光线将直线传播。由此可见，当光波波长与障碍物的尺寸可比时，才能产生衍射现象。声波的波长较长，与障碍物尺寸可比，所以声波的衍射现象比光波的衍射现象容易观察。

例 14-1　平行单色光垂直照射到单缝，经透镜聚焦，在屏幕上 P 点处的明条纹，单缝恰好被分成七个半波带，若缝宽与波长之比是 100，1000。求 P 点明条纹极大值的角位置。

解： 由图 14-4 可知，P 点处正好是第三条明条纹，由式（14-3）得到 P 点处明条纹极大值的角位置为

$$\left.\begin{aligned}\frac{\lambda}{a}&=\frac{1}{100}\\ \frac{\lambda}{a}&=\frac{1}{1000}\end{aligned}\right\}\text{时，}\quad \theta = \pm\frac{(2k+1)}{2}\frac{\lambda}{a} = \begin{cases}\pm 0.035\text{rad}\\ \pm 0.0035\text{rad}\end{cases}$$

可见缝越宽，明条纹角位置越小，衍射条纹越向中央靠拢，衍射效果越不明显。

例 14-2 如图 14-5（a）所示，在宽度 $a=0.6\text{mm}$ 的单缝后 $D=40\text{cm}$ 处，放一与单缝平行的屏幕，以平行可见光垂直照向单缝，在屏幕上形成衍射条纹，若在距离 O 点 $x=1.4\text{mm}$ 的 P 点处恰看到一条明条纹。求 P 点处明条纹的衍射级，对 P 点而言，单缝被分成几个半波带？

解： 如图 14-5（b）所示，从单缝向屏幕衍射的光不是平行光，因此本题不属夫琅和费衍射。作 $PC=PA$，则 AP 与 BP 的光程差为

$$\delta=BC\approx a\sin\varphi$$

用半波带来分割 BC，若 BC 被分割为奇数带，P 点为极大；若 BC 被分割成偶数带，P 点为极小。所以得到明条纹的条件为

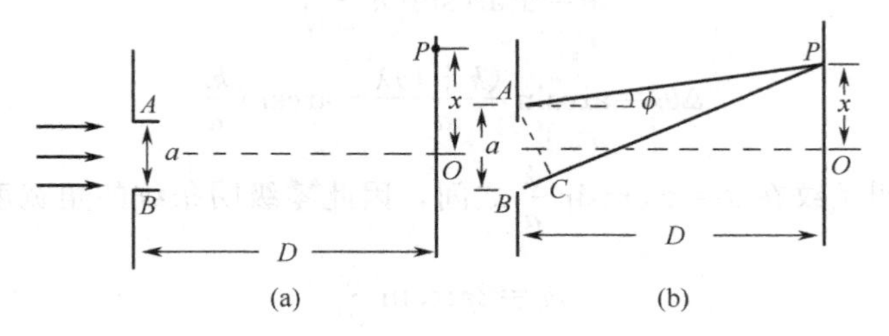

图 14-5 例 14-2

$$\delta=a\sin\varphi=(2k+1)\frac{\lambda}{2}$$

因为 $D\gg a$，$\sin\varphi\approx\tan\varphi=\dfrac{x}{D}$，所以

$$a\frac{x}{D}=(2k+1)\frac{\lambda}{2}$$

或

$$k=\frac{ax}{D\lambda}-\frac{1}{2}$$

代入题给数值，并考虑可见光波长范围为 400～750nm，求得 k 的范围是 2.3～4.7，取整数。故 $k=3$ 或 $k=4$。

若 $k=3$，对 $\lambda_R=600\text{nm}$（红光），单缝被分成 $2k+1=7$ 个半波带。

若 $k=4$，对 $\lambda_B=467\text{nm}$（蓝光），单缝被分成 $2k+1=9$ 个半波带。

第三节 夫琅和费小圆孔衍射

如图 14-6 所示，单色平行光垂直射向小圆孔，用透镜聚焦后，在屏幕上形成中央大亮斑，亮斑周围有一些同心明环和暗环。

经过理论计算，夫琅和费小圆孔衍射花样的亮度分布如图 14-7 所示。

小圆孔衍射花样的中央亮圆斑称为爱里斑，爱里斑的光强占通过小圆孔的光束总光强的 84%。爱里斑的边缘对小圆孔中心的张角称为爱里斑的半角宽度，由图 14-6 可知，爱里斑的半角宽度为

$$\theta_1\approx0.61\frac{\lambda}{R}=1.22\frac{\lambda}{D} \tag{14-5}$$

式中，R 为小圆孔的半径；D 为小圆孔的直径。由式（14-5）可知，D 越小或 λ 越大，衍射效应越强。

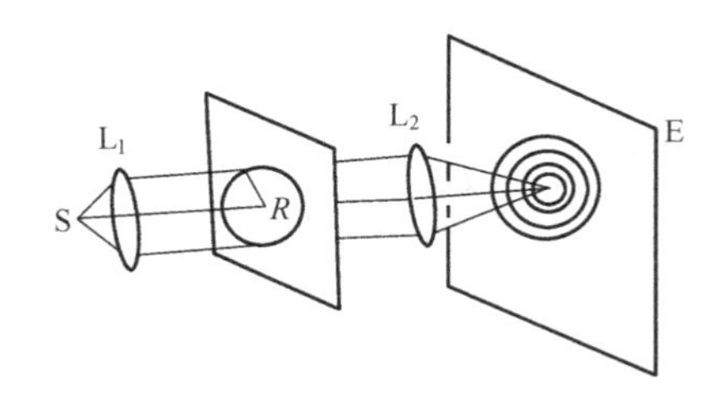

图 14-6　夫琅和费小圆孔衍射

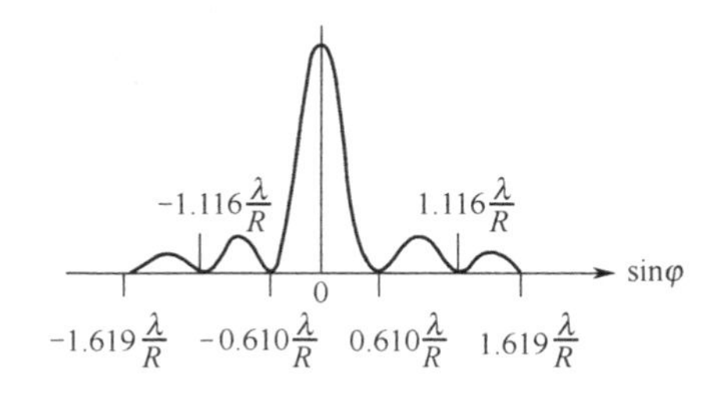

图 14-7　小圆孔衍射的亮度分布

几何光学指出，光源发出的光波经过光学仪器的孔径如照相机镜头、人眼后将聚集成几何的像。波动光学指出，光波经过光学仪器的孔径会发生衍射现象。如前所述，一个点光源的像不是一个点而是一中心亮斑（爱里斑），其外围有一些明暗相间的圆形衍射环。而两个点光经光学仪器的孔径后的像将是两个爱里斑及其外围的同心明暗圆环。若两个点光源靠得很近，一个点光源的爱里斑可能与另一点光源的爱里斑外的暗环重叠，另一个也是这样，这时就分不清两个点光源的像了，如图 14-8（a）所示。图 14-8（b）表示光学仪器能分清两个点光源。图 14-8（c）表示光学仪器刚好分清两个点光源。一般规定第一个点光源的衍射花样的中心（爱里斑）刚好落在第二个点光源的衍射花样的第一级暗环上时，两个像刚好能分辨。因此，可用爱里斑的半角宽度衡量光学仪器的分辨本领，并定义 $\delta_\varphi=0.61\dfrac{\lambda}{R}$ 或 $\delta_\varphi=1.22\dfrac{\lambda}{D}$ 为光学仪器的最小分辨角。光学仪器最小分辨角的倒数称为光学仪器的分辨本领，记作 R。

$$\delta_\varphi=1.22\frac{\lambda}{D} \tag{14-6}$$

$$R=8.197\times10^{-1}\frac{D}{\lambda} \tag{14-7}$$

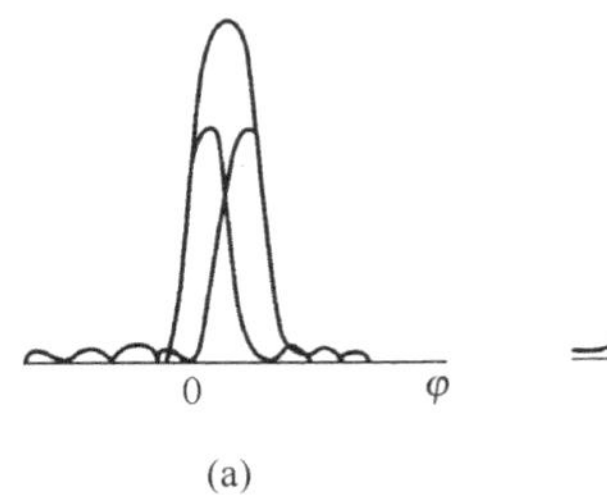

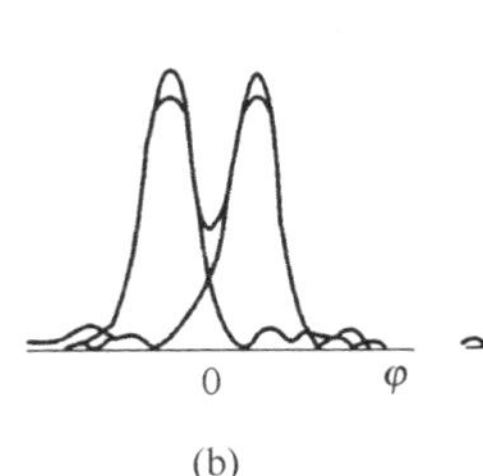

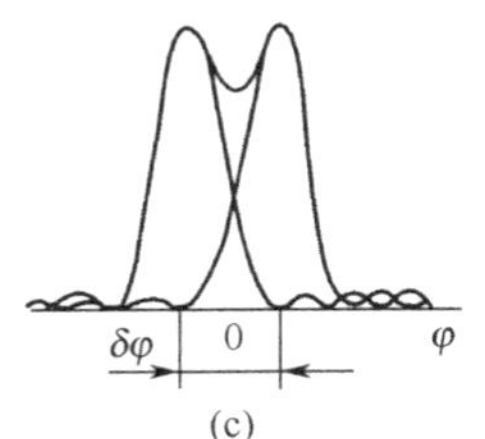

图 14-8　光学仪器的分辨能力

由式（14-6）可知，光学仪器的最小分辨角由光学仪器的孔径 D 和光波波长 λ 决定，与物体的远近、物体的大小无关。要提高分辨本领，应加大光学仪器的孔径或选用波长短的光波。

物体对光学仪器镜头的张角与物体大小以及物体距光学仪器镜头的远近有关。设物体的线度为 L，物体与光学仪器的距离为 s，则物体对镜头的张角为

$$\alpha=\frac{L}{s}$$

若 $\alpha>\delta_\varphi$，则能分清物体的像；若 $\alpha<\delta_\varphi$，则不能分清物体的像。

例 14-3 教室的黑板上有相距 $d=2\text{mm}$ 的两条平行直线，假定照明用白光的波长 $\lambda=550\text{nm}$，人眼瞳孔的直径 $D=3\text{mm}$。问距离黑板多远处的学生就不能分辨出这两条直线？

解： 若距黑板 x 远处的学生刚好能分辨这两条平行线，则平行线的间距对人眼中心的张角 $\alpha=\dfrac{d}{x}$ 要大于等于人眼对 550nm 光波的最小分辨角 $\theta=1.22\dfrac{\lambda}{D}$，

$$\frac{d}{x}\geqslant 1.22\frac{\lambda}{D}$$

所以

$$x\leqslant\frac{Dd}{1.22\lambda}=\frac{3\times2}{1.22\times5.5\times10^{-4}}=8.9\times10^{3}\ \text{mm}=8.9\ \text{m}$$

即学生在离黑板 8.9m 以前都能分辨清黑板上的两条平行线。

例 14-4 如图 14-9 所示，在小圆孔夫琅和费衍射中，圆孔半径 $r_1=0.10\text{mm}$，透镜焦距 $f=50\text{cm}$，所用单色光波波长 $\lambda=500\text{nm}$。求

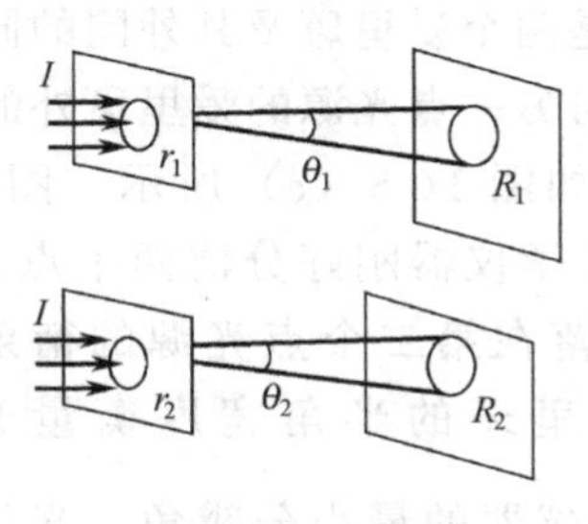

图 14-9 例 14-4

① 在透镜焦平面处屏幕上呈现的爱里斑的半径；

② 如果圆孔半径改为 $r_2=1.0\text{mm}$，爱里斑的半径为多大？

③ 在其他条件不变（包括入射光能流密度即入射光强不变）时，爱里斑上的光强度有何变化？

解： ①由爱里斑半角宽公式及透镜的焦距，得爱里斑的半径为

$$R=f\theta=0.61\frac{f\lambda}{r}$$

$$R_1=f\theta_1=0.61\frac{f\lambda}{r_1}=0.15\ \text{cm}$$

②

$$R_2=f\theta_2=0.61\frac{f\lambda}{r_2}=0.015\ \text{cm}$$

可见小圆孔孔径增加后,爱里斑变小了。

③ 设 P_1，P_2 分别为通过不同孔径的小圆孔的光能流，I 为光强度，则

$$P_1=I\frac{\pi D_1^2}{4},\quad P_2=I\frac{\pi D_2^2}{4}$$

爱里斑上的光能量占通过圆孔的总光能量的 80%，所以射到爱里斑上的光能流分别为

$$P_1'=80\%P_1,\quad P_2'=80\%P_2$$

若 I_1 与 I_2 分别为不同半径的爱里斑上的光强度，则

$$I_1=\frac{P_1'}{\pi R_1^2}=\frac{0.8P_1}{\pi R_1^2},\quad I_2=\frac{P_2'}{\pi R_2}=\frac{0.8P_2}{\pi R_2}$$

所以，爱里斑的光强度变化为

$$\frac{I_2}{I_1}=\frac{P_2R_1^2}{P_1R_2^2}=\left(\frac{P_2}{P_1}\right)\left(\frac{R_1}{R_2}\right)^2=1.0\times10^2\times\left(\frac{0.15}{0.015}\right)^2=10^4$$

即小圆孔半径扩大10倍时，其爱里斑上的光强度增加10^4倍。

第四节 光 栅

由大量等宽等间距的平行狭缝组成的光学元件称为衍射光栅，用透射光衍射的叫透射光栅，用反射光衍射的叫反射光栅。光栅缝宽a与缝间距b的和$a+b$称为光栅常数。光栅中刻有大量等宽的平行狭缝，所以光栅中有单缝衍射和缝间干涉两种效应。因为光栅具有一系列衍射中心（平行狭缝），能使次波向各方向衍射，所以称为衍射光栅。

如图14-10所示，屏幕上某点P若为明条纹，必须满足下列两个条件。

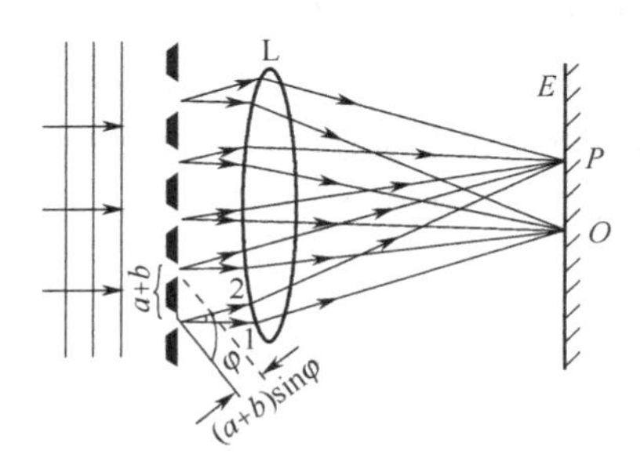

图14-10 衍射光栅

① 光波经任一条缝衍射后在P点不为衍射极小，即要求

$$a\sin\varphi\neq\pm k\lambda$$

② 任意相邻的缝在P点处的干涉效应为极大，即要求

$$(a+b)\sin\varphi=\pm k\lambda$$

一般情况下，以上两个条件可同时满足。所以，光栅衍射形成主极大明条纹的条件取其一即可。

$$(a+b)\sin\varphi=\pm k\lambda,\quad k=0,1,2,3,\cdots \tag{14-8}$$

式（14-8）就是光栅衍射主极大明条纹的条件。

在一般情况下，虽然$a\sin\varphi\neq\pm k\lambda$和$(a+b)\sin\varphi=\pm k\lambda$总是同时满足的，但在$\frac{a+b}{a}$为简单整数比时，可能同时有

$$(a+b)\sin\varphi=k\lambda \text{ 和 } a\sin\varphi=k'\lambda$$

此时$\frac{k}{k'}=\frac{a+b}{a}$，例如$\frac{a+b}{a}=2$时，$\frac{k}{k'}=2$，$k$和$k'$的值可为

k	2	4	6	8	10	12	14	16
k'	1	2	3	4	5	6	7	8

即对应于k为偶数的相邻单缝，虽然在P点相干相长，但是每个单缝的衍射效应在P点都

为衍射极小，因此这些 k 为偶数的光栅衍射明条纹实际上并不存在，这种现象称为光栅的缺级现象。

由以上讨论可知，光栅衍射图样是多缝衍射和干涉的结果，因为光栅常数（$a+b$）很小，使 φ 角很大，故条纹分得开。光栅上透光的缝很多，因此条纹很亮。光栅中分得开、很亮的两条明条纹之间是由许多暗条纹组成的宽阔的暗背景。在两条明条纹之间，φ 角不满足式（14-8），若此时可写作

$$\delta=(a+b)\sin\varphi=\left(k+\frac{n}{N}\right)\lambda$$

其中 N 为光栅中单缝总条数，$n=1$，2，…，$N-1$。则计算可知，所有单缝在此 φ 方向的光相消，所以在两条主极大之间有 $N-1$ 条暗纹。因此，屏幕上明条纹间有许多暗条纹，实际上形成一个黑暗的背景。因为明条纹中间并非完全抵消，故常将明条纹称为主极大。

用白光投向光栅，各种单色光产生各自的衍射条纹，形成光栅衍射光谱。衍射光谱的中央为白色，中央白色条纹的两侧对称地排列着第一级（$k=1$）、第二级（$k=2$）、第三级（$k=3$）…光谱。每级光谱从紫色向外排到红色。因为相邻两级主极大的间距与波长有关，所以高级次的光谱有重叠现象。通常把光谱中包含从紫到红的称为完整光谱，但因光谱重叠后不易观察，所以有些书把不重叠的包含从紫到红的光谱称为完整光谱。图 14-11 示出了衍射光谱，图中第二级与第三级有重叠，图中 V 表示紫色，R 表示红色。

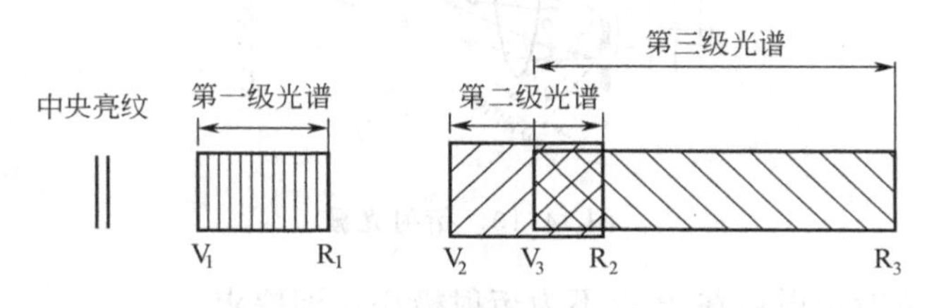

图 14-11　衍射光谱

广义地说，一系列具有周期排列衍射中心的物体都可称为光栅。天然晶体中的原子或离子排成整齐的点阵，X 射线能透入晶体内部，晶体点阵对 X 射线来讲是一种立体光栅。

如图 14-12 所示，X 射线以掠射角 φ 投向晶体，按反射定律反射，若相邻原子或离子层反射光的光程差是波长的整数倍，则反射光相干相长。即符合

$$\delta=2d\sin\varphi=k\lambda,\quad k=1,2,3,\cdots \tag{14-9}$$

时，各层晶面（原子层或离子层）的反射线将相互加强，形成亮点。式中 d 为晶面间距，称为晶体的晶格常数。式（14-9）称为布喇格公式，常用来测 X 射线的波长和进行晶体结构分析。

例 14-5　如图 14-13 所示，波长 $\lambda=500\text{nm}$ 和 $\lambda'=520\text{nm}$ 的两种单色光同时射在光栅常数$(a+b)=0.002\text{cm}$ 的衍射光栅上，紧靠光栅后面，用焦距为 2m 的凸透镜将光线会聚到屏幕上，形成复色光谱。分别求两种单色光的第一级谱线间的距离和两种单色光的第二级、第三级谱线间的距离。

解：由光栅公式

$$(a+b)\sin\varphi=k\lambda$$

得

$$\sin\varphi=\frac{k\lambda}{a+b}$$

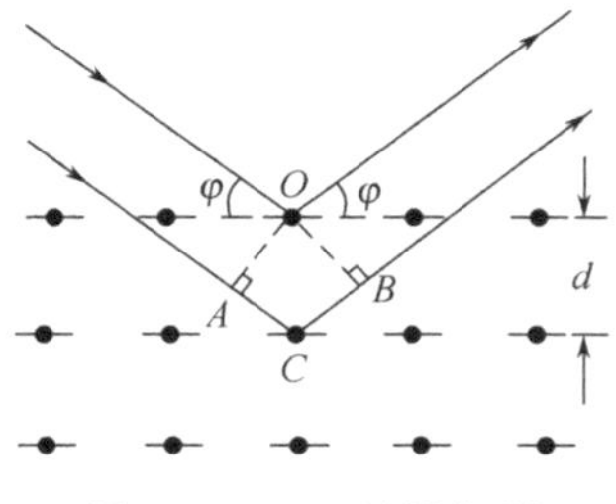

图 14-12　X 射线衍射

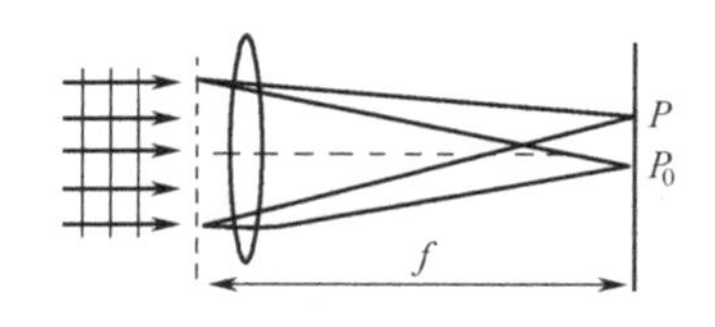

图 14-13　例 14-5

所以，两种波长的各级光谱线的衍射角分别为

$$\sin\varphi_1=\frac{\lambda}{a+b},\quad \sin\varphi_1'=\frac{\lambda'}{a+b}$$

$$\sin\varphi_2=\frac{2\lambda}{a+b},\quad \sin\varphi_2'=\frac{2\lambda'}{a+b}$$

$$\sin\varphi_3=\frac{3\lambda}{a+b},\quad \sin\varphi_3'=\frac{3\lambda'}{a+b}$$

式中脚码表示衍射级。两种波长各级光谱线间的距离为

$$\Delta x_1=x_1-x_1'=f(\tan\varphi_1-\tan\varphi_1')\approx f(\sin\varphi_1-\sin\varphi_2)=\frac{f}{a+b}(\lambda-\lambda')=2\ \text{mm}$$

$$\Delta x_2=x_2-x_2'=\frac{2f(\lambda-\lambda')}{a+b}=2\Delta x_1=4\ \text{mm}$$

$$\Delta x_3=x_3-x_3'=\frac{3f(\lambda-\lambda')}{a+b}=3\Delta x_1=6\ \text{mm}$$

例 14-6　用每厘米有 5000 条栅纹的衍射光栅观察钠光谱线（$\lambda=590\text{nm}$），最多能看到第几级条纹？若

① 光线垂直射入；② 光线以 30°角入射。

解：①由光栅公式

$$(a+b)\sin\varphi=k\lambda$$

即

$$k=\frac{a+b}{\lambda}\sin\varphi$$

$\varphi=90°$时，$\sin\varphi=1$，所以用 $\varphi=90°$代入上式，光栅常数可从单位长度的条纹数求得为

$$a+b=\frac{1}{5000}\ \text{cm}=2\times10^{-6}\ \text{m}$$

代入得

$$k=\frac{2\times10^{-6}}{5.9\times10^{-7}}\sin90°=3.38$$

k 取整数才有意义，所以最多能看到第三级条纹。

② 如图 14-14 所示，斜入射时相邻缝间的光程差为

$\delta=AD+DC=(a+b)\sin\theta+(a+b)\sin\varphi=(a+b)(\sin\theta+\sin\varphi)$

光栅公式相应改变成

$$(a+b)(\sin\theta+\sin\varphi)=k\lambda$$

得

$$k=\frac{(a+b)(\sin\theta+\sin\varphi)}{\lambda}$$

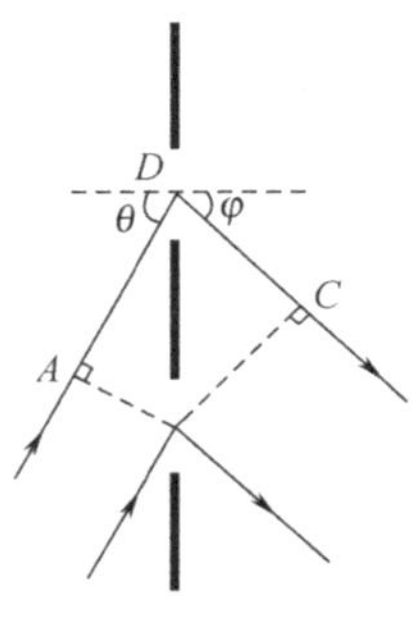

图 14-14　例 14-6

将$(a+b)=2\times10^{-6}$m，$\theta=30°$，$\varphi=90°$，$\lambda=5.9\times10^{-7}$m 代入上式

得
$$k=\frac{2\times10^{-6}\times(0.5+1)}{5.9\times10^{-7}}=5.08\approx5$$

所以以 30°入射角斜入射时能看到第五级衍射主极大。

例 14-7 用复色光垂直照射衍射光栅，两条谱线的波长分别为 λ 和 $\lambda+\Delta\lambda$，若 $\Delta\lambda\ll\lambda$，求它们在 k 级光谱中的角距离。

解：光栅明条纹公式为

$$(a+b)\sin\varphi=k\lambda$$

若波长由 $\lambda\to\lambda+\Delta\lambda$，则衍射角由 $\varphi\to\varphi+\Delta\varphi$，有

$$\Delta\varphi=\frac{k\Delta\lambda}{(a+b)\cos\varphi}$$

用 $\cos\varphi=\sqrt{1-\sin^2\varphi}=\sqrt{1-\left(\frac{k\lambda}{a+b}\right)^2}$代入，得

$$\Delta\varphi=\frac{\Delta\lambda}{\sqrt{\left(\frac{a+b}{k}\right)^2-\lambda^2}}$$

例 14-8 以 $\lambda_1=500$nm 和 $\lambda_2=600$nm 两种单色光同时垂直射到一光栅上，实验发现除 0 级外，它们的谱线第三次重叠的位置在 30°方向上。求此光栅的光栅常数。

解：设此光栅的光栅常数为 $a+b$，根据光栅公式有

$$(a+b)\sin30°=k_1\lambda_1,\quad (a+b)\sin30°=k_2\lambda_2$$

所以
$$k_1\lambda_1=k_2\lambda_2$$

上式是光栅光谱线重叠的条件，也可改写为

$$\frac{k_1}{k_2}=\frac{\lambda_2}{\lambda_1}=\frac{600}{500}=\frac{6}{5},\ \frac{12}{10},\ \frac{18}{15},\ \cdots$$

题意指出除 0 级外，它们的谱线第三次重叠位置在 30°方向，所以取 $k_1=18$，$k_2=15$，于是得

$$(a+b)=\frac{k_1\lambda_1}{\sin30°}=\frac{k_2\lambda_2}{\sin30°}=1.8\times10^{-5}\ \text{m}$$

例 14-9 波长为 600nm 的单色光垂直入射到一光栅上，第二、三级明条纹分别出现在 $\sin\varphi_1=0.20$ 和 $\sin\varphi_2=0.30$ 处，第四级缺级。问

① 光栅上相邻两缝的间距为多少？

② 光栅上狭缝的最小宽度有多大？

③ 此光栅实际能呈现的全部级数是多少？

解：①由光栅公式，明条纹条件为

$$(a+b)\sin\varphi=k\lambda$$

根据题意有
$$(a+b)\sin\varphi_1=2\times600\ \text{nm}$$

或
$$(a+b)\sin\varphi_2=3\times600\ \text{nm}$$

由此解得
$$a+b=6.0\times10^{-4}\ \text{cm}$$

② 第四级缺级，说明第四级干涉明条纹位置恰好是在单缝衍射的暗条纹位置上，因此 φ 角同时满足

$$(a+b)\sin\varphi=k\lambda,\quad a\sin\varphi=k'\lambda$$

因第四级缺级，可取 $k=4$，$k'=1$ 得到光栅上狭缝的最小宽度 a 和缝间距离 b 分别为

$$a=1.5\times10^{-4}\ \text{cm},\quad b=4.5\times10^{-4}\ \text{cm}$$

③ $$k=\frac{(a+b)\sin\varphi}{\lambda}=\frac{(a+b)\sin\frac{\pi}{2}}{\lambda}=\frac{a+b}{\lambda}=\frac{6.0\times10^{-4}}{600\times10^{-7}}=10$$

故在±90°范围内能呈现 0，±1，±2，±3，±5，±6，±7，±9 共八级（15 条）条纹，±10 在 90°方位，不能看到。

例 14-10 波长 $\lambda=0.147\text{nm}$ 的平行 X 射线射在晶体界面上，晶体原子层间距 $d=0.280\text{nm}$，问：当光线与界面成多大角度时，能观察到第一级和第二级极大值？

解：由 $2d\sin\varphi=k\lambda$ 可得

$$\sin\varphi=\frac{k\lambda}{2d}$$

将题给条件代入

$$\sin\varphi_1=\frac{1\lambda}{2d},\qquad \varphi_1=15°12'$$

$$\sin\varphi_2=\frac{2\lambda}{2d},\qquad \varphi_2=31°40'$$

所以若光线与界面成 15°12′，可观察到第一级极大值；若光线与界面成 31°40′，可观察到第二级极大值。

习　　题

1. 波长为 589nm 的光入射在宽 $a=1.0\text{mm}$ 的单缝上，使在离缝 $D=2.0\text{m}$ 远的屏上产生衍射条纹。求在中央条纹的任一侧，相邻两暗条纹之间的距离；如果将整个装置浸入水中，此时相邻两暗条纹之间的距离是多少？

2. 一光栅在 2.54cm 上有 8000 条刻痕。试问在可见光谱中，哪些波长的光可以在第五级衍射中观察到？

3. 当波长 $\lambda=600\text{nm}$ 的光垂直射入光栅时，光栅产生的第一极大值和中心极大值的距离 $\Delta x=3.3\text{cm}$，光栅与屏的距离 $D=1.10\text{m}$。求此光栅每厘米上刻痕的数目。

4. 用一光栅观察垂直入射的绿色光（波长 $\lambda=546\text{nm}$）的光谱，它的第一级谱线的偏转角为 15°。问用这一光栅最多能看到它的第几级谱线？

5. 充气放电管发出的光束垂直射入某一光栅。问第三级光谱中波长多大的波线将与波长 $\lambda_1=670\text{nm}$ 的第二级光谱重叠？

6. 波长为 600nm 的单色光垂直入射在每毫米有 500 刻痕的光栅上。求第一、第二、第三级谱线的衍射角，此时最多能看到几级谱线？

7. 一平行白光垂直入射在光栅常数为 400nm 的光栅上，用焦距为 2m 的透镜把通过光栅的光线聚焦在屏上，已知紫光的波长为 400nm，红光的波长为 750nm。求

① 第二级光谱的紫光与红光间的距离；

② 第二级光谱中的紫光与第一级光谱中的红光间的距离；

③ 证明此时第二级与第三级光谱相互重叠。

8. 在理想情况下，试估计在火星上两物体的线距离为多大时刚好能被地球上的观察者①用肉眼；②用5.08m 孔径的望远镜分辨。已知地球至火星的距离为 $8.0\times10^7\text{km}$，人眼瞳孔直径为 5.0mm，光波长为 550nm。

9. 迎面而来的汽车上的两盏前灯相距 1.80m，人要能分辨这两盏前灯，离车的最大距离为多少？假设

眼睛瞳孔直径为 5.0mm，灯光的波长为 550nm，并假设所求人离车的最大距离只取决于眼睛圆形瞳孔处的衍射效应。

10. 已知一波长为 0.296nm 的 X 射线投射到一晶体上，产生的第一级反射极大偏离原射线方向 31.7°，求相应于此反射极大的原子平面之间的间距。

11. 比较两条单色的 X 射线的谱线时，注意到谱线 A 在与一晶体的光滑面成 30°的掠射角处出现第一级反射极大；谱线 B 在与同一晶体的同一光滑面成 60°的掠射角处，出现第三级反射极大，已知谱线 B 的波长为 0.097nm。试求谱线 A 的波长。

第十五章　光的偏振

第一节　自然光和偏振光

一、自然光

光是横波，光矢量为 $\boldsymbol{E}$，$\boldsymbol{E}$ 与光的传播方向垂直，光源发光时，光源中的众多原子或分子发出的各种波列混在一起，这些波列是短暂、间歇、杂乱无章的。所以，一般光源发出的光波的光矢量不会保持在一个固定的方向，没有任何一个方向的光矢量较其他方向的光矢量更占优势，这种光称为自然光或天然光，如图 15-1（a）所示。自然光的光矢量在有些的可能方向上的振幅的平均值都是完全相等的。采用正交分解的方法，可以简便地把自然光等效地当作两个无确定周相关系、独立、互相垂直、振幅相等的光，如图 15-1（b）所示。

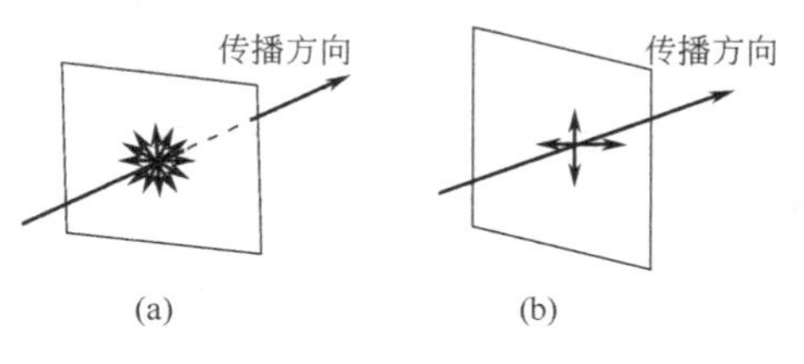

图 15-1　自然光

二、偏振光

光矢量在所有可能方向上振幅都相等的光称为自然光；光矢量在有些可能方向上振幅不相等的光称为偏振光。根据光矢量不同的情况，偏振光可分为线偏振光或平面偏振光、部分偏振光、圆偏振光和椭圆偏振光等，如图 15-2 所示。

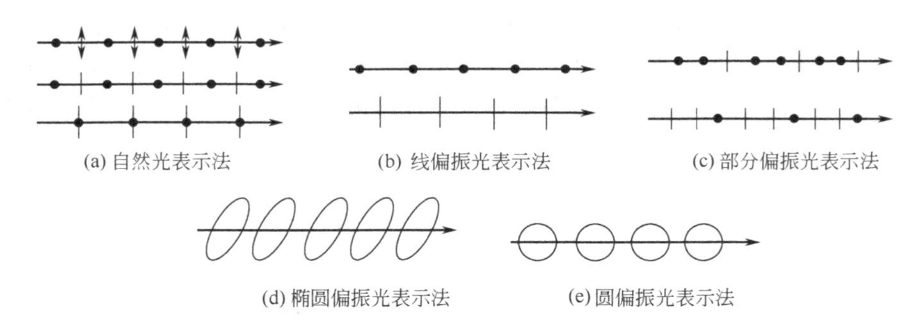

图 15-2　自然光和偏振光的表示法

（1）线偏振光　光矢量 $\boldsymbol{E}$ 只限于一个固定方向的光称为线偏振光。线偏振光的矢量 $\boldsymbol{E}$ 始终在一个固定平面内，所以线偏振光也称为平面偏振光。

（2）部分偏振光　线偏振光和自然光的混合称为部分偏振光。自然界遇到部分偏振光的机会很多，例如，由彩虹射来的光波是部分偏振光，经平面、海平面、街道反射来的光也是部分偏振光，观察这些偏振光可用偏振片。

（3）圆偏振光　光矢量 $\boldsymbol{E}$ 以传播方向为轴发生旋转，振幅的端点描述出一个圆，这种偏振光称圆偏振光。

（4）椭圆偏振光　光矢量 $\boldsymbol{E}$ 绕光的传播轴旋轴时，椭圆偏振光振幅的端点描绘出一个椭圆，这种光称为椭圆偏振光。

第二节　马吕斯定律

将自然光变成线偏振光的装置称为起偏振器，起偏振器也可用作检验光束是否为线偏振光，所以起偏振器也是检偏振器。

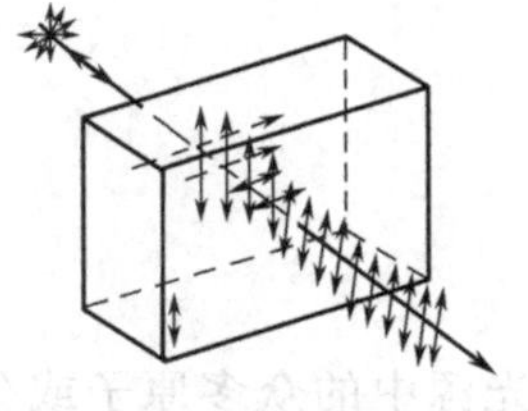

图 15-3　选择性吸收

某些物质吸收光振动有选择性，自然光通过这类物质时，只有一个方向的光振动吸收得最少，如图 15-3 中标出记号 ↕ 方向的光振动被吸收得很少，其他方向的光振动基本都被吸收。物质的这种性质称为选择性吸收或二向色性，这类物质称为选择性吸收物质，吸收光振动最少的方向称为偏振化方向或透光轴，用记号“↕”表示。

用具有二向色性的物质制成的透明薄膜具有起偏振的作用，能将自然光变为线偏振光，这类薄膜叫偏振片。由图 15-3 可知，自然光从偏振片射出的线偏振光的偏振方向与偏振片的透光轴平行。

图 15-4 示出自然光通过偏振片后成为线偏振光，这时偏振片用作起偏振器。

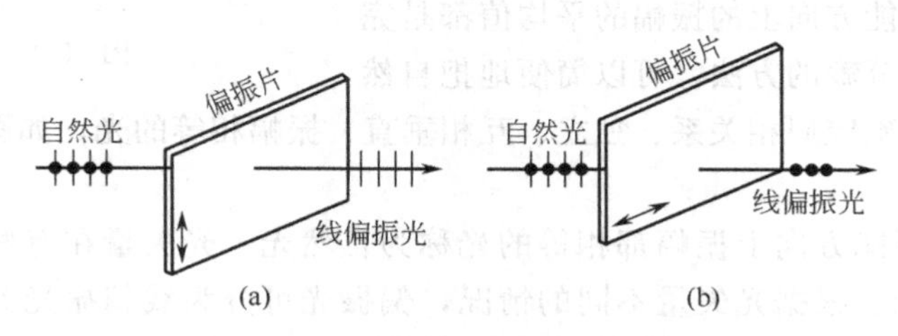

图 15-4　偏振片的作用—起偏

如图 15-5 所示，线偏振光垂直入射到偏振片上，若入射偏振光的偏振方向与偏振片的透光轴平行，透射线偏振光的偏振方向不变，光强不变；若入射偏振光的偏振方向与偏振片的透光轴垂直，入射线偏振光不能透过偏振片。因此，可用偏振片检验光束是否为线偏振光。

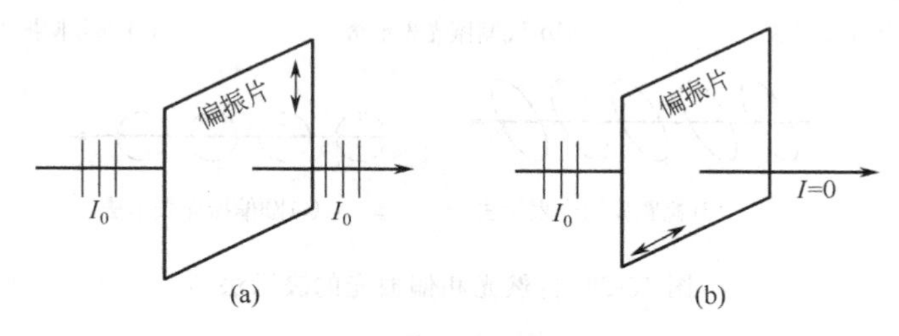

图 15-5　线偏振光通过偏振片

将偏振片对准要检验的光束，可根据表 15-1 区分自然光、线偏振光和部分偏振光。

表 15-1　检验自然光和偏振光

透射光强度变化	入射光种类
明→暗→明→……	线偏振光
强→弱→强→……	部分偏振光
不　变	自　然　光

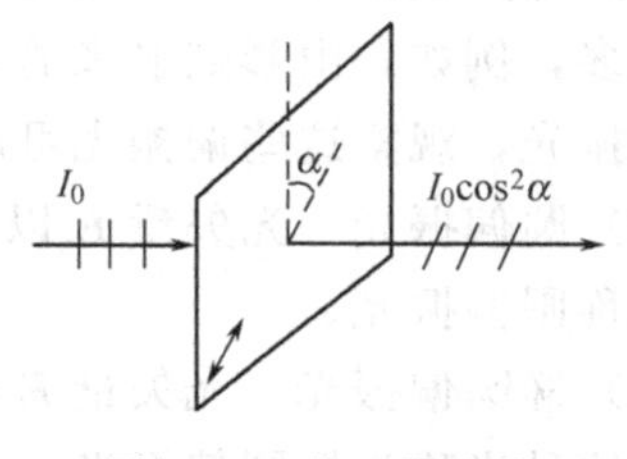

图 15-6　马吕斯定律

如图 15-6 所示，若入射线偏振光的偏振方向与偏振片的透光轴有夹角 α，则透射线偏振光的偏振方向会改变到偏振光的透光轴方向，即入射线偏振光的偏振方向要转动 α 角，透射光的强度也会改变。

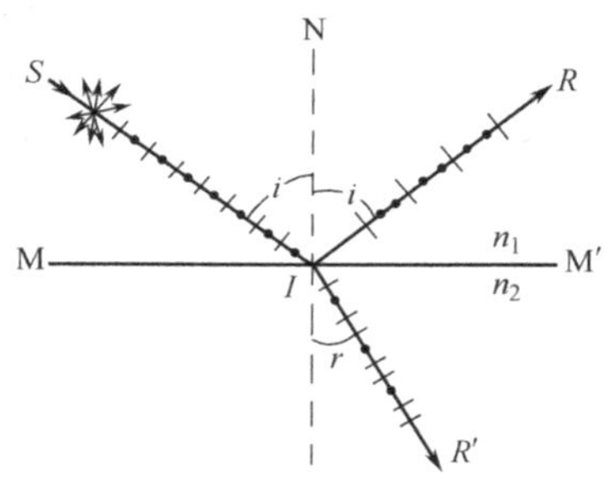

图 15-7　一般入射角反射时和折射时的起偏振现象

马吕斯定律指出，强度为 I_0 的线偏振光透过偏振片后，如不考虑偏振片的吸收，透射线偏振光的强度变为

$$I=I_0\cos^2\alpha \tag{15-1}$$

式中，α 为入射线偏振光的偏振方向与偏振片的偏振化方向间的夹角。将入射线偏振光的振幅正交分解到平行于检偏振器的偏振化方向和垂直于检偏振器的偏振化方向，可导出马吕斯定律。

自然光在两种各向同性媒质的分界面上反射和折射时，反射光和折射光都是部分偏振光，在特殊情况下，反射光可称为线偏振光。

图 15-7 示出了一般情况下反射和折射时的起偏振现象。

图 15-8 所示，布儒斯特从实验中得到结论：若入射角 i_0 满足

$$\tan i_0=\frac{n_2}{n_1}=n_{21} \tag{15-2}$$

此时反射光与折射光垂直，则反射光是偏振方向垂直于入射面的线偏振光，折射光是部分偏振光。式中 n_{21} 是折射媒质对入射媒质的相对折射率，n_1 和 n_2 分别为两种介质的绝对折射率，i_0 称为布儒斯特角。

利用玻璃片堆（图 15-9）的多次反射和折射，也能得到反射线偏振光和折射线偏振光。

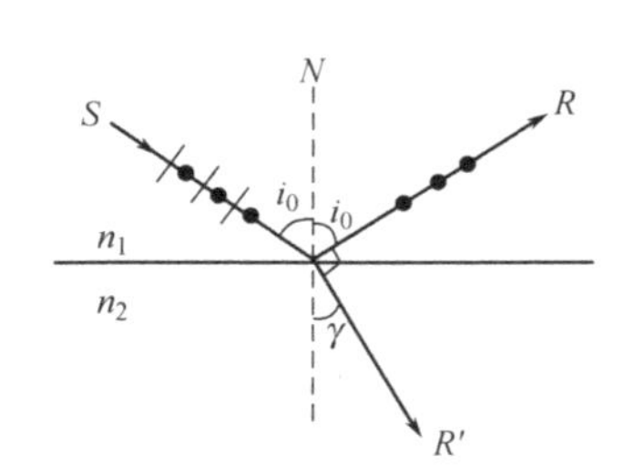

图 15-8　布儒斯特定律

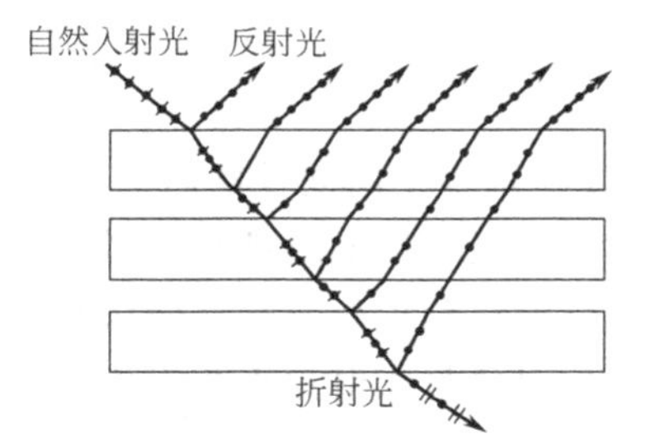

图 15-9　玻璃片堆的起偏作用

例 15-1　已知某种物质的临界角为 45°，问这种物质的起偏振角是多少？

解： 当光线从光密媒质向光疏媒质折射时，若入射角 i_c 满足

$$\sin i_c=\frac{n_2}{n_1} \tag{a}$$

且 $n_1>n_2$，n_1 是反射媒质的折射率，n_2 是折射媒质的折射率，此时折射线将消失，光线将全部反射。此为全反射现象，i_c 称为临界角。

当自然光线射到媒质界面，入射角 i_0 满足

$$\tan i_0=\frac{n_1}{n_2} \tag{b}$$

则反射光为线偏振光，i_0 称为起偏振角。由式ⓐ和式ⓑ得

$$i_0=\arctan\left(\frac{1}{\sin i_c}\right)=54.7°$$

读者从本例中，可领会临界角与起偏振角的区别和联系。

例 15-2 在图 15-10 所示的各种情况中，判断折射光与反射光各属什么性质，并在图的折射线和反射线中用点和短线表示光矢量的振动方向，图中 i 是一般角，i_0 是布儒斯特角。

解： 由图 15-7 和图 15-8 可直接得到图 15-10（a）和图（d）的答案；将图（a）中用点标出的振动全部除去，剩下的就是图（b）的答案；将图（a）中用短线标出的振动除去，剩下的就是图（c）的答案；将图（d）中用点标出的振动全部除去，剩下的就是图（e）的答案；将图（d）中用短线标出的振动全部除去，剩下的就是图（f）的答案。请读者注意图中“点”和“线”并不表示定量关系。

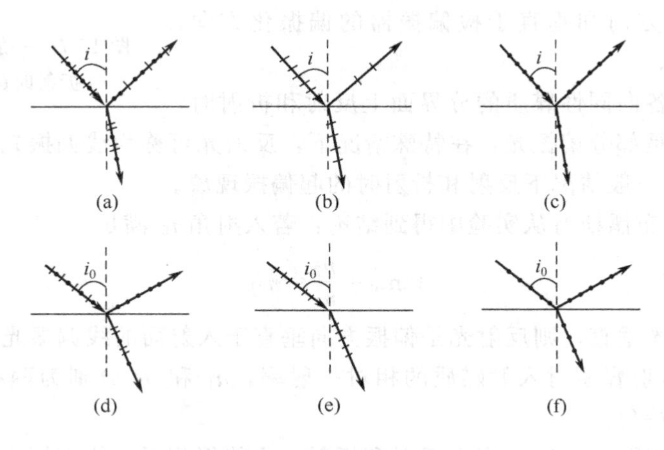

图 15-10 例 15-2

第三节 双折射现象

光线在两种各向同性媒质的界面折射时，遵守折射定律，即

① 反射线和折射线都在入射面内；

② 反射线和折射线在界面法线两侧；

③ 折射角与入射角正弦之比与入射角无关，是一个与媒质和光的波长有关的常数，即

$$\frac{\sin i}{\sin r}=\frac{n_2}{n_1}$$

式中，i 为入射角；r 为折射角；n_1 为入射媒质的折射率；n_2 为折射媒质的折射率。

如图 15-11 所示，光线射到某些晶体（如方解石）上时，会有两条折射光线，这种现象称为双折射现象。双折射时，一条折射光线遵守通常的折射定律，称为寻常光（记作 o 光）；另一条折射光线可能偏离入射面，而且在入射角改变时，$\frac{\sin i}{\sin r}$的比值也不是常数，也可以说这条光线的折射率随入射方向而变，这条折射线违背了折射定律，所以称为非常光（记作 e 光）。双折射时 e 光和 o 光都是线偏振光。

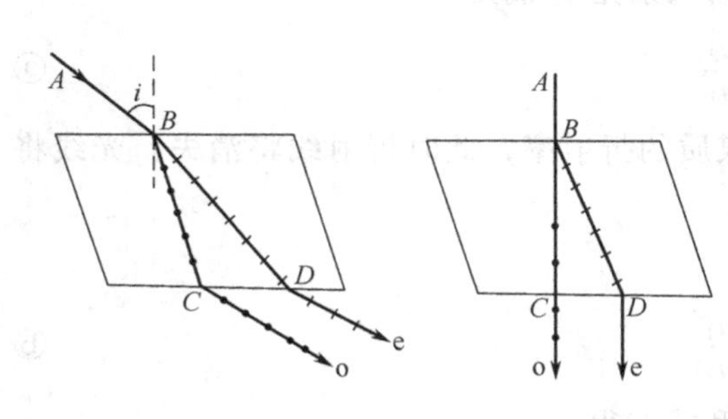

图 15-11 双折射现象

导致双折射的原因是 o 光与 e 光在晶体中的传播性质不同，o 光在晶体中各方向上的传播速度都相同，e 光在晶体中的传播速度随传

播方向而改变。晶体中有一个或两个特殊的方向，沿此方向传播，o光和e光具有相同速度，此特殊方向称为晶体的光轴。只有一个光轴方向的晶体为单轴晶体（如方解石、石英），有两个光轴方向的晶体叫双轴晶体（如云母）。自然光沿与光轴垂直的方向射入晶体时，虽也分为e光和o光，此时o光与e光的速度不同，但是传播方向相同，o光与e光重叠在一条直线上，图15-12示出了这两种特殊情况（图中z为光轴方向）。

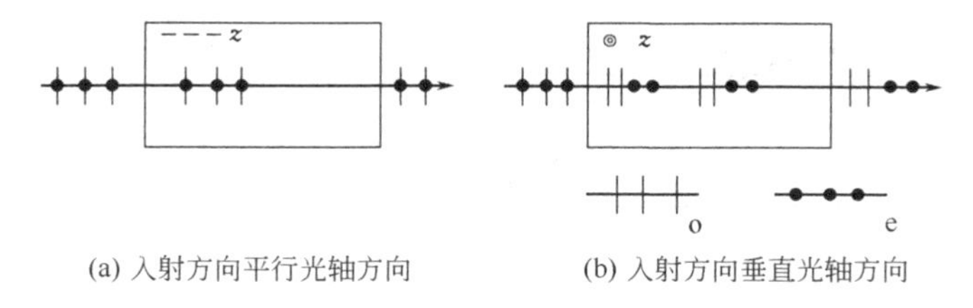

(a) 入射方向平行光轴方向　(b) 入射方向垂直光轴方向

图15-12　入射光方向和光轴方向关系

晶体中某光线与晶体的光轴构成的平面称为此光线的主平面，o光的光矢量$\boldsymbol{E}$的偏振方向与其主平面垂直，e光的光矢量$\boldsymbol{E}$的偏振方向在其主平面内。据此可判断双折射光线中哪一条是o光，哪一条是e光。双折射光线中，光矢量的偏振方向与这条光线的主平面垂直的光线为o光，光矢量的偏振方向在这条光线的主平面内的光线为e光。读者应该注意，在晶体内部才有o光与e光之分，出了晶体就无o光与e光之分，因为出了晶体，两束光的速度就相同了，而且一块双折射晶体中的o光和e光进入另一块双折射晶体中也可能改变了传播速度，从而也改变了名称；在另一块晶体中可能光轴已换了方位，两束光对另一块晶体有了新的传播情况。

几何光学指出，在各向同性媒质中，真空中的光速c与媒质中的光速v之比等于该媒质的绝对折射率，即

$$n=\frac{\sin i}{\sin r}=\frac{c}{v}$$

对于o光，晶体的折射率$n_o=\frac{c}{v_o}$，是一个恒量；对于e光，因为$\frac{c}{v_e}$已不是一个恒量，不能简单地只用一个折射率来反映e光的折射规律。通常把真空中的光速c与e光沿垂直于光轴传播方向的速度v_e之比称作e光对晶体的折射率，记作

$$n_e=\frac{c}{v_e}$$

n_e虽然并不具有通常所说折射率的含义，但是n_e和n_o同样是晶体的一个重要参量。n_o和n_e称为晶体的主折射率。若已知晶体的n_o，n_e及光轴的方向，可以定出e光的折射方向。

用具有双折射性质的晶体可制成多种起偏振器，尼科耳棱镜和渥拉斯顿棱镜是常用到的两种起偏振器。

尼科耳棱镜是用方解石晶体制成的棱镜，可用作起偏振器和检偏振器，是偏光显微镜的重要元件。如图15-13所示，将方解石晶体沿某特定方向切开，再用加拿大树胶粘合成一个尼科耳棱镜。自然光射入方解石后，双折射成为o光和e光。加拿大树胶的折射率$n=1.550$，小于方解石的$n_o=1.658$，o光用$i=77°$的入射角射到加拿大树胶层时，它在加拿大树胶层上发生全反射，被涂黑的一个棱镜侧面吸收。在e光入射方向上的晶体折射率n_e小

于加拿大树胶的折射率，e 光在这个方向入射不会发生全反射。于是自然光射到棱镜时，e 光透出，o 光被吸收。图 15-13（a）示出了尼科耳棱镜，图中 $ARNQ$ 是加拿大树胶层，图 15-13（b）示出了尼科耳棱镜的一个剖面，也是自然光、o 光和 e 光的主平面，晶体的晶面法线与光轴组成的平面称为晶体的主截面，所以 $AMNC$ 面也是晶体的主截面。

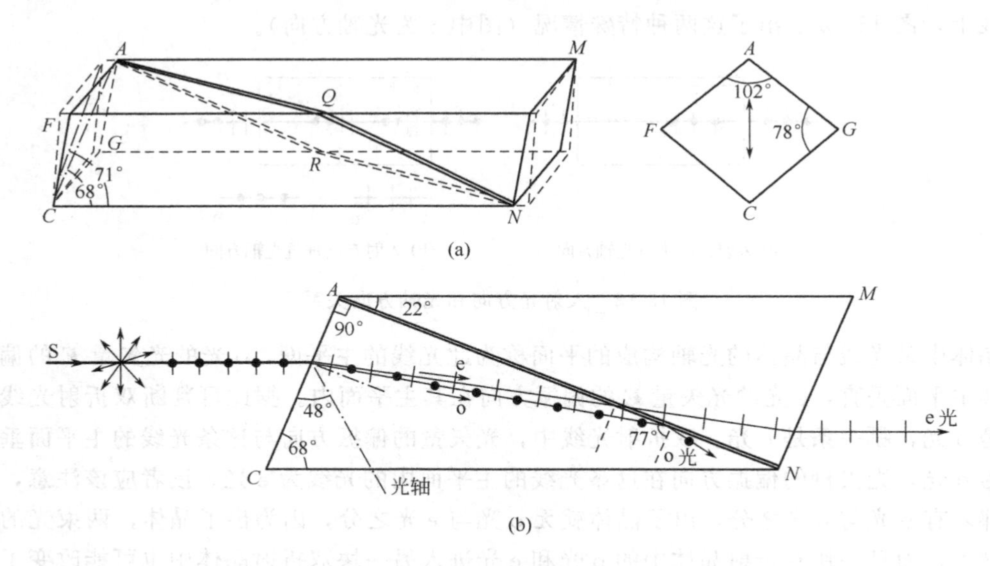

图 15-13　尼科耳棱镜

由此可见，自然光射向尼科耳棱镜时，透射光为线偏振光，光矢量 $\boldsymbol{E}$ 在尼科耳棱镜的主截面内振动。图 15-14 为尼科耳棱镜的起偏振和检偏振作用的示意图。图中 M 和 N 是两只尼科耳棱镜，α 是两个尼科耳棱镜的主截面的夹角，从图 15-14（b）可以看出，线偏振光通过尼科耳棱镜后光强的变化遵守马吕斯定律。

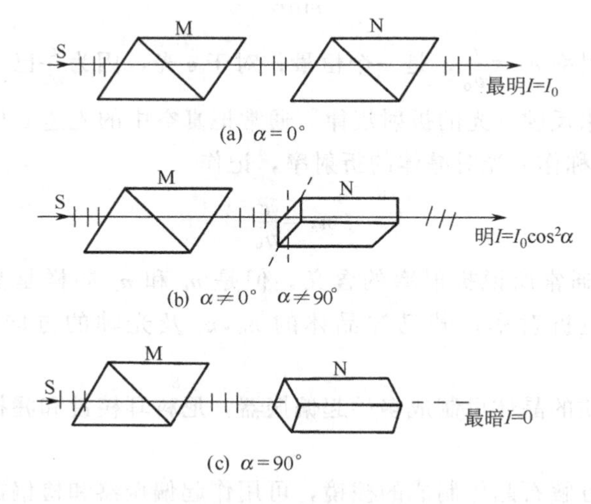

图 15-14　尼科耳棱镜的起偏振和检偏振作用

例 15-3　如图 15-15 所示，将方解石割成一个正三角形棱镜，其光轴与棱镜的棱边平行，也即与棱镜的正三角形横截面相垂直，有一束自然光入射于棱镜。为使棱镜内的 e 光折射线平行于棱镜的底边。

① 该入射光的入射角 i 应为多大？

② 试求 o 光从棱镜射出的方向，并画出 o 光的光路。已知 $n_e=1.49$，$n_o=1.66$。

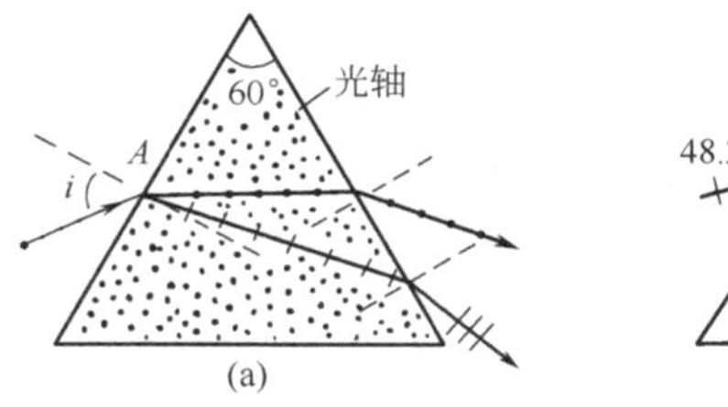

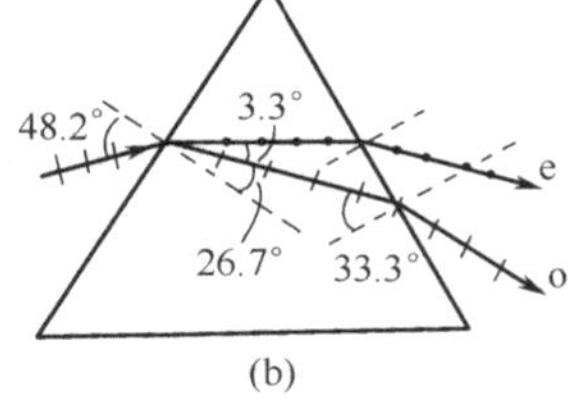

图 15-15　例 15-3

解：① 自然光在 A 点双折射分成 o 光与 e 光，对 e 光用折射定律：

$$1\times \sin i=n_e\sin 30°$$

得入射角

$$i=\arcsin\frac{n_e}{2}=48.2°=48°12'$$

② 设在 A 点处，o 光的折射角为 γ，对 o 光应用折射定律有

$$1\times \sin 48.2°=n_o\sin\gamma$$

得到光在 A 点处的折射角为

$$\gamma=\arcsin\frac{\sin 48.2°}{n_o}=26.7°=26°42'$$

由图（b）可求出 o 光射出棱镜时与界面法线的夹角 θ

$$1\times \sin\theta=1.66\sin 33.3°$$

所以

$$\theta=\arcsin(1.66\sin 33.3°)=65.7°=65°42'$$

第四节　椭圆偏振光

在简谐振动的合成中已经指出，两个同频率、互相垂直、有恒定周相差的简谐振动合成可能是简谐振动，也可能是椭圆运动或圆运动。若两个分振动的周相差 $\Delta\varphi=\pm k\pi$，合成运动仍为简谐振动，此时，振动方向和振幅由两个分振动的振幅决定；若两个分振动的周相差 $\Delta\varphi\neq k\pi$，合成运动一般是椭圆运动；若两个分振动的振幅相等而且周相差为 $\frac{\pi}{2}$ 时，合运动为圆运动。

若两个光矢量 $\boldsymbol{E}_1$ 与 $\boldsymbol{E}_2$ 具有相同频率，振动方向相互垂直，周相差恒定，且不等于 π 的整数倍，则合成光矢量的端点的轨迹也是椭圆或圆，这种合成光称为椭圆偏振光或圆偏振光。

自然光中互相垂直的光矢量来自不同的波列，它们之间没有恒定的周相差。在光线传播方向上，任意一点处的 o 光和 e 光的周相差均随时间作无规则的变化。自然光经双折射产生的 o 光和 e 光虽然频率相同，振动方向相互垂直，但是没有恒定的周相差。因此，用自然光双折射产生的 o 光与 e 光不能合成为椭圆偏振光或圆偏振光。

将线偏振光垂直射在光轴平行于晶体表面的各向异性的晶体上，折射光中的 o 光和 e 光是入射线偏振光光矢量的正交分解成分，它们在同一方向传播，且在传播方向上的任一点处有恒定的周相差，只要这个周相差不等于 $\pm k\pi$，合成光就可能是椭圆偏振光或圆偏振光。

在图 15-16 中，线偏振光垂直入射到晶体 C 上，z 是晶体的光轴，入射线偏振光分解成 o 光与 e 光，o 光与 e 光在同一方向传播，频率相同，振动方向垂直，有恒定的周相差，因为 o 光和 e 光经过晶体有不同的光程，光程差 $\delta=n_o d-n_e d$。所以，从晶体出来的 o 光与 e 光的周相差为

$$\Delta\varphi=\frac{2\pi}{\lambda}(n_o-n_e)d$$

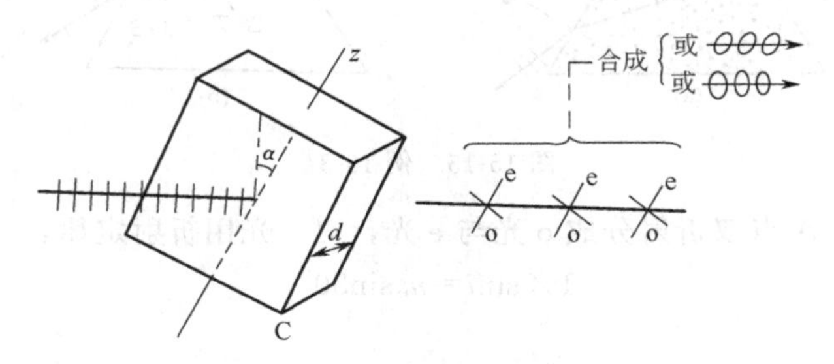

图 15-16　线偏振光的双折射现象

若$\frac{2\pi}{\lambda}(n_o-n_e)d\neq k\pi$，可以合成椭圆偏振光或圆偏振光。

常用$\frac{1}{4}$波片和$\frac{1}{2}$波片产生和检验这两种偏振光。

(1) $\frac{1}{4}$波片　若图 15-16 中晶体 C 的厚度满足

$$\delta=(n_o-n_e)d=\frac{\lambda}{4}$$

或

$$\Delta\varphi=\frac{2\pi}{\lambda}(n_o-n_e)d=\frac{\pi}{2}$$

并且有 $\alpha=\frac{\pi}{4}$，o 光和 e 光的振幅相等，透射光即为圆偏振光。此时的晶体 C 为$\frac{1}{4}$波片，应注意到$\frac{1}{4}$波片的厚度并非$\frac{\lambda}{4}$，而是

$$d=\frac{\lambda}{4(n_o-n_e)}$$

线偏振光通过$\frac{1}{4}$波片，可获得圆偏振光。用偏振片和$\frac{1}{4}$波片可从自然光获得圆偏振光；反之，用$\frac{1}{4}$波片可检验圆偏振光。

(2) $\frac{1}{2}$波片　若晶体 C 的厚度满足

$$\delta=(n_o-n_e)d=\frac{\lambda}{2}$$

或

$$\Delta\varphi=\frac{2\pi}{\lambda}(n_o-n_e)d=\pi$$

并且有 $\alpha=\frac{\pi}{4}$则透射光仍为线偏振光，但是透射线偏振光的偏振面转过$\frac{\pi}{2}$。因此，用$\frac{1}{2}$波片

可使线偏振光的振动面转过$\frac{\pi}{2}$。线偏振光垂直通过晶片后的偏振态由表 15-2 给出。

表 15-2　线偏振光垂直通过晶片后的偏振态

入射线偏振光偏振方向与波片光轴的夹角	晶片名称	通过晶片后的偏振态	入射线偏振光偏振方向与波片光轴的夹角	晶片名称	通过晶片后的偏振态
45°	$\frac{\lambda}{2}$片	转动$\frac{\pi}{2}$的线偏振光	任意角θ	$\frac{\lambda}{2}$片	转过2θ角的线偏振光
45°	$\frac{\lambda}{4}$片	圆偏振光	任意角θ	$\frac{\lambda}{4}$片	以光轴为长短轴的正椭圆偏振光

线偏振光垂直射在光轴平行于晶体表面的各向异性的晶片上时，透射光为互相垂直、同频率、有恒定周相差、在同一方向传播的两个线偏振光，这两束线偏振光不满足相干条件。这两束相互垂直的线偏振光再经过起偏振器，得到振动方向与起偏振器的偏振化方向相平行的两束透射光，它们是满足相干条件的。

图 15-17 中各光学元件的作用和各光线的性质由表 15-3 给出。

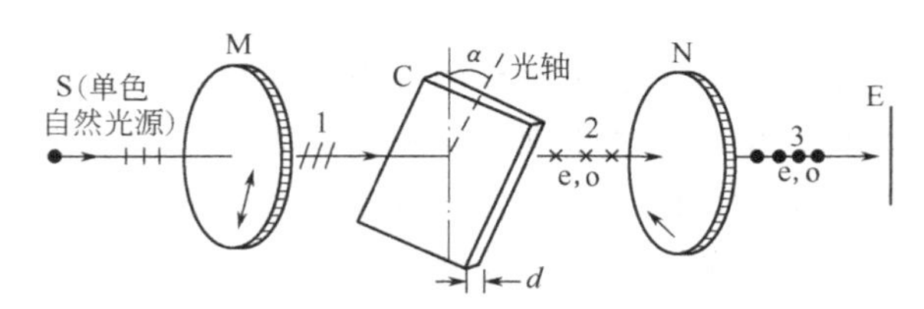

图 15-17　线偏振光的干涉

表 15-3　线偏振光干涉光路中元件的作用和各光线的性质

元件或光路符号	名 称 和 性 质	作　　用
元件 S	光源	发出单色自然光
元件 M	起偏振器	产生线偏振光
元件 C	双折射晶体，入射线偏振光的振动方向与光轴成α角，1 光垂直入射到 C	1 光经过 C 双折射为 2
2 光	都不在纸面内振动、互相垂直、同频率、由晶片厚度产生的有恒定周相差的两束同方向传播的线偏振光	两光不能相干，但可能合成为在另外方向振动的线偏振光、椭圆偏振光或圆偏振光
元件 N	起偏振器	2 光经过 N，成为振动方向相同，频率相同，有恒定周相差的 3 光
3 光	同振动方向、同频率、有恒定周相差的相干光	
元件 E	屏幕	观察用

1 光进入 C 后分成 o 光和 e 光，两光对晶体的折射率不同，所以 2 光和 3 光有光程差

$$\delta=n_o d-n_e d$$

或周相差

$$\Delta\varphi=\frac{2\pi}{\lambda}(n_o-n_e)d$$

因为 2 光中两光的振动光矢量$\boldsymbol{E}_o$与$\boldsymbol{E}_e$经 N 正交分解后，垂直纸面的两个振动光矢量$\boldsymbol{E}_{3o}$与

$\boldsymbol{E}_{3e}$的方向恒相反。所以，相干光 3 除由厚度引起的周相差外，还有附加周相差 π。如图 15-18所示。相干光 3 的周相差应为

$$\Delta\varphi=\frac{2\pi}{\lambda}(n_o-n_e)d+\pi$$

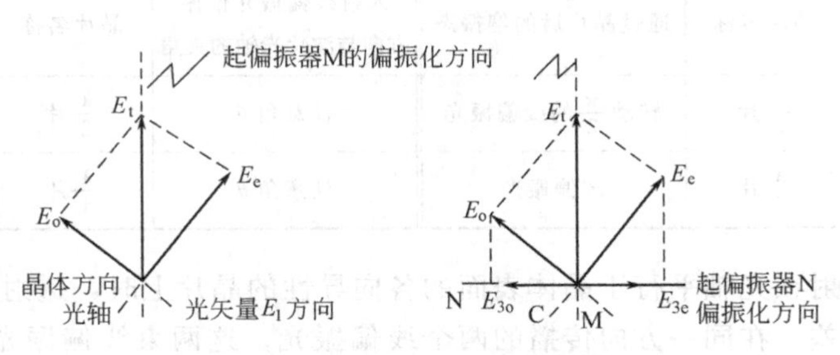

图 15-18　相干线偏振光的附加周相差 π

按相干相长和相干相消条件，得

$$\Delta\varphi=\frac{2\pi}{\lambda}(n_o-n_e)d+\pi=\pm\begin{cases}2k\pi, & k=1,2,3\cdots \quad (\text{明视场})\\(2k+1)\pi, & k=1,2,3\cdots \quad (\text{暗视场})\end{cases} \tag{15-3}$$

若晶片的厚度是均匀的，屏幕上的干涉场中只出现均匀的明区和暗区，不出现条纹型的干涉；若晶片的厚度不均匀，屏幕上能出现明暗相间的等厚干涉条纹。

线偏振光通过某些透明的物质时，线偏振光的偏振方向会转过一个角度，此现象称为旋光现象。旋光现象有左旋和右旋两种。实验指出，偏振方向转过的角度与旋光性物质的性质、经过的厚度、旋光物质的浓度以及入射线偏振光的波长有关。测定糖溶液浓度的糖量计就是根据旋光现象设计的仪器。

从以上讨论可知，光有四种状态：自然光、线偏振光、部分偏振光、椭圆偏振光或圆偏振光。一般用眼睛不能区分它们，用偏振片和$\frac{1}{4}$波片则可以方便地区分它们，方法如下（见图 15-19）：

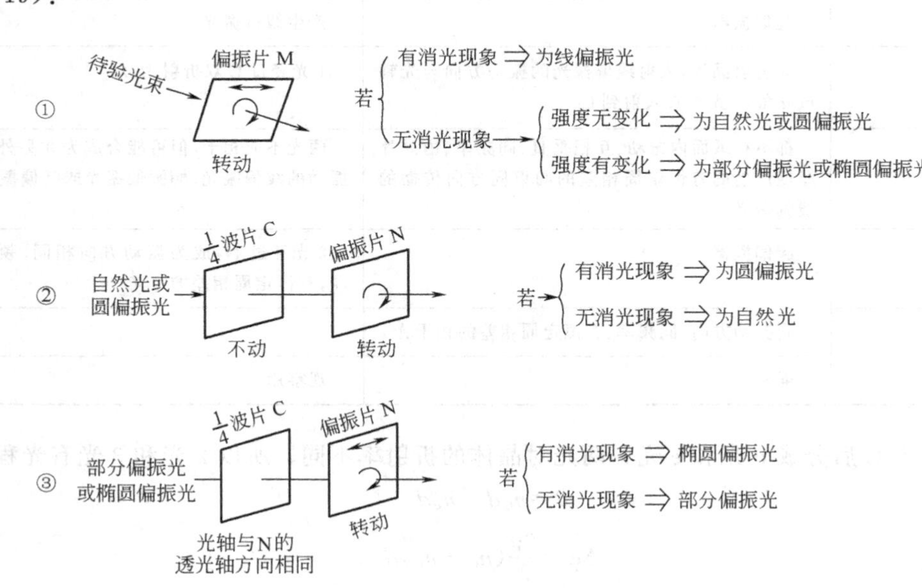

图 15-19　偏振光的检验法

习　　题

1. 已知玻璃和水的折射率分别为 1.52 和 1.33，求光在玻璃和水的分界面上反射时的起偏振角。

2. 利用布儒斯特定律，可以测定不透明电介质的折射率，今测得某一电介质的起偏振角为 57°。试求这一电介质的折射率。

3. 一束光以起偏振角 i_0 入射到平板玻璃的上表面。试证明光在玻璃的下表面的反射光也为偏振光。

4. 自然光通过主截面相交成 60°角的两个尼科耳棱镜时，如果每个尼科耳棱镜吸收了 10% 的光线。试求透射光强度与原来入射光强度之比。

5. 自然光入射到放在一起的两个偏振器上。

① 如果透射光的强度为最大透射光强度的 1/3，试问两偏振器的主截面相交的角度是多大？

② 如果透射光的强度为入射光强度的 1/3，两偏振器的主截面相交的夹角又为多大（设偏振器是理想的，即通过偏振器后的偏振光恰好为入射的非偏振光强度的一半）？

6. ①自然光投射到两片偏振片上，这两片偏振片的取向使得光不能透过，如果把第三片偏振片放在这两片偏振片之间，是否可以有光通过？

② 一束自然光入射到由四片偏振片构成的偏振片组上，每片偏振片的偏振化方向相对于前面一片的偏振化方向沿顺时针方向转过 30°角。试问通过偏振片组后的光强是入射光强的百分之几？

7. 一光束是自然光和平面偏振光的混合，当它通过一偏振片时，发现透射光的强度取决于偏振片的取向，且可以变化 5 倍。求入射光束中两种光的强度各占总入射光强度的几分之几。

8. 如图 15-20 所示，一束自然光入射到一方解石晶体（$n_o=1.658$，$n_e=1.486$）上，其光轴方向垂直于纸面。

① 如果晶体的厚度 $t=1.0\text{cm}$，自然光的入射角 $i=45°$。求两透射光束之间的垂直距离。

② 画出两透射光中的振动方向，哪一束是寻常光？哪一束是非常光？

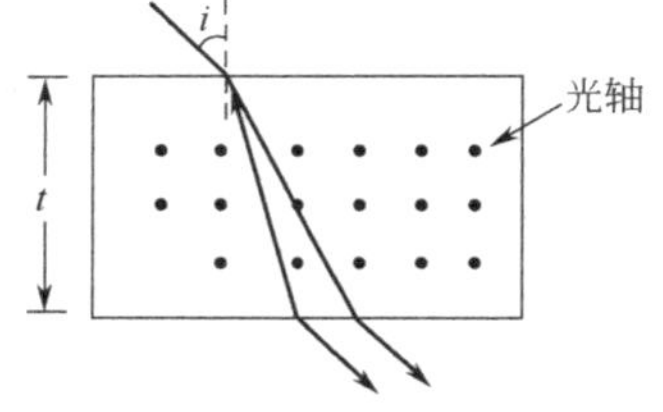

图 15-20　习题 8 图

9. 要把方解石对钠光（$\lambda=589.3\text{nm}$）做成 1/4 波片，其最小厚度应为多少（当光波垂直于晶片传播时，其折射率分别为 $n_o=1.658$ 和 $n_e=1.486$）。

10. 波长为 525.0nm 的平面偏振光，正入射于纤维锌矿晶体上（该晶体经过切割使其表面与光轴平行），如果透过晶体的 o 光和 e 光合成后，可以形成平面偏振光。试问晶体的最小厚度应为多少（已知纤维矿晶体的 $n_o=2.356$，$n_e=2.378$）？

第十六章 相对论简介

本章从力学相对性原理出发，先介绍以太假设和迈克耳逊-莫雷实验，再介绍爱因斯坦狭义相对论的基本假设，重点讨论狭义相对论提出的背景、狭义相对论的内容和狭义相对论的力学公式。

第一节 经典时空观

一、力学相对性原理

一艘密闭的大船，平稳地在海洋中匀速航行，在船内做任何力学实验（例如抛体、单摆等），其结果都与船静止不动时的实验相同。这一实验事实可表述为“力学现象对一切惯性系统来说，都遵从相同的规律。”这个结论称为力学相对性原理或伽利略相对性原理。力学相对性原理也可表达为：“在研究力学规律时，一切惯性系都是等价的。”力学相对性原理是由实验总结出来的规律，也是真理的客观性要求，所以也是高度的哲学原理。

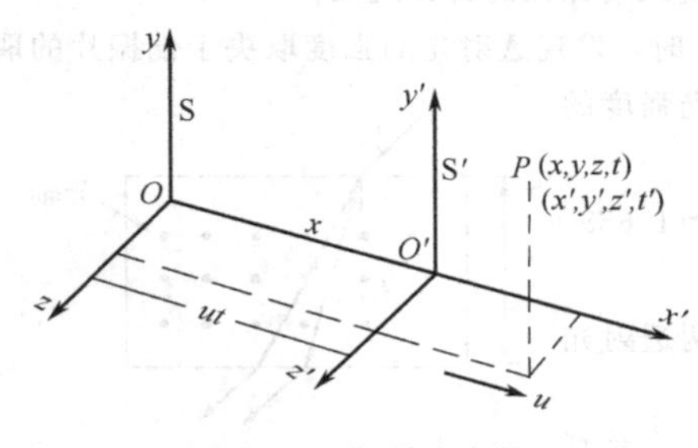

图 16-1 伽利略变换

二、伽利略变换

伽利略变换是作匀速直线相对运动的两惯性坐标系之间的坐标变换。

如图 16-1 所示，设惯性坐标系 S 和 S′作匀速直线相对运动，两坐标系间的相对速度 u 沿 Ox 轴，开始时（$t=0$）两坐标系重合，$\boldsymbol{r}$ 和 $\boldsymbol{r}'$ 分别是运动质点 P 在 S 和 S′坐标系中的位矢，t 时刻，两个坐标系中的观察者观测到质点的位矢 $\boldsymbol{r}$ 与 $\boldsymbol{r}'$ 间关系为

$$\boldsymbol{r}=\boldsymbol{r}'+\boldsymbol{u}t' \text{ 或 } \boldsymbol{r}'=\boldsymbol{r}-\boldsymbol{u}t \tag{16-1}$$

在上式中的坐标系变化，这是读者司空见惯的，但这里却隐含着经典时空假定和经典时空观点。用这个假定，式（16-1）可写为

$$\begin{cases}x=x'+ut'\\y=y'\\z=z'\\t=t'\end{cases} \quad \text{或} \quad \begin{cases}x'=x-ut\\y'=y\\z'=z\\t'=t\end{cases} \tag{16-2}$$

式（16-2）称为伽利略变换。

由伽利略坐标变换式容易得到经典的速度变换式

$$\begin{cases}v_x=v'_x+u\\v_y=v'_y\\v_z=v'_z\end{cases} \quad \text{或} \quad \begin{cases}v'_x=v_x-u\\v'_y=v_y\\v'_z=v_z\end{cases}$$

三、经典时空观

伽利略变换中隐含着 $t=t'$ 这个基本假设，由此得到

$$\Delta t'=\Delta t \tag{16-3}$$

和 $$\Delta \boldsymbol{r}' = \Delta \boldsymbol{r} \tag{16-4}$$

式（16-3）表示无论从哪一个惯性系测量时间间隔，即事件发生的时间间隔，得到的结果都相同，也即任何事件经历的时间都有绝对不变的数值，而与参照坐标或观察者的相对运动无关。式（16-4）表示无论从哪一个惯性系测量空间的两点距离，得到的结果都相同，也即任何空间距离都有绝对不变的数值，而与参照坐标或观察者的相对运动无关。这就是经典的时空观。牛顿说过："绝对的真实的数学时间，就其本质而言，是永远均匀地流逝着，与任何外界事物无关。""绝对空间就其本质而言，是与任何外界事物无关的，它从不运动，并且永远不变。"式（16-3）和式（16-4）是经典时空观的数学表达，经典时空观可表述为："时间与空间是彼此独立、互不相关，并且独立于物质和运动之外的东西。"经典时空观也称为绝对时空观。

第二节　伽利略变换和伽利略相对性原理

牛顿力学定律在伽利略变换下满足相对性原理

由式（16-2）可得加速度变换式为

$$\begin{cases} a_x = a'_x \\ a_y = a'_y \\ a_z = a'_z \end{cases} \quad 或 \quad \begin{cases} a'_x = a_x \\ a'_y = a_y \\ a'_z = a_z \end{cases}$$

即 $$\boldsymbol{a} = \boldsymbol{a}' \tag{16-5}$$

如果在不同坐标 S 和 S$'$中研究质点 P 的受力情况和运动状态，即研究质点 P 遵守的牛顿运动定律，有 $$\boldsymbol{f} = m\boldsymbol{a}$$

及 $$\boldsymbol{f}' = m\boldsymbol{a}'$$

将式（16-5）代入上面式子中，得到

$$\boldsymbol{f} = \boldsymbol{f}' \tag{16-6}$$

式（16-6）表明，牛顿定律在伽利略变换下保持不变，满足相对性原理要求。

第三节　伽利略变换遇到的困难

一、光速在伽利略变换下不是不变的——传光问题的疑难

光速在伽利略变换下是变化的，把伽利略变换用在传光问题上产生了许多疑难，下面举两个容易接受的例子。

（1）一件不可能的事　图 16-2 中 A 和 B 两人传递一只红色小球，上图球尚未抛出，下图球开始抛出。

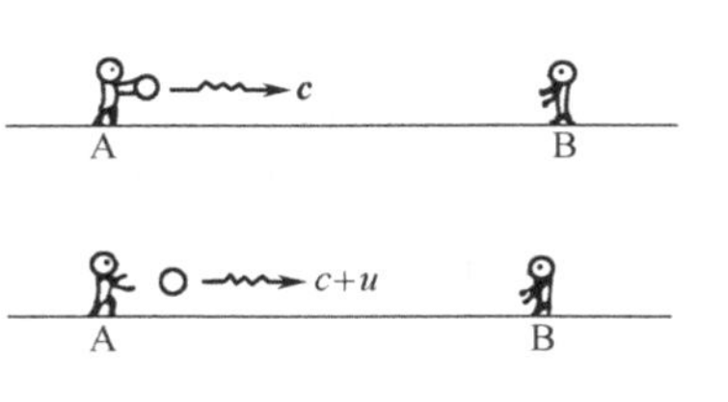

图 16-2　传球时的疑难

按伽利略变换，球与 B 相对静止时，从球发出的红光以速度 $\boldsymbol{c}$ 向 B 传递；球从 A 手中抛出后，从球发出的红光以速度 $\boldsymbol{c}+\boldsymbol{u}$ 向 B 传递，球抛出后，光从 A 传到 B 所花时间比球未抛出时光从 A 传到 B 所花传递时间短，按伽利略变换，得到的结果应该是先看见抛球动作然后看到 A 手里持着静止的球，即事物的先后顺序发生颠倒，这个现象至今没有被观察到。

（2）超新星爆发的疑难　1054 年 5 月至 1056 年 5 月，爆发了一颗著名的超新星，其残骸成为著名的金牛星座中的蟹状星云。超新星爆发历经 22 个月。开始很亮，白天也能看到，

然后逐渐转暗，直至肉眼不能见到。

在图 16-3 中，左边是爆发的超新星，右边是地球上的观察者（E），超新星与地球的距离为 L。A 和 B 是超新星爆发时向外射出的碎块，A 以速度 $\boldsymbol{u}$ 射向地球，B 向 $\boldsymbol{u}$ 的垂直方向射出。若用伽利略变换，A 块发光传到地球的时间 t_A 与 B 块发光传到地球的时间 t_B 应分别为

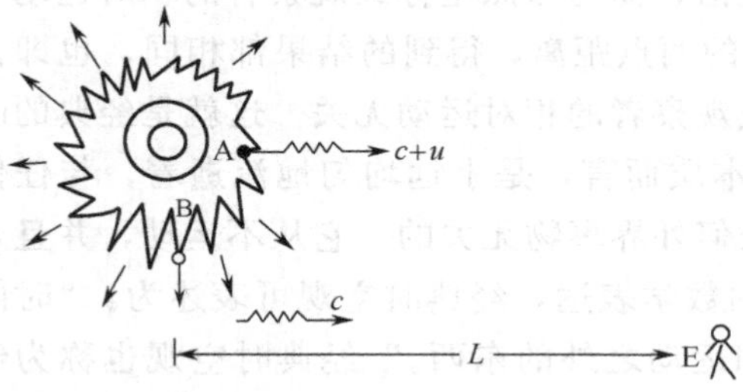

$$t_A=\frac{L}{c+u},\ t_B=\frac{L}{c}$$

A，B 碎块发光到地球的时间先后相差为

$$\Delta t=t_B-t_A\approx 25\ 年$$

图 16-3 超新星爆发时的疑难

即地球上观察者至少在 25 年内可以见到超新星爆发时的强光，然而，历史记录是岁余即没（22 个月）。这是伽利略变换用于传光问题的又一疑难。

二、麦克斯韦方程组在伽利略变换下不是不变

麦克斯韦方程组：

$$\varepsilon_0\oint_s \boldsymbol{E}\cdot \mathrm{d}\boldsymbol{S}=q,\ \oint_l \boldsymbol{E}\cdot \mathrm{d}\boldsymbol{l}=-\frac{\mathrm{d}\Phi_m}{\mathrm{d}t}$$

$$\oint_s \boldsymbol{B}\cdot \mathrm{d}\boldsymbol{S}=0,\ \oint_l \boldsymbol{B}\cdot \mathrm{d}\boldsymbol{l}=\mu_0\varepsilon_0\frac{\mathrm{d}\Phi_e}{\mathrm{d}t}+\mu_0\sum I$$

式中，Φ_m 是 $\boldsymbol{B}$ 通量；Φ_e 是 $\boldsymbol{E}$ 通量。

麦克斯韦认为，振动电荷在空间产生交变的电磁场，交变电磁场在空间传播，形成电磁波。常数 $\frac{1}{\sqrt{\mu_0\varepsilon_0}}$ 记作 c，即

$$c=\frac{1}{\sqrt{\mu_0\varepsilon_0}}$$

是平面电磁波在真空中传播的速度，也即光速。

按伽利略变换，对不同惯性系里的观察者而言，速度 c 是不可能相同的。所以，对不同惯性系里的观察者来说，麦克斯韦方程组不具备不变性。由此得到，伽利略相对性原理适合力学的牛顿定律，但不适合电磁学的麦克斯韦定律。

第四节 迈克耳逊-莫雷实验

一、以太假说

19 世纪的物理学家认为光是一种与弹性波完全相仿的波动，需要一种弹性媒质来传播。他们设想有一种绝对静止的弹性媒质充满宇宙，并且能渗在一切物体中，这种特殊的物质称为宇宙以太或以太（ether）。光的电磁理论得到发展后，电磁性性质的以太又代替了光的弹性波理论中的力学以太。但是，仍把以太看作充满宇宙的绝对静止的媒质。为了证实以太的存在，人们设计了许多实验来研究以太，但是实验的结果彼此矛盾，不能用以太假说统一解释。突出的实验是迈克耳逊-莫雷实验。

二、迈克耳逊-莫雷实验

1. 实验的设计思想

若以太是绝对静止的，相对以太的光速为 $\boldsymbol{c}$，则当接受光信号的观察者以一定的速度相对以太运动时，光相对于观察者的速度在不同方向应是不同，若能测出这种差异，就证实了以太假说。

2. 实验方法

迈克耳逊和莫雷用迈克耳逊干涉仪从事光的干涉实验研究以太。图 16-4 是实验示意图。实验装置可绕垂直于纸面的轴线转动，实验时保持 $PM_1=PM_2=L$ 固定不变，设地球相对于以太自左向右运动，相对速度为 $\boldsymbol{u}$。当装置处于图示位置时，PM_1 与 $\boldsymbol{u}$ 平行，光束(1)在 P、M_1 间来回所经路线也平行于 $\boldsymbol{u}$。根据伽利略变换，知光束(1)在 P、M_1 间来回所经时间 t_1 为去时时间 t_1' 与回时时间 t_1'' 之和

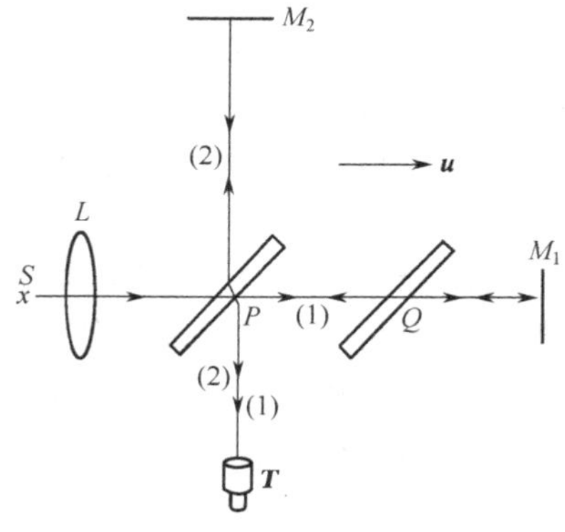

图 16-4　迈克耳逊-莫雷实验示意图

$$t_1=t_1'+t_1''=\frac{L}{c+u}+\frac{L}{c-u}=\frac{\dfrac{2L}{c}}{\left(1-\dfrac{u^2}{c^2}\right)}$$

此时光束（2）在 P,M_2 间来回所经路线与 $\boldsymbol{u}$ 垂直，光束（2）在 P,M_2 间来回所需时间 t_2，可用图 16-5 求得。光束（2）在 P,M_2 间来回的路径相对绝对静止的以太实际上是等腰三角形 $PM_2'P''$ 的两腰长度 PM_2' 和 $M_2'P''$ 之和。在 $\Delta M_2'PP'$ 中有

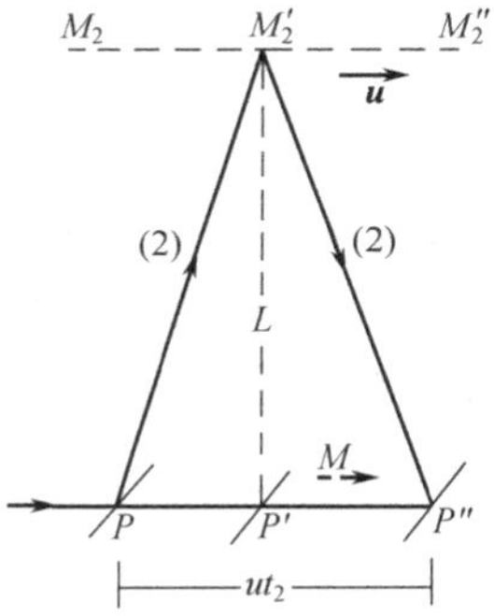

$$\left(\frac{ct_2}{2}\right)^2=\left[L^2+\left(\frac{ut_2}{2}\right)^2\right]$$

解得

$$t_2=\frac{\dfrac{2L}{c}}{\left(1-\dfrac{u^2}{c^2}\right)^{\frac{1}{2}}}$$

图 16-5　计算时差图

因此，两光速传播的时差为

$$\Delta t=t_1-t_2\approx\frac{Lu^2}{c^3}$$

当装置转过 $\frac{\pi}{2}$ 后，光束（2）与 $\boldsymbol{u}$ 平行，光束（1）与 $\boldsymbol{u}$ 垂直，同上理由，可得两光束的时差为

$$\Delta t'=-\frac{Lu^2}{c^3}$$

所以在转动 $\frac{\pi}{2}$ 的过程中，两束光的光程差为

$$\delta=c(\Delta t-\Delta t')$$

相应移过的干涉条纹数为

$$\Delta N=\frac{\delta}{\lambda}=\frac{2Lu^2}{\lambda c^2}$$

即如果存在绝对静止的以太，则当迈克耳逊干涉仪转过 $\frac{\pi}{2}$ 时，在观察镜中应该观察到 ΔN 条

条纹移动，迈克耳逊和莫雷在 1887 年做实验时使光束来回八次，取 $L=10\mathrm{m}$，波长 $\lambda=500\mathrm{nm}$，地球公转速率 $u_{地}=3\times10^4\mathrm{m/s}$，光速 $c=3\times10^8\mathrm{m/s}$，将这些数据代入 ΔN 中去，得 $\Delta N=0.4$，这已在仪器精度（0.01）范围内，所以应该观察到 0.4 条条纹的移动。但是在不同的地理条件，不同的时刻、不同的季节多次进行实验，都始终没有观察到条纹的移动。迈克耳逊-莫雷实验得到的结果称作负结果或零结果。

3. 实验的意义

为解释迈克耳逊-莫雷实验的零结果，引起过广泛而热烈的争论，许多科学家曾提出多种假说，但是所有的假说都会引起新的矛盾而不能成立。

爱因斯坦从他专心于时间本质的考虑出发，在那些企图寻求以太实验的负结果启发下，提出一条新的科学假设——光速不变原理。这条假设和爱因斯坦的另一条假设——相对性原理构成了狭义相对论的基础。

第五节　爱因斯坦假设

虽然许多科学家提出过多种假设来解释迈克耳逊-莫雷实验的结果，但是很少有人怀疑伽利略变换的正确性，即很少有人怀疑经典时空观。爱因斯坦扬弃了以太假说，用新的时空观指出与伽利略变换相联系的经典时空观的局限性，在大量实验事实的基础上，提出了两条基本假设。

（1）相对性原理　物理学定律在所有惯性系中都是相同的。（这是真理的客观性所要求）

（2）光速不变原理　在所有惯性系中，自由空间光的速率具有相同的值 c。（这被迈克耳逊-莫雷实验高精度地证明了）

一、洛伦兹变换

光速不变原理与伽利略变换之间的矛盾是不可调和的，爱因斯坦从两条基本假设出发，导出能正确反映物理定律的变换式。在此以前，荷兰物理学家洛伦兹在研究运动媒质中的电动力学时，在承认以太的前提下，也提出过一套变换式，麦克斯韦方程组在这套变换下不变，所以把这套坐标变换式称为洛伦兹-爱因斯坦变换，简称为洛伦兹变换。

对于图 16-1 表示的两个相对运动的惯性系 S 和 S′，洛伦兹变换为

$$\begin{cases} x'=\dfrac{x-ut}{\sqrt{1-\left(\dfrac{u}{c}\right)^2}} \\ y'=y \\ z'=z \\ t'=\dfrac{t-\dfrac{u}{c^2}x}{\sqrt{1-\left(\dfrac{u}{c}\right)^2}} \end{cases} \quad 和 \quad \begin{cases} x=\dfrac{x'+ut'}{\sqrt{1-\left(\dfrac{u}{c}\right)^2}} \\ y=y' \\ z=z' \\ t=\dfrac{t'+\dfrac{u}{c^2}x'}{\sqrt{1-\left(\dfrac{u}{c}\right)^2}} \end{cases} \tag{16-7}$$

如引入

$$\beta=\frac{u}{c}<1$$

和

$$\gamma=\frac{1}{\sqrt{1-\beta^2}}>1$$

洛伦兹变换可写作

$$\begin{cases}x'=\gamma(x-ut)\\y'=y\\z'=z\\t'=\gamma\left(t-\dfrac{ux}{c^2}\right)\end{cases}\quad 和 \quad\begin{cases}x=\gamma(x'+ut')\\y=y'\\z=z'\\t=\gamma\left(t'+\dfrac{ux'}{c^2}\right)\end{cases}\tag{16-8}$$

从式（16-7）或式（16-8）可见，t'是t和x的函数，t是t'和x'的函数，即t和t'不再是与空间坐标无关的绝对时间。由此可见，时间的测量将由于选择的惯性系不同而异。而$\Delta r'$也与Δr不相等，即空间间隔的测量也将由于选择的惯性系不同而异。这是与经典时空观点完全不同的。

二、低速下的洛伦兹变换

在低速时，$u \ll c$，$\beta \to 0$，$\gamma \to 1$，式（16-7）和式（16-8）变为伽利略变换，即

$$\begin{cases}x'=x-ut\\y'=y\\z'=z\\t'=t\end{cases}\quad 和 \quad\begin{cases}x=x'+ut'\\y=y'\\z=z'\\t=t'\end{cases}$$

三、变换和时空观

伽利略认为时空与运动无关，时空分裂，这是机械论的时空观。爱因斯坦提出时空相关联，且与运动相关联，这是辩证的时空观。伽利略变换中隐含经典时空观，洛伦兹变换中隐含相对论时空观，用洛伦兹变换可得到相对论的一些时空关系，如长度收缩、时间膨胀和同时性的相对性等。

第六节　相对论时空观

一、空间间隔的相对性——长度收缩

在图16-1中，沿x,x'轴将一根刚性棒放置在S′系中，随S′运动，S′系中的观察者测得棒两端的坐标为x_1'和x_2'，可知棒长$L'=x_2'-x_1'$。S系中的观察者在同一时刻（$t_1=t_2$）测得棒两端的坐标为x_1和x_2，可知棒长$L=x_2-x_1$。由洛伦兹变换式（16-8），有

$$x_1'=\gamma(x_1-ut_1),\quad x_2'=\gamma(x_2-ut_2)$$

$$x_2'-x_1'=\gamma(x_2-x_1)-\gamma u(t_2-t_1)$$

而　$t_1=t_2$，则

$$L'=\gamma L$$

即

$$L=\sqrt{1-\beta^2}L'\tag{16-9}$$

式中，L为视长，L'为本征长（固有长度）。

由此可知，观察者将测得运动参照系中的物体在运动方向上以因子$\sqrt{1-\beta^2}$而缩短，即与测量物体相对静止的坐标系中测得的物体长度（L'）最长。与测量物体相对运动的坐标系测得的物体长度（L）短了，这叫做长度收缩。

二、时间间隔的相对性——时间膨胀

在S′系中x'处放一只钟，把钟上两次报时看作两个事件，其时空坐标分别为（x',t_1'）和（x',t_2'），时间间隔为$\Delta t'=t_2'-t_1'$。这是与钟相对静止的惯性系中测得的时间间隔，称为固有时，用τ_0表示。

这两个事件在S系中观察，$t_1=\gamma\left(t_1'+\dfrac{ux'}{c^2}\right)$，$t_2=\gamma\left(t_2'+\dfrac{ux'}{c^2}\right)$，所以$\Delta t=t_2-t_1=$

$\gamma(t_2'-t_1')$。这是与钟有相对运动的惯性系中测得的时间间隔，称为运动时，用 τ 表示，则有

$$\tau=\frac{\tau_0}{\sqrt{1-\beta^2}} \tag{16-10}$$

$\tau>\tau_0$，由此可知，观察者将发现运动参照系中的时间以因子 γ 而膨胀，这叫做时间膨胀，即与测量物体相对运动的坐标系中测得的时钟变慢了，与测量物体相对静止的坐标系中测得的时间最短。

长度收缩和时间膨胀都完全由于相对论时空观而引起，而与物体的构造、测量的技术、钟表的结构等均无关系。并且不仅对时钟如此，对一切生长变化的进程也如此。

三、同时性的相对性

设在 S 系中，A,B 两件事分别在 t_A,t_B 时刻发生于 x_A,x_B 两点。据洛伦兹变换，得到自 S′系观察到 A,B 两件事发生的时间间隔为

$$\begin{aligned}\Delta t'=t_B'-t_A'&=\gamma\left(t_B-\frac{u}{c^2}x_B\right)-\gamma\left(t_A-\frac{u}{c^2}x_A\right)\\&=\gamma(t_B-t_A)-\frac{\gamma u}{c^2}(x_B-x_A)\end{aligned} \tag{16-11}$$

(1) 由式（16-11）可知，若 A,B 两件事在 S 系中不同地点($x_B-x_A\neq0$)同时($t_B=t_A$)发生，S′系中的观察结果就不会同时($t_B'-t_A'\neq0$)。

(2) 若 A,B 两件事在 S 系中不同地点($x_B-x_A\neq0$)不同时($t_B-t_A\neq0$)发生，S′系中的观察结果可能会同时(可能 $t_B'-t_A'=0$)。

第七节　相对论动力学基础

一、相对论中的质量和动量

经典力学定义动量 $\boldsymbol{p}=m\boldsymbol{u}$，式中质量 m 为不随速度改变的恒量。在相对论中，保留动量的定义，但引入

$$m=\frac{m_0}{\sqrt{1-\left(\frac{u}{c}\right)^2}}=\gamma m_0 \tag{16-12}$$

式中，u 为物体运动的速度；m 为物体以速度 u 运动时的质量；m_0 称为物体静止时的质量（静质量）。于是得到动量为

$$\boldsymbol{p}=m\boldsymbol{u}=\frac{m_0\boldsymbol{u}}{\sqrt{1-\frac{u^2}{c^2}}},\ \boldsymbol{F}=\frac{\mathrm{d}\boldsymbol{p}}{\mathrm{d}t} \tag{16-13}$$

这样的运动定律在洛伦兹变换下不变。

二、相对论中的能量

由动能定理，有

$$\mathrm{d}E_k=\boldsymbol{F}\cdot\mathbf{ds}=\boldsymbol{F}\cdot\boldsymbol{u}\mathrm{d}t=\boldsymbol{u}\cdot(\boldsymbol{F}\mathrm{d}t)=\boldsymbol{u}\cdot\mathrm{d}(m\boldsymbol{u})$$

$$\begin{aligned}E_k&=\int\mathrm{d}E=\int_0^u u\mathrm{d}(mu)=\int_0^u u\mathrm{d}\left[\frac{m_0u}{\sqrt{1-\frac{u^2}{c^2}}}\right]\\&=m_0c^2(\gamma-1)=mc^2-m_0c^2\end{aligned} \tag{16-14}$$

式中，E_k 为物体的动能；m_0c^2 为静能；mc^2 为总能量。

三、相对论中的质能关系

$E=mc^2$ 表明，物体的质量与能量间有密切关系。若物体的质量 m 发生 Δm 的改变，则物体的能量也一定有相应的变化：

$$\Delta E=\Delta(mc^2)=c^2\Delta m \tag{16-15}$$

反之，若物体的能量改变了 ΔE，则物体的质量 m 也一定有相应的变化 Δm。

四、相对论的能量和动量关系（标量形式）

$$p=mv=\frac{m_0 v}{\sqrt{1-\frac{v^2}{c^2}}},\qquad E=mc^2=\frac{m_0 c^2}{\sqrt{1-\frac{v^2}{c^2}}}$$

从以上两式中消去 v，得到 p 与 E 的关系

$$E^2=m_0^2c^4+p^2c^2=E_0^2+p^2c^2 \tag{16-16}$$

在经典力学中一个质点的动量 p 与其动能 E_k 的关系为

$$E_k=\frac{1}{2m}p^2$$

第八节　检验相对论的一些实验证据

自 1905 年狭义相对论提出以来，为检验相对论的假设和证实相对论的预言，出现了许多新的实验方法和测试手段。狭义相对论是在大量实验事实和前人智慧的基础上提出的革命性建议，给物理学面临的困惑提供了一个圆满的解答。只有了解 1905 年以前和以后的关系着相对论的实验，才能真正认识相对论。

一、飞行 μ 介子的寿命增长（时间膨胀）

按相对论时间膨胀效应，高速运动着的 μ 介子的衰变寿命 τ 应该比静止的 μ 介子的寿命 τ_0（称为固有寿命）长，即

$$\tau=\gamma\tau_0 \tag{16-17}$$

实验室测得 $\tau_0=2.2\times10^{-6}\text{s}$，宇宙射线中的 μ 介子发自高空大气层（约 10～20km）。一部分 μ 介子能到达海平面，即在 10～20km 路程中这些介子尚未衰变，这些 μ 介子的平均自由路程为 10～20km。但是，如果假定这些 μ 介子的平均寿命还是 τ_0，即使 μ 介子用光子的速度从高空射向地面，也只能走 $c\tau_0=660\text{m}$ 距离，这是与 μ 介子能射到海平面的事实矛盾的。若应用式（16-17），高速运动的 μ 介子的寿命为 $\gamma\tau_0$，μ 介子自高空射向地球的平均自由程就可能是数千米或数十千米。

二、质量随速度变化

考夫曼在测定镭发出的 β 射线的荷质比 $\frac{e}{m}$ 时，就发现电子的荷质比与速度有关的事实。从式（16-12）可知，速度越大，m 就越大。当 $u\to c$ 时，$\gamma\to\infty$，$m\to\infty$。这时，无论对物体施加多大的力，再也不可能使它的速度增加了。所以一切运动物体的速度都不可能超过光速。读者应注意这里说的是物体，而不是其他，例如图 16-6 中的棒与 x 轴的交点的速度是可以超过光速的。图 16-6 中一斜放的棒与 x 轴成 θ 角，用速度 v 沿 y 轴平动，棒与 x 轴的交点（不是一个物体）沿负 x 轴用速度 u 运动，$u=v\cot\theta$。如果 $\theta=30°$，棒速 $v=\frac{2}{3}c$，则 $u=1.15c>c$，这与“运动物体的速度不能超过光速”的结论并不

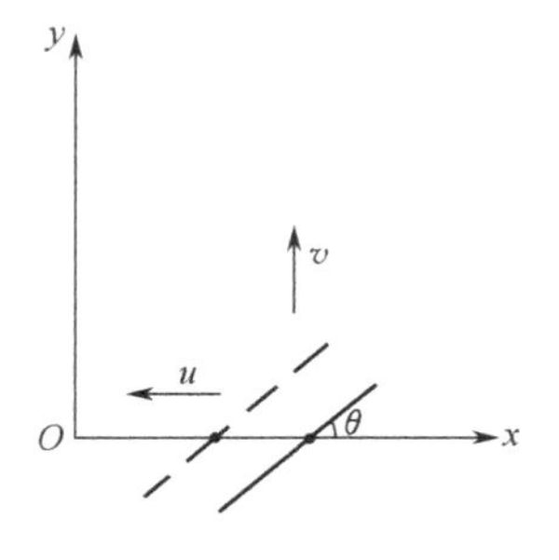

图 16-6　超光速问题

矛盾。

还要注意不能超光速是指运动物体的速度不能超过真空中的光速 $c\approx3\times10^{10}\ \mathrm{m/s}$。粒子在真空中的速度能超过光在介质中的速度，因为光在介质中的速度为 $u=\frac{c}{n}$，比在真空中传播的速度小。

三、质能关系

质能关系是相对论中的一个很重要的结论。在日常生活中因能量改变（ΔE）的数量级较小，由

$$\Delta m=\frac{\Delta E}{c^2}$$

得到的质量改变也较小，不易察觉。例如燃烧100万吨煤放出 $3.3\times10^{16}\ \mathrm{J}$ 的能量，质量变化也只有

$$\Delta m=\frac{\Delta E}{c^2}=0.37\ \mathrm{kg}$$

在原子核物理里，核能的释放和应用，是相对论质能关系的一个重要实验证据。

原子核由中子与质子结合而成，设原子核 ${}_Z^AX$ 的质量为 m_x，中子的质量为 m_n，质子的质量为 m_p，则理论上应有

$$m_x=Zm_\mathrm{p}+(A-Z)m_\mathrm{n}$$

但实际上，由于相对论的质能关系，存在质量亏损

$$\Delta m=[Zm_\mathrm{p}+(A-Z)m_\mathrm{n}]-m_x$$

实验已经测出核子结合成核时的质量亏损。相应的能量为

$$\Delta E=\{[Zm_\mathrm{p}+(A-Z)m_\mathrm{n}]-m_x\}c^2$$

称为原子核的结合能。

利用核能直接把自由态的核子结合成核尚未能成现实。两个轻核聚合成一个较重的原子核，或一个重核分裂成两个质量相近的中等的核时，都有质量亏损 Δm，放出能量 ΔE，所以，用轻核聚合或重核分裂是利用核能的一种可取的方法。

例 16-1 S系和S′系中的观察者观测到一质点 P 在某瞬时的速度各为 $v(v_x,v_y,v_z)$ 和 $v'(v'_x,v'_y,v'_z)$。求速度变换式。

解： 由速度定义，有

$$\begin{cases}v_x=\dfrac{\mathrm{d}x}{\mathrm{d}t},\ v_y=\dfrac{\mathrm{d}y}{\mathrm{d}t},\ v_z=\dfrac{\mathrm{d}z}{\mathrm{d}t}\\ v'_x=\dfrac{\mathrm{d}x'}{\mathrm{d}t'},\ v'_y=\dfrac{\mathrm{d}y'}{\mathrm{d}t'},\ v'_z=\dfrac{\mathrm{d}z'}{\mathrm{d}t'}\end{cases} \quad ⓐ$$

应用洛伦兹变换，得到

$$\begin{cases}\mathrm{d}x'=\gamma(\mathrm{d}x-u\mathrm{d}t)\\ \mathrm{d}y'=\mathrm{d}y\\ \mathrm{d}z'=\mathrm{d}z\\ \mathrm{d}t'=\gamma\left(\mathrm{d}t-\dfrac{u}{c^2}\mathrm{d}x\right)\end{cases} \quad ⓑ$$

将式ⓑ代入式ⓐ，得

$$v_x'=\frac{\mathrm{d}x'}{\mathrm{d}t'}=\frac{\gamma(\mathrm{d}x-u\mathrm{d}t)}{\gamma\left(\mathrm{d}t-\frac{u}{c^2}\mathrm{d}x\right)}=\frac{\left(\frac{\mathrm{d}x}{\mathrm{d}t}\right)-u}{1-\left(\frac{u}{c^2}\right)\left(\frac{\mathrm{d}x}{\mathrm{d}t}\right)}=\frac{v_x-u}{1-\left(\frac{uv_x}{c^2}\right)}$$

$$v_y'=\frac{\mathrm{d}y'}{\mathrm{d}t'}=\frac{\mathrm{d}y}{\gamma\left(\mathrm{d}t-\frac{u}{c^2}\mathrm{d}x\right)}=\frac{\frac{\mathrm{d}y}{\mathrm{d}t}}{\gamma\left(1-\frac{u}{c^2}\frac{\mathrm{d}x}{\mathrm{d}t}\right)}=\frac{v_y}{\gamma\left(1-\frac{uv_x}{c^2}\right)}$$

$$v_z'=\frac{\mathrm{d}z'}{\mathrm{d}t'}=\frac{v_z}{\gamma\left(1-\frac{uv_x}{c^2}\right)}$$

所以，相对论中速度变换式为

$$\begin{cases}v_x'=\dfrac{v_x-u}{1-\left(\dfrac{uv_x}{c^2}\right)}\\ v_y'=\dfrac{v_y}{\gamma\left(1-\dfrac{uv_x}{c^2}\right)}\\ v_z'=\dfrac{v_z}{\gamma\left(1-\dfrac{uv_x}{c^2}\right)}\end{cases}\quad\text{和}\quad\begin{cases}v_x=\dfrac{v_x'+u}{1+\left(\dfrac{uv_x'}{c^2}\right)}\\ v_y=\dfrac{v_y'}{\gamma\left[1+\left(\dfrac{uv_x'}{c^2}\right)\right]}\\ v_z=\dfrac{v_z'}{\gamma\left[1+\left(\dfrac{uv_x'}{c^2}\right)\right]}\end{cases}$$

例 16-2 两个可控光子火箭 A 和 B 均在 x,x'轴方向运动，从地面测得它们的速率$v_A=+0.9c$ 和 $v_B=-0.9c$。求它们的相对速度。

解：用洛伦兹变换时，无论是坐标变换还是速度变换，都先要弄清楚参照系。此题可令地球为“静”坐标系 S，火箭 A 为“动”坐标系 S′，$u=v_A$，B 在两个参照系 S 和 S′中运动，S 参照系测得 B 的速度为 $v_x=v_B=-0.9c$。对照相对论中速度变换式

$$v_x'=\frac{v_x-u}{1-\frac{uv_x}{c^2}}$$

有 $v_x=v_B=-0.9c$，$u=v_A=0.9c$，v_x' 为 A 和 B 的相对速度，代入得

$$v_x'=-\frac{1.8c}{1.81}\approx-0.994c$$

例 16-3 从地面测得地球到半人马座 α 星的距离是 4.3×10^{16} m，宇宙飞船以速率 $v=0.990c$ 从地球向该星飞行。问飞船中心观察者测出的地球到 α 星的距离为多少？

解：收缩因子 $\sqrt{1-\beta^2}=\sqrt{1-(0.990)^2}=0.14$，所以飞船上观察者测得的地球到 α 星的距离为

$$0.14\times4.3\times10^{16}=0.60\times10^{16}\ \text{m}$$

例 16-4 设火箭上装有一根天线，长 1m，与火箭体成 45°，火箭沿 x 轴方向以$\frac{\sqrt{3}}{2}c$ 的速度飞行。求地面上的观察者测得天线的长度以及天线与火箭体的夹角。

解：解此类题目时，应注意两点。第一，弄清楚坐标系，明确被观察的物体在哪一个坐标系，观察者在哪一个坐标系；第二，常将坐标轴顺着动坐标运动方向，再将长度投影到坐标轴，然后考虑投影长度的收缩效应。

如图 16-7 所示，将 x 和 x'轴放在火箭飞行方向，地球为坐标系 S，坐标系 S′放在火箭

上，观察者在S′上。这样，题目给出的长度1m和夹角45°都是相对静止坐标上的观察者测得的结果，用l'和θ'表示，将l和l'正交分解，有

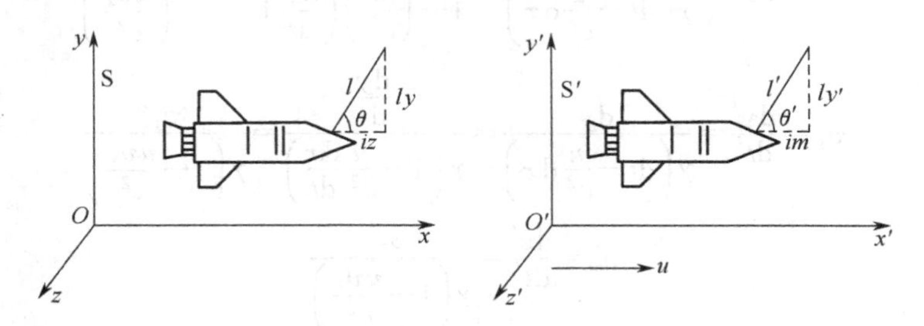

图 16-7　例 16-4

$$\begin{cases} l_x = l\cos\theta,\ l_y = l\sin\theta \\ l'_x = l'\cos\theta',\ l'_y = l'\sin\theta' \end{cases} \quad ⓐ$$

根据相对论长度收缩效应，有

$$\begin{cases} l_x = l'_x\sqrt{1-\beta^2} \\ l_y = l'_y \end{cases} \quad ⓑ$$

将式ⓐ代入式ⓑ，得到

$$l = \sqrt{l_x^2 + l_y^2} = l'\sqrt{1-\left(\frac{u}{c}\right)^2\cos^2\theta'} \quad ⓒ$$

用$l'=1\text{m}$，$\theta'=45°$，$u=\frac{\sqrt{3}}{2}c$代入式ⓒ得

$$l = 0.790\text{m},\quad \tan\theta = \frac{l_y}{l_x} = \frac{\tan\theta'}{\sqrt{1-\beta^2}} = 2,\quad \theta = 63°26'$$

例 16-5　远方一颗行星，以0.80c的速度离开地球，地球测得该星辐射出来的闪光周期为五昼夜。求从星体参照系测出的闪光周期。

解：按相对论时间膨胀效应，从星体参照系测得的闪光周期为

$$\Delta t_0 = \Delta t\sqrt{1-\beta^2} = 3\ 昼夜$$

例 16-6　xOy平面上有一个静止的圆，面积为12cm²，有一观察者相对圆以0.8c的速度在xOy平面内做匀速直线运动。求他观测的圆面积是多少？

解：由于观测者以$u=0.8c$的速度运动，只有在与u平行的方向上的线度才有收缩效应，因此运动观察者测得的应是椭圆形，椭圆的长半轴为圆的半径R、短半轴为$R\sqrt{1-\beta^2}$，椭圆面积为

$$A' = \pi ab = \pi RR\sqrt{1-\beta^2} = \pi R^2\sqrt{1-\beta^2}$$
$$= A_0\sqrt{1-\beta^2} = \sqrt{1-(0.8)^2}\times 12 = 7.2\ \text{cm}^2$$

式中，a和b分别是收缩椭圆的长半轴和短半轴。

习　　题

1. 一根米尺静止在S′系中，与$O'x'$轴成30°角，如果在S系中测得该米尺与Ox轴成45°角。则S′系相对于S系的速度u必须是多少？S系测得的米尺长度是多少？

2. 一短跑选手在地球上以10s的时间跑完100m，在飞行速度为0.98c飞船中的观察者看来，这选手跑

了多长时间和多长距离？

3. ① 火箭 A 以 $0.8c$ 的速度相对于地球向正东飞行，火箭 B 以 $0.6c$ 的速度相对于地球向正西飞行。求由火箭 B 测得火箭 A 的速度大小和方向。

② 如果火箭 A 向正北飞行，火箭 B 仍向西飞行，由火箭 B 测得火箭 A 的速度大小和方向。

4. 观测者甲测得在同一地点发生的两事件的时间间隔为 4s，观测者乙测得其时间间隔为 5s。问观测者乙测得这两事件发生的地点相距多少米？乙相对于甲的运动速度是多少？设另有观测者丙声称他测得的时间间隔为 3s，你认为可能吗？

5. 一个在实验室中以 $0.8c$ 速度运动的粒子飞行 3m 后衰变，按这实验室中的观测者的测量，该粒子存在了多长时间？由一个与该粒子一起运动的观测者来测量，这粒子衰变前存在了多长时间？

6. ① 把电子自速度 $0.9c$ 增加到 $0.99c$，所需的能量是多少？这时电子的质量增加了多少？

② 某加速器能把质子加速到 1GeV 的能量，求这质子的速度。这时，其质量为其静质量的多少倍？

7. 证明运动粒子的相对论动量可写作

$$p=\frac{(2E_0E_k+E_k^2)^{1/2}}{c}$$

式中，E_0 是粒子的静质量；E_k 是粒子的动能。

8. 证明在 $v \ll c$ 时，粒子的动能 $E_k=\frac{1}{2}mv^2$。

第十七章 量子物理

20 世纪初，物理学上另一个伟大成就是普朗克于 1900 年提出的量子假设。量子假设不仅成功地解释了热辐射现象，而且标志着现代量子理论的开始。

光电效应和康普顿效应揭示了光的量子性，指出光的二象性。原子光谱的实验规律是玻尔氢原子理论的基础，玻尔氢原子理论虽然解释了氢原子光谱，但存在许多不足之处。德布罗意从光的二象性得到启发，指出实物粒子也有二象性，提出德布罗意假设，戴维森和革末用实验证实了这一假设，薛定谔等人建立了量子力学。量子力学以粒子在空间某处出现的概率来描述它们的运动。实物粒子波是一种几率波，波函数的平方表示某时刻在单位体积中找出粒子的概率。

第一节 热 辐 射

一、热辐射的定义

任何物体在任何温度下都向外辐射各种波长的电磁波。单位时间内辐射能量及辐射能量按波长的分布都由温度决定的辐射称为热辐射。

二、描述热辐射的物理量

描述热辐射常用辐射出射度（简称辐出度，旧称发射本领）和单色辐出度（旧称单色发射本领）。

设物体表面单位面积上所发射的波长在 λ 和 $\lambda+\mathrm{d}\lambda$ 范围内的辐射功率为 $\mathrm{d}M_\lambda$，$\mathrm{d}M_\lambda$ 与波长间隔 $\mathrm{d}\lambda$ 的比称为单色辐出度，记作 $M_\lambda(T)$，即

$$M_\lambda(T)=\frac{\mathrm{d}M_\lambda}{\mathrm{d}\lambda}$$

式中下标 λ 和括号内的 T 表示 $M_\lambda(T)$与物体的温度及所取的波长 λ 有关。单色辐出度在数值上等于物体表面单位面积上单位时间内发射单位波长间隔内的能量，单色辐出度的单位是$\mathrm{W/m^3}$。

物体表面单位面积上发射的各种波长的总辐射功率称为物体的辐射出射度，用 $M(T)$表示，$M(T)$只是温度的函数，单位是 $\mathrm{W/m^2}$。

$M(T)$与 $M_\lambda(T)$的关系为

$$M(T)=\int_0^\infty M_\lambda(T)\mathrm{d}\lambda \qquad (17\text{-}1)$$

三、吸收比与反射比

物体表面吸收的能量与入射的总能量的比值，称为物体的吸收比（旧称吸收系数），记作 $\alpha(\lambda,T)$；物体表面反射的能量与入射的总能量的比值，称为这物体的反射比（旧称反射系数），记作 $\gamma(\lambda,T)$。括号中的 λ 和 T 说明吸收比和反射比都与波长 λ 和温度 T 有关，所以 $\alpha(\lambda,T)$和 $\gamma(\lambda,T)$也称为单色吸收比和单色反射比。根据定义，单色吸收比和单色反射比都是纯数，而对于不透明的物体有

$$\alpha(\lambda,T)+\gamma(\lambda,T)=1$$

第二节　绝对黑体的辐射

一、绝对黑体的定义

在任何温度下对任何波长的入射辐射能的吸收比都等于 1 的物体称为绝对黑体。绝对黑体是热辐射中的理想模型，在不透明材料制成的空腔上开一个小孔，可以认为小孔是绝对黑体。绝对黑体并不总是黑色的，绝对黑体也不是只吸收能量而不辐射能量。

二、基尔霍夫定律

任何物体的单色辐出度和单色吸收比之比，等于同一温度下的绝对黑体的单色辐出度，这就是基尔霍夫定律，可以表示为

$$\frac{M_{\lambda}(T)}{\alpha(\lambda,T)}=M_{B\lambda}(T) \tag{17-2}$$

式中下标 B 表示绝对黑体。从式（17-2）可以看出，好的吸收体也是好的发射体。

三、绝对黑体单色辐射度按波长分布曲线

用图 17-1 所示装置测量绝对黑体单色辐出度 $M_{B\lambda}(T)$与波长 λ 的关系，结果如图 17-2 所示。

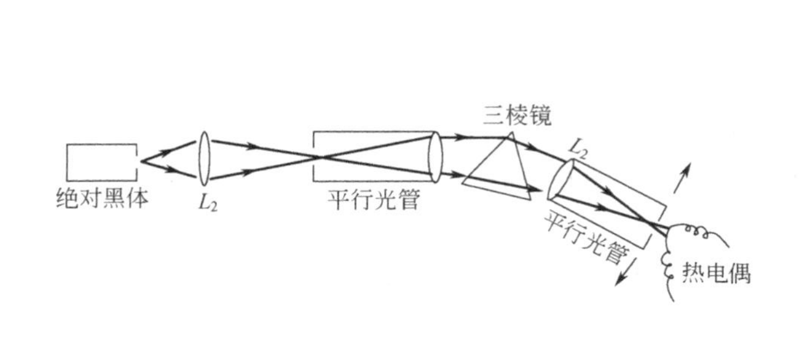

图 17-1　测 $M_{B\lambda}(T)$的实验装置

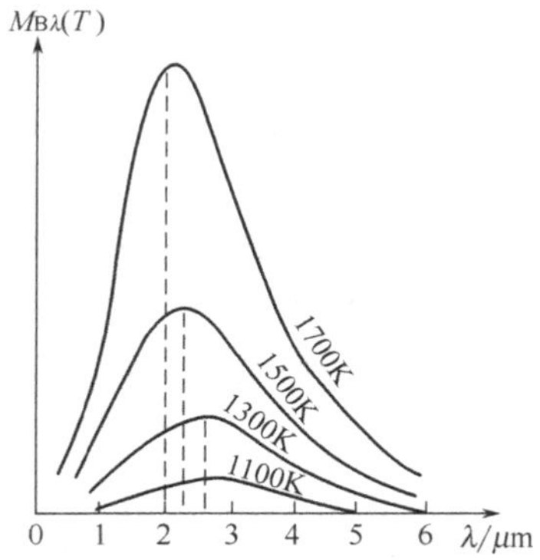

图 17-2　$M_{B\lambda}(T)$与 λ 的关系

四、绝对黑体辐射定律

1. 斯特藩-玻耳兹曼定律

在图 17-2 中，曲线下所围面积为绝对黑体的辐出度 $M_B(T)$。由图可见，$M_B(T)$随温度增高迅速增加，经实验测定有

$$M_B(T)=\sigma T^4 \tag{17-3}$$

$$\sigma=5.67\times10^{-8}\ \text{W}\cdot\text{m}^{-2}\cdot\text{K}^{-4}$$

上式即为斯特藩-玻耳兹曼定律。式中 σ 为斯特藩恒量。

2. 维恩位移定律

由图 17-2 可见，每条曲线有一最大单色辐出度，对应的波长记作 λ_m。当温度升高时，λ_m 向短波方向移动，T 与 λ_m 的关系为

$$T\lambda_m=b \tag{17-4}$$

其中

$$b=2.897\times10^{-3}\ \text{m}\cdot\text{K}$$

式（17-4）即为维恩位移定律。常见火炉温度低时发红光，温度高时发光如白炽灯，这是因为高温时，λ_m向短波（绿光和蓝光）方向移动的缘故。

斯特藩-玻耳兹曼定律和维恩位移定律都是绝对黑体辐射定律，只适用于绝对黑体。

第三节　普朗克量子假设

一、经典物理在热辐射问题上面临的困难

图 17-2 的曲线是由实验得到的，怎样获得解析表达式 $M_{B\lambda}=f(\lambda,T)$ 是理论物理学的课题。19 世纪末，许多物理学家在经典物理的基础上去找此关系式，但是都失败了。经典物理遇到了令人困惑的问题。

二、普朗克的量子假设

普朗克发现，若采用一个与经典概念迥然不同的概念，能得到一个与实验结果符合得很好的解析表达式。

普朗克假设：辐射物质中具有带电的线性谐振子（如分子、原子的振动可视作线性谐振子），由于带电的关系，线性谐振子能够与周围的电磁场交换能量，这些谐振子与古典物理学中所说的不同，它只可能处于某些特殊的状态，在这些状态中，相应的能量是某一最小能量 ε（叫作能量子）的整数倍，即

$$\varepsilon,\ 2\varepsilon,\ 3\varepsilon,\ 4\varepsilon,\ \cdots,\ n\varepsilon,\ \cdots,\ n\ 为正整数$$

对频率为 ν 的谐振子来说，最小能量为

$$\varepsilon=h\nu \tag{17-5}$$

式中，h 是一普适恒量，称为普朗克恒量，其量值为

$$h=6.63\times10^{-34}\ \mathrm{J\cdot s} \tag{17-6}$$

在辐射或吸收能量时，振子从这些状态中之一跃迁到其他状态。

三、普朗克公式

在能量子假设的基础上，普朗克推导出一个新的黑体辐射公式

$$M_{B\lambda}(T)=2\pi hc^2\lambda^{-5}\frac{1}{e^{\frac{hc}{k\lambda T}}-1} \tag{17-7}$$

式中，c 为光速；k 为玻耳兹曼恒量；e 为自然对数的底。式（17-7）与实验结果符合得很好，称为普朗克公式。

第四节　光电效应实验规律

一、光电效应实验

在图 17-3 中，s 为抽空的容器，K 为阴极，A 为阳极，m 为石英窗口（石英对紫外光吸收甚小）。当紫外光或短波长的可见光照射金属板电极 K 时，金属板将放出电子，这些电子因光照而放出，故称为光电子。电路接通后，电路中形成电流，此电流称为光电流。

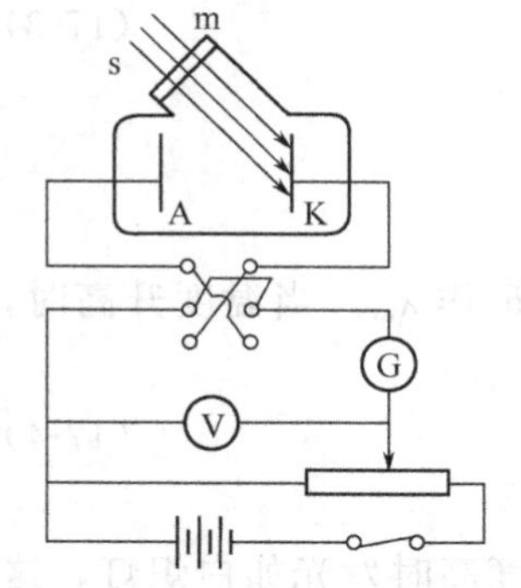

图 17-3　真空中光电效应实验简图

二、光电效应实验曲线

（1）光电效应的伏安特性曲线　图 17-4 是实验得到的光电效应伏安特性曲线。实验表明存在饱和电流 I_s，I_s 与入射光的强度成正比。按电流的定义，$I_s=Ne$，N 为单位时间内从 K 极释放出的电子数，e 为电子电荷量。曲线中 U_a 为遏止电压，当外加反向电压等于 U_a 时，光电流为零。

（2）遏止电压与入射光频率的关系曲线　实验发现遏止电压与入射光频率间具有线性关系，如图 17-5 所示。直线的数学表

示式为

$$|U_a| = K\nu - U_0 \tag{17-8}$$

式中，K 为不随金属种类改变的普适性恒量$\left(K=\frac{h}{e}\right)$；$U_0$ 对同类金属是恒量，对不同金属，其量值不同。

从遏止电压的意义看，光电子的初动能等于反抗遏止电场力作用的功，即

$$\frac{1}{2}mv^2 = e|U_a| \tag{17-9}$$

在图 17-5 中，$\nu_0=\frac{U_0}{K}$称为材料的红限，入射光频率必须大于红限，受光照射的材料才能释放电子。实验指出，材料不同，红限也不同。

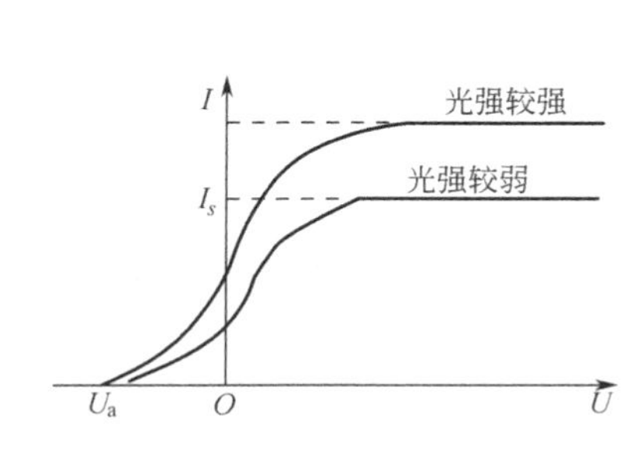

图 17-4 光电效应的伏安特性曲线

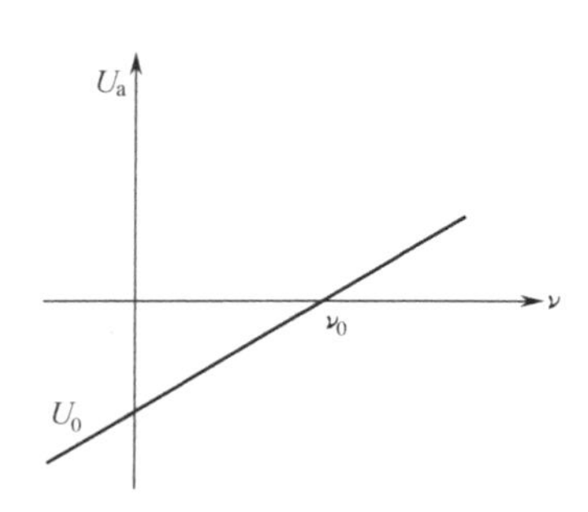

图 17-5 U_a 与 ν 的线性关系

三、光电效应的实验定律

从光电效应实验结果中可归纳出三条规律，称为光电效应实验定律。

(1) 单位时间内，受光照射的电极上释放出的电子数与入射光的强度成正比。

(2) 光电子的初动能与入射光的频率有线性关系，与入射光的强度无关。将式 (17-9) 代入式 (17-8)，得

$$\frac{1}{2}mv^2 = eK\nu - eU_0 \tag{17-10}$$

上式即为光电效应实验第二定律的数学表示式。

(3) 光电效应存在一个红限，如果入射光频率小于这一金属的红限，就不会产生光电效应。

第五节 爱因斯坦光子理论

一、光的波动学说面临的困难

光的波动学说不能解释光电效应实验得到的结论。爱因斯坦提出光子假说，建立爱因斯坦光电效应方程，圆满地解释了光电效应现象，从而确定了光的粒子说。

二、爱因斯坦光子假说

爱因斯坦认为一束光是以光速运动的粒子流，这些粒子称为光量子（或光子）。每个光子的能量是 $\varepsilon=h\nu$。光的能流密度决定于单位时间内通过单位面积的光子数 N。

三、爱因斯坦光电效应方程

按爱因斯坦光子假设，金属受光照射时，金属中的电子从入射光中吸收光子的能量 $h\nu$，此能量的一部分用于电子逸出金属表面时需要的逸出功 A，另一部分转化为光电子的

动能$\frac{1}{2}mv^2$。按能量守恒与转换定律，有

$$h\nu=\frac{1}{2}mv^2+A \tag{17-11}$$

上式称为爱因斯坦光电效应方程。

四、A,K,ν_0 的关系

比较式（17-10）与式（17-11），得到

$$\begin{cases}h=eK\\A=eU_0\\\nu_0=\dfrac{A}{eK}\end{cases} \tag{17-12}$$

五、光子的质量和动量

（1）光子的质量　按相对论质能关系，光子的质量为

$$m_\varphi=\frac{\varepsilon}{c^2}=\frac{h\nu}{c^2}=\frac{h}{\lambda c} \tag{17-13}$$

相对论指出，物体的静止质量$m_0=m\sqrt{1-\frac{v^2}{c^2}}$，光子的速度为$c$，因此光子的静止质量$m_0=0$，这也是因为不存在与光子相对静止的参照系。

（2）光子的动量　由动量定义，光子的动量为

$$p=m_\varphi c=\frac{h\nu}{c}=\frac{h}{\lambda} \tag{17-14}$$

例 17-1　在光电效应实验中，测得某种金属的遏止电压的绝对值和入射光波长的关系为

λ/m	3.60×10^{-7}	3.00×10^{-7}	2.40×10^{-7}
$\lvert U_a\rvert$/V	1.40	2.00	3.10

用作图法求

① h；② h/e；③ 逸出功；④ 红限。

解：由爱因斯坦光电效应方程得

$$eU_a=h\nu-A$$

上式可改写成

$$U_a=\frac{h}{e}\nu-\frac{A}{e}$$

以U_a为纵坐标轴，$\nu\left(\nu=\frac{c}{\lambda}\right)$为横坐标轴，作$U_a$-$\nu$图（为一直线），如图 17-6 所示，直线的斜率为$\frac{h}{e}$，直线在纵轴上的截距为$-\frac{A}{e}$。

U_a/V	1.40	2.00	3.10
λ/m	3.60×10^{-7}	3.00×10^{-7}	2.40×10^{-7}
$\nu=\frac{c}{\lambda}$/Hz	8.33×10^{14}	10.0×10^{14}	12.5×10^{14}

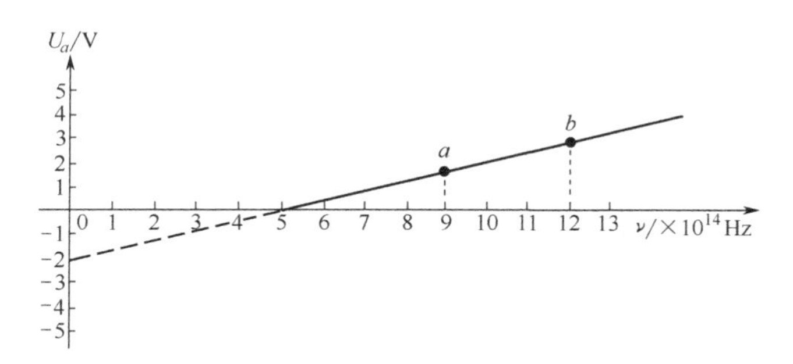

图 17-6　例 17-1

① 斜率。在直线上的两端内侧取两点 a 和 b，从图 17-6 查得 a 和 b 的坐标分别为

$$a(9.0\times10^{14},1.80),\ b(12.0\times10^{14},3.00)$$

得

$$\frac{h}{e}=\frac{3.00-1.80}{(12.0-9.00)\times10^{14}}=4.0\times10^{-15}\ \ (\text{J}\cdot\text{s})/\text{C}$$

$$h=1.6\times10^{-19}\times4.0\times10^{-15}=6.4\times10^{-34}\ \text{J}\cdot\text{s}$$

② 截距。由图 17-6 查得

$$-\frac{A}{e}=-2.0\ \text{V}$$

③ 逸出功为

$$A=2.0\ \text{eV}$$

④ 红限。$U_a=0$ 时对应的 ν 值即为所求红限，由图 17-6 查得直线在横坐标上的截距为

$$\nu_0=5.00\times10^{14}\ \text{Hz}$$

第六节　康普顿效应

一、康普顿效应

X 射线射向某些物质散射时，散射线中有与入射波波长 λ_0 相同的射线，还有波长 $\lambda>\lambda_0$ 的射线，这种波长有改变的散射称为康普顿效应。

二、康普顿效应的意义

光的波动理论不能解释波长改变的散射现象。光子理论认为光子与实物粒子一样，能与电子等粒子发生弹性碰撞（动量和能量都守恒），这就不难解释康普顿效应。

三、康普顿效应公式

一个光子和一个自由电子碰撞时，波长改变为

$$\Delta\lambda=\lambda-\lambda_0=\frac{2h}{m_0c}\sin^2\frac{\varphi}{2} \tag{17-15}$$

式中 φ 为散射角，m_0 为电子的静止质量。上式说明波长的改变 $\Delta\lambda$ 与散射物质无关，只决定于散射方向。

光电效应实验和 X 射线散射实验显示出光的粒子性，而光的干涉和衍射实验显示出光的波动性。光在有些时候（例如干涉与衍射）突出表现出波动性，而在另一些时候（例如光电效应和康普顿效应）突出表现出粒子性，因此光具有波动和粒子的两重性，这称为光的波粒二象性。

例 17-2　已知 X 光光子的能量为 0.60MeV，在康普顿散射之后波长变化了 20%。求反冲电子获得的能量。

解：粒子的能量为 $\varepsilon=\frac{hc}{\lambda}$，入射 X 光光子的能量为

$$\varepsilon_0=\frac{hc}{\lambda_0}=0.60\ \text{MeV}$$

入射 X 光的波长为

$$\lambda_0=\frac{hc}{\varepsilon_0}$$

经散射后的波长为

$$\lambda=\lambda_0+\Delta\lambda=(1+20\%)\lambda_0=1.20\lambda_0$$

此时 X 光光子的能量为

$$\varepsilon=\frac{hc}{\lambda}=\frac{hc}{1.20\lambda_0}=\frac{\varepsilon_0}{1.20}$$

反冲电子的能量等于入射光子的能量 ε_0 减去散射光子的能量 ε，即

$$E_k=\varepsilon_0-\varepsilon=\left(1-\frac{1}{1.2}\right)\varepsilon_0=0.10\ \text{MeV}$$

第七节　原子光谱的实验规律

一、氢原子光谱

图 17-7 是氢原子的可见光谱，光谱中的每条谱线的波长 λ 的倒数（波数）σ 可统一写成

$$\sigma=\frac{1}{\lambda}=R\left(\frac{1}{2^2}-\frac{1}{n^2}\right) \tag{17-16}$$

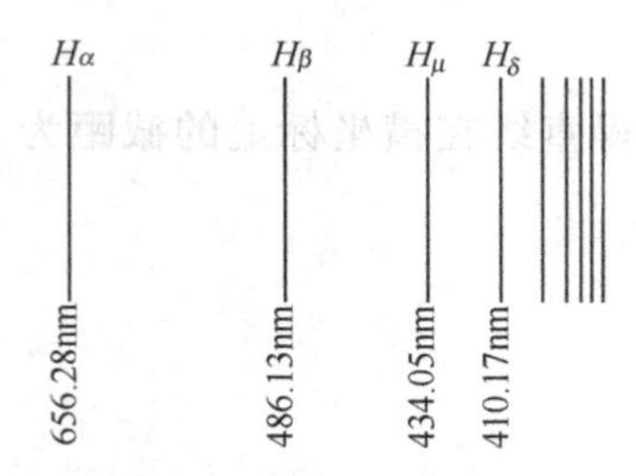

图 17-7　氢原子可见光谱

这一组光谱线首先由巴耳末发现，称为巴耳末系。此后又在可见光范围外发现其他氢原子光谱线，有莱曼系、帕邢系、布拉开系和普丰德系等。氢原子光谱系的波数可统一写成

$$\sigma=R\left(\frac{1}{k^2}-\frac{1}{n^2}\right) \tag{17-17}$$

式中，R 为普适恒量，称为里德伯恒量，早期测得的结果是

$$R=1.09718\times10^7\ \text{m}^{-1}$$

之后测得的结果是

$$R=1.096776\times10^7\ \text{m}^{-1} \tag{17-18}$$

式（17-17）中 k 和 n 均为正整数，且 $n>k$，k 取不同值可得到不同光谱系，n 取不同值得到各系中不同谱线。

$k=1$,	$n=2,3,4,\cdots$	莱曼系
$k=2$,	$n=3,4,5,\cdots$	巴耳末系
$k=3$,	$n=4,5,6,\cdots$	帕邢系
$k=4$,	$n=5,6,7,\cdots$	布拉开系
$k=5$,	$n=6,7,8,\cdots$	普丰德系

二、原子光谱的实验规律

在氢原子光谱实验基础上，发现对于其他元素的光谱，也可类似地写出它们的谱线的波数

$$\sigma=T(k)-T(n) \tag{17-19}$$

式中，$n>k$，均为正整数；$T(k)$和 $T(n)$为光谱项。上式称为里兹并合原理。到 20 世纪初，已经得到原子光谱的实验规律：

(1) 谱线的波数由两个正整数函数的谱项的差决定；

(2) 前项参数值 (k) 对应于一个光谱系，后项参数值 (n) 对应于一个光谱系中的一条光谱线。

第八节　玻尔氢原子理论

卢瑟福在 α 粒子散射实验基础上提出原子的有核模型，玻尔在卢瑟福的有核模型基础上，提出三条玻尔氢原子理论的基本假定。

一、玻尔假定

(1) 稳定状态假定　原子是稳定系统，原子中存在某些确定的轨道，电子在这些轨道上是稳定的，原子系统不向外辐射能量，原子在这些稳定态时的能量只能取不连续的量值 E_1，E_2，…，E_n，E_n 称为氢原子的能级。

(2) 量子条件假定　电子绕核做圆周运动可能的轨道是电子的动量矩 L 必须等于 $\hbar$ 的整数倍，即

$$L=n\hbar=n\frac{h}{2\pi},\qquad n=1,2,3,\cdots \tag{17-20}$$

式中，$\hbar$ 和 h 都称为普朗克常量，n 称为量子数。

(3) 频率条件假定　当电子从轨道 n 跃迁到轨道 k 时，原子减少的能量 E_n-E_k 转变为光量子辐射出来，即

$$h\nu_{kn}=|E_n-E_k|$$

或

$$\nu_{kn}=\left|\frac{E_n}{h}-\frac{E_k}{h}\right| \tag{17-21}$$

若 $E_n>E_k$，原子发出光子；反之，原子吸收光子。

二、氢原子的能级

根据玻尔假定，应用库仑定律和牛顿定律可求出氢原子的能级 E_n 和轨道半径 r_n。电子与核间作用力为库仑力，由库仑定律得 $f=\dfrac{e^2}{4\pi\varepsilon_0 r^2}$，$r$ 为电子运动的轨道半径，由牛顿第二定律得$f=m\dfrac{v^2}{r}$，m 是电子的质量，v 为电子做圆轨道运动时的线速度。于是有

$$m\frac{v^2}{r}=\frac{e^2}{4\pi\varepsilon_0 r^2} \tag{17-22a}$$

再由玻尔第二假定

$$L=mvr=n\hbar,\qquad n=1,2,3,\cdots \tag{17-22b}$$

将式 (17-22a) 与式 (17-22b) 联立，得氢原子中电子的轨道半径为

$$r_n=n^2\left(\frac{\varepsilon_0 h^2}{\pi m e^2}\right) \tag{17-22c}$$

计算得到第一轨道的半径 $r_1=0.053\text{nm}$。

氢原子系统的能量为

$$E_n=\frac{1}{2}mv_n^2+\left(-\frac{e^2}{4\pi\varepsilon_0 r_n}\right) \tag{17-22d}$$

将式（17-22d）与式（17-22a）联立，得氢原子的能级为

$$E_n = -\frac{1}{n^2}\left(\frac{me^4}{8\varepsilon_0^2 h^2}\right) \tag{17-23}$$

计算得到第一轨道的能级为 $E_1 = -13.6\text{eV}$，称为氢原子的基态能级。图 17-8 是氢原子的能级图。

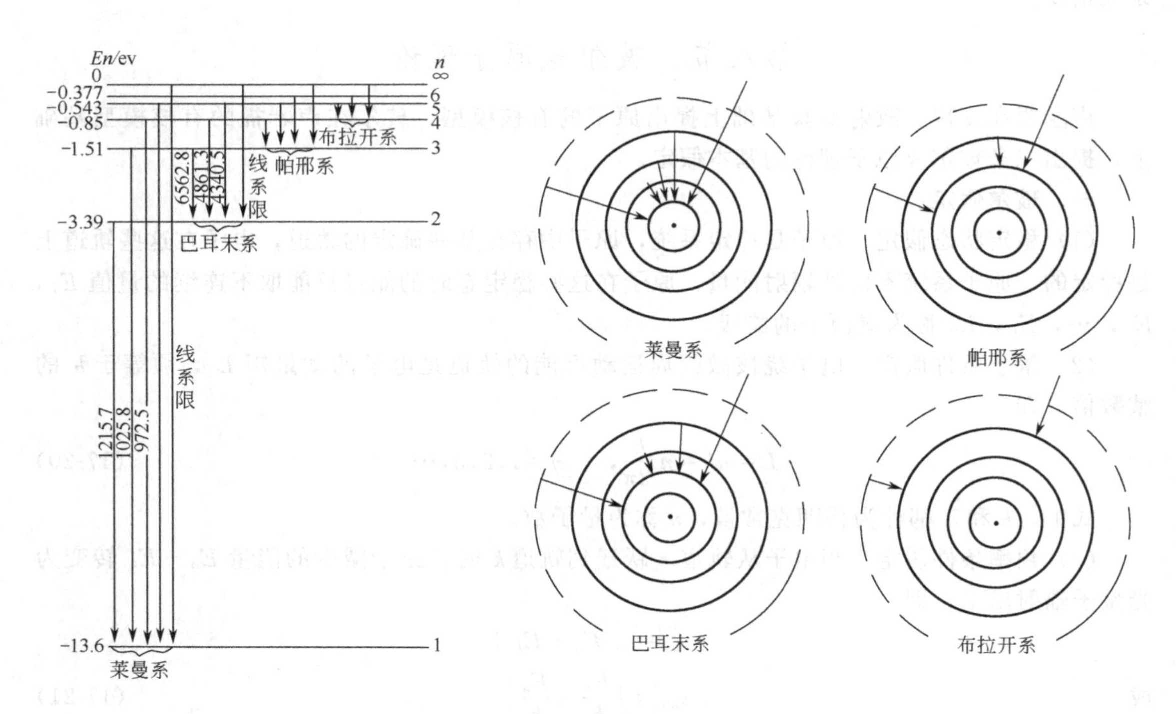

图 17-8 氢原子能级图

三、玻尔假定对氢原子光谱的解释

（1）里德伯常量的理论值 由玻尔第三假定，原子中的电子从较高能级 E_n 跃迁到某一较低能级 E_k 时，发出单色光，光的波数为

$$\sigma_{kn} = \frac{\nu_{kn}}{c} = \frac{1}{ch}(E_n - E_k) \tag{17-24}$$

将玻尔能级公式（17-23）代入上式得，得到

$$\sigma_{kn} = \frac{me^4}{8\varepsilon_0^2 h^3 c}\left(\frac{1}{k^2} - \frac{1}{n^2}\right) \tag{17-25}$$

与氢原子光谱实验规律式（17-17）比较，得里德伯常量为

$$R = \frac{me^4}{8\varepsilon_0^2 h^3 c} = 1.097373 \times 10^7\ \text{m}^{-1}$$

R 值与实验值 $1.096776 \times 10^7\,\text{m}^{-1}$ 符合得很好。

（2）玻尔假定对原子光谱的解释 玻尔假定能够解释氢原子系统的稳定性和发光频率等问题。若根据经典电磁理论，绕核运动的电子作加速运动，就要不断向外辐射电磁波，原子系统不是稳定系统，发射的光谱也应是连续的，与实验得到的线状光谱不符合。同时，电子的轨道应越来越小，最终将落到核上，这也与事实不符合。

但是玻尔氢原子理论也有其局限性。对稍微复杂的碱金属，玻尔理论就难以解释了，且

在精密测量下发现氢原子或似氢离子的多线结构，虽然索末菲和威尔逊作了补充，但玻尔理论对这些复杂的问题仍无法处理。其实，玻尔和索末菲的理论只是在经典理论加上量子条件，它不是一个自洽的理论系统。尽管如此，玻尔理论中的某些内容仍是现代量子力学中重要的基本概念。

第九节　实物粒子的波粒二象性

一、德布罗意假设

德布罗意对比分析经典物理学中力学和光学的对应关系时，提出了一个大胆的假设。德布罗意认为不仅光具有波粒二象性，一切实物粒子也具有波粒二象性，并指出粒子的动量(p)、能量（E）与波动的波长（λ）、频率（ν）间的关系为

$$\begin{cases}\lambda=\dfrac{h}{p} \quad \text{或} \quad p=\dfrac{h}{\lambda} \\ \nu=\dfrac{E}{h} \quad \text{或} \quad E=h\nu\end{cases} \tag{17-26}$$

上式称为德布罗意-爱因斯坦关系。

对于高速粒子

$$\begin{cases}\lambda=\dfrac{h}{m_0 v}\sqrt{1-\dfrac{v^2}{c^2}} \\ \nu=\dfrac{m_0 c^2}{h}\Bigg/\sqrt{1-\dfrac{v^2}{c^2}}\end{cases} \tag{17-27}$$

对于低速粒子（$v \ll c$），则有 $\lambda=h/m_0 v$。

以电子为例，电子经电场加速后，设 U 是加速电压，可计算出加速电子的德布罗意波长为

$$\lambda=\frac{h}{\sqrt{2em_0}}\frac{1}{\sqrt{U}} \tag{17-28}$$

将 e,h,m_0 的值代入后，可得在加速电压 U 作用下运动电子的德布罗意波长公式

$$\lambda=\frac{12.2}{\sqrt{U}} \tag{17-29}$$

若 U 的单位用 V，得到的波长单位为 Å(Å$=10^{-10}$m)。

二、电子衍射实验

截维森和革末用细束平行电子射线以一定的角度射到镍单晶体上，只有当电子的速度满足某些条件时，才能按反射定律在晶体表面反射。这个结果与 X 射线衍射十分相似，也满足布喇格公式。戴维森—革末实验有力地证明了德布罗意的物质波假设的正确性。电子的波动还被其他一些实验证明，例如电子射线经铝箔的衍射，能观察到衍射图形。还有许多实验证实了其他粒子也具有波动性（如原子、分子、中子、质子等）。

三、德布罗意波的统计解释

在经典物理学中，波和粒子，一个是**连续**的，一个是**分立**的，二者是完全不能相容的，两个截然对立的概念。所以当德布罗意在他的博士学位论文中首次提出物质波的假设时，许多物理学家都认为这只不过是形式上的对比，并没有什么物理上的实质内容。但爱因斯坦等少数几个人则注意到这一假说的重大意义，对实物粒子的波动性的令人信服的解释是 1926 年由玻恩（M. Born）提出来的。对光的强度问题，爱因斯坦已从统计学的观点提出光强的

地方，光子到达的概率大，而光弱的地方，光子到达的概率小。玻恩用同样的观点来分析戴维孙-革末实验（或电子衍射图样），认为电子流出现峰值（或衍射图样上出现亮条纹）处电子出现的概率大，而不在峰值处电子出现的概率小。对其他微观粒子也是一样。对个别粒子在何处出现，有一定的偶然性；对大量粒子，在空间不同位置处其出现的概率就服从一定的规律，并且形成一条连续的分布曲线（图 17-9）。所以微观粒子的空间分布表现为具有连续特征的波动性。这就是实物粒子的德布罗意波或微观粒子的波动性的统计解释。

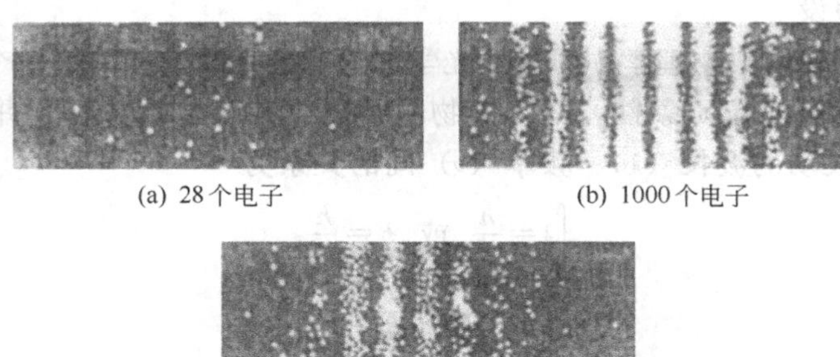

(a) 28个电子　(b) 1000个电子

(c) 10000个电子

图 17-9　电子的双缝衍射照片

四、不确定度关系

在经典力学中，运动物体在任何时刻都有完全确定的位置、动量、能量和角动量等。与此不同，微观粒子具有明显的波动性。微观粒子在某位置上仅以一定的概率出现。这就是说，粒子的位置是不确定的。粒子的位置虽不确定，但基本上出现在某区域，例如出现在 Δx（一维情形）或 $\Delta x\Delta y\Delta z$（三维情形）范围内，由其概率可知，我们称 $\Delta x,\Delta y,\Delta z$ 为粒子位置的不确定量。

不仅如此，微观粒子的其他力学量如动量、能量、角动量等一般也都是不确定的。

1927 年德国物理学家海森伯（W. Heisenberg）根据量子力学推出微观粒子在位置与动量两者不确定量之间的关系满足

$$\Delta x\Delta p_x \geqslant \frac{\hbar}{2}, \quad \Delta y\Delta p_y \geqslant \frac{\hbar}{2}, \quad \Delta z\Delta p_z \geqslant \frac{\hbar}{2} \tag{17-30}$$

式（17-30）称为海森伯坐标和动量的不确定度关系。它的物理意义是，微观粒子不可能同时具有确定的位置和动量。粒子位置的不确定量 Δx 越小，动量的不确定量 Δp_x 就越大，反之亦然。这关系不仅适用于电子和光子，对其他微观粒子也同样适用。

不确定度关系仅是波粒二象性及其统计关系的必然结果，并非测量仪器对粒子的干扰，也不是仪器有误差的缘故。但是常有人将不确定度关系解释为“要将粒子位置测量得愈准确，则它的动量就愈不准确”，或者说成“测量位置的误差愈小，测量动量的误差就愈大”等。应该指出，这样的表述是不确当的。

不确定度关系不仅存在于坐标和动量之间，也存在于能量和时间之间。如果微观粒子处于某一状态的时间为 Δt，则其能量必有一个不确定量 ΔE，由量子力学可推出二者之间的关系为

$$\Delta E\Delta t \geqslant \frac{\hbar}{2} \tag{17-31}$$

式（17-31）称为能量和时间的不确定度关系。利用这个关系式我们可以解释原子各激发态

的能级宽度 ΔE 和它在该激发态的平均寿命 Δt 之间的关系。

例 17-3 分别用非相对论和相对论计算动能为 1keV、1MeV 和 1GeV 的电子的德布罗意波长。

解： 在非相对论计算中 $p=\sqrt{2m_0E_k}$，E_k 为粒子的动能，德布罗意波长为

$$\lambda_1=\frac{h}{p}=\frac{h}{\sqrt{2m_0E_k}}$$

用 $E_k=eU$（U 是加速电压）代入上式得

$$\lambda_1=\frac{12.25}{\sqrt{U}}\ \text{Å} \tag{a}$$

在相对论计算中粒子的动能 E_k 和动量的关系为

$$(E_k+m_0c^2)^2=(pc)^2+(m_0c^2)^2$$

或

$$p=\left[2m_0E_k\left(1+\frac{E_k}{2m_0c^2}\right)\right]^{\frac{1}{2}}$$

因此，德布罗意波长为

$$\lambda_r=\frac{h}{p}=\frac{h}{\left[2m_0E_k\left(1+\dfrac{E_k}{2m_0c^2}\right)\right]^{1/2}}=\frac{h}{\sqrt{2m_0E_k}}\frac{1}{\sqrt{1+\dfrac{E_k}{2m_0c^2}}} \tag{b}$$

对于电子有

$$2m_0c^2\approx10^6\ \text{eV}$$

用 $E_k=eU$ 代入式ⓑ是

$$\lambda_r=\frac{12.25}{\sqrt{U}}\frac{1}{\sqrt{1+10^{-6}U}}\ \text{Å} \tag{c}$$

分别用式ⓐ、式ⓒ计算动能为 1keV、1MeV、1GeV 的电子的德布罗意波长，结果为

电子动能	非相对论计算波长 λ_1/Å	相对论计算波长 λ_r/Å
$1\text{keV}=10^3\text{eV}$	0.3874	0.3872
$1\text{MeV}=10^6\text{eV}$	1.225×10^{-2}	8.662×10^{-3}
$1\text{GeV}=10^9\text{eV}$	3.874×10^{-4}	1.224×10^{-5}

注：1Å=0.1nm。

非相对论计算出的德布罗意波长 λ_1 与相对论计算出的德布罗意波长相差为

$$\lambda_1-\lambda_r=\frac{12.25}{\sqrt{U}}\left(1-\frac{1}{\sqrt{1+10^{-6}U}}\right)$$

两波长之比为

$$\frac{\lambda_1}{\lambda_r}=\sqrt{1+10^{-6}U}$$

例 17-4 如果对电子的德布罗意波长进行非相对论计算，电子动能为多大时，两种计算的误差为 5%。

解： 由上例的结果可知

$$\frac{\lambda_1}{\lambda_2}=\sqrt{1+10^{-6}U}$$

要求 $\lambda_1-\lambda_r=0.05\lambda_r$，即 $\frac{\lambda_1}{\lambda_r}=1.05$，得到

$$U=[(1.05)^2-1]\times10^6\ \text{V}=0.103\ \text{MV}$$

动能若用电子伏特（eV）作单位，则 E_k 与 U 的数值相同，所以电子的动能应为

$$E_k=0.103\ \text{MeV}$$

例 17-5 光子和电子的波长都是 0.20nm，它们的动量和总能量是否相等？

解：粒子的总能量和动量分别为

$$E=mc^2=h\nu$$

$$p=mv=\frac{h}{\lambda}$$

所以相同波长的粒子的动量也相同

$$p=\frac{h}{\lambda}=\frac{6.63\times10^{-34}}{2.0\times10^{-10}}=3.3\times10^{-24}\ (\text{kg}\cdot\text{m})/\text{s}$$

但能量不同，光子的能量为

$$E_\varphi=h\nu_\varphi=\frac{hc}{\lambda}=6.2\times10^3\ \text{eV}$$

电子的能量可由下式求得

$$E=\sqrt{(cp)^2+(m_0c^2)^2}$$

计算得到

$$cp=6.2\times10^3\ \text{eV}$$

$$m_0c^2=0.51\times10^6\ \text{eV}$$

所以

$$E_e=\sqrt{(cp)^2+(m_0c^2)^2}\approx m_0c^2=0.51\ \text{MeV}$$

事实上此时电子的速度比光速小得多，动量和动能均可用经典公式计算，即

$$E_k=\frac{1}{2}m_0v^2=\frac{p^2}{2m}=6.0\times10^{-18}\ \text{J}=37\ \text{eV}$$

例 17-6 一个质量为 m 的粒子，约束的长度为 L 的一维线段上。试根据测不准关系估计这个粒子能所具有的最小动能的数值，并计算在直径为 10^{-14}m 的核内的质子和中子的最小动能。

解：根据测不准关系有

$$\Delta x\Delta(mv_x)\geqslant\hbar$$

$$\Delta v_x\geqslant\frac{\hbar}{m\Delta x}$$

粒子的最小动能应满足下列关系

$$E_{\text{kmin}}\doteq\frac{1}{2}m(\Delta v_x)^2\geqslant\frac{1}{2}m\left(\frac{\hbar}{m\Delta x}\right)^2=\frac{\hbar^2}{2m\Delta x^2}=\frac{\hbar^2}{2mL^2}$$

在直径 $L=10^{-14}$m 的核内，质子和中子的最小动能为

$$E_{\text{kmin}}\geqslant\frac{\hbar^2}{2mL^2}=\frac{(6.63\times10^{-34})^2}{2\times1.67\times10^{-27}\times(10^{-14})^2\times2^2\times\pi^2}=3.34\times10^{-14}\ \text{J}$$

例17-7 ① 如果一个电子处于原子某能态的时间为 10^{-8}s，这个原子处于这个能态的能量的最小不确定量是多少？② 若电子从这个能态跃回到基态对应的能量是 3.39eV，试计算

辐射光子的波长。③ 估计此波长的最小不确定量。

解： ① 由测不准关系得

$$\Delta E \geqslant \frac{\hbar}{\Delta t} = \frac{6.63\times10^{-34}}{2\times3.14\times10^{-8}} = 0.659\times10^{-7}\ \text{eV}$$

② 根据德布罗意-爱因斯坦关系有

$$\lambda = \frac{hc}{E} = \frac{6.63\times10^{-34}\times3\times10^{8}}{3.39\times1.60\times10^{-19}} = 3\,670\ \text{Å} = 367.0\ \text{nm}$$

③ 由 $\lambda = \frac{hc}{E}$，得到

$$\Delta\lambda = \frac{hc\Delta E}{E^2} = 7.13\times10^{-15}\ \text{Å} = 7.13\times10^{-16}\ \text{nm}$$

此波长的不确定量反映在谱线上时，每个波长的谱线有一定的宽度，这种由测不准关系引起的线宽称为自然宽度，这是实验观察到的事实，也是测不准关系的一种实据。

第十节　薛定谔方程

一、薛定谔方程

薛定谔提出了量子力学中最基本的方程式，称为薛定谔方程。方程的普遍形式为

$$-\frac{\hbar^2}{2m}\nabla^2\Psi(r,t) + V(r,t)\Psi(r,t) = i\hbar\frac{\partial}{\partial t}\Psi(r,t) \qquad (17\text{-}32)$$

式中，$\Psi(r,t)$为粒子波的波函数；$\nabla^2 = \frac{\partial^2}{\partial x^2} + \frac{\partial^2}{\partial y^2} + \frac{\partial^2}{\partial z^2}$为拉普拉斯算符；$V(r,t)$为粒子在势场所在处的势能函数。若引入哈密顿算符 $\hat{H} = -\frac{\hbar^2}{2m}\nabla^2 + V(r,t)$，可得

$$\hat{H}\Psi(r,t) = i\hbar\frac{\partial\Psi(r,t)}{\partial t} \qquad (17\text{-}33)$$

薛定谔方程是量子力学中微观粒子在低速运动时遵守的基本规律，不能用任何方法推导和证明。读者在看各种参考书时应注意这一点。

二、波函数 $\Psi(r,t)$

$\Psi(r,t)$是空间和时间的函数，$\Psi(r,t)$本身无物理意义，而 $|\Psi(x,y,z,t)|^2 \mathrm{d}x\mathrm{d}y\mathrm{d}z$ 有物理意义，它表示粒子 t 时刻在 (x,y,z) 点处体积元 $\mathrm{d}x\mathrm{d}y\mathrm{d}z$ 中出现的概率，波函数 $|\Psi(x,y,z,t)|^2$有概率密度的意义，在整个空间找到粒子的概率应该为 1，所以

$$\iiint |\Psi|^2 \mathrm{d}x\mathrm{d}y\mathrm{d}z = 1 \qquad (17\text{-}34)$$

满足上式的波函数称为归一化的波函数，此式称为归一化条件。由于粒子运动的单值、连续、有界性，所以波函数也必须满足连续、单值、有限的条件。

三、薛定谔方程的一些特殊形式

（1）一维薛定谔方程

$$-\frac{\hbar^2}{2m}\frac{\partial^2\Psi(x,t)}{\partial x^2} + V(x,t)\Psi(x,t) = i\hbar\frac{\partial\Psi(x,t)}{\partial t} \qquad (17\text{-}35)$$

（2）自由粒子的薛定谔方程

$$-\frac{\hbar}{2m}\nabla^2\Psi(x,y,z,t) = i\hbar\frac{\partial\Psi(x,y,z,t)}{\partial t} \qquad (17\text{-}36)$$

（3）定态薛定谔方程

$$\nabla^2 \Psi+\frac{2m}{\hbar^2}(E-V)\Psi=0 \tag{17-37}$$

第十一节　一维势阱

一、势阱

在原子、原子核及分子物理中，讨论的粒子如果受的力只在非常短的范围内有效，则粒子的势能将随其位置而急剧地变化，这些粒子的势能曲线的形状深而窄，像一口井，故称为“势阱”。粒子的实际势阱要用解析式表达一般很困难，为便于计算，常引入理想模型，作些近似讨论，然后加以修正，使与实际接近，并求进一步精确解。简单的常用势阱有一维无限深势阱、矩形势阱、抛物线形势阱等等，以一维无限深势阱最为简单。

二、一维无限深势阱

图 17-10 为一维无限深势阱示意图，其解析式为

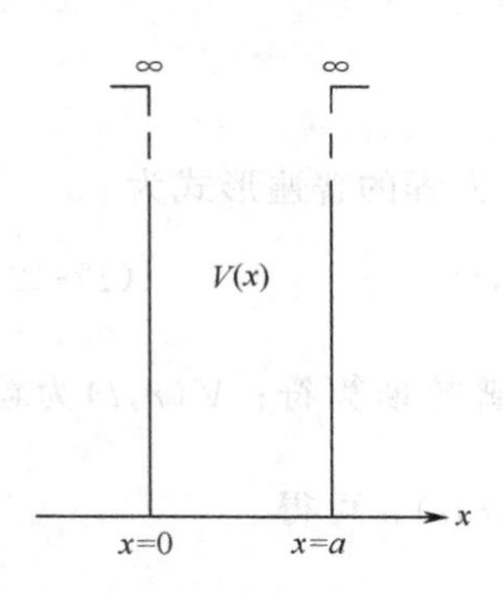

图 17-10　一维无限深势阱

$$V(x)=\begin{cases}0, & 0<x<a \\ \infty, & x\leqslant 0 \text{ 或 } x\geqslant a\end{cases}$$

粒子在一维无限深势阱中运动的解为

$$\begin{cases}\psi(x)=\sqrt{\dfrac{2}{a}}\sin\left(\dfrac{n\pi}{a}x\right), & n=1,2,3,\cdots\ (0<x<a) \\ E_n=n^2\left(\dfrac{\pi^2\hbar^2}{2ma^2}\right), & n=1,2,3,\cdots\end{cases}$$

式中，E_n 为能量本征值，也是粒子在势阱中运动时的能级；$\psi(x)$为一维势阱中粒子的定态波函数。

图 17-11 为粒子在一维无限深势阱中运动的解的图示。

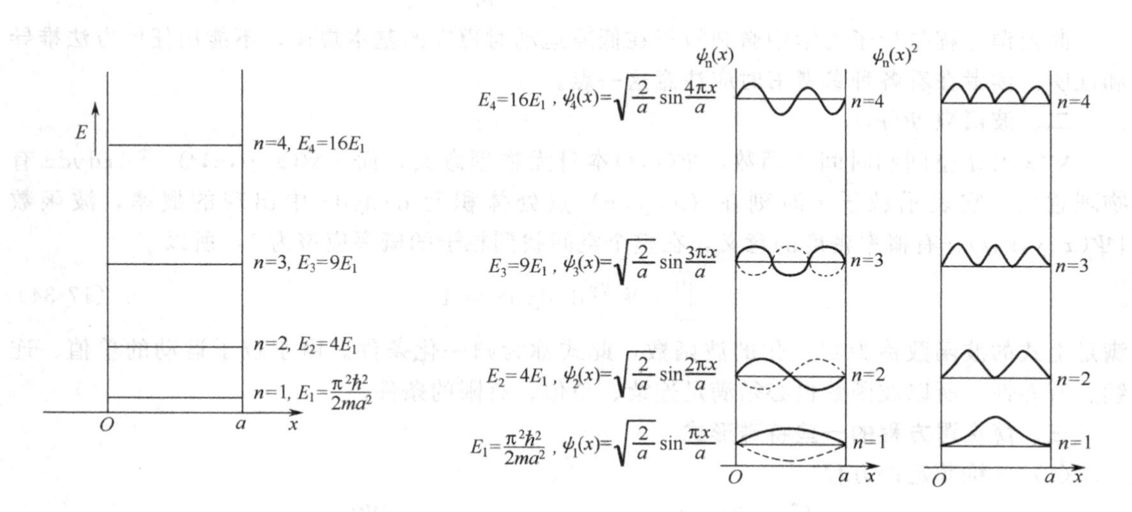

图 17-11　粒子在一维无限深势阱中运动的解

由图可以看出，具有能量 E_1 的粒子，在$\frac{a}{2}$处出现的概率最大；具有能量 E_2 的粒子，在$\frac{a}{4}$和$\frac{3a}{4}$处出现的概率最大；具有能量 E_3 的粒子在$\frac{a}{6}$，$\frac{a}{2}$，$\frac{5}{6}a$ 处出现的概率最大；其余可

以类推。请读者注意在量子力学中不再讨论粒子在哪里、它有多少动量。量子力学中只讨论具有某种能量值的粒子在哪里出现的概率为多少。

第十二节　氢　原　子

一、氢原子中电子的薛定谔方程

氢原子中电子与氢核系统的电势能为

$$V=-\frac{e^2}{4\pi\varepsilon_0 r}$$

式中，r 是电子离核的距离，V 只是 r 的函数，是定态问题。用式（17-35）得核外电子的薛定谔方程为

$$\nabla^2\psi+\frac{2m}{\hbar^2}\left(E+\frac{e^2}{4\pi\varepsilon_0 r}\right)\psi=0 \tag{17-38}$$

二、氢原子的解

氢原子核外电子的薛定谔方程的求解过程比较复杂。这里列出其结果。

（1）能量量子化　求解式（17-38）的过程中，若 $E>0$，E 是连续的；若 $E<0$，E 是分立的，即量子化的。E 必须满足下面关系

$$E_n=-\frac{me^4}{32\pi^2\varepsilon_0^2\hbar^2}\frac{1}{n^2},\quad n=1,2,3,\cdots \tag{17-39}$$

式中，n 称为主量子数。虽然式（17-39）即玻尔理论中的式（17-23）。但是式（17-39）表达的能量量子化是解薛定谔方程的必然结果，而式（17-23）是玻尔假定的结果。

（2）轨道动量矩的量子化　求解式（17-38）的过程中，电子的动量矩 L 必须满足下面关系

$$L=\sqrt{l(l+1)}\hbar,\quad l=0,1,2,\cdots,n-1 \tag{17-40}$$

式中，l 称为副量子数或角量子数。显然式（17-40）与式（17-20）是相似的，只是在式（17-40）中用 $\sqrt{l(l+1)}$ 代替了式（17-20）中的整数 n。再者式（17-20）是玻尔的假定，而式（17-40）是量子力学解薛定谔方程的必然结果。

（3）空间量子化　求解式（17-38）中出现的第三个量子数是磁量子数 m_l，其意义是电子的轨道平面在空间只能取有限的特定方向。轨道动量矩在空间某给定方向（通常取外磁场的方向）的投影 L_z 必须满足下面关系：

$$L_z=m_l\hbar,\quad m_l=0,\pm1,\pm2,\cdots,\pm l \tag{17-41}$$

在量子力学中，没有轨道的概念，只有粒子在空间的概率分布。基态（$n=1$）氢原子中电子出现概率最大的位置为

$$r_0=\frac{4\pi\varepsilon_0\hbar^2}{me^2} \tag{17-42}$$

式（17-42）与式（17-22）相同，这正好是玻尔氢原子理论中第一轨道的位置。因为玻尔理论中的轨道和量子力学中的概率有这种对应关系，所以在量子力学中，轨道这名词在有些时候仍然保留着。空间量子化实际是电子空间概率分布的一个组成部分。在氢原子中电子的分布可用电子“云”来表示。用“云雾”的浓度来表示粒子出现的概率，粒子出现概率大的地方，云雾密些；粒子出现概率小的地方，云雾稀些。其他原子也常用电子云来描述核外的电子分布。但要注意，电子云并不表示电子是云状的，电子云只是电子在空间概率分布的一种

形象化名称。

三、电子的自旋

施忒恩和盖拉赫用实验证实了电子有自旋，电子自旋动量矩为

$$S=\sqrt{s(s+1)}\hbar \tag{17-43}$$

在外场中，自旋动量矩只能有固定的量子化取向，S 在外场方向上的投影 S_z 只能有两种取值，即

$$S_z=m_s\hbar,\quad m_s=+\frac{1}{2}\quad 或\quad -\frac{1}{2}$$

式中，m_s 称为自旋磁量子数，其他各种基本粒子也有这种自旋特性。因此，自旋是一切基本粒子的属性之一，通常也用 m_s 表示自旋量子数。电子的自旋量子数不能从薛定谔方程得出，且只取 $\pm\frac{1}{2}$。

第十三节　隧道效应

隧道效应是固体中常出现的问题，隧道效应也是薛定谔方程的应用例子。图 17-12 为方势垒，在这样的势垒图中，势能与 x 的函数关系为

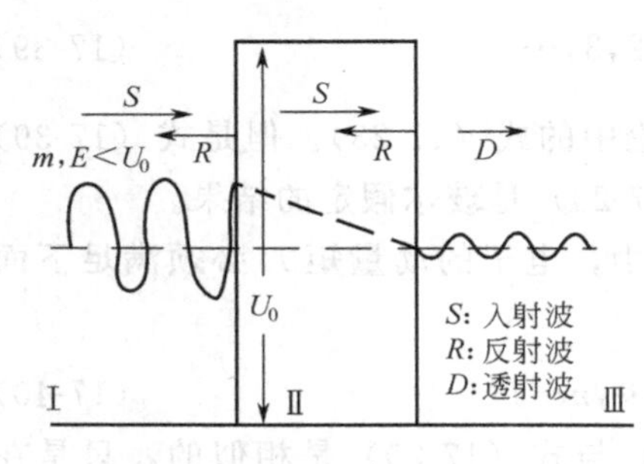

图 17-12　隧道效应

$$U(x)=\begin{cases}U_0, & 0<x<a\\ 0, & x<0,\ x>a\end{cases}$$

粒子 P 的能量 $E>E_0$ 时，无论经典物理，还是近代物理看粒子都能穿越 U_0 从Ⅰ经Ⅱ到Ⅲ，当 $E<U_0$ 时，经典物理认定粒子不能从Ⅰ穿过Ⅱ到Ⅲ，但是在量子物理看粒子可能从Ⅰ穿过Ⅱ到Ⅲ。

设粒子质量为 m，能量为 $E<U_0$，设 U_0 与时间无关（定态），设在Ⅰ中波函数为 $\psi_1(x)$、Ⅱ中波函数为 $\psi_2(x)$、Ⅲ中波函数为 $\psi_3(x)$，定态 S 方程为

Ⅰ中：
$$-\frac{\hbar^2}{2m}\frac{\mathrm{d}^2\psi_1}{\mathrm{d}x^2}=E\psi_1$$

Ⅱ中：
$$-\frac{\hbar^2}{2m}\frac{\mathrm{d}^2\psi_2}{\mathrm{d}x^2}+U_0\psi_2=E\psi_2$$

Ⅲ中：
$$-\frac{\hbar^2}{2m}\frac{\mathrm{d}^2\psi_3}{\mathrm{d}x^2}=E\psi_3$$

在 $E<U_0$ 条件下，令

$$k_1^2=\frac{2mE}{\hbar^2}$$

$$k_2^2=\frac{2m(E-U_0)}{\hbar^2}$$

因此 k_2 是虚数。

解
$$\frac{\mathrm{d}^2\psi_1}{\mathrm{d}x^2}+k_1^2\psi_1=0$$

$$\frac{\mathrm{d}^2\psi_2}{\mathrm{d}x^2}+k_2^2\psi_2=0$$

$$\frac{d^2\psi_3}{dx^2}+k_1^2\psi_3=0$$

解为

$$\psi_1(x)=Ae^{ik_1x}+A'e^{-ik_1x}$$

$$\psi_2(x)=Be^{ik_2x}+B'e^{-ik_2x}$$

$$\psi_3(x)=Ce^{ik_1x}+C'e^{-ik_1x}$$

用 $f(t)=e^{-\frac{i}{\hbar}Et}$ 乘上面三个式子得到粒子在三个区中的波函数 $\psi(x,t)$。

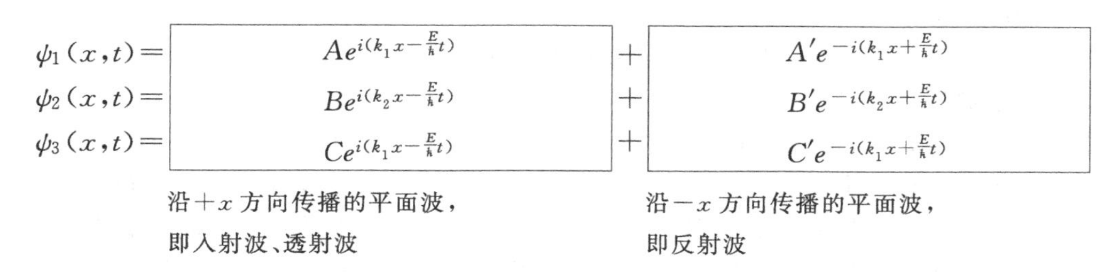

$$\psi_1(x,t)=Ae^{i(k_1x-\frac{E}{\hbar}t)}+A'e^{-i(k_1x+\frac{E}{\hbar}t)}$$

$$\psi_2(x,t)=Be^{i(k_2x-\frac{E}{\hbar}t)}+B'e^{-i(k_2x+\frac{E}{\hbar}t)}$$

$$\psi_3(x,t)=Ce^{i(k_1x-\frac{E}{\hbar}t)}+C'e^{-i(k_1x+\frac{E}{\hbar}t)}$$

沿 $+x$ 方向传播的平面波，即入射波、透射波　　　沿 $-x$ 方向传播的平面波，即反射波

因为粒子从Ⅰ穿过Ⅱ到Ⅲ不会再向左传播，所以

$$C'=0$$

用边界条件及归一化可分别求出系数，得 $\psi(x,t)$ 具体形式，算出Ⅰ区中入射波的概率流密度 J_1，透射波的概率流密度 J_2 和反射波的 J_3。

$$J_1=\frac{\hbar k_1}{m}|A|^2$$

$$J_2=\frac{\hbar k_1}{m}|C|^2$$

$$J_3=\frac{\hbar k_1}{m}|A'|^2$$

透射系数

$$D=\frac{J_2}{J_1}=\frac{|C|^2}{|A|^2}$$

反射系数

$$R=\frac{J_3}{J_1}=\frac{|A'|^2}{|A|^2}$$

进一步计算

$$D=e^{-\frac{2a}{\hbar}\sqrt{2m(U_0-E)}}$$

可见 D 与垒高 U_0，垒宽 a 有关。

隧道效应不仅被许多实验证实，且已得到广泛应用。1982 年人们利用电子的隧道效应研究制成隧道显微镜。金属表面有势垒阻止金属内电子逸出，但是由于电子的隧道效应，仍有电子按一定的概率到达金属的表面，在金属表面形成一层电子云，电子云的密度随离表面距离而衰减，范围在纳米（nm）数量级。利用探针在样品表面扫描，探针能从表面电子云的衰减程度探得样品表面的起伏情况，可得出样品表面的三维显微图像。

以上内容和实例指出量子力学的发展和方法可归纳为：普朗克提出能量量子化假定；爱因斯坦指出光有粒子性；德布罗依提出粒子波概念，粒子波的波函数遵守单值、连续、归一条件；玻恩解释了粒子波波函数的意义；薛定谔提出粒子波波函数遵从的薛定谔方程。已知粒子的质量和粒子所在处的势场的势函数，可列出粒子的薛定谔方程。用边界条件和初始条件可解出波函数和分裂的能量本征值，由波函数平方得到粒子的概率密度。

第十四节 激　　光

激光又称“莱塞”，是受激辐射的光量子放大的简称，是在原子或分子系统实现粒子数反转通过受激辐射产生的强光束。激光具有许多独有的特性，如方向性好、能量集中、单色性好、相干性好等。激光的特性完全由激光器发光的特殊方式所决定。产生激光靠受激辐射，粒子数反转，三能级系统和谐振腔。

一、受激辐射

图 17-13 分别表示出了自发辐射，受激辐射和光放大过程。

二、粒子数反转

由图 17-13 可知，受激辐射能产生光放大，但受激辐射必须有高能级上的粒子数比低能级上的粒子数多。在热平衡态下，原子系统中低能级粒子比高能级粒子多，不能实现受激辐射的光量子放大。为使受激辐射取得支配地位，必须使高能级上的粒子数超过低能级的粒子数。这种反常分布称为粒子数反转。为实现粒子数反转，必须从外界输入能量，输入的能量可以是光能、化学能、电能和核能。

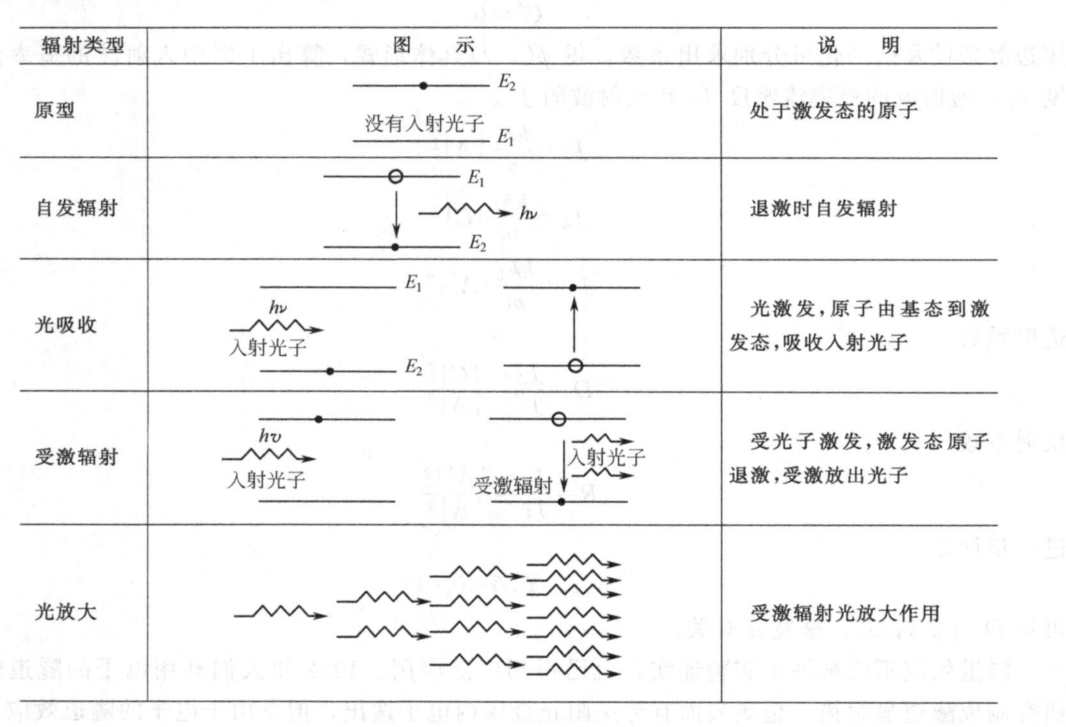

图 17-13　入射光子和原子辐射

三、三能级系统

在激光工作物质中，如果只用基态和某一激发态组成的二能级系统是不能实现粒子数反转的。因为在原子系统中，受激和退激过程同时存在，它们的概率相等，而且高能级不稳定（一般只存在 10^{-9}s）。结果高能态的粒子因受激而增多，退激回到低能级的粒子也相应增多，无法在两个能态间实现粒子数反转。

利用某些工作物体的三能级系统，如 He-Ne 激光器的工作物质氦和氖，可以实现粒子数反转。

图 17-14 是 He 和 Ne 的能级图。由图可知 He 的基态 E_1 与 Ne 基态 E_1' 相近，He 的第二激发态 E_2 与 Ne 的第三激发态 E_3' 相近，Ne 还有一个略低于 E_3' 的能级 E_2'，E_2' 的平均寿命较长，称为亚稳态。

He 受激发，受激的 He 与 Ne 碰撞交换能量，把能量交给处于 E_1' 的 Ne，Ne 的电子受激只能到 E_3'，而不能到 E_2'，于是在 E_2' 与 E_3' 之间产生粒子数反转。

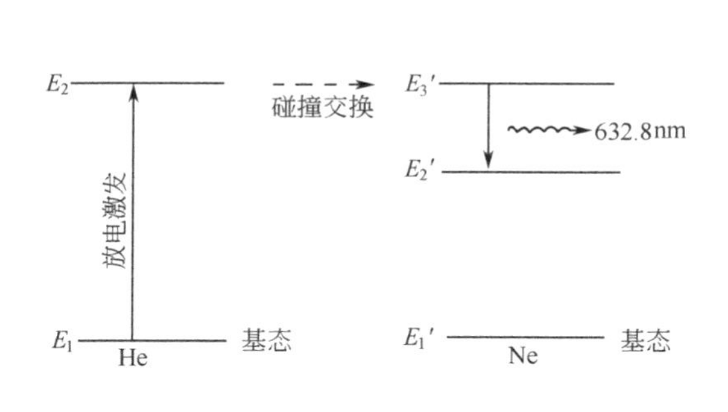

图 17-14 He 和 Ne 的能级

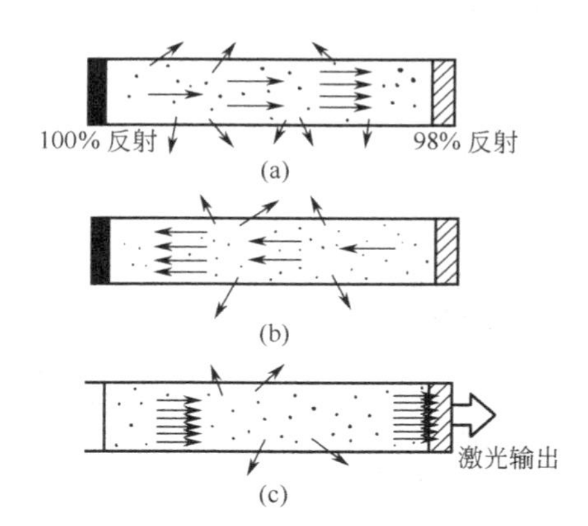

图 17-15 激光器的谐振腔

四、谐振腔

光放大起始于入射光子，入射光子来自自发辐射，其周期、传播方向和偏振方向仍是随机的（波长可以控制，但也不纯）。所以，要获得频率、周相、传播方向和偏振方向完全相同的激光束，还需一个装置，谐振腔就是这种装置。图 17-15 表示谐振腔的作用。

谐振腔也有控制、选择和增强的作用。从谐振腔输出的激光具有好的单色性、方向性和相干性。

习　　题

1. 若将星球看作绝对黑体，利用维恩位移定律测量 λ_m 便可求得 T，这是测量星球表面温度的方法之一。设测得：太阳的 $\lambda_m=0.55\mu m$，北极星的 $\lambda_m=0.35\mu m$，天狼星的 $\lambda_m=0.29\mu m$。试求这些星球的表面温度。

2. 在加热黑体的过程中，其单色辐出度的最大值所对应的波长由 $0.69\mu m$ 变化到 $0.50\mu m$。问其总辐出度增加了多少倍？

3. 在康普顿散射中，入射光子的波长为 0.0030nm，反冲电子的速度为光速的 60%。求散射光子的波长及散射角。

4. 试确定氢原子光谱中位于可见光区（380.0～780.0nm）的那些波长。

5. 试计算氢的赖曼系的最短波长和最长波长（单位为 nm）。

6. 在气体放电管中，用能量为 12.2eV 的电子去轰击处于基态的氢原子。试确定此时氢所能发射的谱线的波长。

7. 为使电子的德布罗意波长为 0.1nm，需要多大的加速电压？

8. 一束带电粒子经 206V 的电势差加速后，测得其德布罗意波长为 0.002nm，已知这带电粒子所带电量与电子电量相等。求这粒子的质量。

附录　一些基本物理常量（数）

物　理　量	符　　号	数　　值	单　　位
普适常量			
真空中光速	c	299792458	$m \cdot s^{-1}$
真空磁导率	μ_0	$4\pi \times 10^{-7}$	$N \cdot A^{-2}$
		$12.566370614\cdots \times 10^{-7}$	$N \cdot A^{-2}$
真空电容率	ε_0	$8.854187817 \times 10^{-12}$	$F \cdot m^{-1}$
牛顿引力常量	G	6.67259×10^{-11}	$m^3 \cdot kg^{-1} \cdot s^{-2}$
普朗克常量	h	$6.6260755 \times 10^{-34}$	$J \cdot s$
电磁常量			
基本电荷(电子常量)	e	$1.60217733 \times 10^{-19}$	C
电子质量	m_e	$9.1093897 \times 10^{-31}$	kg
电子-α粒子质量比	m_e/m_α	$1.37093354 \times 10^{-4}$	
电子比荷	e/m_e	$-1.75881962 \times 10^{11}$	$C \cdot kg^{-1}$
经典电子半径	r_e	$2.81794092 \times 10^{-15}$	m
电子磁矩	μ_e	$928.47701 \times 10^{-26}$	$J \cdot T^{-1}$
质子常量			
质子[静]质量	m_p	1.007276470	u
质子-电子质量比	m_p/m_e	1836.152701	
质子比荷	e/m_p	9.5788309×10^{7}	$C \cdot kg^{-1}$
物理化学常量			
阿伏伽德罗常数	N_A	6.0221367×10^{23}	mol^{-1}
原子质量常量	m_u	$1.6605402 \times 10^{-27}$	kg
气体常量	R	8.314510	$J \cdot mol^{-1} \cdot K^{-1}$
玻耳兹曼常量	k	1.380658×10^{-23}	$J \cdot K^{-1}$
斯特藩-玻耳兹曼常量	σ	5.67051×10^{-8}	$W \cdot m^{-2} \cdot K^{-4}$
维恩位移律常量	b	2.897756×10^{-3}	$m \cdot K$